行銷研究

Marketing Research, 5th Edition

Alvin C. Burns、Ronald F. Bush 著

元智大學企業管理學系 沈永正教授 審訂

U0072937

台灣培生教育出版股份有限公司
Pearson Education Taiwan Ltd.

國家圖書館出版品預行編目資料

行銷研究 / Alvin C. Burns, Ronald F. Bush ; 沈永正
審訂 ; 黃觀, 周軒逸, 徐芳盈譯. -- 初版.-- 臺北市
: 臺灣培生教育, 2006[民95]
面； 公分
譯自 : Marketing Research, 5th ed.
ISBN 978-986-154-450-2 (平裝)

1. 市場學 – 研究方法 2. 統計 – 電腦程式

496.031   95021388

行銷研究

原　　　著	Alvin C. Burns、Ronald F. Bush
審　　訂	沈永正
譯　　者	黃觀、周軒逸、徐芳盈
發　行　人	洪欽鎮
主　　編	鄭佳美
編　　輯	蕭妃君
協 力 編 輯	張愛華、謝青秀
美 編 印 務	廖秀真
封 面 設 計	林芸安
發 行 所	
出 版 者	台灣培生教育出版股份有限公司

地址／台北市重慶南路一段147號5樓
電話／02-2370-8168
傳真／02-2370-8169
網址／www.PearsonEd.com.tw
E-mail／hed.srv@PearsonEd.com.tw

台灣總經銷　全華科技圖書股份有限公司
地址／台北市龍江路76巷20號2樓
電話／02-2507-1300
傳真／02-2506-2993　郵撥／0100836-1
網址／www.opentech.com.tw
E-mail／book@ms1.chwa.com.tw

全 華 書 號	18031007
香港總經銷	培生教育出版亞洲股份有限公司

地址／香港鰂魚涌英皇道979號（太古坊康和大廈2樓）
電話／852-3181-0000
傳真／852-2564-0955

版　　次	2007年1月初版一刷
ISBN-13	978-986-154-450-2
ISBN-10	986-154-450-x
定　　價	650元

版權所有・翻印必究

Authorized translation from the English language edition, entitled MARKETING RESEARCH, 5th Edition, 01314477323
by BURNS, ALVIN C.; BUSH, RONALD F., published by Pearson Education, Inc, publishing as Prentice Hall, Copyright
© 2006, 2005, 2003, 2000 and 1998 by Pearson Education Inc.Upper Saddle River, New Jersey, 07458.
All rights reserved.No part of this book may be reproduced or transmitted in any form or by any means, electronic,
mechanical, photocopying, recording or by any information storage retrieval system, without permission from Pearson
Education, Inc..
CHINESE TRADITIONAL language edition published by PEARSON EDUCATION TAIWAN, Copyright © 2007.

審訂序

國內有關行銷研究的中文教科書，無論是自寫或是翻譯的數量都不多，許多開設行銷研究課程的教師往往苦於找不到適當的中文書籍。此次培生教育出版公司翻譯*Burns & Bush*的行銷研究課本，本人有幸參與審訂的工作。在初步看過該書之後，覺得這是一本極為實用且內容豐富的教科書，因此十分願意為本書作審訂的工作。

作為一門學科，行銷研究是一門工具科目，也是一門應用的學科。它包含了許多基礎科學的應用，例如數學，統計。但也有非常需要經驗作為基礎的方法，例如質化研究等。在學行銷研究之前，對這些基礎學科都須有一定的基礎才能將行銷研究學好。因為行銷研究牽涉許多量化的方法，因此許多較不擅長量化技術的學生視行銷研究為畏途，在畏懼自己量化技術訓練不夠紮實的心理下拒絕修習此一科目。然而，在本人為企業界所進行過的行銷研究輔導個案中，常發現許多企業將行銷研究的專案全權委託給專門從事行銷研究的公司，而在行銷研究公司對企業所面臨的問題只具備片段而缺乏全面的理解下，往往提供的研究建議案未能確實解決企業所面臨的問題，造成許多資源浪費的情形。

這種情形的發生，主因在於企業對行銷研究的內涵了解不夠深入所致。此外，這也是許多人認為行銷研究實用價值不高的主因。事實上，作為一種了解市場的工具，行銷研究的價值在於發揮科學的精神，對具體的問題作深入的了解，而科學的特性即在於清楚的問題定義以及依照邏輯按部就班的推演結論。因此就有行銷研究需求的企業而言，必須先了解自己在資料收集的需求為何，以及行銷研究適用的場合，研究能夠以及不能夠完成的各種任務，才不至於造成不必要的資源浪費。因此不只是行銷研究公司應對行銷研究這項工具有深入的了解，即使是對需要進行行銷研究的企業而言，也應對

行銷研究有深入的了解才能將這項工具作最適當的運用。

對行銷問題以及研究問題間轉換的強調，正是本書的特點之一。一般課本在研究問題形成這方面雖會作專章的討論，但通常不在此點作特別的強調。而*Burns & Bush*的課本則不吝篇幅，對此點作了再三的強調說明，並以實例說明此點，這正是從事實務時常見的重要盲點。本人在學校教學時常強調此點的重要，而本書適當的將此點進一步的說明，對行銷研究在實務上的應用有很大的幫助。除此之外，本書有許多特色，使其成為一本近年來難得一見的優良行銷研究教科書。茲將本人所見的特色簡列如下：

- 內容清晰易懂，邏輯清晰明確，譯文流暢：本書內容清晰易懂，對所有專業術語均有清楚的解釋與說明。同時譯文亦甚流暢，無論是初學者或是已有較多經驗的學生，皆可從中獲益。

- 大量的實例說明：本書儘量以實例說明概念，不至於流於空泛的抽象概念解說。這對初學者尤其有利。初學者可以模仿這些實例操作，從實作中了解概念的意義。

- 與時俱進的內容：本書針對許多行銷研究產業界的新發展都有清楚的說明，特別是針對網路行銷的發展。由於網際網路快速的發展與普及，網路行銷研究已逐漸成為未來的趨勢。本書特別針對網路行銷研究的執行方式，以及其可能遭遇的問題提出許多解說與討論，如網路行銷研究與傳統實體研究的比較，網路行銷研究的優勢以及其限制等，有助於讀者了解此一趨勢未來可能的發展。

- 內容與產業結合：行銷研究本身即是一項產業，有許多知名的企管顧問公司長期以來從事大量的行銷研究。本書的內容也與這些產業中的公司有緊密的結合，在內容中告訴讀者許多這類公司所從事的行銷研究活動。這些內容特別有助於對行銷研究實務有興趣的讀者，能迅速掌握產業的脈動、現狀與未來發展趨勢。

本書的內容組織可分為三大部分。第一部分是行銷研究活動的鳥瞰，包含行銷研究的定義，介紹研究流程與各種研究類型。針對問題定義，以及行銷研究如何解決行銷策略的問題有深入的討論。此外，針對研究流程以及各種研究類型，如探索性研究、描述性研究，以及因果性研究皆有清楚的介

紹；第二部分則是各種資料蒐集方法的詳細介紹，針對次級資料、觀察法、質化訪談、投射測驗，以及問卷設計等這些最常使用的資料蒐集工具都有詳盡的介紹；第三部分則是資料分析的方法，特別是針對量化資料的分析，從初等統計概念的介紹，以至於各種推論統計模型在行銷研究上的應用可說鉅細靡遺。讀者若能完整了解本書內容，應可對行銷研究的具體方法有完整的了解，並可能在實際的研究問題上運用這些方法。

本書適用於初次接觸行銷研究的讀者，適合作為大學部的教科書，可以在一門3學分的課程中教授完畢。為了完整了解本書內容並能加以應用，讀者最好具備初等統計的基礎。在一門3學分的課程中，可以將30%的時間用於介紹第一部分（即總論部分，包含行銷研究的定義、流程與類型等）；另外40%的時間可用於介紹第二部分，亦即行銷研究資料收集的方法；最後30%的時間可用於介紹資料分析的方法。最後，教師也可斟酌選擇每章結尾的部份習題可以作為練習與熟悉概念之用。這些習題的實用性高，對熟悉觀念有很大的助益。

雖然本書有許多優點，但也並非沒有限制。本書的限制主要出現在資料分析的部分。由於本書是作為行銷研究入門之用，一些實務上常用的高等統計與尺度法(Scaling)在本書中並未觸及，例如多向度尺度法(MDS: Multidimensional scaling)、因素分析(Factor analysis)、集群分析(Cluster analysis)、區辨分析(Discriminant analysis)，以及聯合分析等等。這些方法常用於品牌定位分析、市場區隔，以及新產品的開發等，在實務上常常使用。若是讀者對這些方法有進一步的興趣，建議可以閱讀一些更進階的統計或行銷研究之書籍。

總之，行銷研究是一門綜合基礎科學應用的研究方法，若能徹底明瞭其內容精髓，對行銷工作可能產生極大的幫助。而本書可說是達到此一目的的大門。希望這本中譯本能幫助讀者精準的掌握行銷研究的內涵及其應用。

沈永正
元智大學企業管理學系助理教授

目次

目次

3

界定問題 81

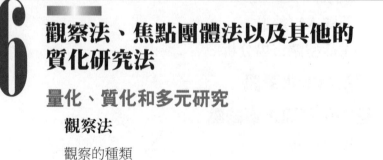

6

觀察法、焦點團體法以及其他的質化研究法   179

8 行銷研究的衡量 243

決定樣本如何選擇 **297**

樣本和抽樣的基本概念 **298**

抽樣的理由 **300**

機率和非機率抽樣方法 **301**

11 決定樣本的大小　327

13

16 決定並解釋變數間的相關性　　459

18

行銷研究報告：報告的製作與呈現   523

學習目標

❖ 認識何為「行銷」及「行銷研究」
❖ 了解行銷研究的目的及其用處
❖ 分辨「行銷研究」及「線上行銷研究」的不同
❖ 認識行銷資訊系統
❖ 知道行銷研究領域的熱門話題

1

行銷研究簡介

在本書中，你將學到許多各種行銷研究(marketing research)，以及產業最新發展。包括美國行銷研究協會(Marketing Research Association, MRA)的認證系統、業界提供的創新服務，以及幫助制定更佳決策的行銷研究案例。另外，研究過程也可以提供決策者清楚、客觀、公正的資訊。你將了解為何行銷研究是整體行銷的一部分、其在實務上的重要性、行銷的各種定義、行銷研究的目的及用途，和業界執行行銷研究類型。藍哥牛仔褲(Wrangler)、福特汽車、金百利克拉克(Kimberly-Clark)、蘋果電腦(Apple)、柯達、Nike、Sony等公司的決策者早已利用行銷研究，推出非常成功的產品及服務。章末將介紹業界熱門話題。

行銷研究工作者終於有認證制度了。通過行銷研究協會的許可，達到某些特定的要求就可以獲得「專業研究者認證」(Professional Researchers Certification, PRC)。By permission, Marketing Research Association.

什麼是行銷研究？

行銷研究是設計、蒐集、分析和回報資訊的處理過程，可以用來解決**特定**的行銷問題。

行銷研究是一個解讀訊息的過程，著重在運用資訊，以進行決策（像定價、廣告之類）。請注意，本章稍後將解釋解決「特定」行銷問題資訊的重要性。我們提供的並非是唯一的定義。幾年前美國行銷協會就曾組成委員會替行銷研究下過定義：

行銷研究是透過資訊，將行銷人員與消費者加以連結；確認並
定義行銷機會及問題；產生、改善、檢討行銷行動；監控行銷成

1.1 「對的資訊」創造「對的行銷行為」

行銷人員因為沒有足夠且適當資訊以了解消費者的渴望及需求,是很可惜的。輝瑞大藥廠(Pfizer, Inc.)旗下的糖果業務公司Adams,於2001年夏天推出一種營養脆條和水果口味嚼錠「Body Smarts」,Adams公司將其定位成可取代糖果的健康食品,但該產品於2002年就宣布全面下架。原因可能是當消費者想吃糖果時,希望嘗到的東西就像是「糖果」。其他失敗產品的例子包括:IncrEdibles公司的「推一下」(push-up)攜帶式炒蛋,和Hey! There's a Monster in My Room的驅蟲噴霧劑。

Arbor Strategy集團旗下的新產品工作室(New Product Works),是間協助企業避免此類失誤的行銷研究公司。這家公司的資深顧問團隊,幫助企業在產品研發上更快、更有效率,教導行銷人員如何成功行銷超過8萬種新產品。

IncrEdibles Breakaway Foods, L.L.P:於1999年底推出系列產品,以快速、簡單、方便食用的「推即食」(Push n' Eat)來吸引消費者。這種早餐速食替代品,提供起士、起士臘腸和起士培根口味的炒蛋。上市時,由於製程的疏失,希望能更換裝備重新推出,但仍宣告失敗。早餐速食替代品是一個很有趣的概念,但執行起來卻狀況百出。根據報導,「推即食」是冷凍的,當你在匆忙中食用它,炒蛋就會掉到你大腿上。

Hey! There's a Monster in My Room驅蟲噴霧劑:1993年,OUT! International, Inc.公司推出這款可以讓小朋友趕走房間裡各種恐怖小生物的怪獸特攻隊噴霧劑。這種驅蟲劑有著口香糖的味道,的確是很可愛的創意,但這名字卻嚇壞了孩子。

Courtesy: New Product Works, A Division of the Arbor Strategy Group.

效,並改善行銷流程。

上述兩個定義都對。我們的定義較短,並描述了行銷研究的過程;美國行銷協會的定義較長,不但強調**功能**,也強調**作用**。請注意,**市場研究**(market research)是**行銷研究**的一部分,是將行銷研究應用在某一特定市場。市場研究的定義是:有系統的蒐集、記錄,及分析特定地理區域中特定顧客群的相關資訊。以下將深入討論行銷研究的目的及作用。

行銷研究的目的

　　你大概已經猜到行銷研究的目的，與提供資訊以進行決策有關。基本上這是正確的，但在美國行銷協會的定義中還包含對消費者的了解：**行銷研究的目的**是透過提供可制定行銷決策的資訊，將消費者與行銷者連結。有些人相信，藉由行銷研究連結消費者，在全球化的局勢下更形重要。爭奪消費者已是日益嚴厲的競爭，消費者期待擁有更大的價值。因此，更深入洞察消費者、維持其忠誠度，遠比以往更為重要。

　　行銷研究協會的定義延續我們的定義，為了制定決策，行銷研究所提供的資訊，應該能夠代表消費者。事實上，藉著在定義中提及消費者，暗示行銷研究要與行銷觀念一致，因為行銷研究「連結了消費者與行銷者」。行銷研究協會的定義帶有規範性質，告訴我們如何用行銷研究來確認該公司是否以**消費者為導向**(consumer-oriented)。我們絕對同意此觀念，但卻不一定要承襲照作。克朗斯與克瑞格(Clancy and Krieg)在《反直覺行銷》(*Counteri-ntuitive Marketing: Achieve Great Results Using Uncommon Sense*)一書中，提出許多經營者只作「直覺式」決策的失敗案例。作者迫切希望經營者能運用研究作出更佳決策。這些知名作者為行銷研究提出一個很好的觀點，我們也要提出：行銷研究的資訊來源是所有與行銷整體有關連者，並非僅只消費者。另外，資訊也不斷從經銷通路成員、員工以及整個環境，和競爭者處而來。當然，所有的研究都是為了更滿足消費者。

　　有時行銷研究會導致錯誤決策。經營者根據研究結果來制定決策，不代表就絕對正確。有太多例子顯示，儘管行銷研究預測產品會失敗，但產品上市仍然很成功。

　　時代啤酒(Stella Artois)主要吸引城市居民。廣告代理商製作了一支片長約60秒，講述農夫在鄉下賣花的廣告。行銷研究結果顯示，這支廣告終將失敗，研究顯示品牌知名度偏低，而且廣告定位偏離原有的目標消費群。然而，啤酒廠商的管理階層相信廣告方向正確，是行銷研究有瑕疵。最後，這支廣告成功到使這個小眾啤酒品牌鹹魚大翻身，變成英國雜貨店賣得最好的

啤酒品牌之一。

另一個經典例子是賽菲爾德(Jerry Seinfeld)的知名電視情境喜劇「歡樂單身派對」(Seinfield)。行銷研究認為這個節目爛到不行,執行單位因此一度放棄。6個月後,另一位經營者質疑研究的準確度,讓這個節目敗部復活,成為電視史上最成功的節目之一。相同的情況一再發生,如:行銷研究曾預測頭髮造型慕斯及電話答錄機必定失敗。

也有許多行銷研究預測產品會成功,最後卻失敗的案例。大部分的失敗產品在消費者發現之前便被撤下。英國大型超市連鎖店Sainsbury's一支宣稱經過市場測試反應很好的廣告,播出後接到顧客及員工的負面評價,廣告代理商因而遭到更換。

有些暴紅的零售商也因行銷研究上的失誤而在商場上出局。針對祖父母輩為訴求的玩具店GrandKids,由於經營者僅憑藉當地學校的資料及一家公司廣告需求上的統計資料當作決策參考,因而關門倒閉。如果更謹慎採用行銷研究(例如查閱最近的人口普查資料)就會發現,全鎮只有3,219個家庭,而50歲以上的居民僅占31%,根本沒有足夠的祖父母來光顧。

另一個行銷研究預測會成功卻失敗的經典案例,就是Beecham的衣物冷洗精纖護(Delicare)。雖然行銷研究預測「纖護」會使同品項的領導品牌「浣麗冷洗精」(Woolite)王位不保,但這個新產品還是失敗了。Beecham因此控告行銷研究公司而引起宣然大波。

這些案例告訴我們行銷研究並非萬無一失,但也不表示毫無用處。絕大部分的行銷研究都嘗試了解並預測消費者行為,但這並不容易。行銷研究已行之有年並繼續成長的事實,表示它已通過市場上最艱難的考驗,證明其有存在的必要性。以上僅是個案,仍有上萬件因運用行銷研究而成功的案例。

行銷研究的用途

確認市場機會及問題

　　了解行銷研究的目的後，讓我們進一步探討行銷研究的用途。根據我們所提出的定義指出，行銷研究的作用是提供資訊以解決特定的行銷問題；行銷研究協會則對那些可能的問題加以詳細說明。

　　確認市場機會及問題是行銷研究的用途之一。英國消費行銷研究公司Mintel尋找新產品的市場機會，包括：瓶裝拋棄式嬰兒牛奶、自動加熱的茶及咖啡、牙齒暫時美白噴霧劑等。目前也有許多從事不飽和脂肪酸、黃體素、膽鹼(choline)、卵磷脂、茄紅素、黃豆等研究，確認是否有益人體健康，以及如何有效應用在新食物中。美國行銷研究服務公司(Marketing Research Services, Inc., MRSI)也提供企業顧客尋找市場機會的服務。

引發、改善及評估潛在行銷活動

　　行銷研究也可以用來引發、改善及評估可能的行銷活動。藍哥牛仔褲的某項行銷研究，就是為了評估雜誌廣告提案，以決定出最好的廣告。

　　金百利克拉克的研究員發現，對女性來說衛生棉最重要的是舒適，因而根據這項資訊來研發新產品。在此，行銷研究是為了要設計出較佳的產品。

監控行銷成效

　　此外，行銷研究可用來監督行銷成效。公司一旦落實行銷策略後，便想

行銷研究服務公司(MRSI)專門在協助企業確認市場機會。By permission, MRSI.

監控廣告效度、銷售力、店頭促銷、通路執行力、競爭者、銷售及市占率。這種行為稱為**追蹤研究**(tracing research)，通常用來監督像是賀喜巧克力(Hershey's)、湯廚罐頭湯(Campbell's Soup)、家樂氏玉米片(Kellogg's)、亨氏番茄醬(Heinz)等產品在超市中的表現。這類「消費性產品」(consumer packaged goods)公司希望監控自己及競爭者品牌的銷售成績。像AC尼爾森(ACNielsen)和資訊研究公司(Information Resources, Inc.)就是監督超市及零售量販店銷售狀況的公司，包括賣出多少單位、透過哪種管道、零售價格多少等。

改善行銷流程

　　根據美國行銷協會的定義，行銷研究的用處在於促進行銷流程改善。為增進我們對行銷流程的認識，有些行銷研究的執行是為了拓展我們對於行銷的基本認知。例如嘗試將行銷現象定義並分類，發展、解釋及預測行銷現象的理論。這類知識通常在*Journal of Marketing Research*或*Marketing Research*等專業期刊上發表；這類研究多半是由行銷學教授或像**行銷科學協會**

—Active **Learning**

藉行銷研究監控消費者滿意度

　　當越多企業採用行銷觀念，他們對監督消費者滿意度也越有興趣。於是，行銷研究公司設計出測量消費者滿意度的方法，不但告知顧客他們的顧客有多滿意或多不滿意（診斷資訊），也提供顧客資訊告知他們如何改進顧客滿意度（處方資訊）。請到Burke公司網站www.burke.com，點進「顧客忠誠度和關係管理」(Customer Loyalty and Relationship Management)的連結，看看Burke如何提供顧客滿意度的專業服務。

Burke, Inc.為惠普科技、羅氏藥廠(Roche Diagnostics)、伊士曼柯達等公司監督消費者滿意度。By permission, Burke, Inc.

藍哥牛仔褲的執行長利用行銷研究制定出更佳的設計、廣告和決策,他們運用線上調查軟體WebSurveyor來測試不同促銷訊息。By permission WebSurveyor.

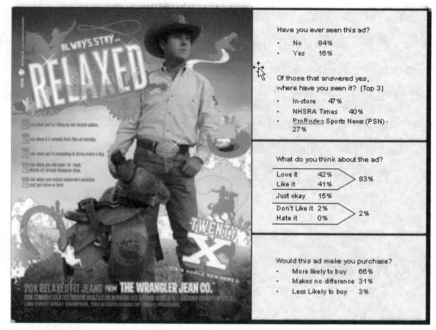

(Marketing Science Institute)等組織執行,也是唯一被視為行銷研究中屬於基礎研究的部分。**基礎研究**(basic research)的執行是為了拓展知識而非解決特定問題。解決特定問題的研究叫作**應用研究**(applied research)。

行銷研究分類

觀察執行行銷研究的分類,是了解行銷研究的另一種方式。表1.1根據美國行銷協會的定義,列舉了主要的幾類研究。在這四大類中,我們分別提供幾個範例。

行銷資訊系統

為求生存,企業必須在對的時間,以適當格式取得正確資訊,並將之交付到決策者手中。我們知道這絕非易事。事實上,有位作者認為《財星雜誌》

表 1.1	行銷研究的分類

1. 確認市場的機會及問題
研究的目的是要找出機會或確認現存策略的問題，包括：
　　行銷需求判定
　　行銷區隔確認
　　行銷稽核SWOT分析
　　產品／服務使用研究
　　環境分析研究
　　競爭分析

2. 引發、改善及檢討潛在行銷行動
行銷研究可能用在引發、改善及檢討潛在的行銷行為。而行銷行動的範圍大至行銷策略提案，小至戰略(tactic)（完成策略的特定行動）都包括在內。通常這些研究是針對一個或以上的行銷組合（產品、價格、通路、促銷），包括：
　　提案行銷組合檢討測試
　　新產品或服務提案的觀念測試
　　新產品原型測試
　　重新組合現存產品測試
　　價格測試
　　廣告測試
　　店內促銷效度研究
　　通路效度研究

3. 監控行銷成效
這類控制型的研究，可使一家在市場上已有行銷組合的公司，評估組合表現如何，包括：
　　形象分析
　　追蹤研究
　　顧客滿意度研究
　　員工滿意度研究
　　通路商滿意度研究
　　網站評估

4. 改善行銷流程 [a]
小部分行銷研究是為了拓展整體行銷流程知識，而非解決公司所面對的特定問題。根據這項研究而產生的知識，讓經營者在解決特定問題上，處於較有利的位置。這類型的研究通常由像行銷科學學會，或大學的機構執行，內容包括：
　　經營者如何認識市場
　　電子化商業(e-business)交易中的消費者行為
　　電子化商業中的必要費用，及評估電子化商業的成功
　　新產品成功的預備因素
　　長期廣告如何影響消費者的決定
　　測量市場上先行者的優勢
　　網路行銷組合的變化

---

[a]（上）這些研究題目從行銷科學學會的優先研究名單及之前的得獎研究報告取得。上www.MSI.org網站可看到更多其他研究設計，來促進整體行銷流程改善。

(*Fortune*)藉以列出1,000大企業所使用的重要資料,有25%以上都不精確也不完整。企業為求適當管理資訊,發展出資訊系統。到目前為止,我們所呈現的行銷研究,看似只是資訊來源,但這並非全貌。

行銷決策者有許多可用的資訊來源,我們可以靠檢驗**行銷資訊系統**(Marketing Information System, MIS)的構成元素,了解不同的資訊來源。MIS是一個包含人、設備蒐集、分類、分析、評估過程,以及傳達行銷決策者必要、及時、準確的資訊架構。此系統的角色是決定決策者的資訊需求,取得必須的資訊,並在有效的時間內,以可利用的形式傳達給決策者。這聽起來非常類似行銷研究提供資訊以協助決策制定的功能;因此,我們藉由分析MIS的元素來了解其中的區別。

行銷資訊系統的元素

如前所述,MIS是設計來協助並滿足經營者的資訊需求。主要透過四個子系統,分別是:內部報告、行銷情報、決策支援、行銷研究,來蒐集並分析資料。

▶ 內部報告系統

內部報告系統(internal reports system)蒐集由內部報告產生的資訊,包含進貨、單據、應收帳款、存貨量、缺貨量等。內部報告系統常被稱作「會計資訊系統」。雖然這個系統產生財務報告(資產負債表、現金流量表等),但通常對決策者來說仍嫌不足。內部報告系統也包含極詳細的利潤及成本細節,對行銷決策非常有價值。另外,此系統也蒐集其他資訊,例如:存貨記錄、銷售記錄和訂貨記錄。好的內部報告系統可以告訴經營者很多過去公司發生過的資訊。

▶ 行銷情報系統

第二項MIS元素是**行銷情報系統**(marketing intelligence system),是指一套可供經營者用來取得每天外部環境中相關發展資訊的流程及來源。此系統

包括非正式及正式的資料蒐集流程。非正式的包括掃描報紙、雜誌及貿易刊物等活動；正式的資料蒐集可能由被指派任務的員工找尋任何看似與公司或產業相關的資訊，以前被稱作「剪報辦公室」(clipping bureaus，因為他們提供顧客相關報紙文章剪報)。幾個線上資訊服務公司，像Lexis-Nexis，就有提供行銷情報。公司只需將關鍵字鍵入線上表格，包含搜尋字串的資訊，就會一天數次出現在訂戶的電腦中。在文章標題上點一下，即可全文瀏覽。如此，行銷情報不間斷地進行，並廣泛地搜尋資訊來源，帶給決策者適當的資訊。

▶ 行銷決策支援系統

第三項MIS元素是**決策支援系統**(Marketing Decision Support System, DSS)。決策支援系統的定義為：可使用工具及技巧進入並分析已取得的資料，以協助經營者制定決策。一旦公司將大量蒐集並儲存在資料庫的資訊，透過決策制定工具以及技巧加以分析（如，收支平衡分析、迴歸模型以及線性方程式），即可回答公司詢問像「要是……情況發生」這樣的問題。而對決策制定者來說，這些答案是立即可用的。

▶ 行銷研究系統

我們已討論並定義過的行銷研究，是MIS的第四項元素。若行銷研究及MIS都被設計來提供決策者資訊，那麼，兩者究竟有何不同呢？

首先，**行銷研究系統**(marketing research system)可蒐集另外三項元素無法蒐集的資訊：行銷研究是因應公司面對的**特定情況**而執行，也因此產生必須的特殊資訊。當《時人》雜誌(*People*)想知道三個封面故事中的哪一個應該被選用，經營者有可能從內部報導得到這樣的資訊嗎？不能。從情報系統或決策支援系統呢？也不能。這就是行銷研究在整個資訊系統中，所扮演的獨特角色；這也是為什麼人們稱行銷研究為「特定目的研究」(ad hoc studies)。而*Ad hoc*在拉丁文中意指「關於一個特殊目的」。

另外，不像之前的元素，行銷研究專案是不連續的、是有頭有尾的。這也是為何行銷研究有時會稱作「專案」。其他元素在一個持續的基礎上可以

使用；然而，行銷研究專案只在對資訊有正當性需求時才會啟用。

行銷研究的熱門話題

在我們結束本章之時，應提及這個行業的熱門話題，包括：線上研究、越來越得不到的回應者回應，及國際化。

線上行銷研究

本書中跟線上研究相關的主題以此圖標示

線上研究(online research)已大肆改變研究產業。雖然這個詞使用頻繁，但對其的解釋仍不盡相同。我們提供以下定義：

> 使用電腦網絡，包括網際網路，協助行銷研究過程的任一階段，包括問題的發展、研究設計、蒐集資料、分析、撰寫報告、及發布等。

網絡，不但早已對人們購物、學習、溝通，還有商業運作帶來許多改變，也對企業對企業行銷(B2B)，和企業對消費者(B2C)產生影響。另外，也影響了行銷研究的執行。《線上行銷研究》(*Online Marketing Research*)一書作者指出：「網路的來臨導致研究社群的革命」，顯示其影響之鉅。線上研究在行銷研究上的應用有哪些呢？目前可以透過線上工具及服務要求研究提案(RFPs)、樣本設計及安排、資料蒐集（我們對「線上調查研究」另有定義）、資料分析、報告撰寫及散布等。你將會在本書讀到更多，我們將會以一個線上研究標誌註記。

在開始下個熱門話題前，你該知道其他容易與線上研究混淆的專有名詞。透過以**網路為基礎平台的研究**(web-based research)，意即研究是運用網路工具，但卻以傳統方法來執行研究。這種研究有時會與線上研究搞混，網路研究工具包括研究網頁的普及率，例如「網站瀏覽人次」、網站上彈跳式廣告的效度，或研究測量消費者對網站上不同部分的反應。上述這些網路研

究都可以用線上研究或傳統研究來進行，因為線上研究指的是使用電腦網絡來進行研究步驟，無論工具。

另一種研究叫**線上調查研究** (online survey research)，也可能與線上研究混淆。近年來，線上調查研究成長快速，很多人誤以為那就是線上研究。線上調查研究指的是以電腦網絡來蒐集資料。許多研究公司，像是Greenfield Online、InsightExpress，皆是以網路蒐集資料為目的而成立的。也因為線上調查研究使用電腦網絡來蒐集資料（研究過程的一部分），我們將它認定為線上研究的一個分支。

線上調查研究已經占了公司研究預算裡極大的部分。線上調查研究所帶來的益處包括：資料蒐集後檢驗資料的能力、快速、相對低成本、沒有受到調查員偏頗的影響，及降低研究總成本。線上研究的潛力及成長使其成為行銷研究行業的熱門話題之一。

消費者／回應者的憤怒漸增

本書中的道德議題以此圖標示

行銷研究另一個熱門話題是，消費者對市場研究可能侵犯到隱私的憤怒漸增。由於行銷研究常得從消費者處尋求資訊；而潛在回應者對電話行銷者及其他直銷人員的過度打擾感到疲累，因而對於任何資訊蒐集者的厭惡與日俱增。最後，消費者權利團體逐漸強大，促使政府透過聯邦交易委員會(Federal Trade Commission, FTC)於2003年夏天成立一個全國性的「禁打」法案(www.donotcall.gov)，來遏止電話行銷者打給申請這項服務的人。這個法案非常有效。幸運的是，行銷研究行業並未囊括在這個禁令中。然而，此產業仍相當關心這趨勢。美國調查研究組織協會(Council of American Survey Research Organizations, CASRO)研究報導指出，97%的消費者認為電話行銷者應從「禁打」法案中解禁；但令人擔憂的是，64%的消費者認為此法案應實施於行銷研究者。行銷研究者也關注反垃圾郵件法案(Anti-Spam)，並鼓勵減少垃圾信。這項「反垃圾郵件」法案(Can Spam)，於2001年1月1日生效，但成效不彰（我們會在第三章更詳加報導）。垃圾郵件的增加使回應者更憂心他們的隱私權喪失，相對地影響尋求研究資訊的正當性。從消費者的

回應中透露出，他們因感覺喪失隱私權而拒絕參與研究。行銷暨觀念研究協會(Council for Marketing and Opinion Research, CMOR)發現追蹤拒絕率逐年穩定上升。研究產業了解，加強消費者信心，使之願意參與研究，已成為一重大議題。有些公司為與拒答率交戰，而改採建立**固定樣本**的方式，這種固定樣本願意回答各種研究問題，但徵求這種小組成員的成本仍日益增加。此產業必須花費相當多時間及精神來維持與回應者的信任關係。**回應者**是行銷研究產業的**命脈**，如果行銷研究公司想停止消費者不斷增加的厭惡，對回應者以道德相待是必要的。我們將會在本書討論這個議題並且在每個段落前以天平標誌來提醒確認。

本書中的國際化觀點以此圖標示

ⅰⅰⅰ 國際化

在組織擴展至全球的90年代，行銷研究公司也隨這些企業到達其境外市場。在Jack Honomichl的年度報告中，美國前50大行銷研究公司有將近48%營收來自美國境外。Honomichl也指出，全球前25大行銷研究公司有67%的營收來自國外，其中最大的VNU公司，是間以荷蘭為總部的出版商，擁有AC尼爾森及尼爾森媒體研究。該集團只有1%營收來自荷蘭，其餘都來自設有營運據點的其他80個國家。為了型塑在全球市場研究的影響，有家叫Opinion Access Corp.的研究公司宣稱他們能以10種語言作生意！當你在本書中學到行銷研究的同時，你將看到來自全世界的應用案例。我們將以地球標誌來強調這個主題。

至此你已了解行銷研究是行銷流程的一部分，而行銷研究扮演的角色是提供經營者資訊，協助他們制定更多有把握的決定。

複習與應用

1. 在行銷研究領域中，有哪些專業組織？請列舉。
2. 請列舉數個產品行銷失敗的例子。

3. 何謂策略？為何行銷研究對決策制定者而言十分重要？

4. 行銷研究目的為何？

5. 行銷研究的哪一項功能為基礎研究？

6. 試分辨行銷資訊系統、行銷研究，和決策支援系統間的異同。

7. 請線上登入或親自到圖書館，瀏覽些商業期刊，如：《廣告年代》 (*Advertising Age*)、《商業周刊》(*Business Week*)、《財星》雜誌 (*Fortune*)以及《富比士》(*Forbes*)。找出3間有使用行銷研究的公司，並列舉出來。

8. 挑選一間公司，並在圖書館或網路上搜尋該公司資訊。在對該公司和其產品、服務、顧客、競爭者有些認識後，列出你認為該公司管理階層在兩年前可能作的5個不同類型決策。針對各個決策，條列出公司主管所需資訊。

9. 假設你是一間位於南加州的成功行銷研究公司經營者，試就本章列出的熱門議題可能如何影響你的公司進行討論。

個案 1.1 GYM CITY

　　羅尼·麥克(Ronny McCall)是州立康復中心的主管，擔任此職務讓他認識運動健身的重要。他看到健康俱樂部及健身房，不但與日俱增且整天客滿。50幾歲的羅尼雖已屆退休之際，卻興起開設健身房的念頭。

　　羅尼觀察已開幕營業的健身俱樂部有一段時間了，他注意到多數業者在新興郊區大張旗鼓，安裝大型摩登器材。其中有一家全國連鎖業者，已拓展至每個郊區。他認為，這些業者搬至郊區的目的是因為郊區住戶的平均年齡低於都市；大型連鎖店業者為了吸引年輕人的目光，在媒體廣告策略上都對準年輕一代。從健身房的停車場，以及自清晨到深夜都客滿的跡象顯示，連鎖店的經營者命中目標。

　　羅尼決定使用地理人口統計資訊系統(GIS)，來提供他調查城市中不同區域的人口數據。GIS印證了他的觀察：郊區平均年齡較低，約30歲。但使

用GIS時，他發現市中心有個相當大的社群，收入遠超過郊區，且在該區沒有健身俱樂部或者健身房。然而，那一區的住戶較郊區的年紀大。GIS顯示羅尼所定義的那一區，平均年齡為50歲。但，老一代的人會健身嗎？

羅尼的妻子露西，給他參考另一份由Roper Starch Worldwide承辦的國際健康球類體育俱樂部協會(International Health, Racquet & Sportsclub Association, IHRSA)的研究報告。IHRSA是個位於波士頓的非營利組織，而這份報告的目的在探討目前消費者對健身的看法，是否與10至15年前那個強調創造堅實體魄的年代，有所不同。IHRSA有感今日消費者對「結實肌肉」的追求似乎不再，反而對運動帶來身體及心理上的益處較有興趣。Roper Starch Worldwide的研究發現證實這項改變：越來越多人為了降低心理壓力及預防疾病而運動。另外，研究也發現受訪成人中，9%目前已加入健身房會員，而18%則目前是或5年內曾是會員。此研究還提供下面這個表格，顯示健身俱樂部會員的年齡分布。

健身俱樂部的會員年齡分布

年齡	會員	非會員／非長期會員
18－29	10%	15%
30－39	33%	23%
40－49	22%	23%
50－59	17%	15%
60－69	9%	9%
70＋	7%	15%
中數	41	44

百分比總和並未達百分之百，因為受訪者回答問題不完全。
資料來源：IHRSA.

1. 根據個案研究提供的資訊，羅尼·麥克該追求在市區開設健身房的夢想嗎？為什麼？
2. 羅尼·麥克還應該蒐集其他什麼資訊？

學習目標

❖ 藉由學習行銷研究流程的步驟，深入了解行銷研究
❖ 了解與「流程」有關的一些重點
❖ 了解哪個步驟在行銷研究流程中最為重要
❖ 了解接下來本書將涵蓋的主題架構
❖ 了解在個案情境中的研究流程
❖ 了解行銷研究產業
❖ 學習將行銷研究的公司分門別類

行銷研究流程及產業

行銷研究人員對行銷研究流程非常熟悉,而這些步驟將成為本書接下來的架構。

行銷研究的流程

流程的11個步驟

在前一章,我們介紹了什麼是行銷研究,以及在協助經理人制定行銷決策上所擔任的角色。將研究專案以連續步驟來表達,具備了兩個目的:第一、這些步驟提供研究人員及非研究人員概觀整個研究流程;第二、藉由這些步驟,提供研究人員流程的概念,好讓他們知道該考慮哪些工作及安排順序。

行銷研究的流程,可歸納為11個步驟(如圖2.1):1.建立行銷研究需

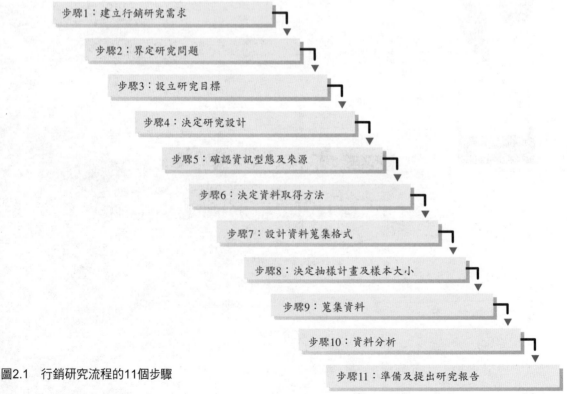

步驟1:建立行銷研究需求

步驟2:界定研究問題

步驟3:設立研究目標

步驟4:決定研究設計

步驟5:確認資訊型態及來源

步驟6:決定資料取得方法

步驟7:設計資料蒐集格式

步驟8:決定抽樣計畫及樣本大小

步驟9:蒐集資料

步驟10:資料分析

步驟11:準備及提出研究報告

圖2.1 行銷研究流程的11個步驟

求；2.界定研究問題；3.設立研究目標；4.決定研究設計；5.確認資訊型態與來源；6.決定資料取得方法；7.設計資料蒐集格式；8.決定抽樣計畫及樣本大小；9.蒐集資料；10.資料分析；11.準備及提出研究報告。

　　在討論行銷研究流程的步驟之前，有幾個與流程相關的先決要素需注意：

逐步流程的先決要素

▶ 為什麼是11個步驟？

　　將所有研究專案以11個步驟來表達並不周全。即使我們將研究流程以11個步驟概念化，但也許別人用更少或更多的步驟來表達。這些步驟本身並不重要，我們也可以簡化成3個步驟，即定義問題、蒐集分析資料、發表結果，如此一來卻顯得太過簡化；或改用20個步驟來呈現，但執行過程似乎又太過繁瑣。由此可知，這11個步驟可說是恰如其分，但需要注意的是，它們並非定律，毋需過於僵固使用。

▶ 不是每一個步驟都必須執行

　　不是所有研究都依照11個步驟進行。例如有時僅需一次次級資料的回顧，便可完成研究目標。我們提的這11個步驟是假設：研究流程包含檢驗次級資料，並繼續蒐集初級資料。

▶ 很少有研究是按部就班照著步驟進行

　　絕大部分研究並未依照流程的11個步驟，循序執行。有時，才剛開始蒐集資料，可能就決定要更改研究目的。研究人員並非死板的機器人，隨著計畫的進行，隨時決定下一個動作——包括回頭重新進行前一個步驟。

步驟1：建立行銷研究需求

當經理有制定決策的需求卻苦於資訊缺乏時，行銷研究的存在就有其必要性。但並非所有決策制定都需要行銷研究，且大部分的研究所費不貲，消耗時間。經理必須評估從研究預期得出的結果，以及取得資訊的成本是否划算。幸運的是，絕大部分的狀況並不需要行銷研究，若非如此，經理時時刻刻得埋首研究，而非制定及時決策。

步驟2：界定研究問題

假設決定了行銷研究的必要性，第二步便是界定研究問題。這是最重要的一步，因為假使定義錯誤，接下來的努力皆為枉然。因此，顧客及研究人員必須重視界定問題此一步驟。

藉由思考下列的問題來找到「問題」：「三支電視廣告提案中，哪一支將為這款餅乾帶來最多的銷售額？」、「我們應使用何種媒體，或哪一種媒體組合來促銷這款餅乾？」、「我們在餅乾促銷過程中，應發出何種訊息？」、「整體的餅乾行銷策略為何？」、「應該要投入餅乾業嗎？」如你所見，「問題」的定義可大可小，大至是否應進入餅乾產業，小至電視廣告的選擇。而適當的問題界定非常困難，此將留待第三章獨立出來討論。

問題主要來自兩個根源，**應當**(supposed)發生狀況A卻**發生了**(did)狀況B，兩者間的差距，及**發生了**(did)狀況A，但**原先可能可以**(could)發生狀況B的差距。通常我們指前者為「**無法達成目標**」。例如我們的目標為招收200位學生參與國際計畫，但只有145位加入；我們上一季銷售目標為40萬美元，而我們只賣出38萬美元，這些是我們通常會歸納為「問題」的。然而，關於後者所指的差距，已發生與可能可以之間的差距如：今年我們有200位學生參與國際計畫，但我們本來可以招到500位；我們上一季的銷售額為40萬美元，但我們原本可以達成75萬美元。通常，我們會稱這類型的差距為「**機會**」。

步驟3：設立研究目標

研究目標雖與問題界定相關，但其設立的意義在於：當達到研究目標時，便有資訊足以解決問題。看看以下例子：獨立保險代理商通常隸屬於「愛荷華獨立保險代理商協會」這類州立組織，其業務包括教育訓練、對州政府保險委員會的成員進行遊說、技術支援。假設該協會關心是否能回應會員的需求，則問題界定為：1.協會的服務是否受會員重視；或2.該改善哪項服務，才算合理。

設立研究目標的一個方法，是問「為了解決問題，需要什麼樣的資訊」？因為協會的服務功能已上軌道，因此研究目標應改寫成：

決定每項服務的平均重要性。
決定每項服務的平均滿意度。

注意到上述這些研究目的與界定的問題不同，此陳述研究員為了提供何種資訊來解決問題所必須作的事。倘若依實現研究目的來蒐集資料，則問題也將迎刃而解。上述協會可藉由蒐集兩個項目所需的資訊，將其服務依會員心目中的重要性排序，接著可找出高重要性、低滿意度的服務；反之，協會可確認高滿意度與高重要性服務存在的可能性，並盡量維持不要修改。

步驟4：決定研究設計

幾乎每個研究計畫都有差異，但可依其相似性加以分類。根據研究方法、蒐集分析資料的過程，可分為三種類型，稱為**研究設計**：1.探索性研究(exploratory research)；2.描述性研究(descriptive research)；3.因果性研究(causal research)。

▶ 探索性研究

探索性研究定義為當**對問題認知不多**時，以**無系統架構、非正式的方式**蒐集資料。利用圖書館或上網分析次級資料，是執行探索性研究最常見的方

式：如閱讀「美國人口統計(Demographics USA)」中，五年內人口的趨勢；或是銀行經理觀察顧客在等待排隊的情形等。

▶ 描述性研究

　　描述性研究則是指描述**行銷變數**的一系列方法及程序。描述性研究藉由回答**誰、什麼、哪裡、何時、如何**作等問題來描繪變數（不過不問為什麼，那是屬於因果性研究部分）。這類研究描述像是消費者態度、動機、行為、或競爭者數目及策略等。雖然大部分描述性研究是受訪者被問問題的調查，有時則是觀察並記錄消費者行為來回答問題。如Bissell公司執行有關蒸汽槍的行銷研究（蒸汽槍是一種使用蒸汽來去除頑垢的長形清潔器具），發放試用品並觀察使用者使用的狀況，得到除了應該為產品重新命名外，還學到某些重要的課程，引導他們成功地行銷Steam N Clean蒸汽槍。

TLG的會計長威廉斯(Jeff Williams)和執行長史密斯(Robert Smith)在為卡洛學院(Carroll College)的研究計畫決定合適的研究目標。

▶因果性研究

　　因果性研究有助於我們將因與果獨立出來，針對「**為什麼**」回答問題，故又稱為**實驗**(experiment)。有些研究者在作電話黃頁廣告的效果實驗時，得到顧客態度以及在品質與可信度的認知上，彩色比黑白好，照片比線條好。實驗也證實：依產品品項不同，得到不同的結論。對每年花大量經費在工商名錄作廣告的公司來說，這些都是強而有力的資訊。我們將在第四章討論研究設計。

步驟5：確立資訊型態與來源

　　既然研究的目的在於提供資訊以協助解決問題，研究員就必須在步驟5確立該使用的資訊型態以及來源。資訊型態有兩種，分別為**初級資訊**（primary information，特別為問題初步蒐集的資料）以及**次級資訊**（secondary information，已經存在的資訊）。後者較前者便宜且取得快速，因此進行時應從搜尋次級資料開始。例如一家尋找洗車廠開設地點的公司，就有可能根

Active **Learning**

　　幾乎人人都聽過「尼爾森收視率排行」，但知道細節的人並不多。你可以從哪裡找到這份排行？這份排行是如何蒐集的？觀眾的評量夠準確嗎？什麼是排行榜，什麼是占有率？尼爾森媒體研究會造成電視節目的取消嗎？了解一家在行銷研究產業有名卻不被認識的公司，這樣的機會降臨了，到www.niesenmedia.com回答問題，並提供參考建議吧！

尼爾森媒體研究，提供收視率資訊。Printed with the permission of Nielsen Media Research, New York.

Nielsen
Media Research

據每平方哩的車輛數及不同地區現存洗車廠的數量——這類次級資料來決定新洗車廠的開設地點。這是已蒐集好、只需少量付費就可以從既有刊物上取得的資料。有時研究公司蒐集資料，並散布給願意花費訂購取得資訊的人，如被視為指標性資料的尼爾森媒體研究(Nielsen Media Research)收視率排行報告。然而有些次級資訊並不完全，若前述的洗車經銷商想知道：德州奧斯汀(Austin)的車主對繳付年費供一整年無限次洗車有何反應？這種資訊就不存在，此時就需要特別蒐集初級資訊。我們將在第五章深入討論這兩種資訊型態，並從第六章起教你如何蒐集、分析，並提出初級資訊的報告。

⚞ 步驟6：決定資料取得方法

資料取得可透過各種方式達成。次級資料的取得管道在過去幾年進步神速，不但可取得資料的數量增加，更顯著的差異恐怕在於網際網路的提升，讓我們得以藉由Google這樣的搜尋引擎，輕鬆且快速地從線上資訊服務或提供該資訊的組織網站上擷取資訊。但並非所有資訊都已電子化，仍有很多有價值的資訊存在圖書館中，書本仍舊是很有用的資訊來源。

相對於次級資料的容易取得，獲得初級資料的複雜程度則大大提升。當研究者必須與受訪者溝通時，有三種主要的方式可獲得資料：1.人員訪問（例如家中受訪或電話訪談）；2.使用電腦輔助方式，如電腦輔助電話訪問(Computer Assisted Telephone Interview, CATI)，或以電子郵件寄送的線上調查；3.讓受訪者可以自行回答問題，無需經過電腦輔助（例如郵寄問卷調查）。在這三大項選擇中，各有數種取得資料的方式，其利弊將於第七章討論。當然，我們也可將第四種取得資料型態歸納進來——兩種或以上的方法組合。

倘若你的研究目標需求為觀察消費者而非與他們溝通，那麼你將使用第六章所討論的「觀察法」來取得資料。

WebSurveyor為協助研究者設計問卷的軟體，可透過網路管理問卷，並蒐集分析資料。

步驟7：設計資料蒐集格式

對一個行銷研究專案而言，用以詢問、記錄並蒐集資訊的格式設計相當重要。就算正確定義了問題，規劃了最適當的研究設計，倘若問錯問題，或以錯誤的順序問了原本正確的問題，都將功虧一簣。無論研究設計要求受訪者被訪問或被觀察，都必須用**標準化格式**的**問卷**來記錄資訊。寫了一長串問題的問卷，表面上看起來或許簡明易懂，但從中獲得的資訊卻可能華而不實，所以在設計問卷時要非常小心，務必要讓受訪者合作、誘導出客觀的資訊。也就是說，要儘量避免模稜兩可及引導性的問題。對於觀察研究，另外需要納入一些額外的考量。近年來，有軟體可以協助研究者設計問卷，有些甚至可以讓使用者在網路上刊登問卷（如WebSurveyor），當應答者完成問卷上的問題後，資料可以自動下載至SPSS(Statistical Package for Social Sciences)這類統計套裝軟體中分析。如何準備客觀的問卷？我們將在第九章討論。

步驟8：決定抽樣計畫及樣本大小

一般來說，執行行銷研究是藉由樣本、子集合來了解母體。如亨氏番茄醬以主婦為樣本，了解所有家庭主婦的烹飪喜好；Yanmar Diesels為了維修引擎以柴油技工為樣本，研究出他們對引擎設計的偏好。一個母體是研究者藉由樣本資料所提供的資訊，推論出整體，可以是「所有位在波特蘭、奧勒崗州大都會區的所有百貨公司」。母體應於研究目標確立時便定義清楚。

抽樣計畫(sample plan)指的是從母體中選擇數個單位，放入樣本當中的過程。有不同種類的抽樣計畫，且各有利弊。抽樣計畫將決定樣本有多大的代表性，你將在第十章學到如何根據研究目標來選擇適當的抽樣計畫。

樣本大小(sample size)是指決定母體的元素應放入的樣本。依照規則，樣本越大越好，但你也可能因為樣本太大而浪費研究經費；樣本太小又影響抽樣結果的準確度。在第十一章你將會知道如何計算樣本大小——大到足以獲得準確的結果。有像Survey Sampling International(SSI)或STS Samples這樣

2.1 全球性抽樣

SSI於1977年成立，為行銷研究產業的主要成員。該公司提供企業顧客以及其他行銷研究公司，執行研究的服務。透過公司的SSI-SNP®系統，顧客可自行設計線上抽樣模式，並以「分」為單位收到電子樣本。另外，SSI運用龐大資料庫，將家庭或企業的隨機數字撥號(Random-digit-dialed, RDD)樣本提供給顧客，甚至能過濾掉無法聯絡的電話號碼。甚至還以一種LIT®的服務，針對選擇的母體（例如寵物的主人或經常旅行者）進行抽樣。

Canada

eSamples
RDD Telephone
Directory-Listed
SSI-LITe Targeted
Business-to-Business
SSI-PhoneFind
Sampling Solutions
by Country
The Frame Newsletter
Contact Us

Canada is the second-largest country in the world. It is in northern North America, bordering the North Atlantic Ocean and North Pacific Ocean, north of the United States. Canada is a self-governing dominion with ties to the British crown. The capital city is Ottawa.

The population is approximately 31,592,805. The bulk of the population (88%) is between the ages of 15 and 84 years; nearly 19% is 14 years and younger; and nearly 13% is 65 years and older. The languages spoken are English 59.3% (official), French 23.2% (official), and other 17.5%. The country has 16,840,000 Internet users.

Source: The World Factbook 2002 and Wikipedia: The Free Encyclopedia

因應國際化，SSI提供全球超過20國的抽樣服務，對於各種基礎設施不同所造成的抽樣困難情況，具有突破性的意義。想像一下不同國家的地址形式、電話號碼系統、包含郵件地址、電話號碼、網址等資料庫之資料來源有多麼不同吧！

到SSI網站(www.surveysampling.com)的「依國家排列抽樣方案」(Sampling Solutions by country)選項下，看看哪些國家提供抽樣服務。

的研究公司，協助研究者作抽樣計畫以及決定樣本大小。

步驟9：蒐集資訊

資料蒐集非常重要，因為無論使用何種方法分析，總救不了爛資料。通常會由專業蒐集初級資料的現場蒐證調查公司，聘用受過訓練的訪問員蒐集資料。許多歸屬於抽樣誤差以外的**非抽樣誤差(nonsampling errors)**，可能在資料蒐集過程中產生，包括選擇錯誤的抽樣單位執行訪談、挑選的對象拒絕參與或電話訪談時根本不在、訪談對象故意提供錯誤資訊，或是僱用了自行捏造問卷的訪問員。就算誠實完成訪談的訪問員，也可能犯下像從表格上抄下錯誤資訊如此無心的非抽樣誤差。優秀的行銷研究者應避免任何在資料蒐

集過程中可能發生的錯誤，並應該執行產業控制來減少錯誤，例如執行「驗證」機制，研究者便可將蒐證人員捏造的非抽樣誤差降至最低。**驗證**是依據產業標準，隨機挑出行銷研究中10%的受訪者重新聯絡，詢問他們是否真的參與研究。因為無法像計算抽樣誤差般，計算出非抽樣誤差的數量，因此了解非抽樣誤差的可能成因，採取驗證機制以降低發生機率，便顯得相當重要。在第十二章你將會知道非抽樣誤差的成因，以及如何減少該項誤差。

步驟10：資料分析

一旦蒐集好資料，分析資料將賦予原始資料意義。**資料分析**(data analysis)包括將資料鍵入電腦、檢查有無錯誤、跑表格，以及各種統計檢驗。資料分析的第一步是**資料整理**(data cleaning)，是檢查並確認原始資料被正確無誤地輸入到電腦程式中。通常，資料分析會由SPSS這類電腦輔助軟體來進行。你將於第十三章到第十七章學到：如何進行基本敘述性資料分析、如何從資料作統計推論、如何辨認是否有顯著關連性、如何作預測，以及學會使用SPSS軟體來執行各種資料分析。

此圖表示此段內容可參考教學網站上的統計軟體應用

步驟11：準備及提出研究報告

行銷研究過程中最重要的階段與步驟，就是準備及提出研究報告。它的重要性在於適當地將研究結果傳達給顧客時最為顯著。有時研究者不但得繳交書面研究報告，另外還必須提出口頭報告，向顧客解釋研究方法以及研究發現。我們將在第十八章教導你如何撰寫行銷研究報告，並給予準備口頭報告的建議。

藉由行銷研究的流程，你了解到行銷研究為一個從個人經濟，發展至大型上市、跨國公司的產業。我們將從公司型態來解析此產業的架構，再就營

收來檢驗公司的規模,介紹你全球前25大行銷研究公司Honomichl的全球排行榜(如表2.1),並提供你Honomichl全美前50大排行榜。

Honomichl前50大排行榜

美商公司的營收每年在*Marketing News*上公布的Honomichl前50大美商公司排行榜(如表2.2),便是由這些公司在美國本土的營收計算而來。2004年美國前50名的公司總營收為63億美元,較前一年成長10%。更重要的是,Honomichl報告顯示該產業從1988到2004年之間的成長率為5.17%,十分樂觀。美國調查研究組織協會(CASRO)有許多成員,公司雖然不及50大的規模,但總數高達197家公司。若將這些公司的營收總數加上前50大的話,總數則增至69億美元——較2003年的64億美元為多。經過通貨膨脹的調整後,仍有6.40%的成長率。

名列Honomichl 50大的美商公司,也高度參與國際研究。他們在美國的營運所得為63億美元,但全球的總營收卻高達133億美元。換句話說,Honomichl前50大美商,52.70%的總營收為境外所得。這再次證明,行銷研究在產業營運上是非常國際化的。

產業競爭相當激烈,效率或效果不佳的公司很快就會被逐出市場。這幾年間,**策略聯盟**逐漸增加,使幾家專長分別在不同領域的公司能結成夥伴關係。例如一家專精於顧客諮詢的公司可能會與資料蒐集公司以及資料分析公司分別締結夥伴關係。這些優勢的結合,可能透過併購、契約協議等,造就一個更競爭的產業,就如同Synovate透過收購集結成的策略聯盟。2001年它在倫敦成立時叫Aegis Research公司,旗下擁有包括前Market Facts、BAI Global、Strategy Research Corp.、MarkTrend Research Inc.、Copernicus Inc.及IMR Research Inc.等公司,讓Synovate在美國市場上,以不同的公司型態提供多樣化的專業服務。

表 2.1　2004年Honomichl全球前25大研究組織排行表

排名 2004	排名 2003	組織名	總公司	所屬國家	網址（www.）	子/分公司所分布國家數[1]	全球研究所得營收[2]（百萬美元）	營收成長率[3]	總公司境外營收（百萬美元）	境外營收比例
1	1	VNU N.V.	Haarlem	Netherlands	vnu.com	81	$3,429.2	—4.0%	3394.7*	99%*
2	2	Taylor Nelson Sofres Plc.	London	U.K.	tns-global.com	70	1,720.6	2.0	1,430.6	83.2
3	3	IMS Health Inc.	Fairfield, Conn.	USA	imshealth.com	76	1,569.0	5.9	998.1	63.6
4	4	The Kantar Group	Fairfield, CT	U.K.	kantargroup.com	61	1136.3*	2.1*	776.0*	68.3*
5	5	GfK Group	Nurenberg	Germany	gfk.com	59	835.5	6.6	541.5	64.8
6	7	Ipsos Group S.A.	Paris	France	ipsos.com	41	753.2	7.5	633.8	84.2
7	6	Information Resources Inc.	Chicago, Ill.	USA	infores.com	18	572.8	3.3	193.2	33.7
8	9	Synovate	London	U.K.	synovate.com	46	499.3	1.1	407.7	81.7
9	10	NOP World	London	U.K.	nopworld.com	8	407.1	—1.3	297.3	73.0
10	8	Westat Inc.	Rockville, Md.	USA	westat.com	1	397.8	4.3	—	—
11	11	Arbitron Inc.	New York, N.Y.	USA	arbitron.com	3	296.6	6.1	11.9	4.0
***	—	INTAGE Inc.**	Tokyo	Japan	intage.co.jp	2	246.2	11.4	1.6	0.9
13	12	Harris Interactive Inc.	Rochester, N.Y.	USA	harrisinteractive.com	2	208.9	8.6	54.1	25.9
—	15	Wirthlin Worldwide	McLean, Va.	USA		—	185.3	10.7	38.7	25.2
15	25	Maritz Research	St. Louis, Mo.	USA	maritzresearch.com	4	177.2	2.9	53.5	28.8
16	13	Video Research Ltd.**	Tokyo	Japan	videor.co.jp	3	167.6	22.6	48.7	26.3
18	14	J.D. Power and Associates	Agoura Hills, Calif.	USA	jdpa.com	8	155.4	—0.9	2.3	1.3
19	16	Opinion Research Corp.	Princeton, N.J.	USA	opinionresearch.com	6	147.5	15.8	34.1	20.3
20	18	The NPD Group Inc.	Port Washington, N.Y.	USA	npd.com	11	139.2	12.4	56.5	38.3
21	20	Market & Opinion Research Int'l	London	U.K.	mori.com	2	81.0	18.4	28.7	20.6
22	21	Lieberman Research Worldwide	Los Angeles, Calif.	USA	lrwonline.com	1	77.7	22.9	2.4	3.0
23	22	Dentsu Research Inc.	Tokyo	Japan	dentsuresearch.co.jp	2	69.9	14.5	10.5	13.5
24	24	IBOPE Group	Rio de Janeiro	Brazil	ibope.com.br	15	64.5	34.3	0.2	0.3
25	—	Nikkei Research Inc.	Tokyo	Japan	nikkeiresearch.com	5	53.0	—5.0	14.3	22.1
—	23	Burke, Inc.	Cincinnati, Ohio	USA	burke.com	1	43.4	10.2	0.3	0.5
25	23	Abt Associates Inc.	Cambridge, Mass.	USA	abtassociates.com	1	41.5	—23.2	6.3	14.5
		Total					$13,320.3	4.8%	$8,944.4	67.2%

註
* 估計至前25大。
** INTAGE正清算其公司總營收。以此數據，該公司於2003年排行第十二。
*** 以2005年3月為會計年度結束。
[1] 擁有子公司或分公司的公司總營收。
[2] 以上資訊為各公司或各個公司提供，或兩者皆具備的國家。有些公司並非具研究得來，營收占總營收極大部分。
[3] 年成長率已調整，刪除併購或脫產而造成的營收增減（詳見公司介紹）；成長率根據祖國貨幣，因此包含全匯率換算影響。

表 2.2	2004年Honomichl全美前50大行銷研究公司排行表		

美國排名				
2004	2003	組織	總公司	網址
1	1	VNU Inc.	New York, NY	vnu.com
2	2	IMS Health Inc.	Fairfield, CT	imshealth.com
3	4	Westat Inc.	Rockville, MD	westat.com
4	5	TNS U.S.	New York, NY	tns-global.com
5	3	Information Resources Inc.	Chicago, IL	infores.com
6	6	The Kantar Group	Fairfield, CT	kantargroup.com
7	7	Arbitron Inc.	New York, NY	arbitron.com
8	8	NOP World US	New York, NY	nopworld.com
9	9	Ipsos	New York, NY	ipsos-na.com
10	10	Synovate	Chicago, IL	synovate.com
11	-	Harris Interactive Inc.	Rochester, NY	harrisinteractive.com
-	13	*Harris Interactive Inc.*	*Rochester, NY*	*harrisinteractive.com*
-	20	*Wirthin worldwide*	*McLean,VA*	*harrisinteractive.com*
12	11	Maritz Research	Fenton, MO	maritzresearch.com
13	12	J.D. Power and Associates	Westlake Village, CA	jdpower.com
14	14	The NPD Group Inc.	Port Washington, NY	npd.com
15	16	GfK Group USA	Nuremberg, Germany	gfk.com
16	15	Opinion Research Corp.	Princeton, NJ	opinionresearch.com
17	17	Lieberman Research Worldwide	Los Angeles, CA	lrwonline.com
18	18	Abt Associates Inc.	Cambridge, MA	abtassociates.com
19	21	Market Strategies Inc.	Livonia, MI	marketstrategies.com
20	22	Burke Inc.	Cincinnati, OH	burke.com
21	30	comScore Networks Inc.	Reston, VA	comscore.com
22	24	MORPACE International Inc.	Farmington Hills, MI	morpace.com
23	25	Knowledge Networks Inc.	Menlo Park, CA	knowledgenetworks.com
23	34	OTX Research	Los Angeles, CA	otxresearch.com
25	23	ICR/Int'l Communications Research	Media, PA	icrsurvey.com
26	36	Directions Research Inc.	Cincinnati, OH	directionsrsch.com
27	28	National Research Corp.	Lincoln, NE	nationalresearch.com
28	32	Marketing Research Services Inc.	Cincinnati, OH	mrsi.com
29	29	Lieberman Research Group	Great Neck, NY	liebermanresearch.com
30	33	Peryam & Kroll Research Corp.	Chicago, IL	pk-research.com
31	-	National Analysts Inc.	Philadelphia, PA	nationalanalysts.com
32	-	Public Opinion Strategies	Alexandra, VA	pos.org
33	27	Walker Information	Indianapolis, IN	walkerinfo.com
34	39	The PreTesting Co. Inc.	Tenafly, NJ	pretesting.com
35	19	C&R Research Services Inc.	Chicago, IL	crresearch.com
36	35	Flake-Wilkerson Market Insights LLC	Little Rock, AR	mktinsights.com
37	37	Data Development Worldwide	New York, NY	datadw.com
38	41	Schulman, Ronca & Bucuvalas Inc.	New York, NY	srbi.com
39	45	Cheskin	Redwood Shores, CA	cheskin.com
40	38	RDA Group Inc.	Bloomfield Hills, MI	rdagroup.com
41	47	Marketing Analysts Inc.	Charleston, SC	marketinganalysts.com
42	46	Market Probe Inc.	Milwaukee, WI	marketprobe.com
43	44	Savitz Research Companies	Dallas, TX	savitzresearch.com
44	42	The Marketing Workshop Inc.	Norcross, GA	mwshop.com
45	48	Ronin Corp.	Princeton, NJ	ronin.com
46	49	MarketVision Research Inc.	Cincinnati, OH	marketvisionresearch.com
47	-	Rti-DFD Inc.	Stamford, CT	rti-dfd.com
48	-	Q Research Solutions Inc.	Old Bridge, NJ	qresearchsolutions.com
49	50	Data Recognition Corp.	Maple Grove, MN	datarecognitioncorp.com
50	-	Phoenix Marketing International	Rhinebeck, NY	phoenixmi.com
		Total		
		All other (138 CASRO companies not included in the Top 50)****		
		Total (188 companies)		

（續下頁）

*估計至前五十名。

**針對某些美國及全球營收過高的公司，可能包含非研究活動——詳見該公司概況。

***年成長率已調整，剔除併購或脫產而造成的營收增減——詳見公司介紹。

****138家調查公司祕密提供其財務資訊給美國調查研究組織協會。另外，前50大公司中，35家公司占 CASRO成員44席。

表 2.2	2004年Honomichl全美前50大行銷研究公司排行表			（承前頁）
美國研究所得營收 （百萬美元）	較2003年成長率	全球研究所得營收 （百萬美元）	美國境外研究所得 收入（百萬美元）	美國境外 營收比率
$1,794.4	11.5%	$3,429.2	$1,634.8	47.7%
571.0	6.2	1569.0	998.0	63.6
397.8	4.3	397.8		
396.0	8.1	1732.7	1336.7	77.2
379.6	−2.2	572.8	192.2	33.6
365.7*	6.4*	1136.3*	770.6*	67.8*
284.7	4.8	296.6	11.9	4.0
213.0	3.6	408.5	195.4	47.9
193.9	7.8	752.8	558.9	74.2
193.5	0.4	499.3	305.8	61.3
154.8	2.5	208.9	54.1	25.9
116.7	5.1	155.4	38.7	24.9
38.1	−5.0	53.5	15.4	28.8
136.6	25.4	185.8	48.7	26.3
133.5	12.1	167.6	34.1	20.4
110.5	14.2	139.2	28.7	20.6
93.0	3.9	834.6	741.6	88.9
91.5	8.0	147.5	56.5	38.3
67.2	16.5	77.7	10.5	13.5
41.5	−19.7	41.5		
37.9	10.5	39.5	1.6	4.1
37.1	17.8	43.4	6.3	14.5
34.9	40.9	34.9		
31.1	15.2	34.5	3.4	9.9
29.8	14.6	29.8		
29.8	56.0	29.8		
29.0	−2.4	29.4	0.4	1.4
27.3	55.1	27.3		
26.7	9.4	29.7	3.0	10.1
25.4	14.4	25.4		
25.1	4.2	25.5	0.4	1.6
22.5	6.6	22.7	0.2	0.1
22.3	1.2	22.3		
21.2	116.3	21.2		
20.4	−19.0	23.8	3.4	14.3
19.8	21.5	20.4	0.6	2.9
19.7	7.0	19.7		
18.8	5.6	18.8		
18.3	4.6	20.7	2.4	11.6
17.2	11.0	17.2		
16.5	38.7	19.0	2.5	13.2
15.4	−9.4	17.0	1.6	9.4
15.2	33.3	15.6	0.4	2.6
14.1	20.5	24.6	10.5	42.7
14.0	3.7	14.0		
13.9	−5.4	13.9		
13.5	25.0	13.9	0.4	2.8
11.8	11.3	11.8		
11.5	7.5	11.5		
11.2	27.3	11.2		
10.8	6.9	10.8		
10.6	46.5	10.6		
$6,291.0	10.0%	$13,307.7	$7,015.6	52.7%
656.6****	9.1%	737.7	81.1	11.0%
$6,947.6	9.9%	$14,012.8	$7,096.7	50.5%

⚇ 行銷研究公司的分類

在行銷研究產業中,將行銷研究資訊的提供者稱為**研究供應者**(商)。有幾種方式可以區分,而我們以Naresh Malholtra的方法為主,再就我們的想法加以調整(如圖2.2所示),研究供應者可以被分為**內部供應者**或**外部供應商**。

⚇ 內部供應者

內部供應者為公司內部提供行銷研究的主體。不論內外供應者,公司大約花費1%的銷售額在行銷研究上。納貝斯可口公司(Kraft Foods)、IBM、柯達、通用磨坊(General Mills)、通用汽車(General Motors)、福特及克萊斯勒(DaimlerChrysler)都有自己的研究部門。

⚇ 內部供應者如何安排其研究功能?

行銷研究的內部供應者可篩選使用數種方法來支援研究功能。他們可以1.有自己正式編制的部門;2.沒有正式編制,但至少有一個人或小組負責行

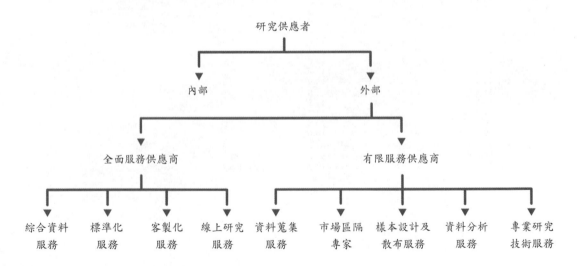

圖2.2 行銷研究供應者的分類

銷研究；3.不指派任何人執行行銷研究。

▶ 組織內部供應的正式部門

　　大部分大型組織有足夠的資源，編制自己正式的行銷研究部門。高銷售量（超過5億美元）的公司和許多大型廣告公司，都有自己的研究部門，且必須為其人事及設備等龐大固定成本的開支尋求正當性。這樣的優點在於：員工全面認同公司的營運以及產業的改變，為認定機會或問題等行銷研究行動，提供了較佳的視野。

　　行銷研究部門通常依據一個或數個功能的結合來組織：應用端、行銷功能，或研究流程。第一、依**應用端**安排，意味著公司安排其研究部門環繞著研究被應用的區域來劃分。例如有些公司同時提供最終消費者以及工業消費者服務，因此行銷研究部門可能被安排成兩個子部門：消費者及工業顧客，至於其他應用方式，則可能為品牌或產品或服務線等；第二、行銷研究依**行銷功能**來分(4Ps)，可分為產品研究、廣告研究、價格研究、通路研究等；第三、研究功能可依**研究流程**的步驟來分，例如資料分析或資料蒐集等。

▶ 沒有正式部門時的組織

　　假使內部供應者的公司決定不設立正式行銷研究部門，仍然有許多其他組成的機會。當沒有正式編制時，研究的責任可以指派給現存的組織部門。而這個方式會產生研究活動無法協調的問題：部門只顧著執行自己的研究而其他部門被蒙在鼓裡。補救的方法是組織一個委員會，或指派一個人作行銷研究，以確保全公司所有單位對研究活動的進行，有參與意見以及從中受益的認同感。有些情況是，被指派行銷研究的委員會或個人，可能實際執行一些有限的研究，但照理說，其主要角色為協助其他經理確認研究需求，以及協調外部供應者。這對正在進行研究中的部門，有個明顯的好處——降低全職員工的固定成本。在有些組織，可能沒有人被指派行銷研究的任務，在大型組織很少見，但在小組織卻是十分稀鬆平常的事。在非常迷你的組織中，老闆（經理）身兼數職，從策略計畫者到業務到安全人員，而且必須負責行銷研究，確保在決策制定前有足夠的正確資訊。

外部供應商

　　外部供應商是被僱用來完成公司行銷研究需求的外部公司。不論大小公司，不論營利或非營利，政府機關或學術機構，都會從外部供應者購買研究資訊。

外部供應商如何組織？

　　就像內部供應者，外部供應商以不同的方式安排。這些公司可依**功能**分（資料分析、資料蒐集）；依**研究應用的型態**分（消費者滿意度、廣告有效度、新產品開發）；依**地理區域**分（本地或國外）；依**顧客類型**來分（健康保健、政府、電信）；或者依照**不同的結合**來分。我們也發現研究公司會改變其組織結構來適應環境。例如線上研究在過去幾年內成長快速，Burke公司在行銷研究部門下增加了「Burke互動」部門。總之，許多公司使用多重基準來作組織安排。Opinion Research Corporation(ORC)是依照地理區域、研究應用類型，以及功能區分，共有三個事業處，分別負責：執行全球行銷研究、專營全球社會研究（如健康議題），及電信服務的提供。

外部供應公司的分類

　　你也許對圖2.2還有印象，我們將所有的外部供應商分成兩大類：全面服務以及部分服務公司。在接下來的段落裡，我們將定義這兩大類公司，並分別舉例。

▶ 全面服務供應商

　　全面服務供應商有提供採購公司全套行銷研究專案的能力。服務範圍囊括界定問題、詳列研究設計、蒐集並分析資料，到準備最終的書面報告。他們通常為具有能力以及必要設施，能夠執行全體研究的大公司——如VNU NV，在超過100個國家、由超過38,000名員工提供服務，公司可從事多方面

行銷研究。TNS-Global擁有13,000名員工，及在70個國家設立辦公室，所提供的全方位服務包括市場估量、市場分析、市場區隔、廣告、溝通、新產品開發、品牌績效，以及一整套其他服務。The Kantar Group(TKG)公司在全世界都設有營運據點，旗下包括Millward Brown Group、Research International、The Ziment Group等研究公司，提供TKG從事其他不同形式研究的能力。大部分出現在Honomichl 50大排行榜的公司，都有全面服務公司的資格。

▶ 綜合資料服務公司

綜合資料服務公司(syndicated data service)蒐集資訊散布給多重訂戶，以標準形式提供資訊或資料（不會依照任何顧客需求而特別訂製資訊）給大量公司，又稱為**企業聯合組織**。這些公司提供給所有聯合訂戶綜合資料，資訊研究公司及AC尼爾森即為兩家大型綜合資料服務公司。第五章將更詳盡介紹這類公司。

▶ 標準化服務公司

相對於提供綜合資料，**標準化服務公司**(standardized service firms)提供綜合行銷研究服務給顧客。每位顧客可獲得不同的資料，但蒐集資料的過程標準化，以低於客製化的專案成本模式提供給更多顧客。Taylor Nelson Sofres PLC(TNS)公司提供一項名為AdEval的服務，被廣泛運用於廣告前測上。此系統評估績效並提供診斷，列示出產品廣告失效的原因；Synovate的ProductQuest服務，則用在輔助開發新產品及改善現有產品；AC尼爾森以及其他公司，主要提供檢驗行銷的服務。

▶ 客製化服務公司

客製化服務公司(customized service firms)提供多種研究服務，依照顧客獨特的需求訂製。每一個顧客的問題被當成獨一無二的研究專案。客製化服務公司花費相當多時間與顧客討論界定問題，並且設計出特別滿足獨特顧客問題的研究專案。

InsightExpress®(www.insightexpress.com)成長快速，
並提供許多創新的線上服務。By permission,
InsightExpress®.
到Irwin Research Associates(www.irwinservices.com)
及Mktg. Inc.(www.mktginc.com)兩家公司網站瞧瞧。

▶ 線上研究服務公司

線上研究服務公司(online research services firms)專精提供網路上的服務。我們定義線上研究為使用企業網路（含網際網路），輔助任一階段的行銷研究流程，包括問題的發展、研究設計、資料蒐集、分析以及散布報告。實際上，以今天研究公司在至少一個或一個以上的步驟中使用到線上技術，所有研究公司都算是使用了線上研究。而這些公司恐怕被分類到圖2.2中其他類型的公司較為適切。然而，有許多公司專精於線上服務，他們的「生存之道」也是供應線上服務。例如Affinova因為其專賣軟體，使顧客可以線上設計喜好的產品屬性，將產品歸類為新產品；NFO公司於1999年成立的InsightExpress®，讓顧客輕鬆地設計問卷，並快速地執行線上調查。該公司成長快速，至今仍提供許多創新的線上服務；而後來的Knowledge Networks加入行列，則是因為它的創辦人想要提供顧客取得線上機率抽樣；最後的Active Group是執行線上焦點團體法。的確，圖2.2的各個分支均重複。我們不能宣稱那些分支互相獨立。事實上，我們可以證明當中有些因為其專精於某一研究流程步驟，可以被歸在下面要介紹的有限服務供應商裡面。

▶ 有限服務供應商

有限服務供應商(limited-service supplier firms)專精一項或多項行銷研究活動。他們可以專精每種行銷研究技術，像是眼球測試、祕密顧客(mystery shopping)；或特殊市場區隔，像是老年人；或是某種運動區隔，如高爾夫、網球等。有限服務供應商可根據他們的專長再深入區分，包括現場服務、專業市場區隔、樣本設計及發送服務、資料分析服務、專業研究技巧服務等。

　　資料蒐集服務公司(field service firms)專精蒐集資料。通常這類公司只限某一特定領域，執行電話訪談、焦點團體面談、驗證性樣本調查(mall inter-cept survey)、挨家挨戶調查(door-to door survey)。因為其昂貴並且維持其訪

Knowedge Networks(www.knowledgenetworks.com)
是一家提供許多服務的線上研究公司。
By permission, Knowledge Networks.

談者不易，公司會使用資料蒐集服務公司的服務以快速有效率地蒐集資料。專業資料蒐集服務公司底下還有其他專業分類，例如只執行深度訪談或只執行驗證性樣本調查。像Irwin Research Associates這樣的公司，以電話銀行(phone banks)而聞名，因為他們專精於電話訪問並在中央位置擁有大批電訪員。

其他有限服務公司，被稱為**市場區隔專家**，專精於為特別市場區隔蒐集資料，像是非裔美國人、西班牙裔、兒童、年長者、同性戀、工業顧客(industrial customer)、或一特定地理地區。Research Corporation專精拉丁美洲市場，JRH Marketing Services, Inc.則專精於行銷種族市場，尤其是黑人市場。其他公司有的專攻於兒童、老年人、寵物主人、航空公司、飲料、名人、大學生、宗教團體，和其他各式各樣區隔。C&R Research有一個部門，專精於西班牙裔以及拉丁美裔的市場，另外還有一個專攻兒童、少年（9至13歲)以及青少年（13至19歲）的部門，和一個專精50歲以上市場的部門。藉由專注某一市場區隔，這些有限服務供應商供給顧客目標市場的深度知識。

Survey Sampling Inc.是專精**樣本設計及散布**(sample design and distribution)的有限服務商，提供網路抽樣計畫、B2B樣本、全球樣本，以及很難找尋的樣本（低發生率樣本）。對一個有內部行銷部門的公司來說，向一個專業取樣的公司購買樣本，並寄樣本及調查問卷給電話銀行以完成調查的動作並不稀奇。如此一來，公司可以快速又有效地使用機率抽樣執行全國電話訪問。

此外也有提供**資料分析服務**的有限服務行銷研究公司。他們在研究流程的貢獻屬提供技術協助，使用更複雜的資料分析技術，例如**聯合分析**(conjoint analysis)，對資料進行分析並解釋。SDR Consulting及SPSS MR是像這樣的公司。

專業研究技術服務(specialized research technique firms)藉由專業管理一

The
PreTesting
company, inc.

請至www.pretesting.com網站，點選「Eye Movement Recording」參考The PreTesting公司簡報，並檢視他特特別的服務。
By permission, The PreTesting Company.

種特殊技術，以提供其顧客服務，這類型的公司包括專精於眼球移動研究的PreTesting公司。眼球移動研究用於決定廣告有效度、直接信函(direct mail)，和其他形式的視覺銷售。另外還有公司專精於祕密顧客、味蕾測試、香味測試、創造品牌名字、新產品及服務的新點子等等。

此處的研究供應者分類法不適用於每種情況。許多全面服務供應者也都可被歸為其他類。以TNS這種大型全面服務公司為例，它也提供非常特殊的資料分析服務。另外也有其他研究資訊供應個體，不屬於任何一類。例如大學或提供研究資訊的學術機構。大學所贊助的研究大部分也可歸類為行銷研究。

複習與應用

1. 試述行銷研究流程的步驟。
2. 試解釋研究目的不同於問題定義的原因。
3. 哪一步驟確保樣本具代表性？
4. 請上網搜尋行銷研究公司並瀏覽公司網頁。請問是否能從網頁上所陳述內容，確認研究流程有哪些步驟？
5. 觀察你所在社區的任一企業。檢驗該公司作什麼，提供何種產品及服務，其價格、促銷或任一面相。試決定，假如你管理該公司，是否會執行研究來確認公司產品的包裝設計、特色、價格、促銷方案等等。假如你決定不在上述任一方面從事行銷研究，試解釋原因。
6. 我們將公司分類為行銷研究資訊來源的內部供應者及外部供應商。試解釋其意義，並各舉一例。

7. 試將下列公司分類：

(1) 專門行銷給兒童的公司。

(2) 專營電腦化氣味生產器以測試對嗅覺的反應。

(3) 提供套裝軟體給進行統計檢驗的市場。

(4) 根據顧客樣品計畫提供給顧客樣品。

(5) 透過網路蒐集資料的公司。

8. 有自己行銷研究部門的公司具有什麼優勢？試說明三種可以內部組織該部門的方法。

9. 搜尋工商名錄中的「行銷研究」分類項目。根據所提供的資訊，試將你所在地區的研究公司分類（請參考本章所使用的分類系統）。

個案2.1　「哈比人的最愛」餐廳

　　傑夫‧迪恩(Jeff Dean)是一位餐廳供應商的銷售代表。他在大都會區工作，並拜訪城裡許多餐廳老闆，夢想著有一天他將經營屬於自己的餐廳。過去這15年在這行裡打滾的他，已存下一筆為數不少的積蓄，最近與他的銀行顧問沃克‧史翠普林(Walker Stripling)討論了一些財務數字，並且同意傑夫已有足夠的資本來挹注他的夢想。沃克十分看好傑夫，儘管沃克本身在餐廳生意上有許多失敗的嘗試，但他對傑夫豐富的餐廳供應商經驗，非常有信心。

　　傑夫不準備與其他人惡性競爭。這市場上有太多餐廳，除了室內裝潢及少數幾道餐點外，了無新意。他見過太多人云亦云的餐廳在很短的時間內便慘澹經營。儘管該城市不算小，傑夫還是計畫提供目前市場上所沒有的東西。傑夫過去幾年大量旅行，主要目的是參加餐廳供應商的秀展。這類秀展通常一年舉辦幾次，傑夫十分辛勤地參與，讓他學習到供應廠商賣給餐廳顧客的新產品及新服務。逛展覽的同時，傑夫和他一些朋友養成了參觀不同城市裡，各種不同類型餐廳的習慣。傑夫對紐奧良、舊金山、達拉斯、邁阿密、紐約等其他美國主要城市的餐廳都很熟悉。這些城市中不乏他所住城市

的餐廳，且為數很多。只有一種餐廳是其他城市有，而他所在的城市所沒有的。傑夫所住的城市沒有精緻高級的餐廳——以在高雅的氣氛中享用前菜、飲料、甜點為特色的餐廳。他拜訪過其他城市中高級餐廳的老闆，很多都很願意與他分享所學及經營經驗。傑夫籌劃他的餐廳很多年，從他拜訪過的餐廳中擷取最棒的概念，放進他的餐廳企劃中。他將餐廳命名為「哈比人的最愛」(the Hobbit's Choice)——傑夫是作家托爾金(J.R.R. Tolkien)的書迷，而他認為高級餐廳以哈比人作命名非常完美（哈比人是托爾金筆下創作出的角色，被塑造成善良平和、喜愛玩耍的人，其生活以吃為主要重心）。

1. 你會給傑夫‧迪恩什麼理由「毋需」作行銷研究？
2. 你又會給傑夫‧迪恩什麼樣理由要從事行銷研究。
3. 如果你是傑夫‧迪恩，關於是否執行行銷研究，你將有如何看法？為什麼？

個案2.2　ABR行銷研究

本書作者群感謝西佛羅里達大學行銷學助理教授——奧特藍博士(Dr. Harriet Bettis-Outland)協助修改本個案。

12月的一個週五傍晚，任職於ABR行銷研究公司的資深分析師——芭芭拉‧傑芙遜(Barbara Jefferson)正怒氣沖沖地加班，忙著完成PGP公司造型產品報告的媒體企劃部分。PGP考慮推出一款男士髮膠，因而需要男性髮膠使用者的人口統計資訊以及媒體接觸習慣。此外也需要與產品特性相關的產品屬性資訊，像是否太油、過黏、男人味、香味等等。

研究結果將在下週一下午提出報告，但一連串問題與延誤，害芭芭拉得在週五晚上加班完成報告。麻煩的是，她覺得她的上司米雪兒‧貝瑞(Michelle Barry)期待統計分析結果與ABR一開始提給PGP的建議相符。芭芭拉、米雪兒和PGP廣告代理商大衛‧米勒(David Miller)將在週一早上開會，為下午的報告作最後準備。

話說9月專案剛開始時，芭芭拉曾建議分別調查15個都會區，各250位男

性髮膠產品使用者。但PGP行銷部門的菲力浦‧派克(Phillip Parker)則認為每個城市的樣本數應該按照其人口數的比例，否則作出來的結果會不準確。除此之外，菲力浦也擔心都會區和鄉村區的男性，在使用習慣以及其他特徵上，會有顯著的不同。芭芭拉最後終於說服菲力浦：對較小城市來說，若按照人口數比例來計算樣本大小，可能只有25至50個訪談對象，不足以作出有效的統計結論。但將調查延伸至鄉村地區，將花費更多精準公司不願意花費的專案費用。

10月時，愛荷華州首府第蒙的前測顯示，問卷的長度使得每個完整的訪談花費高達18美元。如果在15個都會區實施，則全部費用將會超過預算。若調查費用超過65,000美元（包括先驅研究），則接下來的焦點團體、廣告包裝，及ABR對精準公司的合約等費用（見表A.1），將出現問題。

由於ABR前一年的生意平平，因此得到PGP這個具潛力、長期合作發展的新顧客十分重要。芭芭拉覺得自己就像是被槍管抵著，與米雪兒及菲力浦開會，而後者也同意將樣本數減低至200人，在11個都會區進行。

11月初，另一個問題緊接而來。在調查完8個都會區後，芭芭拉發現她的助理無意中將給廠商作電訪問卷中的媒體接觸習慣部分的問題刪除。米雪兒和菲力浦在被告知這個問題之後，對廠商表現出明顯的不悅。在經過多次討論後，他們決定補上新的問題，將最後3個都會區作完後，調查就此告一段落。

芭芭拉的現階段任務是將她手中的資料作最大利用。就最後3個城市回應類似、各分布在西東部及中西部等不同地區來看，芭芭拉對這3個城市的資料代表性頗具信心。因此，她決定針對她所得的結論及全國成年男性（視運動雜誌以及報紙為主要媒體）的不同處，來製作媒體計畫（見表A.2）。

芭芭拉對媒體計畫的信心，主要建立在與米勒的電話對話上。不久之前，大衛任職的廣告代理商主導一個鄉村衛浴用品的廣告，因此他有許多珍貴的資訊，包括PGP的競爭者可能會針對這個新產品如何回應等等。大衛同意芭芭拉的建議，也認為菲力浦會核准，並且願意在週一的會議為芭芭拉的媒體計畫背書。芭芭拉心想，大衛的協助頗具效益。

PGP的專案給芭芭拉很大壓力，尤其她最討厭晚上加班使她失去家庭生

表A.1 提案預算

電話訪談（包含先驅研究）社交突圍	$ 58,000
焦點團體研究	8,000
廣告前測	25,000
包裝前測	14,000
雜項支出	5,000
提案費用總計	$ 110,000

表A.2 媒體習慣的比較：3個城市男性髮膠使用者樣本與全美成年男性

		3個城市樣本	全美男性
雜誌：至少訂閱……	新聞	28%	19%
	綜藝	4%	3%
	體育	39%	20%
	其他	9%	6%
訂閱報紙 （至少一份）		35%	14%
喜歡音樂類型	流行樂	41%	38%
	鄉村歌曲	21%	30%
	爵士樂	15%	17%
	輕音樂	7%	6%
	談話性／新聞	5%	4%
	其他	11%	5%
每週看電視時數	戲劇類	6.3%	8.4%
	喜劇	7.8%	7.3%
	新聞	1.1%	3.9%
	其他	2.3%	3.9%
	總計	17.5%	23.5%

活，特別是假日！如果這個報告進行得不錯，且後續將有更多生意上門，芭芭拉臆測將有更多加班日子；但假使週一的報告進行不順，而且資料蒐集上的失誤成為討論議題，那麼她在ABR的事業前途也將遭受影響。不論哪種結果，她都暗暗感到不妙。

1. 仔細讀完上述個案後，請寫下你認為此個案中的議題為何。

2. 針對每項議題，請為其重要性評分（7為非常重要，1為非常不重要）。

附錄　從事行銷研究

也許你曾想過以行銷研究為職志。的確，這個產業中有許多職缺，我們將在此提供你一些選擇職業的資訊。更重要的是，我們將提供你一些可查詢更多從事行銷研究相關的資訊來源。我們強烈推薦你下列網站：

行銷研究協會 (Marketing Research Association, MRA)：www.mra-net.org。到「教育及事件」(Education and Events)主選單下面的「教育」(Education)選項，你可以參考「生涯導覽第一、二部分」(Career Guide Pt. I & II)，以及開設行銷研究碩士學位的大學院校名單。

調查研究組織協會：www.casro.org。在「大學及學院」(Colleges and Universities)選項下，提供開設行銷研究課程的學校名單。

關於行業前景

在進任何一行之前，都應該詢問該產業整體的前景為何。無線電製造業恐怕不是個會成長的產業！你也該知道該產業的成長率及專家說法。

有個查詢產業前景相關資料的不錯網站：職業展望手冊(Occupational Outlook Handbook)。你可以上www.bls.gov/oco/home.htm查詢，到「專業及相關」(Professional and related)選項下的「市場及調查研究員」(market and survey resarchers)。或直接在查詢關鍵字欄位鍵入「行銷研究」(marketing research)。

「職業展望手冊」預測經濟及行銷研究相關的工作，到2012年之前，成長率為21%至35%，較平均為快。因日益競爭的經濟體，對合格的行銷研究分析師的需求日益增加。行銷研究提供組織具價值的消費者回饋，讓公司可以評估其顧客滿意度，並制定更多有效企劃。如你所見，在公司尋求擴張市場、顧客被告知更多資訊的前提下，對行銷專業的需求便增加。

　　擁有碩士學歷的行銷研究分析師，在職場上普遍有很不錯的機會，尤其是在行銷研究公司。因為公司發現外包行銷研究服務，較擁有自己公司內部的行銷部門更為划算。其他像是財務服務組織、保健機構、廣告公司、製造消費品公司及保險公司等，都可能提供行銷研究分析師這樣的工作機會。

　　調查研究員的工作機會，應該與行銷及意見研究的需求增加成正比。該職位在商業市場及意見研究上特別吃香，因為這持續競爭的經濟體需要更有效及有效率地分配廣告資金。

關於薪資一事

　　另一個你該問的問題，就是這行中的薪水多少。一如其他專業服務，在行銷研究產業，薪資的差距也很大。然而，我們可以給一個基本的概念。「職業展望手冊」將行銷研究分析師與調查研究員分隔開來。這其間主要的差異為分析師參與整個研究流程，而對調查研究員的定義，與我們在本章討論的資料蒐集服務公司（在有限服務供應商分類下）大同小異。2002年行銷研究分析師的年所得中數為53,810美元。中間50%成員的所得介於38,760美元到76,310美元之間。最低的10%成員所得少於29,390美元，而最高的10%賺超過100,160美元。2002年僱用最多行銷分析師的行業及其年所得中數如下表所列：

公司及企業管理	$56,750
提供保險公司	$46,700
其他專業、科學及技術服務	$46,380
管理、科學、技術顧問服務	$44,580

　　2002年，調查研究員的年所得中數為22,000美元。中間50%成員所得介於17,250美元至38,530美元之間。最低的10%賺少於15,140美元，而最高的10%賺超過57,080美元。2000年在電腦及資料處理服務公司工作的研究員，所得中數為52,470美元，而在研究及測試服務公司上班的人則得18,780美元。

　　另一項資料顯示，在此行業中，入門工作的機會縮減，因為公司要可以

馬上上手的人。據統計，大學畢業生的起薪約為4萬美元。隨著經驗增加，研究員可以賺得六位數的薪資。1999年，研究者平均薪資為87,000美元，較前一年漲幅為5.3%。此外，1999年，82%的行銷研究者所得超過6萬美元。

關於工作種類

很好！讀到這邊表示你仍有興趣！在行銷研究產業有什麼樣的工作呢？我們建議你上MRA網站點選「教育及事件」(Education and Events)後再選「教育」(Education)選項，接著到生涯導覽I及生涯導覽II(Career Guide Pt. I & II)。一旦你熟悉了該導覽，到本章所列的Honomichl 50排行榜中的公司網站。大部分公司都會有「工作職缺」(Career with Us)或類似連結。查看他們敘述的職缺工作類型。當然，你也應該到學校的生涯中心，找學校提供的資源及協助，以助你找到你想要的工作。

關於資格需求

你擁有此行需要的特質嗎？最成功及有效的行銷研究員，其**人格特質**包括：好奇、資質高、創意、律己嚴、人際關係及溝通技巧佳、在嚴苛的時間限制下的工作能力、能與數字工作。此產業逐漸趨向中性（無偏好男或女）。IRI公司較希望應徵者主修行銷或相關領域。雖說大學畢業即可，但趨勢顯示，公司要求更高的學歷。大部分大學並不提供行銷研究學位。有一些學校有提供該學位，也相當不錯，我們將在之後報告。因此對於在行銷研究產業工作的人，最常見的學歷組合之一就是MBA主修行銷。其他的可能則為計量方法、社會學、經濟學的學位；大學中數學或物理的訓練，對想要進行銷研究產業的人，也是相當適合（並可被僱用）的教育背景。

關於行銷研究的碩士學位

在行銷研究產業工作，極推薦擁有研究所學歷。上CASORO網站

(www.casro.org)點選「大學及學院」(Colleges and Universities)，或上MRA網站(www.mra-net.org)點選「教育及事件」(Education & Events)然後選「教育」(Education)，你將找到「提供行銷研究學位的大學」(Universities Offering Masters of Market Research)。

❖ 了解需要使用行銷研究的時機
❖ 了解適當界定問題的重要性
❖ 了解並能分辨兩種問題的根源
❖ 了解徵兆和問題的不同
❖ 發現不同類型的問題
❖ 認識研究人員在界定問題時所扮演的角色
❖ 了解邀請標案和要求提案的角色
❖ 檢驗在個案情境中界定問題及研究目標的過程
❖ 了解研究目標的角色

界定問題

自本章起，將進一步了解行銷研究過程的步驟，首先是步驟1：建立行銷研究的需求。緊接著是步驟2，也是許多人公認最重要的一步——界定問題，並設定研究目標。我們將在本章探討問題本質，並以下列方法檢驗：問題重要性、問題根源、認清問題之道、徵兆的角色、問題的類型、研究人員的角色、界定問題的障礙，和邀請標案及要求提案的角色。我們也將闡述問題界定、研究目標及提案書的規劃過程。最後，我們將用一個你已認識的個案：「哈比人的最愛」餐廳，帶你進入決定問題及研究目標的步驟。

建立行銷研究的需求

行銷研究在何時並非必要？

我們在第二章時曾指出，並非每個決策都需要行銷研究。當時，我們聲明這是件好事，否則，經理將馬不停蹄地執行行銷研究，而非制定決策、經營公司。在此複習一下，當遇到何種情況時並不需要行銷研究：1.資訊已經唾手可得（還記得有些其他行銷資訊系統的元素也提供資訊）？2.時間不允許（可能在有限時間內亟需具競爭力的回覆）；3.資金不足；4.研究成本高於資訊本身的價值。當資訊的價值不易量化，經理應設法在決定是否行銷研究前便估算資訊價值。

界定問題

適當界定問題的重要性

界定問題有時很容易，像：「本品牌重視使用者的媒體接觸習慣(media habit)為何？」但有時卻很難定義，如：「我們的銷售額成長，但市占率卻下降。其中是否存在問題？若有，又是什麼？」無論難易，界定問題都可說

是行銷研究流程中最重要的一步。雖然聽來有些誇張，但卻千真萬確。為什麼？你學過行銷研究有11個步驟，也知道在決定研究必要性之後，下一步便是界定問題。若問題定義錯誤，會對接下來步驟的造成什麼影響？全部錯誤！若問題陳述錯誤，接下來你是否能正確蒐集資料，是否能正確分析，撰寫的報告是否具有意義，都無所謂了。界定問題一定要小心進行，接下來，讓我們看看幾個問題界定不當的例子。

▶ 我們如何打敗漢堡王？

麥當勞曾為一個命名為麥豪堡的新漢堡作行銷研究。雖砸下大筆行銷研究費用，但這款針對成人推出的漢堡並未達到預期。為什麼？分析直指「**不適當的問題界定**」。

麥當勞的管理階層亟欲對抗漢堡王的豪華堡。所有研究都針對消費者對漢堡尺寸及口味的喜好作測試。麥當勞的研究人員當初若不將問題定義為「我們如何打敗漢堡王」，而是針對成人速食消費者的喜好以及飲食喜好作研究，也許他們會創造出一款比漢堡王更好吃的產品。但事實並非如此。不當定義問題導致時間及金錢的浪費。

▶ 我們在口味評比上如何獲勝？

不當地問題界定也關係著成本的浪費，另一個例子在研究圈中亦眾所皆知。可口可樂在一種較甜口味的可樂評比上，老是輸給百事可樂。雖然可口可樂擁有驚人的市占率以及響亮的品牌，但主管將問題界定為：沒有像主要競爭者那樣可口的產品。接下來4年的研究，研發出一款較甜的可樂，終於在一次次的口味評比中擊敗對手。可口可樂在認定解決「口味評比問題」後，管理階層揚棄舊產品，而改生產這款較甜的新可樂。令他們驚訝的是，銷售直落，上千位消費者為了舊飲料而抗議。究竟發生了什麼事？許多行銷專家堅信：可口可樂並未正確地界定問題。他們定義「我們在口味評比上如何獲勝」，而非「我們如何對抗競爭者，並增加市占率」。可口可樂在市場上，靠著他們不夠甜的可樂，已拿下相當大的市占率。當他們停止生產原本的飲料時，顧客的選擇變少，就只剩甜可樂可以買了——這群人當初已避開

較甜口味的百事可樂，鍾情於可口可樂。在口味評比上的挫敗，導致可口可樂的行銷經理不當界定問題；他們想在評比上打敗競爭對手，而他們也確實達到目的。但捨棄現有產品去將就所謂口味較佳的可樂，使他們喪失原有的顧客。我們在此事後諸葛一番：可口可樂應保留原有的產品，另外再推出一個品牌，在較甜可樂的市場上競爭。而事實上，他們最後終於重新推出舊可樂作為經典可樂，並保留了較甜的版本。由於沒有針對正確的問題來研究，管理階層著實學了一次教訓，而且浪費許多時間及大把鈔票。這些例子在在說明：適當地界定問題的重要性。不當問題界定不僅浪費寶貴資源，還失去正確的行銷研究資訊，將管理階層導入正軌。如同可口可樂一例所示，另一個問題就是失去信用及對品牌忠誠的顧客。

▶ 問題的兩種根源

首先，我們須了解問題可能來自兩種不同來源。問題存在於**應當要發生**(was suppose to happen)及**已發生**(did happen)之間的差距。例如無法達成目標，便造成應當發生及實際發生之間的差異。這種情況通常是我們口中的問題。經理必須決定採取行動來拉近目標及實際成果的距離。然而，第二類型的問題，通常不立即被認定為問題。這種被稱為**機會**(opportunity)的問題，出現於**已發生**(did happen)但**可能可以發生**(could have happened)之間的差距。之所以被稱為「機會」，是因為情勢為「有利於進步或進展的情況或機會」。換種說法，**行銷機會**(marketing opportunity)定義為在買方需求或潛在興趣的範圍之下，公司有利可圖。例如我們的銷售額為X美元，但假如我們當時介紹一種新型、更具競爭力的產品，可能可增為Y美元。雖然我們以機會論之，但經理仍面對一個必須決定如何利用機會的問題。

👪 認清問題

優秀的經理必須找到問題，不然就將面臨下台的命運。經理必須對目標及實際成效有所認知，才能確認問題。另外，他們應設定目標及控制系統以監控成效。而這僅只是最基本的管理實務。許多資深經理同意，比發現問題

表 3.1 問題認定		
問題源頭	**範例**	**確認差距的系統需求**
應當要發生卻沒有發生之間的差距（無法達成目標）	銷售電話低於目標數字	控制系統基於設定目標及根據實際表現評估
	銷售量低於配額	
	投資回收率(ROI)低於目標	
已發生但可能可以發生之間的差距（我們應當且如何利用機會？）	銷售增加：假設我們將產品的外貌改變	認定機會的系統
	利潤增加：假如我們擴張新的銷售區域	
	投資回收率增加：假如我們擴大業務至新的產品領域	

更糟的是，不理會問題的存在，繼續埋首工作。除非有監控問題系統，否則經理不可能從失敗中確認問題而達成目標。監控系統又稱**機會認定**(opportunity identification)。表3.1列出認定問題根源的範例及系統需求。

徵兆在問題認定中的角色

在適當的問題界定中，「我們有了問題——我們正在虧錢」即屬於典型的陳述。研究人員和經理為何必須小心翼翼地避免混淆徵兆及問題。問題不在於「我們虧錢」，而是要從導致我們賺（或虧）錢的因素中找出問題。經理透過研究人員的協助，必須找出所有可能的成因，以找到正確的問題。

徵兆是目標測量上的一些重要監控器，在程度上的改變。例如顧客滿意度的測量在過去兩個月中，各下跌10%。此例中，徵兆的角色是警告管理階層，問題為應該要發生與正在發生之間的差距。徵兆也可能是觀察到一個隱含增長機會的市場因素，其狀況的改變。一家製藥公司主管看到人口統計預測得知，在未來十年，青少年人數會大幅度地增加。這可能是一個為青年問題（例如粉刺或體重問題）研發新藥的機會徵兆。請注意到徵兆也可能是負向的，但仍然帶來機會；預測報告指出，未來十年青年人數將遞減，公司是應該將研發方向從研發新藥給青年，還是轉向年紀漸增的嬰兒潮市場？這兩

種徵兆應由控制系統（目標／監控）或機會認定系統確認。然而，在此重要的觀念在於：**徵兆並非問題，前者應用以提醒經理認清問題。**

問題類型

沒有問題是相同的。我們已建立起觀念，得知問題的根源可能不同：有些起源於承認無法達到目標，而有些則是嗅出機會。我們也可將問題以特定或籠統的方式來分類。有些問題非常特定：納貝斯可口公司的行銷研究主管可能會想知道：「創造麥斯威爾咖啡的品牌認知，以及誘發興趣的最佳包裝設計是什麼？」或者「在這三種新餅乾食譜中，何者將會最受歡迎？」有時問題也有可能非常籠統：「我們應不應該修改整個行銷計畫？」、「我們應該進入咖啡產業嗎？」顯而易見，這兩個極端說明了經理面對的問題十分廣泛。通常，問題越特定，行銷研究者的任務越容易。當問題被管理階層以特定詞彙狹窄地定義，對研究人員來說，將這類型問題轉型成明確及定義完善的研究目標，其困難度便大幅降低。反之，面對模糊籠統的問題界定，研究者的任務將更具挑戰性。

研究人員在問題界定中的角色

不論何種類型的問題，研究人員都有義務協助經理，確保他們正確界定問題。當經理已經握有以非常特定詞彙定義的問題，而請來研究人員的情況下尤其如此。一個認為問題與優良餅乾食譜相輔相成的經理，可能對連續5年的餅乾銷售下滑感到驚恐。也許，研究人員應詢問經理：你確定你該待在餅乾烘焙業嗎？問題界定專家，勞倫斯·吉柏森(Lawrence D. Gibson)寫道：「研究人員應抗拒隨第一個提議的問題界定起舞的誘惑。他們應花些時間作自己的研究，發展並思考其他的問題界定。」這額外的研究可能需要透過一個叫**情勢分析**的形式。情勢分析是一個蒐集背景資訊及與問題相關資料的初步研究形式，可能對適當界定問題有所幫助（我們將在第四章介紹探索性研究設計時，將討論幾種使用在情勢分析的方法）。

研究人員應關心顧客的長期福祉。因為研究人員習慣處理問題界定，所以應協助經理明確地界定問題。前者所提供的研究由此提供真正的價值，協助確保長期合作關係。

問題界定的障礙

先前已經讀過一些公司錯誤界定問題的案例，從中可發現有兩個阻礙著適當界定問題的因素：經理無法認清與研究人員溝通及緊密互動的重要性，以及研究人員與經理之間的差異，可能妨礙溝通。

▶ 無法在問題界定的情況下改變行為

經理人有時無法認清他們需要改變習以為常的行為，以適當地界定出問題。他們習慣有效率地與外部供應商交流。而供應商被要求快速介紹產品或服務，由現存的採購條件檢視之，而後決策隨即制定完成。求最少的互動與牽連，以達成最多的採購決策，才被視為滿意，也才能更有效率地完成生意。不幸的是，在面對外部行銷研究的供應者，這種行為往往沒變。雖然某種程度上不太可能，但在行為處理上，面對同一家公司的不同部門，或在此指內部行銷部門供應行銷研究確實都是如此。查德‧肯恩(Chet Kane)指出經理授權行銷研究專案，卻不親自參與。他認為經理應該參與設計研究，並實地走到現場，傾聽消費者的第一手資訊。經理越參與研究，將越了解透明的產品（透明的啤酒、透明的漱口水以及透明的可樂），確實發現是基於新奇或透明產品一時的流行。若經理更深入參與研究流程，他們會了解這點，因為「透明」的產品最後證明是失敗的。

經理必須為徵兆的改變找尋可能因素，或確認並決定追求機會成功的可能性，這需要長時間作深度的溝通。為了追求效果，這個過程往往進行緩慢。經理並不清楚他們的行為應該調整，而這導致確認真正問題的困難性。有經驗的研究人員非常清楚這種情形，而通常由他們決定是否要適時知會管理階層、他們被期待的角色以及這行銷研究第一步的重要性。

▶ 經理及研究員之間的不同

行銷經理及行銷研究員看這世界的角度不同，因為他們的工作職權不同且背景有顯著相異。例如經理位於**職權職位**(line positions)，而研究員身處**幕僚職位**(staff position)；經理負責產生利潤，而研究員負責產生資料；經理受過一般決策制定的訓練，而研究員受研究技巧訓練。當需要深度、持續的溝通以及信任時，這所有的不同阻礙了雙方的溝通。然而，這之間的差異逐漸縮小，因為今日的大學生以及明日的經理，站在更欣賞行銷研究技術面的角度，使用曾經只有電腦專家才會使用、你之後將學會的SPSS分析——而你將比前輩更有能力與行銷研究員溝通。

在進行下去之前，為給你夠深入的認識，我們請到一位問題界定專家——榮‧塔森(Ron Tatham)博士，他在行銷研究業界有長達30年經驗，與你分享他對這個主題的認識。塔森曾經是Burke公司的總裁，與許多經理互動，嘗試確認適當的問題，並寫下Marketing Research Insight 3.1，你將從中獲得許多他對這困難卻重要的一步的看法。

邀請標案(ITB)和要求提案(RFP)的角色

ITB是**邀請標案**(invitations to bid)的縮寫，有些公司則是使用RFP，意思是**要求提案**(requests for proposals)。公司以這兩種文件來知會行銷研究公司，公司希望收到執行研究的標案或提案計畫。無論哪一種，在問題定義流程上，研究者及經理的角色已經改變。

當一個公司發出ITB或RFP時，通常已經定義好問題或已經決定研究目的。再不然，管理階層至少已經想過大部分與定義問題相關的議題，如此可以避免很多原先不必要的討論。例如一個經理決定要評估顧客滿意度，可以針對顧客需求來對症下藥。在問題已經定義好之後，他提出ITB或RFP給在這一領域競標的幾家行銷研究公司。

雖然說RFP和ITB型式都不大一樣，但卻包含一些共同的元素，大致如下：

❖ **簡介：**公司背景資訊與RFP的關聯性。

❖ **計畫範圍：**基本問題的描述。

❖ **任務說明：**著手進行工作的說明以及要產生並呈遞給公司的成果。例如任務說明可以是「1,000位最近使用公司服務的用戶調查報告，以文字、圖表和相關統計分析來呈現」。

❖ **評估標準：**評估提案書的標準或準則，通常是以評分系統呈現：在提案書中的每一個部分，根據計畫工作的品質分別給分來評定。

❖ **截止期限：**上述任務達成遞交的截止日期。

　競標說明：一些必要項目，像是提案截止日期、要求提案單位特別聲明的資訊、提案書長度以及必要內容（例如可能出現在問卷上的問題範例等）、計畫發包出去的工作、付款時間表、公司負責此專案的聯絡方式等。

　　對於適當的道德行為，以ITB及RFP為敏感的議題。一家公司若以我們的名義寄出偽ITB（或RFP），只為了得到研究的想法，是極不道德的作法。

MARKETING RESEARCH INSIGHT　　　　　**GLOBAL APPLICATION**

3.1 根據30年老經驗的問題及研究目標界定的看法

　　問題若界定得當，除了發現及建議以外，涵蓋所有最終報告的所有元素。若你認為聽起來不可能，我將解釋我所謂的「問題界定」。

　　當我聽到某經理對研究人員說：「我想要採用『填空題』。」我會圓滑地問：「你想要用這些資訊作什麼決策？」通常經理只是瞪著我，然後問：「你這是什麼意思？」我的回答台詞總是：「如果你不是要作決策，你不需要資訊。如果你是要作決策，你確定這些資訊是最能幫你下決策的嗎？」

　　任何管理的要求，必須建立在決策上。經理的職責是維持或增加其公司或品牌的價值。所要求的任何知識，都必須針對強化價值的決策。經理不能只是想知道什麼，他們必須要作決策！

　　以上帶領我們到導引經理及研究工作的關鍵元素，如下所述：

　　決策是什麼？若無認可決策的選擇方案，決策無法形成。

　　例1：我要從兩支廣告提案中，選擇較佳的那支。此處選擇方案清楚且未經推理（針對此點稍後解釋）。

例2：我要從兩個配方中選擇其一作為產品。其中一個配方較貴，但提供消費者較多益處。因為這是一個非常成熟的品項，而且價格差異很小，我們相信我們必須大幅增加以目前價格銷售的銷售量，來確保較貴的配方。

例3：我要選擇最佳方式對目標市場傳播我產品的好處。此處我們含蓄地表達選擇方案可能存在，但仍未說明（針對此點稍後解釋）。

選擇方案(alternatives)為何？ 在例1中，選擇方案已表達給研究人員了；例2，選擇方案很清楚；例3中，檢驗選擇方案本身就是研究專案。通常，探索性研究協助研究人員決定應該繼續進行哪個方案。換句話說，若我們無法確定我們的方案，我們得另外指示一組研究人力決定哪些方案該存在（這又是我們要作的決定）！

需要什麼資訊？什麼是適當的測量單位(unit of measurement)，以提供決策制定？ 在例1中，經理要從兩支廣告提案主張中選擇較佳的一款。哪支讓人印象深刻？哪支較令人信服、更具關連性？最好的廣告是否最不易被誤解？是否更令人喜愛？在鼓勵訊息接收者的某些行為是否更具說服力？在鼓勵訊息接收者的某些意圖，陳述最為緩和？什麼叫作「比較好」？在測試階段，若你在研究產業中張望，幾乎對優良宣稱沒有概念。此時研究員就會附加上像測量品質，以及提供較好的定義之類建議。若公司有宣稱測試的經驗，並對構成「較佳的」宣稱已達成共識，將會有幫助。最終，「較佳」的定義必須根據共識或不能制定的決策來評定。

需要的資訊明細單必須包含誰擁有、存在於何種**參考架構(frame of reference)**下、能夠準確給予我們資訊的能力、擁有者是否願意給我們。以參考架構為例，製藥公司經理會認定是特定藥的用量、形式、與相近競爭者的差異；內科醫生則認定為有關病人的徵狀、病情嚴重、其他藥物的反應等。而藥廠經理必須考量內科醫生的參考架構，而非自己認定的。

行動標準(action standard)為何？ 例2描述對特定行動標準的需求。假設我們已界定了測量單位為使用產品後有購買意願（想像找人使用肥皂一星期、讓小店家使用清潔產品、給予製造供應原料的免費樣品給顧客等），允許我們選擇新配方並降低錯誤決策風險的差異多大？我們都知道採購週期短的低成本產品，較高成本、購買週期長的產品能引發較高購買意願。誇大其詞宣稱其購買的可能性低至兩、三成，高至八、九成。我們須同意我們將測量什麼，以及我們如何根據測量作決策。有人可能說：「我們有此品項過去的證據顯示，10%宣稱購買意願的差異，轉換成2%在市場上銷售量的差異。因此，既然我們需要3%在銷售上的差異，來支持我們的新配方，我們在兩個產品之間，必須最少看到15%的宣稱購買意願的差異，才能讓我們選擇較貴的配方。」

當我想到行銷問題，我通常想到下列事情：

❖決策。
❖選擇方案。
❖需抓住的資訊以及回應者的參考架構。
❖測量單位。
❖得以作決策的行動標準。

假如我可以在行銷管理階層會議後，寫出這五個項目清楚的討論內容，那麼離完成最終報告，就只需要調查結果而已。既然我有行動標準，可以比對行動標準的調查發現，將可以告訴我適當的建議。

我在行銷研究業界工作超過30年。經理來我面前跟我說「這次我要作的決策」，並繼續解釋決策是如何制定的情況屈指可數。大部分情況都

是聽到經理說「這是我想要知道的」，而在討論完從決策至行動標準的問題界定流程後，經理對於自己要的通常南轅北轍。你可以想像當經理沒有嚴密地界定他們想要解決的問題時，所說「這是我想要知道的」，而當研究人員接受「這是我想要知道的」的表面價值，通常最後都會以一個引發管理階層「很有趣，我學到不少市場訊息，但我不確定下一步該作什麼」的報告評論總結。

當研究人員使用之前介紹的問題界定四部曲，研究人員便可以提出一個讓管理階層針對決策如何繼續，而非如何作決策的方案。如何作決策已在問題界定階段確定。身為積極的資訊提供者，這通常導致研究人員變成決策制定小組一員的關鍵。

從純經濟角度來看，照著這些指引也可節省研究的時間及成本。問卷將有重點，因為研究問題界定資訊及測量單位。就我的經驗來看，這可以縮短問卷，使受訪者較易於回答。分析會非常集中，因為行動標準已明確地陳述。當行動標準沒有被明確陳述而分析是由外部研究提供者作的，研究員通常花超過一半的時間在釐清顧客真正要什麼。結果通常是200頁的圖表及討論，而少於10頁是在解釋並支持決策。在我的職業生涯中，我見過許多次這樣的流程，以較低成本，產生較佳的決策。

榮・塔森，前Burke總裁暨首席執行長，也是作家、教授及顧問。塔森博士在行銷研究業界及學術界均享有盛名。在加入Burke之前，他在亞利桑納州立大學商學研究所擔任教授，也任教於辛辛那提大學以及肯特郡大學。曾有合著著作《多變量資料分析》(*Multivariate Data Analysis*)。他曾服務於喬治亞大學行銷研究顧問團，及德州大學行銷研究碩士顧問團位於阿靈頓與AC尼爾森中心的威斯康辛外部顧問團。塔森在數個專業組織中相當活躍，曾在專業團體前發表超過200場研討會以及論文發表。

規劃行銷研究提案書

研究目標是來自經理及研究員之間的會議，追求問題的解決，所下的重要結論；那是研究員與行銷經理交談的第一項任務，並發展問題的完整企劃。**行銷研究提案**(marketing research proposal)是一份由研究員準備的正式文件，主要有三個功能：1.陳述問題；2.明確說明研究目標；3.詳述研究方法。研究員提案以完成研究目標，所以提案書有時也包含4.時間表；5.預算。

Active Learning

想見識真正的RFP或ITB嗎？你可在網路上搜尋得到。對公司來說，網路是傳播其RFP或ITB非常有效的媒介。供應公司在網路上搜尋這樣的需求張貼，並且使用網路來回覆。到Google的進階搜尋，在「包含任何一個字詞」中，鍵入ITB RFP，在「包含完整的字句」中，鍵入行銷研究。你將會找到許多網頁。找尋一下，你將發現真正的ITB及RFP，也會發現一些專門協助你寫一份有效的ITB或RFP網站。

我們討論了正當地界定問題的重要性，也學到與問題本質相關的事情：如何認清一個問題、不同的問題根源、不同類型的問題、適當地界定問題所面臨的阻礙，以及ITB與RFP的角色。

問題陳述

研究提案書的第一步是描述問題。通常由單一的陳述句完成，很少會有冗長的描述。問題陳述的四大代表因素：1.公司、部門或委託人；2.徵兆；3.可能的因素；4.提供的研究資訊，預期將如何使用。正式行銷研究提案書的問題陳述，段落必須確認研究者以及經理完全同意這些重要的議題。

研究目標

在陳述問題之後，研究員必須反覆重申特定研究目標。如前所述，研究目標明確說明將蒐集何種資訊來滿足資訊落差，拉近落差使經理可以解決問題。提案書提供了一個機制，確保經理及研究員雙方皆同意，透過提出的研究，將蒐集何種確切資訊。

設計研究目標中，研究員必須記住，每項研究目標有四個重要的條件：**明確**(precise)、**詳細**(detailed)、**清楚**(clear)、**可操作**(operational)。明確，亦

即用詞必須讓行銷經理了解，並精確地抓住每個研究項目的精華；詳細，指詳盡闡述每一項目，必要時可提供例證，只有對於要研究什麼及資訊將如何呈現給經理，都毫無疑問，才可算是目標清楚；最後，研究目標必須是可操作的。研究目標必須定義其測量的概念(construct)，這樣的定義又被稱為**操作型定義**(operational definition)，例如購買意圖或滿意度，即敘述該概念在經驗運作下如何被測量。假設我們想測量學生對公寓套房特色的喜好，我們可以對每一特色作一個7等級量表，從1：非常不喜歡到7：非常喜歡。

▶ 概念擔任的角色

概念是一個抽象的構想，由認定相關之特定事件推測而來。例如「品牌忠誠度」成為概念時，即表示行銷者提到某人十次有九次會買同一個牌子的特殊事件。概念提供我們代表真實世界現象的心理觀念。當消費者看到一則產品廣告，而後論述「我要去買新產品*X*」，行銷者將此概念跟隨的現象，貼上「購買意圖」的標籤。行銷者使用許多與市場上發生現象關連的概念。喜愛、認知、回憶、滿意度等等，這只是其中幾個例子。

你可以參考由巴西**ABACO**行銷研究顧問公司的亞倫・葛伯斯基(Alan Grabowsky)所使用的概念。他們藉由AdVisor程式測量溝通訊息的「表現」，例如測量一則廣告，藉由測量像影響／可記憶程度、信賴度、了解程度等等。看每個概念問問題，並了解其操作性。

行銷研究者發現概念非常有用，因為一旦決定某一特定概念在問題的可實行性，就可用客製化方式操作或測量這些概念。而這些知識對發展研究目標相當有用。此外，許多概念彼此相關連，為模型所解釋，而這些關連對解決問題很有用。

♔ **研究方法細節**

最後，研究提案書將詳述提議的**研究方法**(Research method)。也就是敘述資料蒐集方法、問題設計、抽樣計畫以及所有其他提案的行銷研究計畫，詳盡到研究員認為經理可以理解計畫的程度。提案書也將包含推估的時間表

亞倫‧葛伯斯基是巴西ABACO Research的總裁。

以及列出研究所花費的成本。提案書在格式及細節上差異頗大，但不脫我們介紹的這幾個基本部分：問題陳述、研究目標、提議的研究方法（包括時間表及預算）。

複習與應用

1. 試說明行銷研究不必要的情況為何？
2. 請解釋為何界定問題為行銷研究流程中最重要的一步。
3. 請敘述行銷問題的兩個根源為何？
4. 認清問題中徵兆的角色為何？
5. 在問題界定中，研究員的角色為何？
6. 試就經理和研究員之間的不同，討論之。
7. 討論邀請標案及要求提案的道德問題。
8. 請解釋當經理面對一個機會而未能達到目標時，認清問題及建立研究目

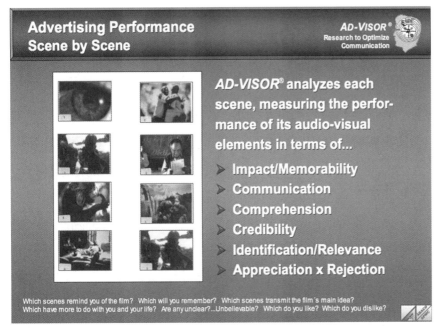

ABACO Research(www.abacoresearch.com) 使用概念測量促銷訊息的成效。By permission, ABACO Research, São Paulo, Brazil.

標流程之不同。

9. 界定問題中,「假設」的角色為何?

10. 行銷研究提案的組成元素為何?

11. 如果以青少年看MTV頻道為例,提出頻道(也就是「品牌」)忠誠度的概念。寫出至少三個不同的定義,一個研究員可能在調查MTV的忠誠度中,如何設計他的問題。範例:「頻道忠誠度是對每一特定娛樂,觀看並陳述喜好的一個特定頻道。」

12. 當地凌志汽車(Lexus)業者認為超過5萬美元的四門房車應該可以吸引想買新車的凱迪拉克車主。業者想透過個人化包裝的**直效信件**(direct mail)活動,給車齡超過兩年的凱迪拉克車主。每個包裹內會包含Lexus轎車特色的專業影片,並以邀請參觀凌志營業所作結束。此戰略從未在這個市場使用過。請陳述行銷問題,並指出可以幫助凌志業者了解凱迪拉克業者對此宣傳可能的反映的研究目標。

個案3.1　「哈比人的最愛」餐廳：抉擇，成立與否

在這部分，我們將延續我們貫穿全書的個案——哈比人的最愛。你在第二章時已認識這家餐廳。請回頭再複習一遍，因為我們將在此章提供許多場景的敘述。且必須再次重申的是，這個個案將出現在許多章節的個案部分，之後在資料分析章節中，也是許多例子的基礎。接下來就是個案的續集。

雖然傑夫‧迪恩覺得他已經為開業作好了準備，他的銀行顧問沃克‧史翠普林也鼓勵他，但他還是有些顧慮。他從朋友那裡學到不少餐廳經營及高級餐廳的運作經驗，但他不曉得他住的城市是否對這樣的餐廳感興趣。雖然市區有接近50萬的人口，卻不能保證有足夠的民眾，擁有高收入及品味，讓他生意興隆。他需要更多額外的資訊，確認那樣的市場會存在。他不想虧掉這15年來的血汗錢，另外還需要獲得額外的資訊，好幫助他作其他決策：如何在鎮上推廣餐廳。其他餐廳業主是有告訴他如何推廣沒錯，但那些餐廳在當地都已經是信譽卓著。他應該在哪種媒體推廣一家新的餐廳呢？此外，有許多事情等著他作決定，像是餐廳裝潢、消費者願意花在高級主菜的價格、最精華的地段等。目前，他的銀行顧問願意與他合作，融資也很順利，傑夫準備好為「哈比人的最愛」作其他與開張有關的決策。

傑夫告訴沃克他對裝潢、地點考量、推廣等決策。沃克則告訴傑夫，他目前的餐廳顧客沒辦法提供多大的幫助，因為傑夫的餐廳在這個市場上是絕無僅有的。沃克建議傑夫找CMG Research幫忙（CMG是一家全方位服務公司，提供客製化的研究。這間研究公司已經在市場上超過30年了，在許多城市都有辦公室），並給了傑夫一張CMG的名片，當天稍晚，傑夫打到CMG，最後被轉到專案主管柯瑞‧羅傑斯(Cory Rogers)手中。

柯瑞請傑夫大致說明希望從CMG得到什麼。在傑夫解釋他想蒐集一些研究，以便制定開一家高級餐廳的決策後，柯瑞回覆他，待他確定CMG目前是否有利益相衝突的顧客後再行聯絡。隔天，柯瑞打電話給傑夫，並預約了一個半小時的會談。

稍後那天，傑夫抵達CMG的辦公室，接受柯瑞的接待。柯瑞安排了一個舒服安靜的會議室，並交代助理不要打擾他開會。柯瑞鼓勵傑夫自在地說明他的想法，並向他保證公司沒有其他顧客對同樣的生意感興趣，另外傑夫說的所有事情都會是商業機密。於是，傑夫將全部想法解釋給柯瑞聽，包括他在這產業工作15年後，想開家餐廳的願望。柯瑞針對傑夫將來得面對的事情，問了些探索性的問題。即使傑夫向柯瑞保證融資問題已解決，而且第一銀行的沃克對此計畫甚為看好，柯瑞的問題還是涵蓋所有財務計畫的細節。傑夫很驚訝兩個小時轉眼即逝，更驚訝的是當柯瑞說：「我想要更深入了解這些議題，我們還有一個相當長的會要開。」傑夫欣然接受，並預約下次會談的時間。

第二次會面時，傑夫對柯瑞的餐廳生意知識感到印象深刻。顯然，前一晚柯瑞讀了許多與這行有關的情報，像是追蹤食材成本、桌周轉率(table turnover rate)、財務比率以及餐廳營運費用規範等。他也已經訂購了一份去年針對高級餐廳的行銷研究報告。傑夫感覺CMG值得信賴，與公司聯繫是個好決定。兩個人持續討論有關「哈比人的最愛」餐廳開張及營運的必要決策。

第二場會談架構在一些柯瑞所說的：「哈比人的最愛」餐廳成功或失敗的關鍵議題。

▶對高級餐廳是否有需求，以及在哪個價位等級？

柯瑞認為關鍵議題之一是需求。在本市，能有足夠的顧客量產生利潤？柯瑞告訴傑夫，根據他的研究，幾個高級餐廳開在跟他們都會區一樣大的地方。然而，柯瑞快速點出在顧客喜好及收入層級上面，市場有很大的不同。單看人口，並不是好的成功指標，但至少有證據顯示其他50萬人口的都會區可以支持一家高級餐廳。兩人在接下來的時間裡討論餐廳營運的費用。柯瑞告訴傑夫他會用電子郵件寄一個試算表給他，那是根據他對營運成本及主菜價格的可能假設，所作的損益平衡分析。損益平衡分析會告訴傑夫，他每週需要有多少個客人才能損益兩平，包括不同的收入、午餐及晚餐。第二天，傑夫就收到分析，並致電給柯瑞預約另一次會談。他告訴柯瑞，他對於損益

平衡數字容易於達成感到十分興奮。

柯瑞認為與傑夫再次會面的最好方式，就是降低傑夫的自信心。因而點出現階段的損益平衡分析，其目的在於評量滿足顧客需求的數字是否合理。他解釋CMG有時候會有較嚴苛的損益分析，縱使有可能喪失生意，公司還是有義務告知顧客，他們不建議專案繼續下去。柯瑞解釋道：「CMG的哲學是在你未來需要研究的時候，會再回來找我們。我們要提供會使生意成功的研究。」他告訴傑夫他視該分析為一個非常粗略的開始，基本上告知他們可以繼續計畫。傑夫同意此分析之必要，也謝過柯瑞對他坦白。因為傑夫最不想要的，就是走向失敗。柯瑞說他們將蒐集更多證據、市場估算來證明該城可支持一間高級餐廳。另外，他們需要該城消費者在高級餐廳願意花費金額的一些概念。「我們假設輸入損益分析裡的每餐價格是有效的。我會假設民眾期望一道晚餐的主菜價格是18美元，但我沒有任何數據支持這個論點。」

柯瑞給傑夫看一個預測模型，預測來光顧餐廳的期望顧客數。在預測模型中，最重要的元素就是市場上顧客說他很有可能會光顧餐廳，與這些人平均消費金額，與每人每月百分比。另外一個重要元素是顧客願意花費在晚餐主菜上的平均價格。柯瑞解釋他們必須在城中研究，找出預測模型的必要元素中，應輸入的數字。柯瑞說：「假如我們可以蒐集有效並可靠的資訊，會光顧你餐廳可能性、平均每月在餐廳的消費、主菜的平均價格，我們就可以得出一個更精確的損益平衡分析表，來跟你期望的顧客數字作比較。這是我們需要用來決定是否對『哈比人的最愛』有足夠需求的資訊。」事實上，柯瑞已經用預測模型作了些需求預估。他告訴傑夫，12區只有4%的戶長說，他們「非常有可能」光顧餐廳，而假使上述這些人平均每個月花200美元在餐廳，並且願意花費平均18美元在單點上，則模型預估餐廳將經營成功。

▶ 相關的設計及經營特色？

在下場會談中，柯瑞提及傑夫在第一次會談中的問題。當時傑夫告訴柯瑞，他從其他餐廳見過許多裝潢以及經營特色，但他不確定哪樣該用在「哈

比人的最愛」。裝潢應該有多高雅？應不應該設計現場餘興節目，像小型爵士樂團？餐廳應該有水景嗎？服務生應穿著正式燕尾服嗎？菜單應供應多種不同選擇，包括其他餐廳找不到的異國料理，像麋鹿、美國野牛、特殊蕈類嗎？傳統甜點會受歡迎，還是應該提供耍噱頭的怪異甜點，像是假香蕉或是烘培的阿拉斯加？顧客視代客泊車為理所當然或是額外開銷？車程問題呢？傑夫認為，若他位於市中心，那麼整個城市的人都會願意前來，只要不介意車程問題。

　　柯瑞的背景研究顯示傑夫對於所有議題的考量是正確的。其他城市的成功高級餐廳設計風格及經營模式各式各樣，根本無從得知其市場價值為何。例如有家很成功、很貴的餐廳毫無裝潢可言。光禿禿的磚牆以及木頭家具似乎更襯托民眾的格調。另一方面，另一個城市的一家菜單、價格類似的餐廳，卻有正經八百的裝潢，以布幔裝飾的牆壁、古董、軟墊座椅，及昂貴的吊燈。有一家餐廳沒有任何餘興節目，而另一家在晚餐時間有請爵士樂團。似乎每家餐廳老闆都找到當地民眾的喜好：無疑地，這也是他們這麼多年來能成功地在市場中競爭的原因。柯瑞說：「嗯，關於如何設計及經營餐廳，我們得靠你個人的決定，但我們可以在蒐集需求資訊時，從當地市場得到一些反饋。我只是有些擔心我們沒有清楚的設計及經營特色，而這些是顧客在光顧一家餐廳所看重的。我們得多花點時間決定設計風格以及模擬顧客如何看待……」

▶ 「哈比人的最愛」應座落於何處？

　　傑夫非常了解零售業的定律。在零售業最重要的三個成功要素就是地點、地點、還有地點！雖然他知道他的餐廳在市場上的獨特性，但在地點上，主顧要感受到方便才行。柯瑞說：「你說的對。許多客人會願意一次或幾次開大老遠的車，只為了一個獨特的經驗。所有餐廳業告訴我們的是，如果你想要重複消費，必須位在你主要目標市場合理車程的地方。」對傑夫來說，非常合理。幾乎每個成功的高級餐廳業主都會告訴他：「當然，我們有城外的生意上門，像你這樣的觀光客，但我們有八成營收來自我們當地、重複光顧的客人。」

柯瑞攤開一張全市12區的地圖，他已經知道各區的人口資訊，並根據其共同點將地區分為四組，摘要如下：

*A*地段：第1、2區。為在城市西南西，低收入、較年長的民眾。柯瑞及傑夫都清楚將這塊剔除。

*B*地段：第3、4、5區。位在城西北處，居住高收入、較年長的退休民眾，以及高成就的專業人士。實質上，那兒有繼承財富的家庭、專業人士及創業家、努力提升自己社經地位的年輕專業人士，以及經理人口也逐漸增加。柯瑞解釋這些年輕的家庭搬進這區並且翻修老房子；傑夫則認為這區應該是餐廳可以座落的好選擇。他表達了一些較年長以及老房子的考量，也回憶到那區因為房子變舊看起來十分衰敗。柯瑞建議看在收入高的上面，先持保留態度。

*C*地段：第6、7、8、9區。位在城市東部沿岸的*C*地段幾乎是*B*地段人口的兩倍。位居管理階層、政府、年輕企業家，大約都是些往上流社會階層爬的年輕人，以及較年長、中上階層家庭。這是傑夫居住的地區，而他認為機會絕佳。雖然收入不如地段*B*那麼高，但高達兩倍的人口，與他們高於平均的收入。傑夫說，他將即將開高級餐廳的計畫告訴鄰居，而毫無例外的是，他們都發誓會去光顧。傑夫也堅信有水景很重要，而這區是城裡唯一一區可以得到水景的。再一次，柯瑞建議持保留態度。

*D*地段：第10、11、12區為中產階級的地區。位於城西，主要住著營建業的勞工。傑夫及柯瑞馬上將這區歸為替代方案，因為位於城市西南的第12區主要為工業區，很少有住家。

傑夫註記下所得到的人口資訊，建議不是靠*B*地段就是*C*地段，可惜的是，這兩區並不相鄰。柯瑞告訴傑夫，最後決定將會是*B*、*C*莫屬，就是不會在城中心。他也解釋他們需要從市場上的資訊，來決定哪一地段較佳。一旦他們決定哪一區，他們可以開始處理找尋店址，因為看起來兩區都有很好的選擇。柯瑞告訴傑夫，他將開始設計問卷，呈現他們討論到目前為止的議題。兩人約定一週後進行下一次會議。

▶ 如何推廣「哈比人的最愛」餐廳？

在下一次會議中，傑夫提醒柯瑞他們還沒有全盤討論過如何推廣餐廳的問題。他最在乎的是有關媒體及節目的選擇而非平面廣告。他對於他要傳達的訊息感到自信滿滿，但對於傳達的管道卻沒有概念。他們討論了一些打開知名度以及直效行銷的想法。柯瑞推薦了當地廣告代理商協助這些決策，並且實際地作了些功課。傑夫知道他將會更了解餐廳營運的細節，因此急切地接受建議。傑夫問道：「但在開幕之後，我將如何主導我的廣告策略？」雙方討論過後決定，傑夫將偶爾使用像是媒體廣播、電視、也許是當地城市雜誌等媒體。傑夫說他幾乎知道城裡每種餐廳要使用哪些媒體，在哪裡刊登訊息。他知道速食店、自助餐、酒吧等在哪裡公布廣告訊息。但他就是不曉得要在哪放「哈比人的最愛」的廣告。

柯瑞接著給傑夫看他設計的問卷，以及其他討論過需囊括的議題。柯瑞接著逐一確認媒體，並討論選擇方案。就廣播來說，有很多電台供選擇，他們也都有聽眾統計研究。但即使是這麼多選擇，柯瑞和傑夫還是一一分析各電台的形式：鄉村歌曲、爵士、輕音樂、流行樂及談話性節目。每家電台提供聽眾資訊，像是收入等。一旦傑夫決定哪種節目，他將必須知道選擇哪個特定電台提供該類節目。藉由知道不同光顧餐廳的目的顧客收入不同，傑夫將能夠選擇適當的電台。

就電視而言，除了白天時間、當地體育節目、新聞，幾乎沒有當地廣告機會。他們都同意新聞播報時間可能最吸引人，但哪一家新聞台擁有與他們目標市場相同的觀眾群？有早上、中午、傍晚及晚上播報。至於報紙，大多數目標市場成員會閱讀哪一版？是社評？商業版？地方版？體育版？健康、生活、娛樂版？分類廣告？在傑夫看來，體育版似乎是放廣告的好地方。至於當地城市雜誌，傑夫的首要考量便是目標市場是否訂閱該雜誌。該刊物的確吸引人且品質很高，但非常昂貴，且他從未聽說過雜誌的訂閱人數。他懷疑會有多少人訂購這麼貴的雜誌。他回憶起3年前當雜誌創刊時，業主分送許多免費雜誌來提升大家的興趣。但是過去這兩年，雜誌只郵寄給真正訂戶。柯瑞告訴傑夫他會作會議記錄，並在問卷上加上問題，目前他正努力設計有關傑夫想推廣餐廳的問題。柯瑞告訴傑夫，一旦他得到問題的答案，以

及從廣告代理商那得到的建議，傑夫就該準備好作推廣的決策。

終於，柯瑞說：「現在我需要在問卷上放入一些標準的基本資料問題，這些人口統計資料將會幫我們很大的忙。第一、可以告訴我們所選擇的樣本。我們將準備樣本的人口統計資料。我們得知道我們是依據哪一群人來制定我們的決策；第二、我們將能夠大約畫出『哈比人的最愛』餐廳顧客的輪廓。這將幫我們更清楚了解到你的目標市場，也會對你將來的決策有所幫助，像是餐廳吸引較多女性還是男性，了解男女之間的媒體習慣是否具有差異性。傑夫謝過柯瑞，離開會議時，他覺得充滿信心，往實現夢想的路上大步邁進。

我們發現這個個案有大量的資訊，而我們加入小標顯示主要議題。事實上，這些小標就是針對傑夫設立及營運「哈比人的最愛」時，所面對的主要行銷問題線索。你將會發現，表3.2列出了傑夫的餐廳，即將面對的六大行銷問題。而你將在個案3.2中，使用這些資訊並設計行銷目標。

個案3.2　「哈比人的最愛」餐廳：確認研究目標

此個案之背景描述請參考個案3.1。

1. 試對照表3.2明確說明的每個問題，確認一個相對應的研究目標。

表 3.2　「哈比人的最愛」餐廳的行銷問題

問題項目	敘述
餐廳會成功嗎？	會有足夠的營收使餐廳有利潤嗎？
餐廳該如何裝潢？	裝潢應該多高雅？應該有水景嗎？
餐廳該有怎樣的經營特色？	現場該演奏哪類音樂？
	服務人員該如何穿著？
	應提供不尋常的菜單嗎？
餐廳應位於何處？	顧客願意開過30分鐘的車來用餐嗎？
有效及有效率的推廣方案為何？	應該在廣播、電視及報紙上放廣告嗎？
	應在當地城市雜誌買廣告版面嗎？
目標顧客的輪廓為何？	最有可能光顧的族群人口統計及生活形態

2. 針對你的每項研究目標，請確認相關的概念及可能的方法，測量每個概念。

3. 請重新閱讀Marketing Research Insight 3.1。你將讀到榮・塔森討論他稱之為「行動標準」的概念。行動標準是什麼？試確認在「哈比人的最愛」個案中，用以決定是否有足夠需求的行動標準為何？

學習目標

❖ 了解什麼是研究設計,其重要涵義及類型
❖ 學習如何使用探索性研究,及實施探索性研究的方法
❖ 了解描述性研究所應描述的基本問題及其主要兩個類型
❖ 清楚行銷研究中固定樣本的不同類型及使用方式
❖ 解釋因果性研究、實驗法及實驗設計的意義
❖ 了解試銷的不同形式,以及如何挑選試銷的城市

4

研究設計

行銷研究的方法差異相當大，有些像是新改良配方的現有產品，有些像在「類」廚房實驗室所作的食品口味測試實驗，有些是由年輕媽媽或全國性樣本調查代表組成的焦點團體，更有某些研究專案只需要作圖書館研究，檢驗現有資訊的。我們怎麼知道要設計哪一類型的研究？一旦我們知道問題，並且界定研究目標，便能決定適當的研究設計。本章將介紹三種基礎研究設計。你將會學到研究設計對研究人員的重要性，以及探索性、描述性、因果性設計。讀完本章，你將能夠決定對你的研究目標來說，三種研究設計裡的哪一種是適合的。

研究設計

每種研究都有其優缺點，而對某個研究問題，永遠有一種方法可能比另一種更為恰當。行銷研究人員如何決定哪種方法最適當呢？在徹底思考過問題及研究目標後，研究人員選擇一種**研究設計**(research design)，像一套構成主要計畫的先行決策，確認方法及蒐集及分析需要資訊的流程。

研究設計的重要性

Zymrn行銷集團公司的行銷研究人員大衛・辛勒頓(David Singleton)相信，好的研究設計是將研究作好的首要條件。每個研究問題都是獨特的。假設每一個問題都是獨特的顧客方案、地理應用地區，及其他情況的變數，鑑於研究專案很少有相似處，每一個研究都應設計一個全新、獨立的專案。就某種意義上說，這是正確的；從某些角度來看，幾乎每個研究問題都是獨特的，一定要小心選擇最適當的方法，針對獨特的問題以及研究目標。然而，有一些理由證明其重要性。

第一、雖然每個問題及研究目標看似獨特，但通常都有些共通性，使我們可以事先作一些計畫解決問題的決策；第二，有些基礎的行銷研究設計，可以成功地符合問題及研究目標。如此，就像藍圖之於建築師一般，研究設

計對於研究員也有類似作用。

　　一旦知道問題及研究目標，研究人員會選擇一個研究設計。對他們來說，適當的研究設計對於達到研究目標為必要，而錯誤的研究設計可能導致災難。

研究設計的三種類型

　　研究設計傳統分為三類：**探索性**(exploratory)、**描述性**(descriptive)、**因果性**(causal)。要選擇最適當的設計，大多根據研究的三個目的：得到背景資訊及發展假設；測量解釋變數的狀態（如品牌忠誠度）；或測試兩個或多個變數間的關係假設（如廣告量及品牌忠誠度）。請注意研究設計的選擇，與我們已知多少關於問題及研究目標相關。我們知道得越少，越有可能使用探索性研究；另一方面，因果性研究應使用在我們已知相當程度的問題，及我們正在尋找的問題和（或）研究目標相關連的變數間關係。我們將看到各種研究設計如何最有效操作這些基礎研究目標。

﹟ 研究設計：提醒

　　在討論三種研究設計前，我們必須先提醒你，切勿將研究設計單純想像成按部就班的工作。有些人可能認為我們討論設計的順序——探索性、敘述性、因果性，這些就是設計被執行的順序。這個觀念是錯誤的。首先，無論在何種情況下，由任何一個順序開始並使用該設計，都是合理的；第二，研究是一個反覆的過程，藉由執行一個研究專案，知道可能需要更多其他的研究，以此類推。這也表示我們可能需要使用**多元研究**(multiple research)設計。我們很有可能發現，在作完敘述性研究時，我們需要回頭執行探索性研究；第三，假如多元設計以某種順序進行（假設有順序性的話），先執行探索性研究，再敘述性研究，最後因果性研究的順序合理，唯一的原因是就研究人員而言，每個後續設計，需要了解更多有關問題及研究目標。因此，探

107

索性研究可以給執行敘述性研究的人所需要的資訊，而接下來輪到他提供必要資訊設計一個因果性實驗。

這三種研究設計一般都是由研究公司使用。例如Ask Jeeves，研究員為了想知道他們提出的銷售策略如何在線上廣告被執行，因此執行**探索性**研究。他們也執行**敘述性**研究，設計來敘述競爭的類型以及產業中競爭者的特色，而最後，他們執行**實驗**(experiment)，來證明在Ask Jeeves的品牌認知上，不同的行銷及廣告活動促銷的不同效果。

探索性研究

探索性研究(exploratory research)通常是最沒有架構、非正式的研究，用來了解研究問題本質的資訊背景。不拘泥於形式，我們的意思是探索性研究沒有一套事先決定的流程。非正式的是指沒有正式的目標、樣本計畫、或者問卷。有些比較正式的研究計畫用來測試假設，或用來測量改變其一變數（甚至是另一個變數）的反應。然而，探索性研究可以僅僅由閱讀雜誌或甚至觀察一個現象而完成。例如一個在麥當勞得來速車道排隊，等一個起士堡的18歲大學學生布萊恩·史庫達默(Brian Scudamore)，看見一輛快爛掉的舊貨車，上面標示著「馬克的拖車」與滿載的垃圾，觸動了他的想法，跟著發明出一個新的垃圾蒐集服務，跟著便因收入豐厚而休學。這家公司在2006年預計營收1億美元。探索性研究非常彈性，容許研究員調查他（她）想要，或某種程度上他（她）認為有必要的調查，從手中的問題得到一些感覺。

探索性研究的使用

探索性研究使用在許多情況下：得到背景資訊以界定專有名詞、釐清問題以及假設，以及建立研究優先順序。

▶ 得到背景資訊

當我們對問題的認知非常有限，或者當問題並未清楚的形成，探索性研

究可以用來得到許多需要的背景資訊。連非常有經驗的研究員，在增加對目前相關的背景資訊時，也不會忽略探索性研究。

▸ 界定專有名詞

探索性研究協助界定問題，找出專有**名詞**(terms)以及**概念**(concepts)。例如「服務品質中，何謂滿意？」研究員馬上得知「由服務品質得來的滿意」是由幾個面相組成：具體事實、信賴、回應、保障、以及同理心。探索性研究不僅可以確認自服務品質得來的滿意面相，也可以展示如何測量這些**元素**(components)。

▸ 釐清問題以及假設

探索性研究使研究員更精準地界定問題，並為研究產生假設。例如測量銀行形象的探索性研究，顯示了不同群組的銀行顧客的議題。銀行有三種顧客：一般個人戶、商業用戶，以及提供服務以收取費用的其他銀行。這樣的資訊對釐清測量銀行形象的問題有用，因為它提出對哪一種顧客群來測量銀行形象的議題。

探索性研究也對假設的形成有益，「假設」是敘述兩個或多個變數之間推斷的關係陳述。嚴格來說，執行研究之前陳述假設非常重要，可用來確定測量適當的變數。一旦研究完成，再來聲明假設是非常值得測試的，也許就太晚了。

▸ 建立研究優先順序

探索性研究可以幫助一家公司訂定研究主題的優先順序。如一份記載零售店顧客的抱怨信函，正提示著經理需要注意哪個環節；一家家具連鎖店老闆在探索性面談過一些業務員後，由於業務員揭露顧客經常詢問搬運公司在哪裡，而決定執行一個搬運辦公室家具的可行性研究。

探索性研究的方法

有很多方法可以執行探索性研究。包括次級資料分析、經驗調查、個案分析、焦點團體以及投射技巧。

▶ 次級資料分析

次級資料是指搜尋並解釋與研究目標相關的現有資料,圖書館或網際網路上充滿著次級資料,包括書、期刊、雜誌、特別報導、布告欄、電子報等等的資料。**次級資料分析**(secondary data analysis)是探索性研究的「核心」。這是因為檢驗次級資料有許多好處,而且成本通常極小。此外,搜尋資料的時間成本,由於電子料庫取得容易而逐日減少。這些資料庫的知識以及使用能力,對於行銷研究員而言已經是例行公事。你將在第五章學到如何找尋次級資料,以及一些關鍵範例。

探索性研究可以非常不拘泥形式。布萊恩‧史庫達默(www.1800gotjunk.com)的舊卡車靈感,帶給他非常成功的經銷權方式。

▶ 經驗調查

經驗調查(experience survey)是指從公認對研究問題相關的議題很有知識的人，蒐集資訊。富豪汽車(Volvo)，因為相信過去汽車都是由男性設計，給男性使用，而詢問100位女性她們想要的車款。發現到一些女性想要及市面上提供的有極大差異，因此計畫介紹一款「為女性設計的Volvo」。假如研究問題是有關處理面對買嬰兒衣服的困難時，有小孩的爸媽應該是訪查對象。經驗調查不同於敘述研究中所使用的調查，沒有刻板的企圖來確保調查結果對任何界定的群體主體，是具代表性的。然而，使用經驗調查這個方法，可以蒐集到有用的資訊。

▶ 個案分析

我們對**個案分析**(case analysis)的定義，是指找出**過去**跟**現在**與研究問題有何相似的情況，並回顧可得的資訊。通常，很少有研究與過去的情況不具相似性。甚至研究問題是有關一項全新的產品，也有些相似的過去經驗供觀察。例如當行動電話已發明卻尚未量產上市前，很多公司企圖藉消費性電器產品，像是電視及VCR來預測使用率。一家無線通訊公司，使用一個在日本非常成功的低能量、鄰近電話系統的資料，來協助其行銷行動電話給日本年輕人。研究者得小心在目前的問題上，使用以前的個案。例如以科技基礎的產品個案來說，幾年前的產品在今天可能就根本毫無用處。網際網路以及電腦使用的普遍性，早已徹底改變了大眾對科技產品及服務的使用及態度。

▶ 焦點團體

探索性研究的一種流行方式是使用**焦點團體**(focus group)，指的是一小群人被集中在一起，由一名主持人引導，透過鬆散的、自發性的討論，以得到與研究問題相關的資訊為目的。雖然焦點團體應鼓勵參與者開放心胸，但主持人的工作是確保討論是針對某些特定的議題。例如Piccadilly自助餐連鎖店，就定期在全國作焦點團體活動。對話可能看似沒有主題、談天說地，但其目的可能在於：學到民眾對一些特定餐飲業方面的想法，例如自助餐的品質對於傳統餐廳食物。這是一個從有限的回覆者樣本，蒐集到資訊的有用技

巧。而這些資訊可以用來產生想法、學到受訪者對特定產品相關的「詞彙」、以及深入基礎需求和態度的深入了解。

▶ 投射技巧

投射技巧(projective technique)一詞是從臨床心理學領域借來的,藉由詢問參與者投射自己至某個情境,然後回答與情境相關的特定問題,試圖發現消費者購買產品及服務的隱藏動機。這種技巧的一個例子是**完成句子測試**(sentence completion test)。給應答者一個未完成的句子,像是「約翰史密斯絕不會染髮,因為⋯⋯」藉由句子的完成,虛構的史密斯先生變成替身,應答者投射自己到情境中回答問題。另一個例子是**卡通測試**(cartoon test)。給應答者一個卡通角色的空對話氣球(被用來放卡通人物的對話),並要求應答者填入氣球,說明卡通人物在說什麼。行銷者知道,藉由卡通測試,受訪者極有可能成為史密斯先生的代言人,例如「我不在乎是否染頭髮,我不要看起來很老!」或者「我不在乎我變老了,絕不屈服而去染髮!」如果直接問受訪者,很有可能得到的答案為「有人選擇染,有人選擇不染」或「我不在乎別人染不染髮」。這便解釋了投射技巧的價值:藉由討論「別人」,受訪者可能洩漏了回應直接問題時不會洩漏的想法。有位行銷研究者說道:「使

The Opinion Suites (www.opinionsuites. com)是一家位在維吉尼亞州首府理奇蒙的行銷研究公司,該公司正在進行焦點團體。By permission of, The Opinion Suites.

用投射技巧,他們(消費者)放下了他們的防衛,打開了他們的心房。」投射技巧是探索性研究最少使用的一種技巧,假設有正確的問題及研究目標時,卻扮演著極重要的角色。

最後,用幾句話為探索性研究作總結:探索性研究的一些形式至少應該被使用到某種程度。為什麼?第一、探索性研究,尤其是次級資料分析很**快速**。你可以使用線上資料庫或搜尋引擎,在幾分鐘內便得到不少的線上探索性研究;第二,比起蒐集初級資料,探索性研究更**便宜**。最後,有些探索性研究不是提供資訊,以達到研究目標,就是幫助蒐集目前必要資訊,以執行敘述性或因果性研究設計。因此,極少研究者著手進行研究專案,卻不作探索性研究的。

敘述性研究

敘述性研究(descriptive research)是用來得到人、事、時、地、方法(who, what, where, when, and how)的研究。當我們希望知道我們的顧客是**誰**,他們**買什麼品牌**,**多少數量**,他們在**哪裡**購物,在**何時**購物,以及他們**如何**看待我們的產品,便要轉向敘述性研究。當我們希望能將研究發現投射到更大的母體,敘述性研究也是適當的。假如敘述性研究的樣本具代表性,可以用來發現並預測一些相關變數,例如銷售。

敘述性研究分類

對行銷研究者而言,有兩種基礎敘述性研究可行:**橫斷面研究**(cross-sectional studies)及**跨時研究**(longitudinal studies)。橫斷面研究是以一個母體的樣本為測量單位,將你的議題放到一個時間點上測量。例如測量你對學位認可,必須加入實習必修學分的態度,這就是橫斷面研究。橫斷面研究在行銷研究上十分普遍,數量上超過長時期研究以及因果性研究。正因橫斷面研究是單一個時間點的測量,通常又被稱作母體的「**洞窺**」。

舉例子來說,許多公司測試其廣告提案,使用「安排電影拍攝程序的記

事板」。這記事板包含幾張描繪出廣告的重點場景,以及廣告文案提案。公司可以透過記事板,快速且低成本地得到消費者的反應,測試不同的廣告感染力、文案以及創意元素。消費者在記事板上看到提案的廣告之後,被問及幾個問題,通常設計來測量其對廣告訊息的興趣及了解程度。一般會問測量消費者在看完故事板後,對產品的購買意願的問題。Dirt Devil透過一家線上研究公司的AdInsight^{SM}服務,測試了他們的廣告提案。InsightExpress®讓公司可以在花大筆鈔票在媒體購買之前,先測試其促銷訊息。在競爭者面前曝光前,他們可以修正訊息。AdInsight^{SM} 可以用在各種促銷訊息,包括廣播、電視及平面廣告。這些橫斷面研究提供顧客有用的資訊。曾經有公司在他們根據AdInsights^{SM}橫斷面研究結果修正後,讓一個廣告提案的評價分數增加了219%。

　　橫斷面研究各有不同,樣本可能很小或很大,也可能或不能代表較大母體。當橫斷面研究依據可代表某母體的極大樣本數,指的便是**樣本調查**(sample survey)。樣本調查是將樣本抽出,對某母體作具代表性的橫斷面分析。ABC(美國廣播公司)常作某些與興趣議題有關的調查,放在晚間新聞報導。調查的樣本很大,以美國整體來看,可以說是具代表性結果的樣

顧客公司可以藉由線上提案廣告得知顧客評價,在放上媒體前,使用InsightExpress®(www.insightex-press.com)的AdInsights^{SM}修正,是橫斷面研究的範例。By permission, InsightExpress®.

本，**誤差幅度**(margin of error)在正負3%間。樣本調查可以如此設計，在真實母體數據的某誤差幅度以內（你將會在本書中學到如何操作這樣的調查）。根據規定的計畫以及事先決定的數字，樣本調查的需求是擴大樣本。接下來，你將會學到這些抽樣計畫以及樣本大小的技巧。

　　跨時研究則是在一段時間內，不斷地測量同一個樣本單位。因為跨時研究可視為對母體如看電影般的連續觀察，所以不比橫斷面研究普遍，僅有約五成的企業在使用。為確保跨時研究的結果，研究員必須接觸一群同意在一個時間區段中，作重複測量的樣本單位〔又被稱作**調查對象**(panel)〕。調查對象代表維繫調查對象是主要的保證（工作）。

　　有些商業行銷研究公司為了跨時研究的使用，發展並維繫調查對象顧客。通常這些公司選擇一些具母體代表性的樣本。像Information Resources Inc.及AC尼爾森這樣的公司，多年來維護了數十萬的家庭調查對象。這些公司常見的作法是依據普查局(Census Bureau)的全民統計，去尋找一組人口特性比例相同的調查對象。有時這些調查對象不但在美國整體上，具人口特性相仿的特徵，甚至與地理區域的分布相仿。如此，若顧客想要得到美國西北部的家庭資料，便可以確定調查對象與組成西北區的美國人口是相符的。很多公司以針對目標市場的調查對象，像是「養狗主人」、「6至14歲兒童」（見www.KidzEyes.com）。要注意到受訪對象並不限於家庭，也有受訪對象是包含建築承包商、超級市場、內科醫生、律師、大學教授或其他實體的對象。

　　線上研究為一些新公司創造了提供調查對象的機會，徵求線上回應問題的調查對象。除了C&R Research，還有Lightspeed Research也是提供顧客家庭調查對象；Greenfield Online則是一家提供其他行銷研究公司，觸及線上消費者連續性固定樣本的管道。

　　樣本有兩種：**連續性固定樣本**(continuous panel)在每一次的調查時，詢問受訪成員相同的問題；**不連續性固定樣本**(discontinuous panel)則是在每一次調查時，詢問不同的問題。連續座談會的例子像是綜合資料調查座談會，要求成員使用日記或掃描器，記錄其購物習慣。重點是成員被要求一次又一次記錄相同的資訊（如記錄雜貨店購物明細）。不連續調查，有時又稱作**多**

有些公司設計用來蒐集特定目標母體資訊的樣本。C&R Research(www.crresearch.com)獲得家長同意，有一個6到17歲兒童的樣本，藉此可協助他們的顧客一窺兒童眼中的世界！

用途固定樣本(omnibus panel)，使用於各種目的，隨著不連續調查所蒐集的資料而有變化。跨時研究資料如何應用，依據樣本的種類而異。本質上，不連續調查的主要用處是它代表了同意提供行銷研究資訊的一大群人、故事，或其他主體，如同連續樣本，不連續樣本也在人口統計上呼應其更大主體，暗示其代表性。因此，行銷者若想知道兩個不同產品的概念，要對應到美國總人口數的消費感覺，便可使用多用途調查服務。不連續（多用途）調查的優點在於，一群公開接受成為研究對象的一群人。如此，不連續調查代表現有資訊來源，可被多種用途使用，且快速得到。

連續性與非連續性樣本的使用相當不同。公司通常喜歡用連續性樣本資料，因為他們可以得知顧客在購物、態度等面相的改變。例如由連續性樣本資料可以得知樣本成員如何在一段時間內作品牌轉換。這種研究消費者品牌轉換的研究，又叫作**品牌轉換研究**(brand-switching studies)。

想深入了解消費者如何轉換狗飼料的品牌，以解釋使用連續性樣本資料的重要性，我們從跨時研究的連續性樣本，以及從兩個橫斷面研究的資料作

比較。圖4.1顯示從兩個不同橫斷面研究的資料，各個樣本大小為五百戶（以下稱此橫斷面研究為「調查一」及「調查二」）。有多少個家庭使用這三個品牌，分別列在調查一，以及調查二中。我們可以從這兩個橫斷面研究分析得到什麼結論呢？一、Pooch Plus輸掉市占率，因為在調查一有100個家庭購買Pooch Plus，而相對在調查二，只有75個家庭購買；二、Pooch Plus輸Milk Bone牌，後者從200個家庭增加至225個。注意到Beggar's Bits保持一樣。這樣的分析會吸引所有的品牌經理聚焦在Milk Bone，企圖從Pooch Plus那贏得市占率的策略（很明顯地，Milk Bone從Pooch Plus那贏得市占）。

好，得到從兩個橫斷面調查的結論，我們來看假設我們使用的是跨時分析的資料。

當我們檢驗長時期分析資料時，我們得到與上一個研究相當不同的結論。看樣本一及樣本二的總數，可得到與橫斷面調查相同的數據。樣本一顯示Pooch Plus有100戶，Beggar's Bits有200戶，Milk Bone有200戶（與前一個橫斷面調查完全一樣）。接著，我們來到樣本二，同樣家庭的第二組數據，Pooch Plus的總數為75戶，Beggar's Bits為200戶，Milk Bone為225戶（也跟

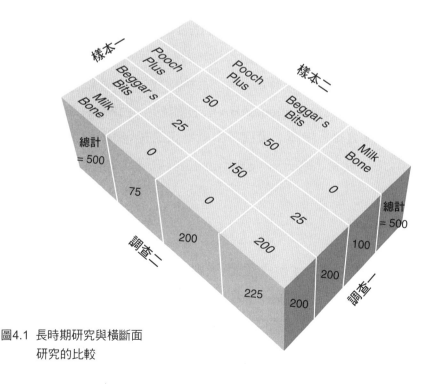

圖4.1　長時期研究與橫斷面
　　　研究的比較

調查二的資料總數一樣）。但連續性樣本長時期資料的價值，在於樣本一及樣本二間的改變。透過跨時研究，我們可以檢驗出從樣本一到樣本二，每個家庭是怎麼改變的。我們將看到測量改變的能力，在了解研究資料非常之重要。在調查一中，有100個家庭使用Pooch Plus，在調查二時，家庭是怎麼改變的呢？樣本一中，Pooch Plus那一行的數據資料，我們看到50戶留在Pooch Plus而50戶轉到Beggar's Bits，樣本一中沒有一個Pooch Plus家庭轉到Milk Bone。好，現在看調查一中使用Beggar's Bits的200戶。到了樣本二，各轉了25戶轉到Pooch Plus及Milk Bone，其餘的150戶則留在Beggar's Bits裡。最後，在樣本一中，200戶選擇Milk Bone的家庭都選擇留在Milk Bone。這代表著什麼意思？顯而易見的是，Pooch Plus與Beggar's Bits相互競爭，Milk Bone的整體占有率上升，是得自Beggar's Bits而非Pooch Plus。品牌經理應集中注意力在Beggar's Bits，而非Milk Bone。這樣的結論與橫斷面分析而來的結論相當不同。在這裡，我們所要強調的是，**跨時資料提供我們測量在不同期間，每個單位樣本的改變**。我們就分析的目的獲得更多資訊。值得一提的是，這種品牌轉換研究資料，可能從連續性樣本獲得。因為不連續性樣本所問的問題不同，並不適合這種分析。

另一個跨時資料使用在**市場追蹤**(market tracking)。市場追蹤研究指長期測量一些變數，像是市占率或者單位銷售量。若有品牌市場占有資料，例如行銷經理可以「追蹤」他的品牌與競爭者的品牌績效如何。每三年，美國心臟協會(American Heart Association, AHA)作所謂的「全國急性事件追蹤研究」。AHA藉由樣本蒐集，追蹤心臟病及中風警訊的獨立觀察。藉由追蹤消費者對心臟病及中風的警訊的認知，就能夠知道其宣導文宣的有效性。

因果性研究

因果關係(causality)用以了解「假如*x*，則*y*」的假設性陳述現象。這些「假如─則」的陳述，成為我們操作解釋變數的方法。例如假使自動調溫器降低，空氣則會變涼；假如我車速降低，則我的燃料行駛哩數會增加；假如我在廣告上花費較多，則銷售會增加。身為人類，我們一直嘗試了解我們居

住的世界。相同的,行銷經理不斷嘗試去了解改變消費者滿意度、增加市占率,或者增加銷售的因素。最近有一個實驗,行銷經理調查彩色或黑白與電話黃頁廣告上的圖表品質,如何造成消費者對廣告、公司作廣告以及品質認知的態度改變。結果顯示,彩色的高品質照片廣告文宣較受歡迎,而結果卻依產品的分類有所不同。這顯示因果關係在真實世界的複雜性。消費者每天、甚至每小時遭受大量因素的轟炸,都有可能造成他們以某種方式反應的結果。因此,了解導致消費者「為何如此作」極為困難。然而,即使只了解部分因果關係,市場上仍有高「報酬」。因果關係由使用特殊類型的實驗而決定,有許多公司也已經利用網路作實驗。

實驗

　　實驗(experiments)被定義為操作一個**獨立變數**(independent variables),來看如何影響依變數(dependent variables),同時控制其他干擾變數的影響。獨立變數是指研究者**可以控制**且希望**可以操作**的變數。有些獨立變數包含廣告經費是否充裕、廣告焦點的種類(幽默或高貴)、展示地點、補償銷售人員的方式、價格、產品種類等;另一方面,依變數是我們較無法直接掌控,但仍有強烈興趣的變數。我們無法像改變獨立變數那般改變依變數。例如行銷經理可以輕易地改變廣告經費,或者產品在超市中的陳列地點,但他(她)恐怕無法改變銷售、市場占有率,或顧客滿意度。這些變數就是典型的依變數。行銷者的確對於改變這些變數有興趣,但他們無法直接改變——只能嘗試透過獨立變數的操作,來改變依變數。某種程度上,行銷者可建立獨立變數及依變數之間的因果關係,他們以成功地影響這些依變數為樂。

　　干擾變數(extraneous variables)指的是那些可能對依變數有些影響,但不是獨立變數的變數。假設你和你的朋友想要知道汽油的品牌(獨立變數)是否影響汽車的燃料哩程數(依變數)。你的「實驗」必須包含將油料加滿兩輛車,一輛加A品牌,另一輛加B品牌。一週後,你知道A品牌可以開18.60哩／加侖,而B品牌則可開26.80哩／加侖。你是否得出一個因果關係:B品

牌較*A*品牌在燃料哩程數佳？或依變數（燃料哩程數）的改變是否是因為汽油品牌（獨立變數）以外的因素所造成？從上述實驗，可找出的干擾變數有：1.其中一輛車是混合運動型多功能車，而另一輛是小型車；2.一輛車主要行駛高速公路，而另一輛在城市繁忙的交通中穿梭；3.一輛車從未改裝，但另一輛才剛改裝完成。到此，我們想你已經懂了。

讓我們看另一個例子，一家超市連鎖店執行一個實驗，決定蘋果在陳列型態（獨立變數）上銷售（依變數）的效果。管理人員記錄原本放在桶子裡的蘋果銷售量，接著改變（操作獨立變數）蘋果的位置，拿到走廊底端的陳列，再次記錄銷售量。假設銷售增加，是否表示假使我們改變蘋果陳列，從產品儲存桶到走廊底端，銷售量就會增加？是否有其他干擾變數可能影響蘋果銷售？假如天氣由陰轉晴，蘋果銷售會有什麼改變？假使蘋果工會開始在電視上打廣告？假使季節變化從夏到秋？是的，天氣、產業廣告，以及學校營養午餐的蘋果，都被視為是這個範例的干擾變數，對依變數有影響，然而卻不被定義為獨立變數。如此舉例闡述獨立變數對依變數的影響，卻沒有控制干擾變數的影響，非常困難。不幸的是，要建立因果性關係不容易，但還是可以作到。下一個單元，我們將看不同的**實驗設計**(experiment design)結果。

實驗設計

實驗設計是將一個實驗作設定，讓依變數的改變可以單獨對應到獨立變數改變的一個過程。換句話說，實驗設計是讓實驗者藉由控制干擾變數對依變數的影響過程。如此一來，實驗者便能確定依變數的任何改變是由於獨立變數的改變所造成。

讓我們看看實驗設計如何運作。首先，我們列出實驗設計的代號：

O：依變數的測量。

X：一個獨立變數的操作或改變。

R：實驗對象（顧客、商店等）對實驗及控制任意的任務指派。

　　E：實驗影響，也就是依變數因為依變數產生的變化。

　　假設時間代表一個水平的連續集合(continuum)及下標符號(subscript)，例如O_1或O_2，指的是由依變數形成的不同測量。

　　當測量依變數在改變獨立變數之前，該次測量有時稱作**前測**(pretest)。當依變數測量在改變獨立變數之後，該次測量稱作**後測**(posttest)。

　　研究設計可行性實驗，在大學課程裡屬於單一主題。而我們的目的在於闡述實驗的邏輯性，而從溫習三個設計下手，只有最後一個是真正的實驗設計。**真正的實驗設計**，是真正在控制任何干擾變數的影響時，將獨立變數對依變數的影響隔離。然而，前兩個介紹給你的實驗設計不是真正的實驗設計。前兩個設計的用意是讓你了解使用真正實驗設計的益處。這三個實驗設計為**自變數操弄後測量設計**(after-only design)；**一組實驗前後設計**(one group, before-after)；**有控制組的實驗前後設計**(before-after with control group)。

自變數操弄後測量設計

　　自變數操弄後測量設計是指改變獨立變數，過一些時候再測量依變數。如下圖所示：

$$X \qquad O_1$$

　　X代表的是獨立變數的改變（把蘋果放在走道底端陳列），而X和O之間的距離代表一段時間經過。O_1代表依變數的測量（記錄蘋果的銷售），也就是後測。到目前為止，你學到因果關係了嗎？恐怕並不多吧！銷售增加或減少？並不知道！因為我們忽略在改變陳列位置前的測量銷售。不論銷售如何，可能還有其他干擾變數影響著蘋果的銷售。經理不斷地作改變「只為了看看有何不同」，卻沒有作任何必要的防範措施，恰當地評估改變所造成的影響。因此，「自變數操弄後測量設計」並不能真正測量我們對實驗設計的要求。

　　沒有適當控制干擾變數對依變數影響的設計，稱為**準實驗設計**(quasi-experimental design)。注意到在「自變數操弄後測量設計」圖中沒有E的測量值，也就是單獨由獨立變數，對依變數的「實驗結果(experiment effect)」。在所有準實驗設計都是這樣。我們要介紹的下一個設計——一組實驗前後設計，雖然只對「自變數操弄後測量設計」有改進，也是一種準實驗設計。

👥 一組實驗前後設計

　　一組實驗前後設計先測量依變數，接著改變獨立變數，最後作第二次依變數測量而達成。我們將之圖解為：

$$O_1 \qquad X \qquad O_2$$

　　這個實驗與「自變數操弄後測量設計」明顯的不同點在於，我們在改變獨立變數前，對依變數作一次測量。另外，由名字推測，我們在作實驗時只有一組（例如在一家店內僅一組消費者）。

　　為了闡述此設計，我們回到前一個範例。在這個設計中，我們的超市經理測量依變數——蘋果銷售，在改變陳列位置之前。現在，你知道因果關係了嗎？我們較「自變數操弄後測量設計」稍稍多了解一點。我們知道從時間點一至時間點二，依變數的改變。我們至少知道銷售額減少或增加，或不變。但要是銷售增加，我們可不可以將依變數的改變，單獨歸因於我們對獨立變數的改變。答案為否，因為有太多干擾變數，像是氣候、廣告或季節，有可能導致銷售增加。隨著「一組實驗前後設計」，我們仍然不能準確的測量E，實驗結果：因為這個設計並未控制干擾變數在依變數上的影響，因此「一組實驗前後」設計也不是真正的實驗設計，而為準實驗設計。

　　干擾變數的控制，通常由被稱作**控制組**(control group)的第二組實驗對象來達成。控制組，意即實驗對象還沒有暴露於獨立變數改變下的一組。而另一方面，**實驗組**(experimental group)，是已經暴露於獨立變數改變下的一組。我們可以藉由設計實驗中加入這兩組，來克服到目前為止介紹的許多準

實驗設計相關的問題。

✸ 有控制組的實驗前後設計

有控制組的實驗前後設計可能可以藉由任意分割實驗對象（此例中為超市），將其分為兩組：控制組及實驗組來達成。兩組都對依變數進行前測，接著，只有實驗組的獨立變數改變。在一段時間後，對兩組的獨立變數進行後測。此設計可圖解如下：

實驗組(R)　　O_1　　X　　O_2
控制組(R)　　O_3　　　　　O_4

而

$$E = (O_2 - O_1) - (O_4 - O_3)$$

這個真正的實驗設計有兩組。假設我們有20家超市，就理論上來說，在這個連鎖體系裡，我們隨機將這些超市分為兩組——10家實驗組，10家對照組，則兩組應該相當；換句話說，兩組應盡可能相似，各組應有一樣多的大店、小店，一樣多的新店和舊店，一樣多的店在高所得社區以及低所得地區等等。請注意此設計假設兩組在各方面都勢均力敵。假如實驗者要使用這個設計，他（她）應實施任何必要的步驟以達成此條件。要增加相等性，除了隨機性的方法，例如在實驗組與控制組上將重要的標準相匹配將可建立相等的組。若隨機性或對上相關條件不能達到相等的組，則應使用複雜性較高的實驗設計。

回頭看我們的設計，*R*指的是我們隨機將超市分為相等的兩組，一組為控制組，一組為實驗組。我們也看到我們的依變數——蘋果銷售額的前測，兩組同時記錄為O_1和O_3。接下來，在符號*X*時，只有實驗組的店家，將蘋果從一般儲存桶移至走廊底端陳列。最後，同時間在兩組商店，測量後測的依變數，記錄為O_2和O_4。

我們可以從這個實驗得到什麼資訊？首先，我們知道$(O_2 - O_1)$告訴我們

在實驗過程的時間內，依變數產生多少變化。但這變化是否單獨由我們的獨立變數X所造成？不是。(O_2-O_1)告訴我們，蘋果銷售額有多少，是由1.陳列位置的改變；2.其他像天氣、蘋果產銷會廣告等這種干擾變數所造成。這幫助不大，但(O_4-O_3)計算的是什麼？因為不能說明蘋果銷售額是由於陳列位置改變（陳列未變），則任何(O_4-O_3)所測量到銷售量的改變，一定是受到其他對蘋果銷售的干擾變數影響。因此，實驗組及控制組之間的不同，$(O_2-O_1)-(O_4-O_3)$，導致影響實驗E的計算。我們現在知道若改變蘋果陳列的位置，則蘋果銷售將改變為E。

現在你了解實驗設計的原理，也就可以了解在行銷研究產業如何執行實驗。AC尼爾森的「市場決策」服務為顧客作實驗。讀下面實務深入探討4.1，你將了解「市場決策」如何使用控制組對實驗組的概念，了解獨立變數的改變如何影響依變數。

如我們前面所介紹的，還有許多其他的實驗。當然，對行銷問題有無限種實驗設計的應用。身為實驗者，可以使用實驗前後設計（與控制組）來測量不同音樂型態（獨立變數）對超市消費者的整體採購（依變數）的影響。雖然，我們已說明實驗在提供我們知識的價值，我們不應同意所有實驗都有效。下一階段的主題就是如何評估實驗的效度。

實驗的效度

我們如何評估實驗的效度？實驗是有效的，假如1.觀察到的依變數改變，確實是因為獨立變數，以及2.假如實驗結果應用至實驗設定外的「**真實世界**」。兩種效度的形式可用來評估實驗的有效性：**內在效度**(internal validity)及**外在效度**(external validity)。

內在效度指依變數的改變實際是由於獨立變數的程度造成。這是看是否使用恰當的實驗設計，以及是否正確執行的另外一個方法。缺乏內在效度的實驗，從蘋果這個例子的實驗設計中，控制組的前後設計，強調設計在於假設實驗組以及控制組是相等的。若研究者沒有檢查組和組的相等性會如何？讓我們假設：兩組超級市場有顯著不同的顧客群，這類像是年齡、收入等因

4.1 AC尼爾森的實驗

顧客若想要知道在許多其他的獨立變數之中,何種包裝、價格、店內販賣支援以及貨架表面的改變,讓銷售受到依變數影響,即可透過AC尼爾森的「市場決策」服務,執行專業的實驗。

市場決策提供控制下的**商場測試**(Controlled Store Test, CST),顧客可以看到其行銷組合元素的改變,對顧客反應的影響。**市場決策**將商場分為控制組(稱之控制樣本)以及對照組(測試樣本)。在測試樣本中,操作獨立變數(見左圖:貨架表面為水平式擺設),而其餘維持控制樣本相同。

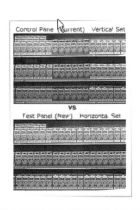

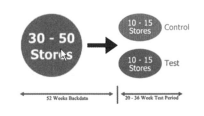

為確保控制樣本中的商店相同,或符合測試樣本,**市場決策**使用先前實際活動資料,自行設計的統計模組。例如為確保控制及測試樣本相同,他們檢驗前一年的樣本,然後分為兩組,分別為控制及樣本組。藉由控制干擾變數,顧客可由結果了解他們選擇的獨立變數如何影響相關依變數。

為確保實驗確實進行,AC尼爾森現場蒐集的員工使用嚴格的控管流程,來確定所有測試狀況都能夠以標準來進行。

素的不同,代表一個未被控制的干擾係數。實驗缺乏內在效度不能說是依變數的改變,只能說是單獨由於獨立變數的改變。缺乏內在效度的實驗,幾乎沒有價值,因為實驗產生讓人誤會的結果。有時候組織會執行一些研究,並以「實驗」結果發表,來誤導其他人。

外在效度指在實驗普遍化到真實世界時,觀察到獨立變數與依變數的關係。換句話說,實驗結果可以應用在除了直接參與實驗的單位以外的其他單位(如消費者、商店等)。外在效度有幾項威脅:樣本的測試單位有多少代表性?樣本真的能代表母體嗎?此外,為了測試目的,存在許多不正確選擇下的樣本單位的範例。例如研究員已被告知要在較熱、熱帶地區的冬天作「實驗」,但他位在寒冷氣候的大城冬天裡。雖然實驗可能具內在效度,但是

結論可被普遍化到整個母體的情況,令人質疑。

另一個外在效度的威脅,則是實驗環境本身的人為性。為了盡可能控制越多的變數,有些環境從真實世界抽離。假使一個實驗假到該行為不可能在真實世界發生,則實驗缺乏外在效度。

🚶 實驗的種類

我們可以將實驗分為兩大類:實驗室以及現場。**實驗室實驗**(laboratory experiment)是指在實驗中,獨立變數被操作,並將依變數設定在一個人為、不自然的環境下,為求控制許多有可能影響依變數的干擾變數。

想像一個研究,受試者被邀請至劇院,觀看測試廣告,分為A、B兩個版本,並插入一個電視試播節目。行銷者為何要用如此人為的實驗室環境呢?如此設定的用意,為的是在測試廣告中,控制可能影響產品購買的變數以及非相關的變數。藉由帶消費者到人工設計的實驗環境裡,實驗者可以控制許多干擾變數。例如你學到在實驗中,有對等團體(看A版本以及B版本廣告的人都是同一類人)的重要性。藉由邀請事先選定的消費者到電視台看試播秀,實驗者可以對照看A版本以及看B版本的消費者(已選擇過的人口資訊),因此確認兩組是相同的。消費者走近一家相鄰的商店,實驗者能輕易地控制其他像播放廣告到採購之間的時間,及消費者接觸到其他競爭廠商的廣告等因素。就你所學過的,若上述任何一個因素沒有被控制,可能對依變數造成影響。藉由控制這樣的變數,實驗者可以確保依變數的任何變化,都是單單由獨立變數,A版本以及B版本的改變而造成。當實驗的目的在於達到高度內在效度時,實驗室實驗則可滿足此需求。

實驗室實驗有許多優點。第一、它允許研究員控制干擾變數的影響;第二、相較於現場實驗,實驗室實驗可以以較快速及以較少經費完成。明顯的缺點就是缺少自然環境,因此,有實驗結果的**類推力**(generalizability)的考量。例如啤酒的隱藏品牌的口味測試發現,大部分的啤酒愛好者喜歡老牌子,像是Pabst、Michelob或者Coors。然而新啤酒牌子因為不斷地介紹而普及,因此,隱藏品牌的口味測試的類推力也受到質疑。

現場實驗(field experiment)指的是獨立變數被操作,而依變數的測量在其自然環境下進行。許多行銷實驗都在自然環境下執行,例如超級市場、賣場、零售店,以及消費者的家中。假設一個行銷經理執行一個實驗室實驗,測試公司目前使用的A版本以及新的B版本。實驗室實驗指出B版本較A版本廣告優,但是在花錢使用A版本前,經理想知道B版本是否會在真實世界下創造出新的銷售額。於是選擇在賓州的伊利湖(一個以全美人口的平均特徵具代表性的城市),執行新版廣告。藉由執行現場實驗,行銷經理的信心將視實驗結果在真實世界的環境下執行而增加。值得注意的是,假如實驗是在自然環境下執行,雖增加外在效度,若其不及內在效度,則實驗還是無效。

現場實驗的主要優點在於在自然環境下執行一個研究,因此增加研究發現也可在真實世界下成真的可能性。然而,現場實驗昂貴且費時。另外實驗者必須隨時警覺干擾變數的影響,在現場實驗的自然環境下十分難以掌控。

我們剛才使用的現場實驗範例——賓州伊利湖,被稱為**市場試銷**(test market)。行銷的許多實驗,在現場實驗部分,以市場試銷聞名,因此下面一段針對市場試銷作討論。

市場試銷

市場試銷普遍指在實地執行的實驗、研究或測試之階段。公司可能以一個或以上的市場作為試銷,被選作試銷的地理區域,則稱為**試銷市場**。試銷有兩大類:1.試銷新產品或服務的銷售潛力;2.試銷產品或服務的行銷組合變化。雖然試銷非常昂貴且費時,推出一樣新產品到全國或區域的最低成本為百萬美元起跳。假如試銷結果能保證產品成功上市,那麼試銷的成本就划得來。有時試銷的結果僅足以保證接下來能將市場引入;有時試銷能早期發現失敗,為公司省下巨額損失。一款名為全球PC、針對入門者的微電腦,在市場上試銷。MyTurn總公司得到結論:銷售結果不能獲利,因而在公司繼續虧損之前放棄產品。試銷不僅僅為新產品測試銷售潛力,也可以測試消費者以及業者對其他行銷組合變化的反應。公司可能只在一個試銷城市以百

貨公司通路販售產品,而在另一個試銷城市以專門店的通路,找出販售產品最好通路的資訊;公司也可透過試銷來測試媒體使用、價格、促銷方案等等。試銷範例包括:新口味飲料在全國上市前,可口可樂公司會先在密西西比州以及路易斯安那州試銷;泰國家具公司在印度試銷設計成昆蟲及動物造型的孩童家具;Dairy Queen公司測試碎牛肉餅的銷售;保健公司在英國測試水母防螫遮光劑;西南航空、British Midland、加拿大航空等,試銷機上點心等。

👥 市場試銷的種類

市場試銷分為四類:標準、控制下、電子及模擬。**標準市場試銷**(standard test market)是指在該市場,公司透過其**正常的**通路管道,試銷產品及(或)行銷組合變化。雖然很費時並將新產品及服務手段暴露給競爭者,卻因為是在實際場合下執行,反而變成如何將產品表現到最好的指標。

控制下市場試銷(controlled test market)是指由我們稱作外部供應商的研究公司執行,保證產品透過事先指定形式、數量的通路商販售。專攻此項服務的公司有RoperASW及AC尼爾森,提供金錢鼓勵來保證貨架空間。控制下市場試銷提供想快速進入通路系統的公司一個選擇。缺點是通路可能(或可能)不夠適當能代表公司實際的通路系統。我們將在第五章的「標準化服務」再次介紹這項服務。

電子市場試銷(Electronic test market)是指以一組消費者為固定樣本,令樣本同意隨身攜帶身分證,並且在購買商品及服務時出示。這個試銷只在當地零售商同意參與的小城市執行。證件的好處在於,當消費者買(或不買)測試的產品,基本的人口資訊都會被自動記錄下來。有時,提供電子市場試銷的公司也有能力在消費者固定樣本成員身上,連結媒體觀看的習慣。如此一來,使用電子市場試銷的公司也能夠知道,促銷組合的不同元素如何影響新產品購買。提供此服務的公司包括Information Resources Inc.以及AC尼爾森。顯而易見的,電子市場試銷較標準及控制下市場試銷,提供快速、較大的機密性,以及較低成本。然而,缺點是市場試銷並非實際市場。由於同意

任職為電子固定樣本成員，消費者可能非典型的大眾消費者。使用此服務的公司一定得評估其代表性。另外，電子市場測試通常位於小型城市，例如威斯康辛州的Eau Claire，也有樣本代表性的考量問題。

模擬市場試銷(Simulated Test Markets, STMs)是指將限量的消費者對新產品的反應資料，及可能產生對產品銷售量的行銷計畫，輸入一個具備某種假設的模型。據稱IBM因為沒有使用STM研究，命運不佳的Aptiva線個人電腦，遭遇到空前失敗。典型的STM有下列共通特色：1.挑選應答者提供消費者樣本，其符合先前決定的人口特色；2.提供消費者試銷產品以及競爭產品的電視商業廣告，以及平面廣告；3.在實際或模擬的商店環境，消費者被授與機會選擇購買，或不購買測試商品；4.在消費者有機會使用產品後，重新接觸他們以了解重複購買的可能性，及使用產品上的相關資訊；5.前述的資訊輸入為行銷組合及其他環境相關元素的假設電腦程式。程式產生類似銷售量、市占率等的輸出資料。

STM有許多優點，均與快速和標準市場試銷相關。STM通常耗時18至24週，比較標準市場試銷的12至18週。STM成本僅及標準市場測試的5%至10%。STM機密性較高，競爭者較不可能探知測試結果，因此可測試不同的行銷組合。STM的結果顯示，STM可作為實際市場反應的準確預測。而STM主要的缺點在於，STM比全規模市場試銷較不準確，完全只能用在模型假設上。

消費者與工業市場試銷

市場試銷，通常會讓人聯想到試銷的是消費性產品。然而，市場試銷已擴及至工業市場（B2B市場）。雖然消費者與工業市場試銷，在技巧上稍微不同，追求的卻是一樣的結果——及時發表可獲利的產品。

在消費者市場試銷，提供的是製成品的多種版本；在工業市場試銷，關鍵技巧在於僅對挑選的工業使用者發表，蒐集想要的特色及產品效能等意見回饋。以這些資訊為前提，研發出產品原型，並給某些挑選出的特定使用者作實際使用。使用者再次提供反饋，解決設計上的問題。如此，在終極版本

設計並生產供應給所有市場前,新產品能在實際環境下試銷。這樣的流程缺點在於,從產品測試的初階到商品化的最後階段,時間耗損甚鉅。在這期間,新產品的資訊可能洩漏給競爭者,而測試時間越長,投資成本越多,且沒有任何獲益產生。例如美國汽車製造商花2至5年設計、修正至開發新車模型;日本車廠由一個研發小隊結合行銷以及製造人才,在兩年半內完成;克萊斯勒以及3M也都以這個概念在作實驗。未來許多公司會全部結合這種新產品研發流程在工業市場測試上。

國家領先市場試銷

國家領先市場試銷是指在看似可作為預測指標的特定國家內,執行試銷。在市場逐漸全球化的當下,公司不再局限於當地市場行銷新產品及服務。

高露潔在推出棕欖洗髮精及潤髮乳前,使用國家領先試銷的模式,先後在菲律賓、澳洲、墨西哥以及香港試銷。一年後,產品通路擴及歐亞拉丁美洲以及非洲的其他國家。1999年高露潔在兩個國家測試裝了電池的兒童電動牙刷,這兩個國家為高露潔創造1千萬美元的銷售業績。嗣後,高露潔在2000年往其他50國移動,賺進1億1,500萬美元的銷售業績。韓國亦被用來當作電子產品及服務的領先國家。城南位在首爾附近的中產階級郊區,有著高聳的建築物、餐廳以及商場組合。在未來三年內,市政府計畫將這93萬人的鎮轉型為世界第一電子城。多條寬頻將取代類比式概念,像現金及信用卡。城南將使市民佩帶電子行動電話,可以在市內每家商店付款。無現金的城南市在南韓這個電子商品占據的國家,屬實地試銷開辦的城市之一。南韓1,500萬的家庭裡,超過一半有寬頻服務,超過六成的民眾攜帶手機。這個國家如此「無線」,讓許多公司使用這個都市的民眾,作為他們最新電子產品或服務的市場試銷。

選擇市場試銷的城市

選擇市場試銷的城市，有三個標準：**代表性**(representativeness)、**隔離程度**(degree of isolation)、**控制通路及促銷的能力**(ability to control distribution and promotion)。因為主要原因之一為執行市場試銷以達到外部效力，所以執行市場試銷的城市，應具最終銷售區域的代表性。結果，絕大部分的努力都耗費在「理想的」城市定位，就全美（或其他國家）人口特色的比較方面。**理想**，當然是指城市人口統計特色最接近期望的整體市場。例如R. J. Reynolds選擇田納西州的查特怒加市作「無煙」香菸測試（查特怒加市有較其他城市為高比例的吸煙者，而R. J. Reynolds需要吸煙者測試無煙香菸）。

當公司試銷一件產品，產品的通路以及推廣孤立於一個限定的地理區域，像奧克拉荷馬州的突沙市。假如公司在《突沙世界報》(*Tulsa World*)打廣告，報紙將涵蓋不只突沙市，還會有極微小的**溢出**到其他相當大的市場裡。配銷限定在突沙市這個試銷市場，公司及其經銷商、競爭者等，不太可能接到鄰近城市的電話，詢問為何不能購買該商品。有些市場並不孤立。假如你在《洛城時報》(*Los Angeles Times*)刊登一件產品推廣測試，你將會有非常大的溢出。注意到這點並不全然是個問題，只要你想要試銷的地區被《洛城時報》涵蓋，而且你已經規劃好新產品通路的話。

控制通路及推廣的能力，視許多因素而定。這城裡的通路商有能力並且願意配合嗎？如果不行，城裡有控制的市場測試服務公司嗎？城裡的媒體有器材可以提供你市場測試的需求？成本為何？選擇試銷城市前，所有這些因素都得考量進去。所幸，在城裡作試銷，其結果很讓人滿意，因為會帶來額外收入，市政府以及媒體通常提供潛在市場試銷者許多關於他們城市的資訊。

將這三個條件應用得不錯的範例為麥當勞的「吃到飽早餐吧」試銷市場，在亞特蘭大以及喬治亞州的沙瓦那港市。此二城為南方城市的代表，麥當勞控制其銷路，而促銷媒體為該市場特有。結果發現，自助式早餐增加週末家庭早餐銷售額。

⚐ 市場試銷的優缺點

市場試銷的優點顯而易見。在實際大規模行銷產品之前,試銷現場商品的接受度以及行銷組合變數,提供決策者可得資訊。因此,菲力普‧科特勒(Philip Kotler)指市場試銷為測試新產品的「終極之道」。市場試銷可說是預測未來市場的最準確方法,且容許公司市場試銷行銷組合變數的機會。

然而,市場試銷也有一些缺失。第一,市場試銷產生的結果不一定絕對正確。有許多市場試銷的結果證明,公司在市場上的決策錯誤。的確,可能有許多「可能會成功」的產品,因為在市場試銷反應不佳而在市場上就被阻擋下來。然而,這問題的絕大部分不是市場試銷本身的因素,而是消費者行為的複雜度及易變性的反映,準確地預測消費者行為難以克服;另外,競爭者蓄意破壞市場試銷。如果企業得知競爭對手在試銷某項產品,該企業通常會使促銷氾濫在該市場試銷中。百事可樂公司1990年在明尼蘇達州測試山露運動飲料,桂格(Quaker Oats)公司的開特力運動飲料以氾濫的折價券與廣告反擊。雖然百事可樂公司宣稱決策與開特力無關,但山露運動飲料從市場中抽離。這些活動使預測正常市場對產品的反應更加困難。

市場試銷的另一個問題是**成本**。僅僅有限的市場試銷,估計成本就超過幾十萬美元。涵蓋數個測試城市及不同形式的促銷,花費更是超過六位數。最後,市場試銷引起對競爭對手暴露產品。競爭者經由市場試銷得到檢視產品原型,且看到計畫的行銷策略。假如公司花太多時間作市場試銷,有給競爭者足夠時間推出類似產品,並成為市場上第一優勢的風險。儘管有這些問題,其資訊價值仍使市場試銷值得付出努力。

市場試銷可能造成道德問題。公司慣性地向媒體報導市場試銷結果,使其有管道預先行銷給大眾。但是,市場試銷中找到的負面消息也會報出來嗎?還是報喜不報憂?亟欲得到正面宣傳的公司,可能選擇他們認為會得到好結果的城市來作市場試銷。也許公司已經在市場上有強勢品牌以及市場力量,使用此法得到宣傳是否道德?《華爾街日報》(*the Wall Street Journal*)已提出該議題,而廣告研究基金會(Advertising Research Foundation)也已出版了《市場及意見研究的公開使用指導方針》(*Guidelines for Public Use of*

Market and Opinion Research），試圖使報導市場試銷公正化。

複習與應用

1. 你如何將研究設計對應在各種研究目標上？
2. 何種類型的研究設計回答人、事、時、地、方法的問題？
3. 在何種情況下，連續性座談會較不連續性座談會佳？在何種情況下則相反？
4. 一個好的實驗設計是什麼？試解釋何謂「準實驗設計」？
5. 試分辨不同種類的市場測試。
6. 設計一個實驗，選出獨立變數與依變數。其中可能導致問題的干擾變數為何？解釋你如何控制這些干擾變數可能在依變數作用的效果？你的實驗為有效實驗嗎？
7. 可口可樂行銷一運動飲料PowerAde，與Gatorade在市場上對打。在便利商店的冰箱內販賣運動飲料的市場競爭激烈，可口可樂想使用一種可以容納在標準冰箱內的特殊支架，讓PowerAde更引人注目。設計一個實驗，決定特殊支架是否會增加PowerAde在便利商店的銷售；確認並圖示你的實驗，指出此實驗將如何執行，並評估實驗的內在及外在效度。

個案4.1　Quality Research Associates公司

Quality Research Associates公司的山姆‧福克森(San Fulkerson)瀏覽了一下上星期他和顧客開會所作的筆記。

星期一早上。與*Hamptons*銀行的行銷主管珍妮‧迪恩(*Janey Dean*)討論。珍妮對銀行形象研究有興趣。已知會她我們從未作過類似研究，但我會在一週內與她見面，討論如何進行。珍妮要僱用我們作顧問；她自己的員工可以作行銷研究。下一場會議訂在15號下午兩點半。

星期二下午。與Weslyan College的商業經理凱萊‧羅傑斯(Cayleigh Rogers)會面。該學院想組織一個足球隊,而校長想知道校友的意願——願不願意支持、是否願意捐錢協助設立;校長也想知道目前學生是否支持足球隊。需回電追蹤。

星期三上午。與M&M Mars的勞倫斯‧布朗(Lawrence Brown)開會。布朗是一個新糖果派的品牌經理,他需要糖果派在推廣方式的建議。另外特別想知道哪種推廣方法在過去5年內曾被其他糖果派使用過,以及其對銷售量的影響。已告知布朗我會聯絡其他研究員後回覆他。

星期三下午。湯姆‧葛林爾(Tom Greer)拜訪。湯姆以及M&M Mars對進入早餐穀片市場有興趣,急著要有關顧客對公司研發的糖果口味穀片的反應。公司自行的口味評比反應不錯,但湯姆想要全國性較大顧客樣本的反應。他想要在一個月內得到這樣的資訊。重要:公司已準備好郵寄的樣品了。

星期四上午。與McBride's Markets的菲利斯‧狄翠克(Phyllis Detrick)會面。McBride是8個州150家的超商連鎖店。公司一年花費數百萬美元在廣告上。菲利斯想知道她在平面廣告及版面設計上可以如何改善,來產生最大的注意。她作過一些探索性研究並找出潛在顧客看報卻對McBride的廣告沒有印象。更明確的問題是,她想知道加顏色是否值得。彩色廣告會產生更大的注目嗎?我們約定了與McBride廣告經理的聯合會議,他將帶最近這6個月內他們所有的報紙廣告。

星期四下午。與卡洛琳‧菲利普(Carolyn Phillips)、法蘭斯‧雅部魯(French Yarbrough)、傑夫‧羅傑斯(Jeff Rogers)會面。三位是一家新創立公司的成員,預計討論有關新的牙刷收藏盒以及夜間蒸汽牙刷無菌消毒衛浴設備。兩年前,我們以焦點團體形式執行探索性研究。還以本市家庭代表性樣本調查追蹤,而在調查中給受訪者看該設備的照片,並詢問他們是否願意花錢購買。至此,一切順利,所有研究都指示「可行」。目前,這三位認為他們已準備好將產品推出市場,也與幾家大型零售連鎖店討論過。這些店對採購都有興趣,但他們想要更多證據證明市場會接受這些設備。有一家店的採購說:「我想知道民眾會不會走進我們店裡,買走這些東西」。另外,這三

位已將他們的全國性推廣活動減至兩個選擇，但他們不確定哪一個會帶來較多的客人。

　　星期五上午。沒有顧客會議。作研究設計。

1. 你認為山姆・福克森針對每個顧客選擇什麼研究設計？
2. 針對問題1中，你選擇的每個研究設計，敘述你選擇的原因。

個案4.2　「哈比人的最愛」餐廳：研究設計

　　在第三章，你知道傑夫・迪恩在CMG Research與柯瑞・羅傑斯作第二次會面。在第一次會面之後，柯瑞作了些餐廳生意的研究。他知道追蹤食材成本、桌周轉率，以及財物比率以及餐廳的營運費用概念。此外，柯瑞訂購了一本高級餐廳的行銷研究報告。

　　我們也知道重要議題環繞著下列幾項：1.決定需求；2.決定餐廳設計及營運特色；3.決定餐廳所在區段；4.決定如何推廣「哈比人的最愛」餐廳。

1. 柯瑞・羅傑斯使用何種研究設計，來準備與其顧客傑夫・迪恩作深入會談？他可能使用何種方法？
2. 考量本個案一開始的第二段，提到本個案的重要議題。假定已產生研究目標，並提供必要資訊解決這些議題，探索性研究會是最適當的研究方法嗎？試說明原因。
3. 假設你在問題2中選擇不要使用探索性研究，剩下兩種研究設計何者較適當？擇一並提出理由。
4. 你在問題3中所選擇的研究設計，如何協助柯瑞・羅傑斯，在計畫「哈比人的最愛」餐廳研究專案上？

5

次級資料:
線上資訊資料庫與
標準化資訊來源

本章將學習如何分辨次級與初級資料，藉由解釋次級資料的用處，討論將其分類的方法，進而知悉次級資料的優缺點，有效且快速地找出次級資料的策略（包括搜尋線上資料庫）。再者，以行銷研究人員的角度，點出一些最重要的次級資料來源。最後，我們將介紹給你不同種類的標準化資訊：綜合資料及標準化服務。

次級資料

初級資料與次級資料

如第二章所述，行銷管理決策所需的資料可分為初級及次級資料。**初級資料**(primary data)是研究人員特別為手邊研究的專案所發展或蒐集的資訊；**次級資料**(secondary data)則是由先前其他人及（或）為其他目的所蒐集的資料。如企業、政府單位或社區服務組織記錄事務或商業活動，以次級資料的形式創造活動的書面紀錄；又如消費者填寫保證卡，註冊所購買之車、船及軟體，這些資訊也會以次級資料的形式被儲存下來，供其他人再次利用。網路是自古騰堡(the Gutenberg press)活動印刷術發明以來，將次級資料傳送給最終使用者最快速、輕鬆的管道。從1980年代中期，幾乎所文件都以電子格式產生、編輯、儲存，讓使用者容易取得。多年來，有公司致力於透過特殊服務，將這些資訊傳送給使用者，甚至有許多企業透過網路提供此服務。雖然有些服務只有訂購者才能使用，但網路提供不可思議的免費次級資料存量。然而，隨著所有資訊開放給網路使用者，Internet2使用越來越普遍時，這可能被視為理所當然。有人將目前的高速網路與Internet2所提供的資訊量，比喻成羊腸小徑與八線道快速公路！透過網路，次級資料將成為另一種線上研究的形式並逐日增長，且日漸成為行銷研究人員的重要工具。

Decision Analyst, Inc.公司提供一個次級資料取得的管道，網站對行銷研究計畫有所助益。

††††† 次級資料的使用

次級資料用途廣泛，使得行銷研究專案的計畫根據與執行，總是與它們密不可分。其應用範圍從預測文化的「生活方式」改變，到選擇開店地點等微末小事：Decision Analyst, Inc.公司使用次級資料網站提供包含經濟趨勢預測、產業報告、企業情報、國際資料、大眾意見及歷史紀錄等訊息；行銷人員對新提案市場的規模預測、人口統計資料探勘，採用次級資料，蒐集到任何區域的人口和成長率；其他尚有政府機關制定公共政策、健保計畫人員想知道有多少銀髮公民將在下年度參加醫療服務等，均可藉由次級資料獲得，它們甚至可用來評估市場表現。例如從公開紀錄中找到每加崙汽油課徵的燃料稅，石油業者可輕易計算國家消耗的燃料量。幾乎每個主題都有相關的文章，而這樣的次級資料寶庫，對想徹底了解某個主題的行銷人員而言，唾手可得，儘管他（她）從未親身經歷過。關於某個人口統計族群的生活型態次級資料，例如購買習慣，某些族群有著相似的態度，因此被行銷人員仔細檢視。數十年來，最顯著的族群是「嬰兒潮」人口，定義從1946到1964年之間出生的人。當這些「嬰兒」邁入中老年階段，行銷人員便轉而探討像是X世代等資料。

次級資料分類

既然有那麼多可利用的次級資料，行銷研究人員就必須學習如何適當地管理這些資訊，並將它們去蕪存菁，了解次級資料的分類及優缺點，還有如何評估所獲得的資訊。

內部次級資料

次級資料可區為兩類：內部與外部次級資料。**內部次級資料**(internal secondary data)是企業內自行蒐集的資料，包括銷售紀錄、購買申請單以及發票等。優秀的行銷研究人員顯然知道何種內部資訊已經存在。在第一章，我們提及內部資料分析是企業行銷資訊系統(MIS)中，內部報告系統的一部分，而主要內部資料來源為包含企業可能想追蹤的顧客、銷售數字、供應商，及其他商業方面資訊。科特勒(Kolter)定義**資料庫行銷**(database marketing)為聯絡、交易及建立關係，而構建、維護、使用顧客（**內部**）資料庫及其他（**內部**）資料庫（產品、供應商、轉售商）的過程。內部資料庫的使用在近年來大幅成長。

內部資料庫

在討論內部及**外部資料庫**(external database)前，我們應了解**資料庫**(database)指敘述相關項目的資料及資訊的集合。資料庫裡每一筆資訊叫**紀錄**(record)；一筆紀錄可以代表一個顧客、一家供應商、一家競爭公司、一個產品、一個獨立存貨項目等；紀錄由稱作**欄位**(field)的資訊子元素構成。比方說，擁有顧客資料庫的企業就有代表每個顧客的**紀錄**。在顧客資料庫中，典型的**欄位**包括名字、地址、電話、電子郵件、購買的產品、日期、地點、保證卡資訊，以及任何公司認為重要的資訊。儘管可以建構非電腦化資料庫，但絕大部分資料庫採用電腦，因為資料庫包含大量的資訊，以電腦來編輯、檢索及分析大量資訊較為方便。

內部資料庫(internal database)包含由公司在平常商業交易中所蒐集到的資訊。行銷經理通常開發顧客相關內部資料庫，但資料庫可能為任何主題，例如產品、銷售人員、存貨、維修廠商及供應商。當顧客尋求一項產品或服務、進行採購，或將產品送交保養維修時，公司所蒐集到資訊。回想你可能已經提供給行銷公司的資訊：你的名字、地址、電話、傳真號碼、電子郵件、信用卡號、銀行帳號等。結合你過去購買過的產品知識，及政府和其他

商業來源提供的資訊，許多公司對你其實知之甚詳。公司運用內部資料庫來達到直效行銷目的，以及強化與顧客之間的關係，稱作**顧客關係管理**(customer relationship management, CRM)。

處理大量資料，成為內部資料庫管理資訊的一大課題。**資料探勘**(data mining)是目前已開發的軟體，可協助經理人將資料庫內看似無意義的混亂資訊賦予意義。然而，小企業的簡單資料庫也有其價值。研究顯示，零售業中幾乎有一半的公司，具備包含其顧客資訊功能的資料庫存檔。

資料庫可以告知經理人賣出何種產品、回報存貨，以及依進貨保留單位(Stock Keeping Unit, SKU)將顧客歸類。結合地理人口統計資訊系統(GIS)，資料庫可提供指出獲利最多及最少的郵政區域範圍。由正常商業過程蒐集而來的資訊，建立出來的內部資料庫可提供經理無價的訊息。

公司將內部資料庫蒐集來的資料作何運用，將會引發道德問題。你的信用卡公司應該將你購買的產品或服務種類，分享給任何想要買這些資訊的人嗎？你的網路服務供應商可以儲存你瀏覽過的網站嗎？當越多消費者開始注意到這些隱私權的議題，就越多公司採取隱私權政策。

外部次級資料

出版品原始資料

外部次級資料(external secondary data)自企業以外的地方取得，可以分為三個出處：1.出版品；2.綜合服務資料；3.資料庫。**出版品**是準備傳播給大眾的資訊，通常可以從圖書館內部，或是透過貿易協會、專業組織及企業的各種實體取得。出版品以多種形式呈現，包括印刷出版、CD-ROM及透過網路的線上形式。許多之前以印刷紙本形式存在的出版品，逐漸改為電子形式。電子化雜誌稱作e-zines；電子化報紙刊物稱作e-journal。次級資料的出版原始資料來自政府（**人口普查**）、非營利組織（商會或大學）、貿易及專業協會（CASRO、AMA、IMRO、MRA）及營利性單位（*Sales & Marketing Management*雜誌等研究公司）。許多研究公司以書本、電子報、白皮書或特

殊報告等形式出版次級資料。

出版品原始資料的出版數量，使搜尋次級資料變得相當困難。然而，了解不同種類刊物的功能，對你搜尋出版的次級資料幫助相當大。表5.1描述不同種類的出版品，其功能及範例。

目前許多圖書館已進入可採用電子搜尋的電子書或其他電子刊物的領域。這種電子圖書館讓研究人員可快速、方便、廉價、全面地搜尋次級資料。大部分電子圖書館的資訊可分為兩大類：館藏目錄(catalog)及索引(index)。**館藏目錄**包含圖書館藏書目的目錄（目錄有時也列出圖書館訂閱的期刊）。因此，書目對於依主題、作者、書名、關鍵字、出版日期或出版商等找尋非常有用；**索引**是由期刊堆砌的紀錄，及包含期刊內容的資料，記錄於像作者、篇名、關鍵字、出版日期、期刊名等的欄位。有時書目包含期刊的全文（稱為全文索引），但通常不是由圖書館建構，而由提供給圖書館或其他組織的公司所準備。

▶ 綜合服務資料

綜合服務資料(syndicated services data)由資料蒐集成標準格式的公司所提供，並由訂購的企業取得。這類資料通常非常專業，無法從公共圖書館查得。供應者整合（販賣）資訊給多家訂購企業，因此將成本更合理地分攤給訂購者。案例包括Arbitron公司的廣播聽眾資料、尼爾森收視率排行及Information Resources, Inc.公司賣到零售商店的產品掃描(InfoScan)報告。在這些案例中，這些公司供應企業外部次級資料。

▶ 外部資料庫

外部資料庫由公司以外的組織提供可利用的次級資料來源。有些資料庫有紙本形式，但近年來，許多資料庫都可在線上取得。**線上資訊資料庫**(online information database)是可由線上搜尋引擎搜尋到的次級資料來源。有些線上資料庫可免費查詢，由經營組織當作服務來供應。然而，許多線上資訊資料庫由商業資料來源收取費用，提供訂購者密碼（或IP位址認證）而取得。這種資料庫從1980年代便戲劇性成長，在1990年代至今，許多供應次級

| 表 5.1 | 了解不同種類刊物的功能，可讓你使用次級資料更得心應手 |

1. 參考指南

功能：參照其他參考來源及推薦特定主題的種類。指南告訴你何處尋得不同種類資訊。

範例：《商業資訊來源參考指南》(*Encyclopedia of Business Information Sources*)。底特律：Gale Group，1970年至今。

2. 文獻索引及摘要

功能：列出期刊文章，依主題、作者、題目、關鍵字分類等。摘要也提供文章的總結。索引可就你所研究的主題來搜尋期刊。

範例：*ABI/Inform*。Ann Arbor，密西根州：Proquest。1971年至今。

3. 參考書目

功能：書、雜誌等各種來源在某特定主題之列表。告訴你該主題可得到的幾種來源。

範例：《娛樂及演藝產業資訊來源書》(*Recreation and Entertainment Industries, an Information Source Book*)。Jefferson，北卡羅來納州，2000年。

4. 年鑑、使用者手冊

功能：這類來源為「案頭書」，單一本印刷物中提供各式各樣資料。

範例：《華爾街日報年鑑》(*Wall Street Journal*)。紐約：Ballantine Books。年鑑。

5. 字典

功能：定義專有名詞，有時有專門科目的字典。

範例：《簡要企業管理字典》(*Concise Dictionary of Business Management*)。紐約：Routledge，1999年。

6. 大全

功能：提供論文，通常以主題分類，照字母順序排列。

範例：《企業及財務大全》(*Encyclopedia of Busine$$ and Finance*)。紐約：Macmillan，2001年。

7. 工商名錄

功能：列出公司、人、產品、組織等，通常每項提供簡要資訊。

範例：《職業指南：鄧氏僱用公司機會名錄》(*Career Guide: Dun's Employment Opportunities Directory*)。Parsippany，紐約州：鄧氏行銷服務。年鑑。

8. 統計來源

功能：提供數據資料，通常以表、圓餅圖、長條圖呈現。

範例：《美國勞工統手冊》(*Handbook of U.S. Labor Statistics*)。Lanham，馬里蘭州：Bernan通訊。年鑑。

9. 傳記來源

功能：提供關於人的資訊──查CEO等資料有用。

範例：《鄧白氏公司治理工具書》(*D Reference Book of Corporate Management*)。Bethlehem，賓州：鄧白氏國際徵信公司(Dun & Bradstreet)，2001年。

10. 法務資料

功能：提供立法、法規、判例法的資訊。

範例：《美利堅共和國法典》(*United States code*)。華盛頓特區：政府印刷辦公室。

資料的外部資料庫整併。公司變少,但每一家的規模變大,由較大公司提供訂購者使用上億筆資訊紀錄。不同資料庫通常由製作擷取資訊的軟體廠商彙整,有時稱為**整合者(aggregator)**或**資料銀行(databank)**。這些服務或廠商提供許多索引、工商名錄,及全文檔案,由同樣的搜尋邏輯搜尋。類似的服務例如Factiva、Gale Group、ProQuest、First search、LexisNexis及Dialog——絕大部分的資料銀行由商業資料庫組成。

次級資料的優點

資料取得快速

使用次級資料有五項優點。首先是快速取得,相對於從頭到尾花費數個月的初級資料蒐集,你可以上網不花一毛錢,快速尋得許多次級資料。

較初級資料便宜

第二,相較於初級資料的蒐集,次級資料較便宜。雖然仍有一定的成本存在,卻只是蒐集初級資料成本的一小部分。初級資料的蒐集動輒花上千美元,甚至根據研究目的不同,也有花費數十萬至上百萬美元的。因此,就算花錢向商業賣主買次級資料,也比初級資料便宜。

資料取得容易

第三個優點在於資料容易取得。無論哪一領域,只要有人在某地曾經處理過,就有可利用的資訊可以協助研究人員。可取得性便是許多人預測次級資料在行銷研究的應用上,逐漸重要的原因。隨著電腦科技的進步,不但資料量成長,搜尋上千萬筆資料,找到正確資料的能力也隨之增長。

強化初級資料

次級資料可強化現存的初級資料。研究人員使用次級資料，並不代表不會蒐集初級資料。事實上，幾乎每個案例中，研究人員的初級資料蒐集任務，都是從次級資料著手。次級資料的搜尋可以讓研究人員熟悉研究產業，包括其銷售及利潤趨勢、主要競爭者及產業所面臨的重要議題。次級資料的搜尋可以確認概念、資料、術語，對於執行初級研究相當有用。例如銀行的管理階層僱用了某行銷研究公司，雙方決定執行衡量顧客心目中銀行形象的調查。在檢查過銀行形象測量方面的次級資訊後，確認了研究元素。另外，在研究小組瀏覽過次級資訊後，決定3組銀行顧客：散戶、商業顧客及其他銀行顧客。當研究員對銀行管理階層報告時，初級研究的原始目標已改變成測量三組顧客對銀行形象的看法。

可達成研究目標

次級資料不但比初級資料快速取得、方便使用、蒐集成本低，次級資料也可以達成研究目標！例如連鎖超市的行銷經理要將電視廣告預算，分配到12個連鎖市場所在的電視台，便可快速瀏覽次級資料，依顯示的食品零售額選擇電視市場區域。依據食物銷售的比例分配電視預算，會是解決經理問題的絕佳方法，並滿足研究目標。

次級資料的缺點

雖然次級資料的優點總是證明這種資料在搜尋上的正當性，還是有些隨之而來的問題。五個與次級資料相連的問題包括：不相容的報告單位、測量單位不協調、對用以將資料分類的定義意見不同、次級資料的及時性，及缺乏需評估報告資料的可信賴資料。因為次級資料不是針對手上的問題而蒐集，而是為了其他目的，因而有這些問題產生。結果，研究人員必須在使用

次級資料前，認定這些問題的程度，再評估是否藉由次級資料來進行。

👥 不相容的報告單位

　　次級資料的準備有下列報告單位：郡（縣）、市、市區或都會統計區域 (Metropolitan Statistical Area, MSA)、州、地區、郵遞區域等。研究人員常根據報告單位是否符合他的需求，再決定使用次級資料與否。比方說，研究人員若希望以考量擴張為目的而評估市場區域，可能想要採用郡等級的資料。有許多可取得的次級資料都是以「郡」為等級，但若是另一位想評估提案為零售商店位址方圓兩哩的區域呢？郡資料將不堪使用；還有若是想知道某主要城市的每個郵遞區號內，人口組成的類型，再決定鎖定哪區作直接信函活動。郡等級資料也不適切。當使用次級資料時，不適當的報告單位通常會是問題關鍵，有越來越多資料可以多重報告單位的呈現形式。郵遞區號＋4等級的資料越來越普及。另外，我們在稍後也將看到，GIS提供行銷人員取得資料的管道，得以任意定義報告單位。對想知道某定點方圓兩哩內人口統計資料的行銷人員來說，非常有用。然而，有時次級資料仍以不合適的報告單位呈現。

👥 測量單位不協調

　　有時，次級資料使用的測量單位與研究人員所需的測量單位不吻合。例如在分析市場上，行銷研究人員通常對收入等級感興趣。可取得的收入研究，可能以數種方式測量得到：總收入、稅後收入、家庭收入、按人口計算的收入等；或者假設某個需要將企業以平方呎大小分類的研究專案，次級資料的來源卻是將企業以銷售量、員工人數、獲利等級作分類。美國多數的資訊是以美國常用計量單位（呎、磅等）記錄，然而絕大部分其他國家使用公制單位（公尺、公斤等）。美國也逐漸開始使用公制度量。

分類定義不能用

對研究人員來說，報告上資料的分類定義可能無法使用。次級資料通常將變數分成不同等級，而後報告每一等級發生的次數。例如購買力調查(Survey of Buying Power, SBP)以三個等級描述有效購買收入(Effective Buying Income, EBI)變數。第一級描述EBI介於2萬美元至34,999美元之間的家庭比例，而最後一級描述EBI超過5萬美元家庭的比例。如此分級對大部分研究都通用。然而，對南加州的帆船製造商Beneteau, Inc.來說，使用如此收入分類來鎖定潛在顧客市場令人懷疑。因為Beneteau的顧客EBI平均認定超過75,000美元，而Beneteau研究人員因EBI分類已被定義，無法使用既有資料該如何？若持續尋找，你或許可以找到需要的資訊。例如，Beneteau可以由購買與「購買力調查」同一家出版社所發行的《美國人口統計》(Demographics USA)，取得次級資料而解決問題。他們也會發現，《美國人口統計》提供EBI超過15萬美元以上等級的資訊。

資料過時

有時，行銷研究人員找到想要的測量單位及適當分類的資訊，然而資料卻已過時。有些次級資料只出版過一次，儘管某些會定期出版，距上一次出版的時間，可能在應用資料目前所面對的問題上，並不適用，導致研究人員必須面臨取用與否的抉擇。

評估次級資料

希望你已了解，不是你讀到所有資料都是真的。為適當使用次級資料，你必須在使用前評估資訊，作為決策制定的基礎。讀者使用網路來源必須當心，因為大部分網站沒有通過品質標準。為確認次級資訊的信賴度，行銷研究人員必須評估資料。由下列五個提問來完成：

- 研究的目是什麼？
- 誰蒐集的資訊？
- 蒐集什麼資訊？
- 資料如何取得？
- 資訊之間是否一致？

依據每個問題，分別討論如下：

研究的目的為何

作研究通常為了一個目的。不幸的是，有時為了要「證明」某些情勢，或推動研究者的特殊利益，而使呈現的資料不具信賴度。多年前，商會為「證明」其社區為新興商業位置的最佳選擇，以出版誇大其社區規模及成長率資料而聞名。然而幾年後，他們發現民眾不再相信商會資料，才轉而出版具信賴度的有效資料。但你應學到的是，非常小心確認出版此資料的單位，是否以毫不偏頗的方式運作。想想拋棄式紙尿布的例子，該產業在1960年代產生。堆積如山的拋棄式紙尿布，需要耗費50年的時間才能被分解。該項預測公開後，環保議題亮起紅燈。結果，1980年代末期，買傳統尿布的顧客倍增。超過十來個州立立法單位考慮對紙尿布採取多項禁令、稅收，甚至警告標語。接著，紙尿布對傳統尿布的環境影響「研究報告」於是產生。「新」研究似乎證明，傳統尿布因為使用洗潔劑清洗，污水滲入地下水，對環境所造成的影響更勝於紙尿布，傳統尿布對環境比永久保存的塑膠拋棄物，對環境傷害更大！很快的，在幾個這樣的研究對立法單位公布後，抵制紙尿布的行動終止。是誰作該研究的？占紙尿布市場絕大部分的P&G委託Arthur D. Little, Inc.管理顧問公司，作一個拋棄式紙尿布與尿布的研究。研究發現，拋棄式紙尿布不見得比尿布傷害環境。另一個由Franklin Associates公司主持的研究，也持同樣的論點：拋棄式紙尿布，不一定比傳統尿布有害。而是誰贊助這項研究的呢？一個對「紙」尿片有高度興趣的組織——美國造紙協會。在你開始批判那些紙尿布前，也來看看其他「科學」研究吧！1988年，

某一研究發現：紙尿布製造的大量廢棄物，使環境嚴重惡化。又是誰贊助此研究的呢？尿布產業！而另一個在1991年公布的研究顯示，尿布在環境考量上，優於紙尿布。猜猜是誰贊助這項研究的？

誰蒐集的資訊

　　就算你已信服研究目的公允，但也該質疑蒐集該資訊的組織能力。為什麼？單純只是因為組織掌控的資源及品質控制而不同。但該如何決定組織蒐集資訊的能力？首先，詢問該產業較有經驗的人。通常可信賴的組織在被研究的產業裡知名度高；第二、檢驗報告本身。有能力的企業總是小心書寫及詳細解釋，提供報告中蒐集資訊的過程及方法；第三，聯絡該企業之前的顧客，訊問對方是否滿意該企業表現的工作品質。

蒐集何種資訊

　　有許多與經濟影響、市場潛力，或可行性等主題相關的研究，但在這些研究中，測量的是哪些東西？有許多研究案例聲稱，提供特定主題的資訊，但與實際測量卻背道而馳。試想某個由運輸當局執行的公車路線乘客數研究，若在檢驗研究使用的方法時，數的是代幣而非乘客數，但單一乘客可能需轉乘到某個目的地，必須使用數個代幣，研究因此超估「乘客」數。或者試想某個「廣告效度」研究。如何測量有效程度？是廣告開始播放的次週產品銷售額？還是播放廣告後隔天，能叫出品牌名稱的消費者比例？這個分別重要嗎？可能重要，也可能不，完全根據研究使用者如何使用資訊評斷。重點是使用者應確實發現，蒐集到的是何種資訊！

資訊如何取得

　　你應當意識到次級資料來源中記述用來取得資訊的方法。樣本是什麼？樣本有多大？回覆率多少？資訊是否有效？你將會在本書中學到許多蒐集初

級資料可供選擇的方法,而分別對資料可能都有影響。記得,儘管你評估次級資料,但對某些組織來說,那些是以初級資料蒐集而成。因此,蒐集資料的其他方法在資料的本質及品質上有影響。然而,如前所述,大多有聲望的組織,在提供次級資料時,也提供其資料蒐集的方法。如果該資訊尚不能取得,而使用該次級資料對你的研究又十分重要時,你應該花更多心血找出資訊是如何取得的。

資料是否一致

某些情況下,相同的次級資料由多個獨立的組織報告,提供絕佳方式評估次級資料來源。理論上,若超過兩個獨立組織報告同樣的資料,你將對資料的效度與信賴度更具信心。例如大都會區(MA)、郡及大部分市政當局的人口統計資料,從超過一個來源的對象中廣泛取得;或你評估的一份調查須代表某個地理區域,你可能要比較調查的樣本特性,與人口統計資料中的人口。若你知道,根據美國普查資料,城市中約有45%的男性與55%女性時,根據這份代表該市的調查,報導一份46%男性與54%女性的樣本,則你可信任調查資料。然而,的確很少有兩個組織報告兩份完全相同的結果。在此你必須視差異的大小而決定該作什麼。假如所有獨立來源報告在同樣的變數上有極大的差異,則你可能不對任何一份報告具信心。你應該仔細看每一份報告來源,蒐集什麼資料、如何蒐集等。例如若你將從抽樣調查公司(Survey Sampling, Inc.)得到某一郡企業的數目,並與政府出版品《郡內企業型態》(*County Business Patterns*, CBP)報告的企業數量作比較,你將看到顯著的不同。我們可以說,抽樣調查公司所計算的企業數會遠大於CBP報導的數字。為什麼?可以從問「實際上蒐集的資料是什麼?」以及「如何獲得該資訊?」這樣的問題來找到答案。結果顯示,兩個組織都沒有實際計算特定區域的企業數目。CBP計算企業呈報薪資給付的資訊。有公司可能不呈報該資訊,而有些小公司有「無給薪員工」(其雇主即員工)也從CBP資料剔除。因此CBP計算的企業數指標會偏小,因為沒有算到所有的企業;另一方面,抽樣調查公司則將工商名錄中登錄的企業加總,作為企業數目。

　　這引來「企業公司是什麼」的疑問。一家加盟組織可以經營麥當勞，而在電話黃頁上登錄9個營運地點。這要算一家還是九家公司？抽樣調查公司會將其列為9個不同的企業。因此，抽樣調查所預估的企業數則偏高。該用哪一個資料來源呢？視你研究目的及資料將如何運用作決定。只要使用者確實了解資訊所代表的涵義，任一資訊來源皆為合適。重點是必須充分評估多種資料來源，而你站在一個角度，選擇帶給你最有效可靠結果的資訊。

　　最後關於評估資訊來源的說明：你可能從別人的評估得到幫助。例如書已被讀過，且有書評發表；或有許多報紙只刊登主編評估品質通過的文章；甚至也有報紙不允許廣告刊登，因此在刊登資訊上較為客觀，不傾向任何利益團體。然而，對評估像雜誌文章、網站或特別報導等其他次級資料來源，遠遠困難許多。

找出次級資料來源

　　該如何著手進行找出次級資料來源呢？我們建議隨下列方法：

　　步驟1：確認對於該議題，欲知曉及已知曉的部分。這是在搜尋資訊中最重要的一步。若你對要尋找的資料不夠清楚，毫無疑問將會遭遇困難。因此，清楚地定義你的主題：相關事實、相連結研究人員或組織的名字、關鍵報告及其他你已熟悉的刊物，和任何你已經有的資訊。

　　步驟2：發展出關鍵術語及名字的清單。這些術語及名字將提供取得次級資料來源的管道。除非你已有非常明確的主題，否則將這最初的清單列得長些、普遍些。使用商業字典及手冊協助開發你的清單，並保持彈性。每次查訊新的來源，就有可能有新的術語選擇。

　　對印刷來源以及資料庫來說，使用正確的專有名詞尋找最相關的資源非常重要。很多時候，研究人員必須想出與主題相關的辭彙或同義字。例如某個資料庫可能使用**製藥產業**(pharmaceutical industry)來敘述該產業，而另一個資料庫可能使用**藥品產業**(drug industry)。此外，可能需要使用較廣義的辭彙。**製藥產業**可能被列在**化學產業**的一部分。然而，有可能需要較狹義的

名詞。例如如果要搜尋**藥品產業**(drug industry)的話，只輸入**藥**(drug)就不太明智了，因為幾乎所有的資料庫都涵蓋該關鍵字。此時你或許可以考慮，輸入一種特殊藥名較為明確。

許多資料庫列出術語或標題表的清單，它們已指定資訊建檔，像是書或文章。這些清單叫作彙編、詞典或是標題表。大部分圖書館的館藏目錄，都會採用國會圖書館(the Library of Congress, LC)的標題表。那些是一慣用以敘述某個主題的標準（有時稱「支配的」）術語。例如**不動產**在國會圖書館標題表的標準是real property而非real estate。使用標準的標題表將能更有效的搜尋。

關鍵字搜尋通常在資料庫搜尋上可行，但使用關鍵字常常擷取到太多不正確的結果。關鍵字搜尋，意即電腦擷取某筆資料中的任意區段，只要該區段擁有關鍵字存在的紀錄。例如某人搜尋**銀行**(banks)，有可能是人名、企業、某種型態的銀行、田埂，或任何該字的其他使用。有時，為避免不正確的結果，搜尋者可搜尋某一領域，稱作**領域搜尋**(field searching)。關鍵字也可用以引導使用較佳的術語。若擷取一長串來源清單，選擇一個相關項目，檢驗其紀錄，確認標準主題歸於哪個名詞的作法較明智。輸入那個主題便可以擷取較相關的來源清單。

步驟3：使用數種圖書館資源（如表5.2所列），開始搜尋。假如需要選擇適當來源或資料庫，參考表5.1，瀏覽不同種類出版品的功能。

步驟4：報告結果。你也許成功地找出資料，但假如資訊不能恰當地傳達給讀者，此研究將毫無價值。能夠概述文章或報告，正確地撰寫，準確地提及所使用的參考來源非常重要（見第十八章如何寫一份研究報告的指導）。

行銷人員的關鍵次級資料來源

我們希望你了解上千個次級資料出處與企業決策有關。在表5.2，我們將提供對行銷研究有用的一些主要出處。然而，有些來源非常重要，值得拿

表 5.2	行銷的次級資料來源

Ⅰ.參考指南

《商業資訊來源大全》(*Encyclopedia of Business Sources*)

底特律：GaleGroup，年刊。對研究人員來說，這本書名列行銷協會、廣告公司、研究中心、代理商，以及多樣商業主題的相關來源。對確認某些特定產業的資訊特別有用。

Ⅱ.索引

ABI/INFORM Global

密西根州安那寶市：ProQuest，1971起。可作線上查詢，資料庫將主要報紙與商業議題相關的主要報紙作索引及摘要。有些文章可得到電子全文瀏覽。ABI/INFORM Global可由ABI/INFORM Archive、ABI/INFORM Dateline與ABI/INFORM Trade & Industry互補，在有訂購的圖書館內可單獨搜尋，或串聯全部集合搜尋。

《越快越好商業檔案》(*Business File ASAP*)

底特律：Gale Group，1980起。可線上查詢。此索引主要涵蓋商業及普遍報紙，和包含一些全文文章。

威爾森商業全文(*Wilson Business Full Text*)

紐約：H. W. Wilson，1986。可線上查詢。印刷版本名為《商業期刊索引》(*Business Periodicals Index, 1958－*)。這個基礎索引好用之處在於，能比其他索引，搜尋到更以前的主要商業報紙。

Ⅲ.字典及大全

《行銷術語字典》(*Dictionary of Marketing Terms*)

紐約州Hauppauge市：Barron's，2000。由Jane Imber及Betsy Ann Toffler編輯，此字典涵蓋行銷通用詞彙的簡要定義。

《消費品牌大全》(*Encyclopedia of Consumer Brands*)

底特律：St. James Press，1994。針對消費品、個人產品，以及耐久財為主要內容，此書提供詳細歷史敘述以及主要品牌的發展。

Ⅳ.工商名錄

《布萊得福世界及美國行銷研究機構及管理顧問名錄》(*Bradford's Directory of Marketing Research Agencies and Management Consultants in the United States and the World*)

維吉尼亞州Middleberg：Bradford's，兩年刊。依服務型態索引，此資料書提供各個機構的活動範疇以及列出各辦公室的名稱。

《廣播及有線電視年鑑》(*Broadcasting and Cable Yearbook*)

紐澤西州New Providence：R. R. Bowker，年刊。一份美加地區電視及廣播電台、廣告公司的名錄，以及其他有用資訊。

《工商名錄》(*Directories in Print*)

底特律：Gale Research，年刊。提供在商業及產業名錄、專業及科學人員、線上資料庫名錄，以及其他名單的詳細資訊。這份資料書在確認特定產業或產品與工商名錄結合尤其有用。

《蓋爾出版社及廣播媒體名錄》(*Gale Directory of Publications and Broadcast Media*)

底特律：Gale Research，年刊。一份以地區分類的美加地區報紙、雜誌及貿易刊物，以及廣播站的名單。包含地址、版本、頻率、發行量、訂閱量以及廣告刊登率。

V.統計資料

《美國1790－2005資料大全》(*Datapedia of the United States, 1790-2005*)

馬里蘭州Lanham：Bernan Press，2001。依據《美國從殖民時期的歷史統計資料》(*Historical Statistics of the United States from Colonial Times*)及其他統計資料來源，以上百個表格，顯示大量與美國相關的人口統計資料可變因素，反映出歷史及某些情況下的預測資料。

《美國人口統計──購買力調查》(*Demographics USA─ "Survey of Buying Power"*)

紐約：《銷售行銷管理》雜誌，年刊。一份在《銷售行銷管理》發表過的資料堆疊。

《主筆及發行人市場指南》(*Editor and Publisher Market Guide*)

紐約：主筆及發行人，年刊。提供超過一千五百個美國及加拿大報紙城市，報導關於地點、交易、人口、家庭、銀行、汽車等實情及數據的刊物。

《市場占有報告書》(*Market Share Reporter*)

底特律：Gale Research，年刊。提供美國產品及服務的市場占有資料。

《標準等級及資料服務》(*Standard Rate and Data Service*)

伊利諾州Des Plaines：SRDS，月刊。在SRDS每月發行的刊物（消費者雜誌及農業媒體、報紙、廣播及電視的廣告插播），每州專欄的起始均包括一些行銷數據。

出來另外討論。在下面幾個段落，我們將給你以下來源的額外資訊：2000年普查、其他政府出版品、取代標準行業分類系統(Standard Industrial Classification, SIC)的北美行業分類系統(North American Industry Classification System, NAICS)、購買力調查、《美國人口統計》，以及生活型態市場分析(Lifestyle Market Analyst)。

♔ 2000年普查：人口普查

2000年普查為美國每十年的人口普查，被視為所有市場資訊的「始祖」。即使普查每十年才執行一次，對多數在中間年份的行銷資訊來說，仍是一個基線。公司以商業手法提供次級資料，像ESRI及「購買力調查」，並每年提出修正報告，更新資訊。除了市場資料，普查資料也用作許多政府決策，例如高速公路建設、保健服務、教育需求，當然還有大都會區重劃。

美國人口普查從1790年開始實施，在1940年以前，每一個人都得回答普查問卷的每一個問題。1940年，導入資料蒐集更快速、更多的方法，在沒有

增加回應者負擔的前提下，只對樣本回覆者發放的一長串問題。到2000普查時，6戶有1戶收到問卷。結果，許多普查資料都是根據統計樣本。由於隱私權意識的高漲，且從1970年開始下滑的參與率，在向美國民眾推廣2000年普查時，花費了許多心力。你可以在線上瀏覽普查資料：www.census.gov。

其他政府出版品

美國政府出版大量的次級資料，多數由美國政府印刷辦公室(GPO，網址為www.gpoaccess.gov)產出。而美國的統計摘要(www.census.gov/statab/www/)，亦是統計次級資料的簡易來源。

北美工業分類系統

北美工業分類系統(NAICS)事實上本身並非資料來源。我們的意思是，NAICS就本身而言並非資訊，而是一個可以用以取得資訊的編碼系統。所有行銷研究學生都應該熟悉這套系統，因為這被太多次級資料來源所使用。NAICS即將逐漸標準行業分類系統(SIC)。SIC以從事活動的型態，分類創建機構，於1930年代中期被規範，當時政府要求所有行政機構使用同樣的系統分類，以蒐集經濟及工業資料。每個產業都被給定一個號碼，而所有在該產業的各種型態公司（銷售、聘僱等）都編上該號碼。SIC將所有企業分作11區(division)。以下再將產業細分為「組」(major group)。組依序從01編號到99。例如A區包含01至09組，01組代表農作物；B區包含10到14組；10是金屬採礦、11是煤礦開採等。每一組再分兩類(category)，提供更詳細的分類。

北美自由貿易協定(NAFTA)將SIC與NAICS替換。該系統容許墨西哥、加拿大、美國政府共用相通的語言，比較國際貿易、工業生產、勞工成本等其他統計數據較為容易。NAICS改進SIC系統，卻可以與之前SIC編碼的資料作相對分析。事實上，鄧白氏國際徵信亦推廣其行銷軟體，提供SIC碼及NAICS碼之間的轉換。NAICS將企業以相似的邏輯分類；特別關注在新興產

業的分類，例如服務業及高科技，而某些產業會編定更詳細的分類，例如飲食場所。在SIC分類下，所有餐廳——小吃店、外燴、漢堡攤販及五星級餐廳，都落入同一個分類：飲食場所。NAICS將之細分得更為詳盡，對研究人員助益更大。

NAICS將經濟結構分作20個大區塊(sector)，對照SIC的11個區。許多新的區塊反應出SIC的影子，像公共事業及交通區塊，是從SIC的運輸、通訊及公共事業區而來。由於近年來服務業成長飛速，SIC的服務業區更細分為幾個新的區塊，包括專業、科學及科技服務；管理、支援、消耗管理及矯正服務；教育服務；健康及社會協助；藝術、綜藝及娛樂；以及除了公共事務管理的其他服務。其他新的NAICS區塊，從多個SIC區的一小部分組合而成。例如新的資訊區塊是由運輸、通訊及公共事業區（廣播及電信）的部分；製造業（出版）的部分；及服務產業（軟體出版、資料處理、資訊服務及動畫和音效錄製）的部分組合而成。

NAICS使用六位數分類碼，而非舊的SIC四碼。新增的兩位數在確認特別類型的公司時，提供更大的精確度。然而，不是所有的NAFTA國家都使用這六碼。三個國家同意使用前五碼為標準系統，而第六碼在某種程度上容許各國使用者特別需求。NAICS碼本身並沒有告訴你任何資訊。然而，知道代表某一類型產業的NAICS碼，將使你找到該產業中公司的次級資料。

參觀普查局的網頁（www.census.gov），你可以找到許多主題的次級資料。美國現在的人口多少？你家鄉的人口多少？答案就在網站裡。

United States Census 2000
Your Gateway to Census 2000 · Census 2000 EEO Tabulations · Summary File 4 (SF 4) · Summary File 3 (SF 3)

People
Estimates · American Community Survey · Income · Poverty · Health Insurance Coverage · Projections · Housing · International · Genealogy

Business
Economic Census · NAICS · Survey of Business Owners · Government · E-Stats · Foreign Trade | Export Codes · Local Employment Dynamics

Geography
Maps · TIGER · Gazetteer

Newsroom
Releases · Facts for Features · Minority Links · Multimedia · Cinco de Mayo · Older Americans Month

Special Topics
Census Calendar · Training · For Teachers · Statistical Abstract · Our Strategic Plan · FedStats

U.S. Census Bureau

North American Industry Classification System (NAICS)

The North American Industry Classification System (NAICS) has replaced the U.S. Standard Industrial Classification (SIC) system. NAICS will reshape the way we view our changing economy.

NAICS was developed jointly by the U.S., Canada, and Mexico to provide new comparability in statistics about business activity across North America.

上NAICS網站(www.census. gov/epcd/www/naics.html)，讓你了解從SIC碼轉成NAICS碼。

購買力調查

購買力調查(SBP)是每年8月在《銷售行銷管理》雜誌的一份年度調查。調查包括美國的人口、收入、食品、飲食店、裝備及汽車的零售額。這些資料分解成大都會區、郡及城市等級，以及媒體市場等級，另提供五年預測值。因為調查資料是從普查資料推斷，因此與每年的發表通用。除一般資料，該調查也報導**有效購買收入**及**購買力指數**(Buying Power Index, BPI)。

EBI定義為個人可任意支配收入，等於**淨收入扣除稅捐**。因此反應可用於購買商品及服務的金額。這點非常重要，因為稅捐依地理區域不同而差異甚大。BPI是基於構成市場要素：人、購買能力及意願，在一地理區域內的相關市場潛力。BPI代表美國總購買力的市場比例指數。

▶ 如何計算購買力指數？

儘管行銷人員手邊有人口統計資訊，BPI仍是經理人及研究人員認定SBP有用的主因。BPI之所以有用，是因為BPI採用構成市場的三個要素（人、購買能力、購買意願），並將其計算在一個代表市場購買力的量化指數中。我們在此提供BPI公式，並闡述如何計算。

$$BPI＝（市場人口÷全美人口）×2$$
$$＋（市場A的EBI值÷全美EBI值）×5$$
$$＋（市場A的零售額÷全美零售額）×3$$

可以選擇的市場區域包括地區(regions)、州、郡、**MSA**、城市或DMA（指定市場區域，代表電視市場）。其他市場要素為：人口用以代表人、EBI**購買能力**；而第三個要素**購買意願**，屬於心理概念，代表消費者在未來將作

的動作，**SBP**使用消費者在未來的購買欲望，因此SBP為消費者將會購買的替代指數。這替代指數是使用過去的零售銷售額估算，因為民眾昨日購買的物品，將是今日購買物品的指標。上述公式給你的是一個指數。例如對於像芝加哥或洛杉磯的龐大市場BPI，大約是3.3333。這代表該市場擁有全國總購買力的3.3333%。懷俄明州的凱斯普爾市的BPI值約為0.026，意即凱斯普爾市占全國購買力的0.026%。

SBP的優點。首先，SBP的最大優點在於提供每年更新的人口統計資料；第二，每年提供五年的預測；第三，藉計算形成BPI的指數，SBP將市場量化。一如所有的指數，BPI對於評估時間區段內的市場有用，由繪製該市場的5年期BPI可達成。如此一來，經理人或研究人員將擁有該市場購買力趨勢的指標。第二個使用BPI的方法在於比較不同市場。BPI代表的是，一個市場購買力的量化衡量，因此是一個比較市場的客觀衡量。BPI的明確使用包括選擇新市場、將市場分作擁有相同購買力的銷售區域，以及根據市場潛在購買力分攤媒體花費；第四個SBP優點在於取得簡單且便宜。

SBP的缺點。使用SBP的資料有兩個缺點。如前所述，使用次級資料的一個缺點，就是資料分類的方式可能對使用者來說無法使用。我們給的範例是EBI資料在SBP中只有三個分類，最後一類是5萬美元及以上。SBP所顯示有限的資料分類，可以由另一個出版品《美國人口統計》克服；第二個SBP缺點在於BPI計算時的邏輯。BPI是一個通用指數，使用整個人口、所有層級的EBI，以及所有市場的零售額。然而，對有些產品說，一個通用BPI並非購買力的準確預測。再次藉由知道查詢何種次級資料，研究人員有時可以用一種次級資料來源，彌補另一種。下面將解釋《美國人口統計》如何克服SBP的「通用BPI」的問題。

美國人口統計

另一個有用的次級資料來源，在《美國人口統計》(Demographics USA)出版品中。由出版SBP的同一家公司Bill Communications出版，《美國人口統計》較SBP來得昂貴。不只提供更詳細的資訊，也克服了一些SBP的弱

點。第一，如前所述，SBP報告的資料類型有限，《美國人口統計》則擴張這些類型。例如報導7個類型的EBI，類型上限達15萬美元以上。《美國人口統計》不僅提供籠統的EBI，更提供其他市場指數，例如**總體企業BPI、高科技BPI、製造業BPI、經濟產品BPI、普通價格產品BPI、高價位產品BPI、B2B市場BPI及高科技市場BPI**。

除了上述這些額外市場指數，有些企業可能想計算自己的**客製化BPI**(customized BPI)。客製化BPI是依照最能代表其產品或服務的購買力，針對該產品或服務相關選擇的市場因素，所計算出的指數。例如你在作關於新名貴手機的經銷商地點決策。對名貴手機來說，哪個市場代表最高購買力？你可能傾向使用《美國人口統計》中的高價位產品**BPI**，但比方說對非常昂貴的新高檔房車，你想要一個更佳的購買力指數。客製化BPI可包括：1.家庭收入大於75,000美元；2.汽車銷售額；3.家庭成員有人介於35至64歲之間。當然，針對你要考量的每一個市場，計算你的客製化BPI，實際上會有困難。另一個《美國人口統計》的優點在於，報告單位上地理區域劃分的詳細程度。除了提供標準報告單位（MSA、DMA等），《美國人口統計》也依郵遞區號及產業市場的資訊提供資料，例如九個產業類型當中設立公司的數量（像是農業、製造業、零售業及服務等）。

﹙ 生活型態市場分析

生活型態市場分析是次級資料的特殊來源。這類印刷資訊來源分析數種生活項目，例如積極閱讀者、養貓、船上旅遊、高爾夫、有攝錄影機、有孫子女、郵購、投資股票債券、增進健康，以及慈善捐獻的動機。資訊被組織在不同目標的區域。首先，你可以檢驗市場（定義為DMA）。你不僅會拿到DMA的標準人口統計資料，也可以決定市場中主導（或最不主導）的生活型態。這些資訊協助使用者「描繪個性輪廓」，否則你只會看到一堆描述市場的數字。書上另一部分分別描述各個生活型態。你會找到該生活型態分類裡的人口資訊檔案以及其他資訊。例如要了解單車愛好者的生活型態，可以回答下列問題：

■ 單車騎士的人口統計資訊為何？

■ 騎士們投入哪類的活動??

■ 騎士集中在哪個市場？

■ 騎士們閱讀哪些雜誌？

再舉另一個例子，**生活型態市場分析人員**製作的航行愛好者檔案，發現他們也喜好潛水、滑雪、休旅車、假期房地產及釣魚，但對深入閱讀及針黹沒有興趣。顯然，這類型的消費者是戶外器材業務員的最佳目標。

認識準化資訊

標準化資訊(standarized information)是次級資料的一種，蒐集的資料及（或）蒐集流程，對所有使用者來說都是一種標準。標準化資訊有兩種廣義的分類：綜合資料(syndicated data)與標準化服務(standardized services)。

綜合資料是以標準格式蒐集的資料，並且公布給所有訂購者。例如尼爾森收視率排行，包含以標準化方法蒐集而來的電視收視資料。**標準化服務**則指標準化行銷研究的**流程**，用來對某一特定使用者產生資訊。

環研所的市場分段系統碼(ESRI's communicty tapestry)是用來表示住宅地區的標準化**流程**。此資訊為渴望了解其顧客是誰、身處何處、如何尋得他們、如何將觸角伸至他們的顧客而購買。我們將在下面討論這兩種資訊。

綜合資料是一種外部次級資料的形式，由一般資料庫提供給付費訂購者。記得我們在第二章討論行銷研究產業的公司型態，稱提供此類資料的公司為「綜合資料服務公司」。該資訊通常十分詳細、對身處該產業的公司有價值，卻無法從圖書館中取得。提供綜合資料的公司，依標準研究形式，可以再三地蒐集相同的標準化資料。此類公司以一種即可使用、標準化行銷資料的格式，提供訂購資訊的公司該產業所需的專業例行資料。我們前面提及的尼爾森收視率排行，跟Arbitron公司針對各種廣播市場，供應各種廣播電台的聽眾類型及人數。這種標準化資訊協助廣告公司接觸到其目標市場；也

藉出客觀、獨立測量聽眾量及特性，幫助廣播電台定義聽眾。在綜合資料、蒐集過程、分析資料與資料本身都有標準化；意即沒有一項是因顧客而變動的；另一方面，標準化服務很少提供顧客標準化資料，而是將行銷的**流程**標準化。**標準化流程的應用**，會給每一個顧客不同的資料。例如某標準化服務內容為顧客滿意度的衡量，與其由使用者公司重新自行發展衡量的顧客滿意度流程，就像「重新設計輪子是圓的」一般，不如選擇使用一種衡量顧客滿意度的標準化服務。在其他行銷研究服務項目，例如測試市場、為新品牌命名、為新產品定價，或使用祕密顧客等，都是一樣的道理。

標準化資訊之優缺點

綜合資料

綜合資料的關鍵優勢之一即為分攤花費。許多顧客企業會訂購資訊，因此，服務的費用對任何一家訂購公司來說都大幅地降低。當費用分攤在多位訂購者時，其他優勢也因應而生。因為綜合資料公司專精於蒐集標準資料，就長期來說，生存力會根據其資料的效度延展，故資料的品質相當高。由於有許多公司付錢購買服務，綜合資料公司也可以盡其所能蒐集大量資料。

另一項綜合資料的優勢在於蒐集與處理資料的程序化系統，代表資料通常在訂購者之間快速地傳播，因為這些綜合資料公司在一段時間內，一次又一次地蒐集資料，設置標準程序及方法。越當前的資料，他們的用處越大。

雖然有以上的優點，標準化資訊也有些缺點。第一，購買者幾乎無法控制資訊的蒐集。例如測量單位是否正確？地理上報告單位是否恰當等。既然研究不屬於客製化研究，對購買的公司來說，必須對蒐集到的資訊（即需求）感到滿意；第二個缺點是購買標準化資料服務公司的資料，通常必須簽署長期合約；第三個缺點為在購買綜合資料時，沒有策略性資訊優勢，因為所有競爭者都可以得到相同的資訊。然而，在許多產業中，沒有購買資訊的公司，對策略的制定將會十分不利。

標準化服務

使用標準化服務的主要優點為：利用提供服務之研究公司的經驗。通常採用此項服務的公司，有自己的研究部門與相關人員，但對目前需要的特定程序缺乏經驗。你可以想像某家第一次執行市場測試的公司，要擁有足夠的信心來執行正常的市場測試，從嘗試與錯誤中學習記取教訓，需要花上幾個月的時間。利用他人在程序上的經驗，能夠將執行研究程序的潛在錯誤減至最小。

第二項優點是降低研究成本。因為供應的公司會定期對許多顧客提供服務，過程有效率，且花費遠較購買公司自行嘗試執行該項服務為少；第三項是研究服務的速度。由一次又一次執行該服務所得的效率，轉化成減少從開始到研究專案結束所需的時間。由標準化服務公司執行服務的速度，通常會比購買者自行執行該服務要快。

「標準化」意即「非客製化」，故使用標準化服務也有缺點：第一、使用標準化服務，客製化某些專案的能力將會喪失。雖然某些服務提供某種程度的客製化，但當使用標準化服務時，為手上專案進行個別設計的能力會喪失；第二、提供標準化服務的公司，可能不知道某個特定產業的特質，為確保標準化服務能符合該情境，對顧客將造成更大的負擔。顧客公司得非常熟悉所提供的服務，包含對哪一母體蒐集何種資料、如何蒐集得來、在顧客購買這服務之前，資料是怎麼被描述的？

標準化資訊之應用範圍

標準化資訊有許多應用形式，我們接下來將闡述四個主要的應用範圍。

衡量消費者態度及意見調查

數家公司提供消費者態度衡量及不同議題的意見調查。**楊凱洛維奇監督**

(Yankelovich monitor)報告即從1971年起衡量社會價值變化，與這些改變對消費者的影響。它專精於不同世代的行銷，並研究年長者、嬰兒潮世代及X世代。資料為綜合的，意即它們對任何想要購買資料的人來說，都可取得，而資訊可被用在多樣的行銷管理決策上。該資料每年透過90分鐘家庭訪問以及一小時問卷，抽出2,500位16歲以上的男女作為全國的代表樣本。議題包括行動主義、性、營養、醫生、女性、壓力、工作、電視、購物、簡化／逃離、報紙等。楊凱洛維奇也衡量青年市場、西班牙裔、非裔美國人市場的態度與價值觀。

哈里斯民調(Harris poll)在衡量消費者態度及意見的議題十分廣泛。該民調為哈里斯互動(Harris Interactive)所擁有，自1963年展開，是最早經營、最值得尊重的消費者意見調查之一。哈里斯民調關注的議題有經濟、環境、政治、世界大事、法律議題等。調查每週舉行，因為很多相同的問題一再被詢問，哈里斯民調是確認趨勢很好的來源。既然那些資料是標準化資訊，我們視其為綜合資料的另一個範例。然而，顧客公司可委託哈里斯互動作客製化調查。

蓋洛普民調(Gallup poll)調查大眾意見，詢問當地議題、私人議題及世界大事的問題，例如「你認為今年所繳納的所得稅是否公平？」（1943年85%回答「是」，而2002年只有58%的人回答「是」）。企業主管人員可以藉蓋洛普民調詢問以下問題，來追蹤對購買私人品牌或對其聲望的態度。蓋洛普民調每年都可利用，並且從1935年起的每一年回頭發行。和哈里斯民調一樣，蓋洛普機構可以為顧客作客製化調查。我們在此視蓋洛普調查為綜合資料，因為它蒐集樣本的態度和意見資訊，並提供給想要購買的人。上其網站看一些調查結果，會給你一些有關蓋洛普機構提供服務的概念。

界定市場區隔

要界定市場區，需將擁有某種屬性（年齡、收入、家庭生活週期）的顧客，放在同一組或市場中。行銷人員蒐集與該市場成員有關的資訊，並將消費者屬性彙編，組合敘述其輪廓，嗣後便可以決定哪一個區隔目前已經被競

爭者滿足了而哪些沒有。他們也決定每個區隔的大小、成長趨勢、獲利潛力。使用這些資料、一個區隔,或一組區隔,可以被選定作為目標市場。

數個標準化資訊來源提供行銷人員市場中的顧客資訊。有些來源提供工業市場成員的資訊,而有些則是提供消費者市場的。

▶ 提供工業市場成員的資訊

許多工業市場的資訊可透過政府的企業分類方法,從標準行業分類系統(SIC)及北美行業分類系統(NAICS)得知。雖然SIC可達確認、分類、監督某些會員公司的標準統計資料之基本目標,卻無法提供你在高度產業中確切地選定目標顧客。NAICS為了彌補這個問題,從SIC的四碼發展至六碼。NAICS允許使用者在選擇公司時採用精確的類別,而非只是SIC碼的廣義分類。

另一個由標準資訊服務公司提供額外的資訊,讓使用者更能利用政府的分類系統,是由鄧白氏國際徵信所發行的鄧氏市場識別系統(Dun's Market Identifiers, DMI),該系統提供每月更新,擁有超過400萬筆的公司資訊。而DMI真正的優勢在於提供八碼企業分類。藉由更多的碼數,可提供比其他分類系統更多的公司分類。對想要選擇特定產業的公司來說,能夠縮小分類非常重要。

例如一位與木製禮品籃製造商BasKet Kases合作的行銷研究人員,為確保所有的批發商名單是BasKet Kases的行銷活動對象,便使用SIC分類手冊,得知以51開頭的SIC碼屬於消耗財批發商。檢驗所有51開頭的數據,找到SIC碼5199代表「雜項、消耗財」的批發商,其中包括運送水果、貨運的木製籃(箱)子等。此外並無其他更進一步的資訊。然而,使用DMI提供的多餘碼,找到八碼51990603代表「禮品籃的批發」,正是研究人員正在尋找的資料。研究人員藉尋找這8個代碼的公司,可以確認BasKet Kases在美國將擁有45個批發商。

▶ 消費市場的成員資訊

許多標準化資訊服務可協助行銷人員了解消費者市場。以人格特徵區隔

消費者的資訊，可透過**SRI顧問商業智庫**(SRI Consulting Business Intelligence, SRIC-BI)的**VALS**程式來取得。根據消費者回答評量其心理及人口統計特質的「VALS問卷」答案，可被歸類至八組中的一組。

　　SRIC-BI與顧客合作的方式多樣化，通常以確認VALS消費者群組開始，以自然而然找出被其顧客產品或服務所吸引的潛在消費者。這藉由客製化調查或透過全國綜合資料而完成。VALS將一系列的態度編製成項目，整合進Mediamark的《美國消費者調查》(*Survey of American Consumers*)，問的問題遍及上百種產品及服務，從牙膏、車子到媒體偏好。一旦製造商、服務供應商及廣告商了解使用其產品（服務）的VALS種類分布，他們可以選擇合適的目標消費者。行銷人員也可以應用VALS至直接市場邀請使用GeoVALS，確認其目標顧客集中的郵遞區號或區域。此外，更可以整合VALS進焦點團體審查者，用作假設初階新產品研發努力的目標。

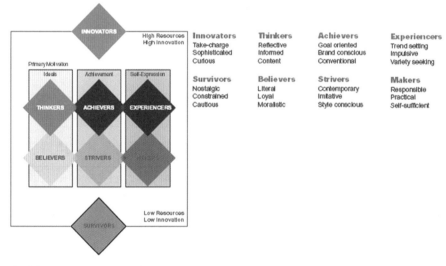

VALS是根據與購買行為相關的人格特徵（解釋消費者在市場上的動機），將消費者細分的系統。

資料來源：SRI 顧問商業智庫。

VALS™將美國18歲以上說英語的人口細分為8個消費者群組，其主要的動機是讓消費者能表達自己在市場上的能力，讓群組突顯出各自的特色。

創新者(Innovators)

創新者成功、事故、自信滿滿地管理別人。因為他們擁有豐富資源，以不同程度表現出三個完整的主要動機。他們是能夠改變狀況的領袖，最能接受新的概念及科技；在購物時反應出高檔、利基品及服務的高雅品味。

思考者(Thinkers)　　　為理想所驅動；高資源

思考者成熟、容易滿足、自在且能夠反思。他們有受良好教育的傾向，並在決策過程當中主動尋求資訊；偏愛耐久性、功能性及價值高的產品。

信仰者(Believers)　　　為理想所驅動；低資源

信仰者非常傳統且遵守規則及權威。因為保守，所以對改變適應緩慢且反對科技。他們選擇熟悉的產品以及已建立的品牌。

實現者(Achieves)　　　為成就所驅動；高資源

實現者的生活型態為目標導向，以家庭及事業為中心。他們避免助長高程度的刺激或改變；偏愛高價產品，酷愛向同儕炫耀成功。

奮鬥者(Strivers)　　　為成就所驅動；低資源

奮鬥者時髦、喜愛追求樂趣。他們可任意支配的收入不多，興趣通常也很狹隘；偏好財富較多者所購買的時尚產品價品。

經歷者(Experiencers)　為自我表達所驅動；高資源

經歷者反對傳統。他們積極、衝動，在新奇、特異、冒險中尋求刺激；花費較高比例的收入在於流行、社交活動及娛樂上。

製造者(Makers)　　　為自我表達所驅動；低資源

製造者重視實用性及自給自足。他們選擇動手的建設性活動，及與家人朋友共度閒暇時間。因為他們較重視精神價值，而非奢華，所以會購買基本產品。

倖存者(Survivors)

倖存者擁有最少的資源，他們不表現主要動機，而且經常充滿無力感；主要考量安全及保障，因此有品牌忠誠的傾向，並購買折扣商品。

藉了解不同VALS細分的消費者動機，行銷人員得以深入剖析行銷流程的全部階段，從新產品開發，進入階段的設定目標市場，到溝通策略及廣告。By permission, SRI Consulting Business Intelligence.

執行市場追蹤

追蹤研究(tracking studies)是指在一段時間內監督，或追蹤一個變數。例如公司作市場追蹤調查，追蹤一段時間內，其品牌與競爭者品牌的銷售額。

你也許會問，為什麼公司需要知道自己的銷售量為何？難道公司不能從銷售發票得知，某一樣產品有多少賣量？雖然公司可以監督自己的銷售額，但從公司自己的發票來衡量，只是概括性的輪廓。若只監督銷售額，公司將無法透析銷售通路的情況。產品並不是瞬間配銷，而是在不同通路商之間建立存貨，並以不同的速度消耗掉。家庭對產品購買量的增加，並不代表生產者的產品銷售量增加。為真正了解實情，行銷人員必須從零售層級監督貨品的移動，確認需求，因此必須同時在零售層級與家庭層面執行市場追蹤；若省略追蹤記錄，管理階層將佚失競爭品牌的資料。基於上述原因，追蹤研究為研究公司所提供的一項重要服務。資料從掃描器及零售商店記錄員處所蒐集，以下所提供的案例，將能幫助你更快了解。

Active **Learning**

你可以完成VALS線上問卷(www.sric-bi.com/VALS/)，得知你的VALS類型。你也可以從該網站了解更多其他的VALS類型。因為文化差異的存在，VALS提供U.S.VALS的美國版本、Japan VALS的日本版本以及U.K. VALS的英國版本。

地理人口統計資訊(Geodemographics)是用以敘述任意分類、小型地理區域居民特質的專有名詞。藉著GIS的電腦程式協助，地理人口統計學家可進入大型資料庫，在定義的地理區內建構消費者檔案。免除按城市、郡、州記錄而成的消費者資訊限制，地理人口統計學家可以產生他在行銷應用（例如速食餐廳的店址提案）相關的地理區域資訊。

專精於地理人口資訊的公司，能夠結合人口普查與自行調查或其他蒐集而來的資料。克萊瑞塔斯(Claritas Inc.)為地理人口統計學的先鋒。藉由使用郵遞區號及關於住房開發區、街區的普查資料所形成的貿易區域，克萊瑞塔斯可彙編與該區有關的許多人類特性及生活型態。或者公司可提供克萊瑞塔斯其目標市場的敘述，後者便可以提供公司最符合其事前指定特色的地理區域。此項服務被稱為郵遞區號市場的潛在評價指數(PRIZM, Potential Ratings Index for ZIP Markets)。PRIZM系統以66個人口統計及行為上顯著的區隔觀點，定義美國每一地區家庭戶的等級。在了解哪個區隔形成公司潛在的顧客，克萊瑞塔斯便協助設計促銷訊息，對準形成那個區隔的目標顧客。

▸ 零售層級的市場追蹤

AC尼爾森的Scantrack服務是根據綜合零售商的**掃描資料**(scanning data)，並且以提供商店內掃描器蒐集的資料，被認可為產業標準。Scantrack服務有個三元素：第一，**Scantrack基本服務**每週從約莫4,800家食品行、藥

店及雜貨店，代表美國52個市場中約800種不同的零售商。AC尼爾森的Scantrack基本服務在零售商店間移動的同時，追蹤上千種產品，讓品牌經理可以監督銷售及市場占有情況，並檢討行銷策略。Scantrack報告可提供不同層級所需的資訊。例如你可以訂購一份橫跨美國52個市場中的某一品項產品報告。或者也可產生單一市場的單一品牌。另外兩項Scantrack服務，提供在藥房及雜貨店的PROCISION追蹤服務系統，還有透過C-Store Plus Service從便利商店所賣出的商品追蹤資料。

InfoScan客製商店追蹤。資訊資源公司的整合資料服務，稱為**InfoScan客製商店追蹤**(InfoScan Custom Store Tracking)，使用超市、藥房、量販店的條碼機蒐集資料。InfoScan每週蒐集超過32,000家商店的資料，並提供訂購者取得涵蓋InfoScan品項的資訊。

掃描資料主要的優點在於決策者可快速取得資料。雖然從資料蒐集到提供給決策者前，偶爾會耽擱到；至於缺點則是產品可能配送至較小型、不使用條碼機的商店。然而，隨著市場變化，一些新的行銷研究公司誕生，提供新趨勢的資訊。如有機食品透過自然食品超市銷售，便是一例。

零售商店記錄法。有些追蹤服務不只靠零售商店的條碼器蒐集資料，也使用**零售商店記錄法**(retail-store audit)。這對沒有條碼機的小店特別有用，記錄員將被派至商店，記錄追蹤研究所需的商品資訊。銷售量可藉由下面計算式預估：

$$期初存貨＋接收到的購買量－期末存貨＝銷售量$$

記錄員不僅記錄許多產品資訊，也記錄其他商品因素，例如店內促銷的程度及種類、報紙廣告、缺貨商品、貨架擺設等。一如由掃描服務所蒐集的資料，記錄員蒐集的資料儲存在一般的資料庫，開放給訂購者使用。

▶ 家庭層級的市場追蹤

在家中蒐集資訊可使用掃描器、日誌(Diary)與記錄法(Audit)。家用掃描器提供接受調查成員掃描購買產品的UPC碼。其他服務則要求受訪成員在日誌上記錄購買行為，定期回覆給研究公司。當然也有少數研究公司實際派遣

記錄員至家中，計算並記錄資訊。以上方式幾乎都靠徵求消費家庭受訪成員，同意記錄並報告其家庭採購狀況給標準化資料服務公司。以下為一些範例：

資訊資源公司的ScanKey消費網絡家庭調查，藉由掃描購買產品上的UPC碼，記錄商店的購買資訊。使用資訊資源公司的ScanKey掃描棒，受訪成員記錄採購的商品，並透過電話線將資訊回傳。至2005年夏天，資訊資源公司的消費者受訪小組有7萬。與許多固定調查對象一般，此類調查的一個優點在於：不只提供購買產品的資訊，而且也包含連接至購買者的基本背景等購買資料。

AC尼爾森Homescan調查，徵求受訪成員使用手持掃描器，掃描所有從賣場購買並帶回家的產品條碼，包括量販店及便利商店。受訪成員也記錄所有購買的商品及購買的是哪位家庭成員、價格和折價券使用狀況等資訊。AC尼爾森以此調查追蹤產品資料，得知在店內是否有經過條碼機，從哪家店、哪類型店的商店流出，不論是量販店、超市、郵購產品、網路購物等均可追蹤得到。它也讓公司提供是否包含UPC碼的產品資料，家庭掃描調查涵蓋人口、地理平衡，並可投射至全美的家庭。此外，也可追蹤當地市場。AC尼爾森的全球調查服務也提供18個國家的家庭追蹤服務。

使用**日誌**蒐集資料的單位越來越少，這可能是由於回應率下降的原故。消費者越來越不願意填寫日誌記錄其採購及媒體接觸習慣。然而有些公司提供由家庭日誌蒐集而來的追蹤資料。每一個接受調查成員被要求填寫日誌，包含產品的種類、品牌、製造商、型號、敘述、購買價格、該產品購買的商店以及購買者的個人資訊等。這些資訊可用以預估重要因素，像是市占、品牌忠誠度、品牌轉換及購買者的基本資料等。調查對象通常以美國地區為主。尼爾森媒體研究蒐集電視收視率資料，與廣播評價公司Arbitron蒐集收聽率，均是採用日誌蒐集資料的最佳範例。

有些公司採用**記錄法**，派記錄員到府蒐集資料。NPD的完整廚房記錄、廚房用具及家庭用品等資訊，均被彙整提供給廚房產品及食品製造商。

▸ 將市場追蹤資訊轉化為商情

今日資訊科技的缺點之一是資訊使用者容易被資訊所淹沒，產生「資訊超載」的問題。你可以想像資訊頻繁且大量地流至訂購追蹤資料的製造商。許多公司創造產品協助決策者使用大量資訊，作出機智的決策。這些系統多貼上「決策支援系統」、「資料探勘系統」、「專家系統」等標籤，使用分析工具將資料賦予意義，使經理人可快速地回應變動市場，作出決策。這些案例包括資訊資源公司的Builder service及AC尼爾森的**品項商業企劃**(Category Business Planner)。後者是一個線上品類企劃工具，協助經理人根據消費品產業的銷售資訊，制定更好的決策。它特別之處在於：製造商可以個別檢視零售商的產品銷售表現，以個別零售商專營的角度來看包含產品的品項。這使製造商可評估的產品表現如同零售商評估製造商產品一般，在發展個個產品品項的商業計畫時更能密切合作。

▥ 監督媒體使用及促銷有效程度

通常企業作研究衡量其有效程度、讀者、聽眾等。這些資訊對公司分配廣告費用十分有用，因為有客觀衡量促銷效度的需求，幾家綜合資料服務公司多年來發展出這類資訊供應給訂購公司。有些服務專營特定媒體；有些則作多種形式的媒體研究。這兩種形式的組織討論如下：

▸ 追蹤下載音樂、影片及有聲書

AC尼爾森的**SoundScan**，從幾家像是蘋果電腦的iTunes線上唱片行追蹤線上音樂下載。該公司的類似產品——**VideoScan**及**BookScan**，可追蹤事先錄製的影片及書籍。這是研究公司創新服務以回應產品及通路系統改變的一個範例。

▸ 電視

尼爾森電視節目指數(Nielsen Television Index, NTI)從1950年代開始便成為主要電視評價的供應者。尼爾森媒體研究提供NTI，為荷蘭出版及VNU研

究公司所屬，後者同時擁有AC尼爾森行銷研究公司。電視評價資料以指定市場區域報導。DMA由尼爾森所設計，代表不同電視市場的地理區域，美國有210個DMA。

很少電視觀眾不被尼爾森電視節目指數所影響；人們所愛的節目被停播，或者因為指數顯示有廣大觀眾，節目因此繼續作了很多年。顯然，電視產業的公司不斷地嘗試達到比競爭者更高的收視率；高收視率可使它們提高銷售廣告時段的價格。

尼爾森媒體研究使用日誌記錄大部分DMA家庭的電視收視習慣。其中有56個DMA，是以一種名為**人氣儀表**(people meter) 的電子儀器，自動測量電視機是否被開啟。家庭成員被要求每次看電視時，在人氣儀表輸入姓名（代碼）。人氣儀表的資料直接傳輸回尼爾森，讓公司預估每個節目的觀眾多寡，以及報導家庭收看該節目的比例。NTI對每一個播放節目作一份收視率及市占率報告。收視率是節目播放每15分鐘，至少有一台電視轉至該節目至少6分鐘的家庭數比例；市占率則是至少有一台電視機在某特定時段轉到特定節目的家庭比例。

尼爾森電視節目指數也提供訂購者其他觀眾的特質資訊，讓潛在廣告主好選擇最接近其目標市場特質的觀眾群。收視率以家庭數、是否為職業婦女、女性年齡分組(18＋, 12－24, 18－34, 18－49, 25－54, 35－64, 55＋)、男性年齡分組(18＋, 18－34, 18－49, 25－54, 35－65, 55＋)及兒童年齡分組（2歲以上、6－11，以及青少年）作報告。

▶ 廣播

Arbitron公司自1964年起便開始測量廣播的收聽率。該公司讓全國及區域性的固定調查成員填寫一週的日誌，回報告廣播收聽情形。受訪成員指出日期，調至哪個電台、收聽多久時間、在何處收聽（家、車上、工作中，或其他地方）；及受訪成員的年紀、性別與住家地址。雖然仍使用紙筆日誌，Arbitron在美國已開始測試一種**攜帶式人氣儀表系統**(Portable People Meter, PPMSM)，該系統如紙張大小，能夠自動記錄正在收聽的電台。從日誌而來的資料，用來測量並記錄許多指示廣播收聽率的變數。收聽率以15分鐘為測

量區段，隨之報告年齡、性別資料，協助描繪聽眾特質。Arbitron廣播市場報告訂購者可在電腦上瀏覽資料，並選擇資料的輸出格式。廣播電台以及企業如何使用這些資料產生行銷策略？比方說，得知民眾收聽廣播的位置，將會影響廣告主想使用的訊息種類。在車上收聽電台，可能會吸引車商、汽車零件商、發射器維修店以及輪胎店；了解在何處收聽節目，對決定像路況報告、比賽、新聞播報及其他資訊娛樂區隔的節目元素，也非常有幫助。

▶印刷品

以**NOP World's Starch讀者服務**(NOP World's Starch Readership Service)最廣為人知，該服務衡量雜誌廣告頁的瀏覽及閱讀程度來源，安排至少一百人的個別訪談，給予訪談對象一本雜誌（或貿易刊物、報紙）。雜誌每期都會在20至30個都會區作訪談分析，只有閱讀該期雜誌的回應者才會被安排訪談。NOP World's Starch研究不是設計來決定閱讀某特定一期雜誌的讀者數，而是要測定讀者翻過研究當期雜誌後，對何者留有印象。NOP World's Starch一年研究400種印刷刊物，超過25,000則廣告，訪談過超過4萬人次，並將讀者作以下分類：

注意到──讀者記得在該期刊物中曾看過任何一部分廣告的比例。
聯想到──讀者在該期刊物中，不僅注意到廣告，同時能清楚分辨品牌或廣告主的比例。
讀一些──讀者在該期刊物中閱讀任一部分廣告文案的比例。
讀最多──讀者在該期刊物中閱讀超過一半或以上廣告文字的比例。

此外，NOP World's Starch也報導其他分析性的衡量資料，例如看到廣告排行，就注意及聯想到某則廣告，相對於雜誌中其他廣告的比例，顯示該則廣告的地位。除了評估單一廣告，NOP World's Starch也分析許多其他讀者變數對其他廣告的影響，像廣告篇幅大小、頁數、黑白或彩色、特殊位置（封底、中間拉頁），以及產品項目等。為協助行銷人員作一個好的廣告決策，NOP World's Starch也提供其他綜合資料服務，稱作**Adnorms NOP World's Starch**。Adnorms提供不同類型廣告的讀者評分，例如計算在《商

業周刊》中一頁四色電腦廣告的平均讀者評分。這使得廣告主可以把該評分與規範作比較。如此便可以評量廣告有效度。使用者會知道廣告大小、顏色、甚至文案對讀者的影響。

▶ 多媒體

有些標準化資訊來源公司提供多種媒體資訊，**西蒙斯國家消費者研究**(Simmons National Consumer Study)即提供媒體使用者相關連結資訊。研究中約有27,000位消費者受訪；媒體接觸習慣與450個品類的產品使用相關聯，包括衣服、汽車、電腦及旅遊；研究擴及8,000以上個品牌。此外，也蒐集受訪者心理及基本背景資料。這些資訊讓使用者決定：某產品品項及品牌的使用者視（聽）媒體接觸習慣。

我們稍早在討論廣播時提過Arbitron公司，該公司的攜帶式人氣儀表屬多媒體測量，測量範圍包括廣播、電視、有線、衛星、電動遊戲、CD、VCR影片的觀（聽）眾，甚至是網路上的影音片段。從1992年開始研發的PPM為今世重大發明，消費者可暴露在多樣的媒體型態與多重地點下，並不受限於家中客廳。Arbitron公司甚至早已廣泛地測試PPM，目前各國多有使用PPM衡量媒體者。加拿大的BBM使用PPM衡量法語電視節目；此外比利時、挪威、肯亞也在使用。PPM系統在廣播或電視台使用轉碼器，甚至可以接收網路上的音訊訊號，將接收到的音頻訊號轉碼，當接受調查者攜帶儀表裝置，並暴露在一個媒體裝置下，儀表便可攔截播放碼並確認來源。而轉碼器亦可被裝置在多重資訊接收站台上（數位及類比式）。因為編碼方式不同，儀表便可以確認平台。晚間，受訪者被要求將其PPM擺放在可錄下蒐集到資料的充電座，透過數據機傳送資料回Arbitron。Arbitron鼓勵受訪成員，一天至少攜帶PPM 8個小時。PPM讓Arbitron的資料衡量隨著科技精進，有更多媒體可供選擇，對於多媒體衡量服務的需求因此成長。

單一來源資料

單一來源資料(single-source data)是內含多項變數資訊的資料，像促銷訊息接觸、人口基本資料及購買者行為等。它可以協助經理人決定促銷型態及銷售之間的因果關係；由於單一來源資料不斷從固定調查對象被記錄下來，如衡量消費者受促銷宣傳（通常是電視及店內促銷）的影響，以及隨後的購買行為。以這些資訊為利器，行銷人員將能精確掌握廣告，判斷該廣告是否真能吸引消費者購買商品。

幾項科技發展連帶讓單一來源資料發展起來，其中包括**環球產品碼** (Universal Product Code, UPC)，及可在銷售點電子化記錄儲存資料的掃描器材。就如同電腦及管理資訊系統的擴展，建立起強大的「單一來源」資料庫，該資料庫有能力提供大量消費者的購買資訊，內容詳細度到達UPC層級。

雖然以掃描為基礎的資料庫，可以在最後一秒作更新，並依商店、日期、時間、價格等消費品的實際狀況，提出確實的銷售報告，但卻不提供任何購買者的資訊。然而，有些像是資訊資源公司的行銷研究公司，例如：BehaviorScan，便能供應多種產品的消費者人口基本資料。它是包含消費者調查對象的標準化服務，在美國各地舉行，方式是給予調查對象電子卡，讓他們離開零售店時掃描該卡片。BehaviorScan可以控制播放給調查對象的電視廣告，因此可以知道受訪者購買了哪項產品，其資訊訂購者因此可取得強大的因果性資料。所以，行銷人員從單一來源資料可以獲得媒體接觸以及購買者的資訊，導致行銷人員不但有能力決定誰在何時何地買了什麼，也可以知道購買者所接觸的媒體及店內促銷。總之，從單一資料庫中，行銷人員應該有能力回答關於行銷組合與實際影響銷售的因果性問題。

單一來源資料的概念在幾年前被導入時，有人認為會造成行銷研究產業的革命；也有人相信，傳統行銷研究還是有它的空間，變革並不大。今天，單一來源資料僅是所有研究產業的極小部分，但使用日漸增長。例如ITV的tvSPAN最近擴展其單一來源服務，用戶從750成長至3,000戶。隨著科技進步

和使用者對系統的信心增加，我們很可能看到單一來源服務的更多成長空間。

複習與應用

1. 解釋次級資料如何增加初級資料的價值。

2. 試敘述次級資料的一些作用。

3. 資料庫是什麼？資料庫是如何組織的？

4. 外部次級資料的三種型態為何？

5. 線上資訊資料庫是什麼？請寫出其中三種。

6. 你將會如何著手評估次級資料？次級資料為何重要？

7. 標準主題標題是什麼？試解釋標準主題標題的找尋，為何可以在使用線上資料庫時，增加資訊搜尋技巧？

8. 請扼要列出一些次級資料的來源。

9. 上網到你最喜愛的搜尋引擎（例如Ask Jeeves、Google、Yahoo等），鍵入「人口統計資料」，並進入其中一些網站，描述你得到什麼樣的資訊。為何此資訊被視為次級資料？

10. 選一個產業，並上本章介紹的NAICS網站。找到該產業所代表的NAICS碼。討論你如何使用此號碼。

11. 請述說「標準化資訊」的定義？

12. 請說明綜合資料的優缺點。

13. 列出四種標準化資訊的廣義類型，並各提供一個範例。

14. 地理人口統計資料為何？如何使用在行銷決策上。請以例子說明之。

15. 為謂「追蹤研究」？並舉例說明行銷經理如何使用追蹤研究資料。

16. 請上三家行銷研究公司網站，瀏覽其產品及服務列表，判斷哪些為標準化服務，哪些為綜合資料，哪些又為客製化研究服務。

17. 瀏覽www.gallup.com蒐集到的資訊類別，研讀該網站過去的研究報告。並說明行銷經理如何使用這些資訊？

18. 試述行銷經理如何利用單一來源資料制定(1)定價策略,及(2)店內促銷決策。

19. 根據你所知道的綜合服務,假如你有下列資訊的需求,你會找哪家公司?

    (1)你要知道哪本雜誌擁有最多網球球員讀者?

    (2)你決定要執行市場測試,但是你的公司沒有研究部門,而且對於市場測試也沒有經驗。

    (3)你需要知道美加家庭的代表性樣本如何回答口腔衛生的7個問題。

    (4)你正在構思一個全新的廣告,那是有關冷凍晚餐對銷售有何影響的議題,而你非常擔心消費者對這新主題的反應。

個案5.1 「哈比人的最愛」餐廳:次級資料分析

傑夫・迪恩首次與CMG Research的柯瑞・羅傑斯會面後,柯瑞決定作一些與餐廳有關的次級資料分析。他可以快速且低成本地執行這項研究,從中獲益應不是難事,而他也知道,從次級資料來源中,很有可能找到對顧客傑夫幫助非常大的資訊。首先,柯瑞走進CMG的圖書館。圖書館有參考指南、企業資訊來源大全、年鑑、手冊及特殊商業字典。除此之外,柯瑞的辦公室有連結網路。

1. 根據CMG圖書館擁有的印刷品來源,你會推薦哪一本書作為柯瑞・羅傑斯的首選?第二本又是何者?原因為何?

2. 依照你認為柯瑞・羅傑斯會作的網路搜尋。敘述你得到的、與餐廳生意有關的資訊,以及你得到該資訊的網址。

3. 根據你從網路搜尋得到的資訊,你有發現任何敘述次級資料弱點的案例嗎?若有的話,該弱點為何?

4. 假設柯瑞・羅傑斯年薪為55,000美元,試估計CMG請柯瑞・羅傑斯作你稍早搜尋資料的成本為何(提示:你可以將網路連線成本、辦公室設施等固定成本除外,只要預估柯瑞・羅傑斯在此研究的薪水即可)。

個案5.2　Maggie J狗零嘴的全國促銷活動

　　Maggie J狗零嘴產品在全美銷售。通路是透過雜貨店以及少數像Wal-Mart及Target Stores這樣的大型連鎖量販店。麥克‧侯(Mike Hall)是公司的行銷副總，他對過去幾個月來狗零嘴品牌的競爭情況很憂心，越來越多競爭者嘗試創新行銷計畫了。於是麥克委託一家廣告公司作一個全國促銷活動，該廣告公司提出四種不同的電視廣告，各自針對不同的行銷策略作搭配，另外還有一系列的店頭促銷。四個店頭促銷活動是各自獨立的，換句話說，使用任一電視廣告提案，可同時運作任一促銷活動。

　　廣告公司向麥可及公司其他經理作了最後一次簡報，告知他們必須從四個不同電視廣告／店頭促銷活動中各選一個。麥可及其他經理對於廣告公司的創意感到非常欣喜，四個活動同樣地吸引人。活動全部都與Maggie J產品的關鍵利益一致：狗狗喜歡產品，而且含有高營養價值。經理們知道正確活動的選擇相當重要，因為他們將配置數百萬美元的經費在活動中。他們也相信在最近極度競爭的環境中，稍微保持或增加市占率非常重要。麥克說：「現在的狀況是，這些活動可能成為主角，為我們的品牌成功策略帶來些微效益。」在幾個小時的討論後，只有一件事是被確定的——甚至在狗零嘴產業界多年的人，也無法確切決定應該挑選活動中的哪一個。最後，執行副總傑克‧羅素(Jack Russell)說：「我們需要榮恩‧史提門(Ron Stillman)來執行行銷研究，他或許可以幫我們下決定。」

　　隔天，經理們與榮恩會面，複習了四個電視廣告活動以及四個店頭促銷活動。榮恩同意就算是些微的廣告效果差異，也將會在市占、利潤、ROI上造成不同的結果。榮恩也指出在電視廣告及店頭促銷之間，有可能有顯著的相關效果。換句話說，我們可能發現當實施某一特定的店頭促銷時，某一電視廣告活動表現將有顯著優異。

　　Maggie J沒有自己的行銷研究部門，而榮恩負責協助經理們決定是否需要研究，還有挑選適當的外部供應廠商及服務來使用。榮恩表明他會打一些電話，從不同研究供應公司那蒐集一些資訊，並相約下個週五的會議將討論

榮恩對執行行銷研究所提的建議。

1. 根據上述個案，你認為Maggie J是否有作行銷研究的必要？

2. 榮恩‧史提門應該考慮使用標準化資訊服務嗎？你對使用該服務的贊成及反對論點為何？

3. 榮恩‧史提門應該使用標準化資料還是標準化服務？

4. 你認為榮恩‧史提門應該推薦本章中所討論的哪一項特定標準化資訊服務？

6

觀察法、焦點團體法以及
其他的質化研究法

質化研究法有時被認為是屬於行銷研究中較「軟性的部分」(soft side)。本章將學到如何區分質化研究、量化研究、質化研究的多種方法,以及質化研究在行銷研究過程中所扮演的角色與優缺點。

量化、質化和多元研究

資料蒐集有三大類方法:量化、質化和多元。量化研究(quantitative research)是研究產業的傳統主力,又稱為**調查研究**。**量化研究**被定義為一種使用**結構性問題**(structured questions)進行的研究,其回應的選項都已事先決定,且需要一大群回應者,像全國性的電話訪問就是量化研究。量化研究常需要一大群具代表性的母體樣本,且其蒐集資料的程序相當公式化。量化研究的目的非常具體,當需要精確的資訊時,常使用這種方法。其資料格式與來源都是清楚定義的,資料的編輯則是遵循有次序的數字性流程。

質化研究(qualitative research)包括蒐集、分析和解釋人們所做、所說。觀察和陳述都是質化(或非標準化)的形式。雖然質化資料也可以量化,但需要經過轉換。例如:如果你問五個人他們對手槍控管,或是賣酒精飲料給大學生等議題的看法,你可能得到五種不同的陳述;但是你可以將每個回應分類為正向、負向或中性。任何使用觀察技巧或非結構性問題的研究都可視為質化研究,其有越來越受歡迎的趨勢。

之所以採取這種「軟」性的研究,是因為行銷研究人員發現大規模的調查,並非總是可行。例如,P&G可能想改善它的洗衣粉,所以邀集一群家庭主婦與行銷人員一起腦力激盪該洗衣粉要如何改善、包裝要怎麼變化等。透過這種方式,可以討論出極佳的包裝、產品設計以及產品定位。

質化研究技巧對於消費者行為可以提供豐富的解析;而由於線上的量化研究可以製造出大量的資料,這兩種研究各有優點。因此許多行銷研究者採用**多元研究**(pluralistic research),多元研究結合了質化與量化研究,欲截取兩者的優點。

多元研究剛開始進行時,常用探索性的質化研究,如與中間商的深度訪

談或是與消費者的一系列焦點團體討論，以了解他們對產品和服務的認知、觀感為何。這些活動常可以幫助問題具體化，並開拓研究者的視野，避免他們因匆促進行完全規模式的調查而忽略掉某些因素和考量。這時，質化階段是研究計畫量化階段的基礎，它可以提供研究者第一手的研究問題知識，有了這些知識，量化階段的設計和執行都會獲得相當的助益。使用多元研究時，質化階段會為接下來的量化階段指引方向，有時在量化研究後，也會使用質化階段的資料來幫助解釋所得到的結果。

當線上購物行為等複雜的行銷現象出現後，多元研究法就越來越受歡迎。Marketing Research Insight 6.1將說明多元研究如何結合質化和量化研究技巧，來了解不同性別在線上有何類型，及行為上的差異。

觀察法

觀察法(observation methods)是質化研究技巧中的一種，指的是研究者依賴其觀察能力而非與人溝通以獲得資訊的技巧。因為人類的記憶力有限，所以採用觀察法的研究者需要依賴可以記錄觀察結果的設備，如錄影帶、錄音帶、筆記本等，以記錄觀察到的東西。

▶觀察的種類

以觀察法進行的研究常被認為是不需要任何結構的，但遵循一個計畫，好讓觀察具有一致性、可比較與普遍化，是非常重要的。觀察法有四種方式：(1)直接vs.間接；(2)隱匿vs.非隱匿；(3)結構vs.非結構；(4)人vs.機器。

▶直接vs.間接

直接觀察(direct observation)時，會產生觀察的行為。例如，如果想知道購物者是如何擠壓番茄以評估新鮮程度，可以實際觀察人們是如何挑番茄的。

間接觀察(indirect observation)可用來觀察隱藏的行為（如：過去的行為），研究者觀察行為的效果或結果，而非行為本身。間接觀察的種類包括

6.1 多元研究確認線上購物者的類型及購物行為差異

因為線上購物是剛出現的現象，使用結合質化與量化研究技巧的多元研究法最適合用來研究此種現象。市場研究者結合以下的研究技巧來發現線上購物者的市場區隔。

焦點團體（由8到12位線上購物者組成）用以獲得對線上購物行為的基本了解，如為什麼、何處、何時、頻率，以及不同性別的線上購物者的基本差異。

深度訪談（持續30到45分鐘的個人訪談）可用來探索線上購物的動機，包括功能性和情感性的理由。

透過電子郵件邀請4萬名網路使用者所做的線上調查，該問卷包括人口統計、生活風格、網路使用、網路遞交服務的偏好、網路內容種類的重要性（如：新聞、娛樂、旅行、家庭）等相關問題。

使用多種分析方法來跑線上調查的資料，結果可分別區隔出五種不同類型的女性和男性線上使用者。其類型及主要差異如以下表格所示。

多元研究發現的線上區隔及主要的差異

類型	百分比	人口統計資料	上網最常做的事	最常接近的線上資訊
女性				
社交突圍	14%	30－40，大學教育	交朋友	聊天和個人網站空間
新世代十字軍	21%	40－50，最高所得	為事業奮鬥	書本和政府資訊
謹慎媽咪	24%	30－45，有小孩	教養小孩	烹飪和醫藥知識
頑皮偽裝者	20%	最年輕，很多是學生	角色扮演	聊天和遊戲
決定製造者	20%	傾向單身	工作生產力	白頁和政府資訊
男性				
位元和位元組	11%	年輕且單身	電腦和嗜好	投資、被發現的事物、軟體
實際比特	21%	40，有些是大學，有平均以上的所得	個人生產力	投資、公司名冊
海盜玩家	19%	年輕或老，至少大學教育	競爭和勝利	遊戲、聊天、軟體
敏感山姆	21%	教育及所得最高的男性	幫助家人和朋友	投資、政府資訊
世界公民	28%	50及更老，大多有大學教育	與世界聯結	被發現的事物、軟體、投資

以上只是10個不同線上市場類型的粗略敘述，只有透過多元研究的使用才可能完全了解。

記錄和實體追蹤。

記錄(archives)是第二手的資料來源（如歷史紀錄），可以應用至現在的問題。這些來源有很多種形式，且包含豐富資訊，不應被忽略及低估。如銷售電話的記錄可以被檢視，以了解行銷人員失敗的頻率；倉儲存貨變動可以用來研究市場改變；結帳資料可提供關於價格改變、促銷活動、包裝大小改變的效果。

實體追蹤(physical traces)為某些事件的有形證據。例如，飲料公司只需稍做查帳，即可知道其鋁罐對居民的影響；速食公司藉由觀察預期設廠地點周遭建築上的塗鴉，即可估計當地的犯罪可能性。

▶ 隱匿vs.非隱匿

隱匿的觀察(disguised observation)不會使被觀察者知道他正在被觀察，例如，零售連鎖店常會使用「祕密顧客」來記錄和報告銷售人員的服務及禮貌狀況。隱匿是很重要的，如果被觀察者知道他們正在被觀察，其行為可能會改變，導致觀察到反常行為。如果商店的員工，知道部門經理將在下個鐘頭來觀察他的工作狀況，他一定會在接下來的60分鐘極力表現。

有時不太可能讓回應者不知道其正在被觀察，此即為**非隱匿的觀察**(undisguised observation)。實驗室情境、觀察銷售代表的通話行為等，都會讓反應者知道其正被觀察。因為人們可能會受此影響，所以最好在可能的範圍內最小化觀察者的存在。

使用觀察會引發道德上的問題。應該讓被觀察者知道他們正被觀察嗎？告知以後，他們的行為是不是又會產生什麼變化？研究者想要觀察到真實的行為，即使是不尋常或有違常理的都好；但人們一旦知道自己被觀察後，通常會試著做出比較傳統的舉動。因此，有時研究者會訴諸欺騙，觀察人們又不讓其知道，但這是不合乎道德的。應該要在事前告知人們，並給他們一段時間調整，或是在觀察後聽取他們的意見。

▶ 結構vs.非結構

當使用**結構式觀察**(structured observation)技巧時，研究者需事前確認出

欲觀察與記錄的行為，忽略其他行為；並常使用核對清單或標準化的觀察表格以避免觀察人員的注意力分散到其他因素上。

非結構式觀察(unstructured observation)則對於應該要觀察什麼不加限制，所有事件中的行為都被監視到，觀察人員只需觀看整個情況，並記錄下他覺得有趣或相關的，事後並詢問觀察人員的看法。此種觀察常用於探索性的研究。

▶ 人vs.機器

使用**人員觀察**(human observation)，觀察人員是研究者所僱用的人，或者研究者就是觀察人員；但基於正確性、成本或功能上的考量，常會利用**機器觀察**(mechanical observation)來取代人員觀察。

使用觀察法的適用條件

想用觀察法做為行銷研究工具，必須符合以下條件：事件必須要在一個短的時間間隔內發生、欲觀察的行為必須發生在公共環境、當詢問得到錯誤的回響，也需藉由觀察法來排除。

短時間間隔指的是事件必須在合理的短期時間內發生和結束，例如：到超市購物、在銀行櫃檯前的等待、買一件衣服、觀察孩童看電視的情況。若決策過程需要較長的時間（如：買房子），就不宜使用觀察法，會花費太多時間與金錢。因為這個因素，觀察的研究常受限於細看某些可於相對短期內完成或雖是長期，但只觀察其中某些階段的活動。

公眾行為指的是行為發生於研究者容易觀察得到的情境。但像是烹飪、在家與小孩玩或私人崇拜等非公眾活動，就不適合使用觀察法。

錯誤的回想常發生於重複性很高或是習慣性的行為，致使反應者無法回想起該行動。例如，人們無法回想起他們在大排長龍買電影票時看手錶的次數，或是他們在上個星期四下午兩點聽了哪家廣播電台。這種狀況，就可使用觀察法。

♦ 觀察資料的優點

在自然情境下觀察人類行為的方法，人類學家已使用100多年了。理想上，被觀察者並不知道他們正在被研究，因此會呈現出自然反應，讓研究者觀察到真實行為。在某些情況下，觀察法是獲得正確資訊的唯一方法。例如：幼童無法以言語表達他們對新玩具的看法，只能以玩或不玩來表現喜好度；零售行銷者也常藉由僱用祕密顧客（假裝是消費者，其實是受過訓練的觀察者），來取得競爭者或是其員工行為的資訊。某些情況下，使用觀察法也可以獲得成本較低但卻較正確的資料。例如：使用觀察法來計算店內的流量就比使用問卷更好。

這並不表示觀察法與其他方法是互斥的，資源充足的研究者也可透過觀察法來補其他方法之不足，當與其他方法結合時，可以彼此檢視所得到的結果。

♦ 觀察資料的限制

觀察法的限制就是質化研究本質上的限制。直接觀察，常常只會研究一小群人，且是在特定情境下的觀察，其代表性受到質疑；加上需要主觀解釋觀察到的結果，因此所得到的結論常是試驗性的。觀察法最大的缺點就是研究者無法深入窺探所觀察到的行為，也無法質問人們動機、態度、意圖及其他看不到的面向，以解釋為何會有該行為。

觀察法只有在感覺不太重要或是可以輕易從行為推論的情況下，才適合使用。例如，臉部表情可以用來當作孩童對果汁口味態度或偏好的指標，因為孩童常以明顯的表情來表達其喜好；但成人或是有些小孩常會隱藏其真實的反應，此時用觀察法就無法得到正確的結果。

焦點團體

焦點團體(focus groups)為一受歡迎的探索性研究方法,是由一小群人組成、主持人指引,透過非結構化、自發性的討論,以獲得研究問題的相關資訊。雖然焦點團體鼓勵參與者進行開放性的談話,但主持人必須確保其討論是聚焦於某些特定領域的。

焦點團體為一種從有限樣本蒐集資訊的好用技巧,所得的資訊可用來產生想法、獲知回應者對某類型產品的基本需求和態度,以及會用怎樣的字彙來加以描述。質化研究所花的錢中,有85%到90%是花在焦點團體上;焦點團體在行銷研究上非常受歡迎,每個大城市裡都有很多公司專門在做焦點團體的研究;如果成為一名業界行銷經理,也一定會碰到焦點團體的研究。當行銷者失去與消費者的接觸時,焦點團體不但是一種重新與消費者接觸非常重要的方式,對於學習新的消費者群體也很有助益。

焦點團體如何運作

焦點團體有數種形式。**傳統焦點團體**(traditional focus groups)選擇6至12人,在專用的房間集會,使用單面的鏡子供顧客觀看,進行約2個小時。近幾年,**非傳統焦點團體**(nontraditional focus groups)出現,其不同點在於讓顧客以電腦螢幕遠距離線上觀看,回應者約為25人,甚至會到50人,允許顧客與參與者互動,至少會進行4至5小時,在非傳統的地方進行(如:公園)。提供傳統焦點團體的行銷研究公司常會有**焦點團體場所**(focus group facility),其為許多特別為焦點團體所設計的房間,每個房間約可以坐10個人(最佳的人數為6至12人)以及1位主持人。房間的牆壁有一面單面的鏡子,允許隔壁房間裡的顧客觀看焦點團體而不影響其進行。有些場所會使用攝影機,讓顧客可以在別的房間或是遠距觀看。麥克風置於牆壁、天花板或桌子的中心,而錄影設備則是從不顯眼的地方操作。

公司在過去都試著將用來記錄參與者反應的設備藏起來,以避免自我意

識或尷尬，但這是不道德的。現在普遍在招募參與者時，都會讓其知道會有記錄，如果他們不願意，可以不參加。

焦點團體的參與者由**主持人**(moderator)負責訪談，主持人又常被稱為**質化研究顧問**(qualitative research consultants)。主持人的訓練和背景對於焦點團體的成功非常重要，他們必須營造一種氣氛，讓參與者能敞開心胸談論，並且不讓談話內容太偏離主題。一位好的主持人有極佳的觀察能力、人際和溝通技術，能夠確認並克服所遇到的威脅。他們必須是準備好的、有經驗的、且預備有很多條列式主題等著來討論。如果主持人可以排除任何對於主題的偏見，也會是很有幫助的。最佳的主持人是有經驗、有熱忱、有準備、投入其中、有精力和心胸寬大的。如果用了不合適的主持人，焦點團體會成為一場災難。成功主持人的職業祕密，可以參考表6.1。

此外，主持人必須準備**焦點團體報告**(focus group report)，以總結焦點團體參與者所提供的相關資訊。分析資料時要注意兩個重要因素，第一，需要一些判斷力將質化陳述進行分類，並報告焦點團體的一致程度；第二，焦點團體參與者的人口統計資料和購買者行為特色應該與目標市場加以比較，以評估是否具有代表性。

焦點團體的資訊須經由分析師評估，分析師仔細觀察記錄的帶子多次，寫下相關的陳述之後，再根據分析師的經驗、知識，和他們對回應者個人的解釋，進行更深入的評估，並為顧客準備詳細報告。

焦點團體報告反映出研究方法質化的一面。它列出所有明顯的主題、指明參與者所表達的意見或想法，也有很多引述片段做為證據。有些報告則會包括完整的焦點團體討論記錄，此資訊可用來做為未來研究或更多焦點團體的基礎。如果資訊用於後來的焦點團體，顧客可使用第一次的團體做為學習經驗，做出可以改善研究目標的調整，或是用於量化研究的起點。

線上焦點團體

線上焦點團體(online focus group)是一種非傳統形式的焦點團體，回應者和顧客間的溝通、觀察都透過網路。線上焦點團體讓參與者能方便地坐在

表 6.1	如何成為成功的焦點團體主持人	

以下祕訣是由有經驗的焦點團體主持人在一次質化研究顧問協會的年度會議中所透露。

問題	職業竅門
如何能每次都讓你的團體這麼棒？	❖ 有準備 ❖ 有精力 ❖ 親切但堅決 ❖ 讓每件有關經驗的事感覺起來都很舒服
如何快速建立密切關係？	❖ 在每個人自我介紹時，使用有意義的眼神接觸 ❖ 學習並記得成員的名字 ❖ 讓他們創造自己的名字卡片 ❖ 當他們進入房間時，歡迎他們，並小聲談話
如何把偏離主題的人拉回主題？	❖ 告訴他們那個主題是屬於另一團體的，他們需要聚焦於這個團體的主體 ❖ 作筆記，並告訴他們如果還有時間的話，會再討論偏離的議題 ❖ 告訴他們雖然這個議題很有趣，但較無關聯，並進入下個問題 ❖ 建議他們可以在焦點團體結束後再談論那個議題
如何讓他們談論更深層的事，而非只是表面上的答案？	❖ 裝天真或說不出話，請他們多解釋以幫助你了解 ❖ 使用徹底調查，如：告訴我們更多這方面的事情、你可以更深入的談論嗎？ ❖ 詢問詳情，如：告訴我你上一次…… ❖ 將他們配對，每對給10分鐘，請各對提出解決或建議
如何管理顧客所處的觀察空間？	❖ 用10分鐘使顧客熟悉焦點團體、研究目標、預期事物 ❖ 在休息、寫題目時，與顧客再次確認事情是否都有順利進行 ❖ 安排同事陪在顧客旁 ❖ 如果在觀察的房間中沒有安排同事，則請顧客去選一個人當作與你溝通的主要人員

其電腦前，而主持人也在公司外操作。線上焦點團體是虛擬的，透過網路溝通，且沒有面對面的接觸。雖然有些專家主張線上焦點團體不等於傳統焦點團體，但仍瑕不掩瑜。質化研究顧問協會的線上質化研究任務人員出版了其對線上焦點團體的研究，主要的結論列於表6.2。

　　線上焦點團體有下列勝過傳統焦點團體的優勢：1.不需要實體設定；2.可以即時獲得完整對話記錄；3.參與者不受地理位置限制；4.參與者可以舒

適地在家裡或辦公室受訪；5.主持人可與個別參與者交換私人訊息。此外，有些研究者會結合線上與電話溝通，以獲得最大效果。

線上焦點團體也有些缺點，如：1.無法觀察參與者的肢體語言；2.參與者無法檢視實體產品或品嚐食物；3.參與者可能會覺得無趣或分心。

表6.2指出，傳統和線上焦點團體都需要招募並獎賞參與者、排程與通知、準備合適的主持人。

線上焦點團體的變化形是指在傳統情境下執行，但讓顧客線上觀看。ActiveGroup是此種研究技巧的先鋒，提供顧客使用串流媒體和高速網路連接，線上觀看焦點團體。焦點團體在傳統的焦點團體場所進行，參與者與主持人坐在一塊兒。此種線上焦點團體讓數名顧客可在自己的位置觀察到焦點團體，可節省旅費和時間。

自從線上焦點團體在幾年前被研究者廣泛使用後，越來越受到歡迎，雖然它們無法取代傳統焦點團體，但仍提供了可施行的研究方法。

www.activegroup.net

焦點團體的優點

焦點團體有四個主要的優點：1.產生新的想法；2.可讓顧客觀察參與者；3.可用以了解很多議題，如對新食品、品牌標籤、電視廣告的反應；4.比較容易接觸到特定的回應群體，如律師和醫生。

焦點團體的缺點

焦點團體有三個主要的缺點：1.焦點團體無法構成具代表性的樣本；2.當想要解釋焦點團體的結果時，常會遇到困難；主持人的報告是基於焦點團體所說的內容進行主觀評估；3.每位參與者的成本高（雖然花在焦點團體的總成本只占量化研究的一小部分）。

表 6.2	線上焦點團體的問與答
問題	**解答**
線上焦點團體可以取代面對面的焦點團體嗎？	可以，只要線上環境與研究的目標一致。
線上焦點團體最適合用於什麼情況？	包括： 　較難接觸到的回應者。 　散布在多個地理位置的回應者。 　企業間的專家。
線上焦點團體的缺點為？	無法： 　看到肢體語言。 　展示產品的原型或模型。 　作口味測試。
可以透過電子郵件，招募線上焦點團體的參與者嗎？	可以，只要他們有規律使用的電子信箱。
想要招募線上焦點團體的參與者，可以使用什麼誘因？	每位給40美元或等值物品，但企業專家需要一倍的金額。
線上焦點團體需要多少參與者？	普遍的數字為15到20名。
需要持續多久？	最長為90分鐘。
線上焦點團體的環境安全性如何？	如果使用商業聊天程式，會有密碼系統以維持安全。
顧客可以觀看到線上焦點團體嗎？	可以，有系統可以讓顧客在他們的個人電腦觀看焦點團體。此外，顧客也可以在線上與主持人私下溝通。
線上焦點團體的主持人需要不同的技巧嗎？	除了基本的焦點團體主持人技巧外，還需要準備討論主題的引導文字，以避免錯誤解釋、措詞要包括所有參與者、好的打字能力、熟悉聊天室的用語。
線上焦點團體的參與者會比較敢言嗎？	是的，因為都是匿名。且他們的回答不會受到其他人回應的影響。

何時該使用焦點團體？

　　當研究目標是描述，而非預測時，可以使用焦點團體。例如：一家公司想要知道如何與市場對話，消費者使用哪些語言和措詞？有什麼新點子可以用於廣告活動？我們所發展的新服務對於消費者有吸引力嗎？如何改善？如

引領質化研究

QRCA為世界上最大的獨立質化研究顧問公司，擁有來自20多個國家800多名有經驗的質化研究專家，所有QRCA的成員都簽字遵守QRCA成員的道德規範並與其顧客、場地提供者、受訪者維持整合的關係。QRCA為質化研究趨勢和創新的最前線，其成員共享資源、專業以及知識，並持續提升其專業性的極佳標準。

Promoting Excellence in Qualitative Research

Go to **www.qrca.org** to "Find A Consultant" and use our other helpful resources

Qualitative Research Consultants Association, Inc.
P.O. Box 967 • Camden, TN 38320
(888) 674-7722 toll free
(731) 584-8080 • (731) 584-7882 fax

何包裝產品？這些情況都可以使用焦點團體來描述消費者所使用的措詞、廣告點子，和為什麼服務吸引他們等等。

何時不應使用焦點團體?

焦點團體是以一小群人為主,其不能代表某些較大的母體,這一點,在使用焦點團體時應特別注意。如果研究目標是想要預測,則不應使用焦點團體。例如,如果我們於一有12人的焦點團體前展示一新產品原型,發現有6人說他們會買,這樣即可預估該產品的購買率會有50%嗎?不能!同樣地,如果研究是想要支配關於公司的重大決策,也不能僅使用焦點團體。如果是重要的決策,應該使用具代表性的母體樣本,並使用量化的方法。

焦點團體的目標

焦點團體可用於了解消費者生活型態、價值、購買模式的基本改變。它有四個主要目標:產生點子、了解消費者的詞彙、發現消費者需求、動機、知覺、產品或服務的態度、了解量化研究的發現。

焦點團體可為管理者**產生點子**。例如:Krispy Kreme使用焦點團體來幫助其設計新產品選擇和商店。如果管理者持續聽到其消費者說他們比較喜歡他的甜甜圈,但是卻會去別處買美味咖啡,這給了Kripsy Kreme管理階層新的點子,改變其產品組合以包括美味咖啡在內。

了解消費者的詞彙指的是使用焦點團體來了解消費者會用怎樣的字和措詞來描述產品,以改善產品或服務的溝通。這類資訊有助於廣告文案設計或是教學手冊的準備,也可使研究問題的定義更加清楚,有助於設定之後量化研究的結構性問題。

發現消費者的需求、動機、知覺和態度指的是可以藉由焦點團體,讓行銷團隊知道消費者對於產品或服務的真實感覺與想法。管理者也需要知道早期消費者對於產品或服務改變的反應。焦點團體在研究的探索階段常被使用,有助於產生接下來研究的目標。

了解量化研究的發現指的是藉由焦點團體可以較佳地理解其他調查所得到的資料。焦點團體有時可以解釋為何會出現那種結果。例如,在銀行形象的調查中,結果指出有一家分行在員工友善程度上獲得一致性的低分,透過

ActiveGroup讓顧客透過網路即可在遠方看到整個焦點團體的進行，節省顧客的旅行費用和時間。By permission of ActiveGroup.

焦點團體，發現是因為數名前線的員工較關心效率，以致不夠友善，銀行知道這點後，便改善其訓練計畫以修正這個問題。

Warner-Lambert是一家成功使用焦點團體完成上述四個目標的公司，其消費者為食用健康產品的團體，Walner-Lambert廣泛地使用焦點團體來進行研究。事實上，Warner-Lambert結合多種質化研究的使用以便獲得背景資訊、發現關於健康與美麗產品的需求和態度、解釋質化研究的結果、刺激腦力激盪產生些新點子。

焦點團體的操作性問題

在進行焦點團體前，應該考量某些操作上的問題。決定要有多少人參與、參與者是誰、如何選擇與招募、在哪裡進行。

▶ 焦點團體的規模應該為？

根據經驗，傳統焦點團體的最佳人數為6至12人。較小的團體（小於6人）無法產生需要的活力與團體動能，無法構成真正有利的焦點團體，常常是只有其中1、2位最常發言，或者是一片沉默，導致主持人又講太多的話。

但是若超過12人，也無法進行自然的討論，常會出現離題或其他人各講各的情況，會讓主持人淪為管秩序的角色，而非專注於討論的議題。

不幸的是，想要預測到底會有多少人參與焦點團體的面談是非常困難的，可能有10人同意參與，卻只有4人出現；14人受邀，卻只來了8人，有時卻會來14人，此時，研究者需要去判斷是否要請一些人回家。最糟的情況是沒有半個人來參與。沒有什麼方法能確保會有成功的參與率，誘因雖然有幫助，但也不是成功的絕對辦法。雖然6至12人是理想焦點團體的規模，但少於6人或多於12人的焦點團體也是常有的。

▶ 誰應該參與焦點團體？

最佳的焦點團體其參與者應該具有某些同質性。例如：焦點團體可能是由使用衛星電話的執行長組成、可能是善於打造價值50萬美元以上住所的建築承包商，或是一群銷售人員。

焦點團體需要具有**類似的人口特徵**或**其他有關的特質**是因為參與者都是不認識的陌生人。在多數情況下，他們不是朋友、熟人，且很多人對於要向一群陌生人發表意見或看法，會感到害怕或是遲疑。但當他們了解到他們具有相似性，如年紀（都30幾歲）、工作情況（都是資淺的執行長）、家人組成（都有學齡前的孩子）、購買經驗（都在去年買了台新車）、甚至是休閒消遣（都玩網球），他們會覺得比較舒服。且當參與者較具同質性時，研究者也可確認這些變數的差異不會混淆到欲討論的議題。

▶ 焦點團體的參與者應該如何招募與挑選？

參與者的選擇大多是由焦點團體的目的來決定。例如：如果目的是要提供數位相機改良的新想法時，參與者就必須是有使用數位相機的人。如果焦點團體想要知道建築承包商對於新式中央空調的反應，參與者必須招募建築承包商。常可以取得消費者清單或是潛在參與者的祕密清單，然後透過電話初步接觸，看看他們是否符合資格，並請求他們的合作。有時，焦點團體的公司會在購物中心請求購物者參與，但此方法較為罕見。

如同之前所指出的，焦點團體的一個問題為「不現身」，研究者至少有

兩種策略可以誘使他們出現。**誘因**被用來鼓勵參與，包括時間上的金錢補償、是免費的產品或小禮物。很多焦點團體公司在進行前會再致電參與者，提醒他們記得要來，如果有人說他無法出席，也可以立刻去找替代者。沒有一個方法是可以完美運作的，想要預測會有多少參與者出現是非常困難的。有些焦點團體的公司會有超額招募時的政策；有些公司則有一些人員的清單，當缺人時，可以找他們來參與。

焦點團體公司在招募參與者時所遇到的困難也常導致一些不合道德的實務。有些人喜歡參與，而焦點團體公司可能會有一份有願意參與的名單。但其他的參與者可能僅是因為金錢獎賞才想參與。這兩類參與者可能之前都參加過多次焦點團體，再使用他們可能會導致嚴重的效度問題。有些研究者就因為這個顧慮，所以不允許焦點團體公司再使用這類參與者。有些焦點團體公司會報告參與者上一次參與焦點團體的時間，有些公司則是顧客有要求時，才會提供這類資訊。

▶ 團體應該在哪裡進行？

如果團體的討論需要持續90分鐘或更久，提供一個舒服的場所是非常重要的。有些焦點團體適合在大房間內進行；需要面對面互動的，則要準備圓桌。焦點團體會在很多環境下進行，像是廣告公司的會議室、主持人的家、回應者的家、顧客的家、旅館、教堂的會議室等。除了座位的安排要讓參與者都能夠彼此看到，還必須選擇一個夠安靜的場所，才能夠進行錄音。

▶ 主持人何時應該參與研究計畫？

主持人不應被視為只是引導討論的機器人，焦點團體的成功取決於**參與者對討論的投入**，及其**是否了解所被問的問題**。參與者是否能夠投入則取決於主持人的效果，須視主持人是否了解討論的目標、目的，以及能否問出有效問題而定。如果主持人也參與計畫目標的發展，則帶領討論時會表現得更好，藉由幫助形成問題，主持人會比較熟悉，且準備得較好。形成問題時，應該以邏輯性的順序來組織，而主持人應遵循此順序。主持人的引導評論是很有影響的，會為整個討論定調，所有接下來的問題都應該具有清楚解釋的

引言，說明參與者應該如何回應。這讓主持人可與參與者建立密切關係，並奠定討論結構的基石。

▶ 焦點團體結果的報告和使用

焦點團體的報告會指出消費者、產品、廣告、銷售行為間的微妙特性；對於消費者語言、廣告的情緒和行為反應、生活風格、關係、產品種類和特殊品牌、關於產品設計的無意識消費者動機、包裝、促銷、或其他行銷面向提供質化的資料。但是焦點團體的結果是質化的，且無法完全代表一般母體。

▶ 對於焦點團體的最後評論

焦點團體法在行銷研究的世界中，為一主流的技巧，因為他們相較於大規模的量化研究，只需要合理的總成本，且可因應管理者的需求，並能夠提供立即的結果。面對面的焦點團體在全世界都越來越普遍，而線上焦點團體也越來越受到歡迎。因為他們允許行銷管理者看見並聽見市場，故都是非常好的研究方法。

我們訪問了多倫多研究部門有限公司的凱‧大衛先生，請他提供新的做研究的想法。我們認為凱先生提供了很好又實在的建議，請特別注意他所提到關於主持人的部分。可在Marketing Research Insight 6.2中看到他的評論。

其他質化研究的技巧

雖然焦點團體訪談和許多觀察法是最常使用的質化研究技巧，但卻不是行銷學者可以使用的唯一非結構式研究。其他受到歡迎的方法尚包括人種誌研究、深度訪談、協定分析、多種投射技巧、生理衡量。

深度訪談

6.2 全球行銷研究的注意事項

行銷研究的全球化在過去十年已成為重要的趨勢，我們請教了研究部門的凱先生，請他提供一些當行銷學者在做全球市場的研究時，該做與不該做的東西。

語言

在英語不是官方語言的國家，要使用該國的語言做研究。要使用對行銷研究翻譯具專業的譯者，且他應該具有該研究產業的經驗。使用「後向翻譯」，亦即將問卷翻成當地語言後，再請不同的人將其翻回英語。你會發現「跨國滑雪」可能會被翻為「滑雪跨越多個國家」。

不熟悉該國語言代表你不可能了解慣用語和方言，特別有些還會隨著不同區域而變化。當地的行銷研究者才會懂得這些。

量表上的文字形容詞也可能譯錯。不好、好、非常好、極佳等量表在不同的國家就有不同的意思。有時可以藉由數字的量表敘述來克服這個問題。

當你對商業社群或專業社群（英文已成為國際語言）的資深成員做行銷研究時，會出現例外。你會發現很多人都曾經於美國或是在其他說英語的國家就讀。但不保證一定如此；且澳大利亞、牙買加、英國、加拿大等地和美國所用的英文也不見得完全相同，其方言都是會變化的。

風格和文化預期

多數文化都存有「正向偏差」或「禮儀偏差」，回應者在研究的情境下，都會較真實情況，做出更正向的反應。但此種偏差的程度會隨著文化改變，例如：在日本和拉丁美洲，會比世界上其他地方的參與者，有較大的偏好說「是」而非「否」。在研究部門，我們學會了如何調整這種偏差。如果是根據行動標準（購買意圖量表得到7.5分）來作決策，在別的國家需要較高的標準。或是在同樣國家的不同文化或語言族群裡，需要不同的行動標準。

在美國直接問的問題不能用來問別國的混合性別群體。在某些國家，不同的年紀也會有不同的反應。為了避免這些問題，要分開男性和女性，且要讓年輕人去問年輕的回應者，較老的人去問較老的回應者。在某些文化，較年輕的回應者不論他們對於討論議題的感覺為何，都不願意給較老的主持人負面的回答。用女性主持人去訪問女性，不論是美國或是其他國家，也都是比較好的。

握手是美國的習俗，但接觸在其他國家則不被允許。在其他國家，如果你沒有在每次會議的開始和結束都握手，會被認為不友善；在某些文化，如果你不與回應者共享飲料，他們不會敞開心胸回答，除非你跟他們一起喝酒，否則都會被認為是有距離的。

主持人或面談者的選擇

在某些文化裡，焦點團體的主持人被期待是心理學家，但在其他文化，則被預期是商業導向。當地的供應商會知道要作什麼。

研究的時機

留意假日。法國人不喜歡在7月14日（法國革命紀念日）去做焦點團體，而美國人不喜歡在感恩節進行。加拿大的感恩節在10月，美國的是在11月。各個國家的當地選舉、運動事件、宗教節日，時點也都不相同。在歐洲，企業對企業的研究，鮮少在8月被接受。在某些國家，適合做訪談的時間也不一樣，有的是早上，有的是下午或晚上。

除了美國與加拿大，在其他地方作研究的總時間也有極大的變化。在北美作研究就需要多一倍的時間，要多一個星期。在不同國家的截止時間應該要不同。請確保顧客和同事知道這個。

契約和聯繫

在很多個案中，行銷研究的開始都沒有正式契約，招募者開始招募、面談者開始訪談，皆是以電話為基礎，但要特別小心，有些國際聯繫同意在沒有完全了解需求的情況下作研究，如果你得到低價，可能是因為該公司並不了解這個計畫。請確認不論高、低價，都有了解計畫的需求。並且，也要看看蒐集資料的別種方法。登門訪談在某些國家較電話訪談便宜。請確定有寫下任何事情，在某些國家，可能還需要協商。

深度訪談(depth interview)是指，由經過訓練的訪談者與受測者一對一的進行一套深入研究的問題，以獲得受測者對於某事的想法或為什麼採取某些行為。可以在回應者的家中進行，或是在集中的訪談位置，如：購物中心某處，讓多位反應者可在相對短的時間內進行深度訪談。目標是想要獲得不受限制的評論、意見，並問一些有助於行銷研究者了解意見的多個構面和其理由的問題。資料的編輯也非常重要，需將其整理為總結的報告，以確認出普遍的主題。這個方法可以產生新的概念、設計、廣告和促銷的訊息。

深度訪談有許多優點和缺點。訪談者可以根據回應者的回答進行深度探索、問許多額外的問題，這可以產生更為豐富、具深度的回應。如果妥善利用，深度訪談可以提供非常好的**消費者行為分析**。缺點為整個過程缺乏結構性，除非訪談者有非常好的訓練，否則結果可能會因為問題太多、太零散，無法提供足夠的分析。

當研究者想要了解個人層次的決策、產品如何使用，或是消費者生活的情感和私人方面時，特別適合使用深度訪談。回應者在深度訪談時，不會像焦點團體般，受到旁人的影響。

深度訪談應該是由經過訓練的訪談者來進行，其應該準備好主題或開放

式問題的表單。回應者不會被提供一套制式回應，而是被鼓勵用自己的話來回答，訪談者則是問一些探索性的問題，如：為什麼如此？你可以再解釋一下你的觀點嗎？你可以告訴我比較具體的理由嗎？這些問題都不是設計來問潛意識的動機，而是簡單的問意識性的理由，以幫助研究者更了解回應者的腦中所想。訪談者可以錄下回應或是記下詳細的筆記。雖然傳統上都是作面對面的訪談，但也可以進行電話訪談。深度訪談雖然是多方面適用的，但仍需要仔細的規劃、訓練與準備。

階梯(laddering)為用於深度訪談的技巧，可用來發現產品屬性和想要的消費者價值如何產生關聯。先決定對於消費者而言重要的價值（如：健康），然後研究者再判斷消費者會採用何種方法以獲得該價值（如：運動、吃某些食物、減壓等）。最後，研究者嘗試去判斷哪些特定的食物屬性可被用來得到想要的價值。透過深度訪談，研究者可以知道低鈉食物或白肉都有助於達成健康。**階梯**一詞來自於研究者試著建立連結，連接產品屬性與價值。

深度訪談的結論報告與焦點團體研究的報告非常類似，分析師會看看在數個深度訪談的完整稿中有什麼共通的主題，然後寫入報告中。回應的完整稿會附於結論中，以支持分析師的結論，如果有任何明顯不同的意見，也會被特別標示。使用受過訓練及具有經驗的分析師來解釋深度訪談的量化資料是非常重要的。

思考口語化分析

思考口語化分析(protocol analysis)是將人放入決策的情境中，請他口頭表達出在作決策時所思考的任何東西。此為特定目的的質化研究技巧，用以窺視消費者的決策過程。常會使用錄音機來永久地記錄人們的思考。在蒐集數個人的回應後，研究者尋找其中的共通處，如：使用的評估標準、考量的品牌數目、使用的資訊種類和來源等。

思考口語化研究在兩種不同的購買情境中非常有用。首先，他們有助於長期決策、需考量多個因素的購買（如：買房子），藉由人們表達出他們考

量的步驟，研究者可以為整個流程訂價。其次，當購買決策非常短時，回想會有問題，可使用思考口語化分析來減慢整個過程。例如，大多數人買口香糖的時候都不會想些什麼，如果Dentyne想知道為什麼人們會買薄荷口香糖時，就可以利用思考口語化分析來產生一些重要的觀察與見解。

投射技巧

投射技巧(projective techniques)是將參與者置於模擬活動的情境中，希望可以透露出某些直接問問不出來的東西。投射技巧在某些消費者不太願意吐露真實意見的情況下特別合適，這些情況可能包括某些行為（如：輕摸女服務生）、社會不樂見的行為（如：抽煙、喝酒）、有問題的舉動（如：亂丟垃圾）、不合法的行為（如：在足球賽賭博）。

行銷人員常使用的投射技巧有五種：字詞聯想測試、語句完成測試、圖片測試、漫畫或氣球型圓框測試、角色扮演活動。

▶ 字詞聯想測試

字詞聯想測試(word-association test)會先請回應者閱讀單字，然後回答腦中浮現出有關的第一個單字。這種測試可能包括100個以上的單字，且通常結合中性的單字和廣告用字、產品名稱或服務的單字。研究者尋找回應和原始清單上的單字之間的隱藏意義或關聯。此方法用以發現消費者對於產品、服務、品牌名稱、廣告文案之真實感覺。回應所花的時間稱為「回應延遲」，而回應者的舉動也會被衡量，加以推論。例如，如果對於單字「二重奏」的回應延遲很久的話，代表其對於該字並沒有立即的關聯產生。

決策分析師機構使用單字相關測試，提供50至75個單字供線上回應者聯想，回應者需輸入腦中所浮現的第一個單字。樣本大小通常為100至200人，整個過程持續約30分鐘。決策分析師認為此種投射技巧非常有助於探索與品牌有關的意識和相關的意象。

▶ 語句完成測試

透過**語句完成測試**(sentence-completion test)，能使回應者在回答中透露出自身的某些事情，因此，在測試進行時會給回應者不完整的句子，然後請其用自身的話語完成該句。研究者之後再檢視那些句子，以確認出存在的主題和概念。例如：假設立頓茶葉想要拓展其市場至青少年，研究人員可以招募高中生，然後請他們完成以下的句子：

喝熱茶的人是＿＿＿＿＿＿＿＿＿＿＿

當＿＿＿＿＿＿＿＿時，喝茶是好的

泡熱茶是＿＿＿＿＿＿＿＿＿＿＿

我的朋友認為茶是＿＿＿＿＿＿＿＿

研究人員看其回應，並嘗試確認出中心主題。例如，第一個句子所確認出的主題可能是「健康的」，表示茶會被具有健康意識的人視為一種飲料；第二個句子的主題可能是「熱」，指出茶被認為是天氣冷時的飲料；第三個句子的主題可能是「麻煩的」，驗證了學生對茶包較具好感；最後一個句子的主題可能為「不錯」，表示高中生間並不會存有同儕壓力讓他們避免喝茶。有了這些資訊後，立頓可以推論：年輕人的熱茶市場是存有可利用空間的。

決策分析師機構也會做線上的語句完成測試。其服務提供50至75位回應者去完成50到60句不完整的句子。

▶ 圖片測試

使用**圖片測試**(picture test)時，會提供參與者一張圖片，請其寫下關於該圖的一段小故事。研究者分析這些故事的內容，以確認出所產生的感覺、反應和內容。當這些測試的圖片會被用於小冊子、廣告和產品包裝時，特別適合使用此種測試方法。例如：一則測試廣告可能描述一位男人抱著一名嬰兒，標題可能是說：「因為你愛你的家人，福特將駕駛和乘客的安全氣囊視為基本配備」。圖片測試可以吐露出關於圖片的某些事情，特別是負面或是使人不愉快的圖片。或許未婚的男性回應者無法與該廣告產生連結，因為他們沒有小孩也未曾經歷過該種強烈的情感。即使是已經有小孩的回應者，該

圖片可能也無法產生關懷和家人安全的感覺。如果沒有使用圖片測試,要判斷觀眾的反應是非常困難的。

▶ 漫畫或氣球型圓框測試

使用**氣球型圓框測試**(balloon test),在角色之一的頭上會有一個空的對話框,請受測者於對話框中寫下該角色所說或所想的話。研究人員之後再檢視這些想法,以找出受測者對於該漫畫的感覺是什麼。例如,角色之一說:「福特汽車降價中,折價4,000美元,無息48個月」,然後請受測者寫出其他的角色會如何回應。受測者的感覺和回應會根據其回應來判斷。

▶ 角色扮演活動

使用**角色扮演活動**(role playing),參與者會被要求假裝自己為第三人(如:朋友或鄰居),描述在某些情境或特定的聲明中,會如何回應。藉由檢視其意見,研究人員可以發現該情境會引起的潛藏回應。因為可以假裝是另一個人,某些回應者的真實情感和信念可以藉由此方法顯露出來。例如:雷朋想要引進新款太陽眼鏡,其有較佳的紫外線過濾、太空時代的風格、成本為200美元,藉由角色扮演,受測者可以想像自己為朋友或是親近的同事,指出他們會如何分享其朋友購買太陽眼睛的經驗給別人聽。如果消費者覺得該款眼鏡太過昂貴,此種感覺可以迅速出現。如果太空時代的外型與消費者的生活風格和產品欲望一致,這個事實也可以藉由角色扮演的意見來發現。

如同深度訪談,所有的投射技巧都需要高度專業的專家來解釋其結果。相較於其他的研究方法,這會增加每位回應者的成本。因此,投射技巧在商業行銷研究中未獲廣泛使用,但每一種仍有其特定的價值。

人種誌研究

人種誌研究(ethnographic research)是從人類學所借來的術語,被定義為對一個群體和其行為、特徵、文化等的詳細描述性研究。**ethno**意指人們,而**graphy**意指描述。人類學家藉由與受測者長期住在一塊(稱為**沉浸**),研

究其對於每日事件需求的情緒、行為和反應來獲得人類行為的分析。人種誌使用數種不同的研究類型，包括：**沉浸、參與者觀察、非正式且不間斷的面談**。人種誌學者關注人們用以解釋其生活以及和他人溝通所用的詞彙、象徵、符號、故事。行銷人員越來越常使用人種誌研究來研究消費者行為。不同於人類學學者，行銷研究者不會沉浸數月，人種誌研究包括直接觀察、訪談、消費者的影音記錄。人種誌研究亦不像其他的研究是在時間的某個時點完成。

人種誌研究會有道德敏感性的問題，研究人員埋首於他人的家、學校、工作場所，只為了記錄行為、意見、反應、情緒，此為不道德的。隨著行銷研究技術的成長，研究人員所採用的技巧不能再阻礙到常態的行為，幸運的是，大多數的行為研究者都是關注於公眾行為（如：購物、烹飪、飲食），此種公眾行為比較容易觀察。

生理衡量

生理衡量(physiological measurement)是藉由電極或其他設備的使用，來監視回應者對於行銷刺激的無意識回應。大多數被監視的人都會覺得此種情境很奇怪，且都會覺得不安，因為這個原因和必要的硬體，此種技巧鮮少用於行銷研究。

瞳孔儀(pupilometer)裝置在人們的頭上，藉由衡量眼睛瞳孔的擴大的量來判斷興趣和注意，會拍下人們看不同圖片時瞳孔移動的照片，理論上，當看到有趣的影像時，人們的瞳孔放大程度較大。眼睛追蹤在網路行銷方面有新的應用，例如：AT&T開始使用眼睛追蹤和深度訪談來了解其顧客如何與顧客服務網站互動。

膚電儀(galvanometer)藉由衡量反應者皮膚的電流活動來判斷刺激程度，要在人體黏上電極或感應器來監視此種活動。當人們遇到有趣的刺激時，身體的電衝動會受到刺激。生理衡量在特定情況會特別有效，例如：很多人會感到尷尬或不願吐露實情的性導向刺激，就需要特殊的技巧才能衡量到真實反應。使用生理衡量有兩個缺點：第一，此技巧是非自然的，受測者

可能會感到緊張,造成解讀錯誤;第二,即使知道回應者有對刺激做出反應,也不會知道其反應是正面或負面的。

其他質化研究技巧

尚有許多用以研究人類行為的技巧並未在上面討論到,此外,也有些優質的分析技巧可用以解釋**質化資料**的行銷策略涵義。但每種新的行銷質化研究技巧都需要了解該技巧的理論和實用面,以適當地利用,因此最好能僱用相關的專家。專門使用新研究技巧的公司指出,顧客在剛開始時對於新技巧態度亦非常謹慎。質化研究相當快速且較為便宜,在資金較少且時間較短時,使用質化研究可以提供令人滿意的結果。

複習與應用

1. 何謂量化研究?何謂質化研究?列舉出兩種研究方法的差異處。什麼是多元研究?

2. 指出為何隱匿觀察適用於研究「當外出進餐時,家長會如何懲罰小孩」。

3. 描述線上焦點團體的兩種型式。

4. 焦點團體的參與者要如何招募?在招募上有哪些問題?

5. 描述焦點團體的公司場所看起來像什麼?焦點團體在當中如何發生?

6. 指出焦點團體的主持人如何處理以下情況:(1)有位參與者太吵,並支配了整場對話;(3)有位參與者感冒了,每分鐘都咳嗽;(2)兩位參與者彼此熟識,持續私下討論他們的小孩;(4)唯一一位少數代表的參與者看起來非常不自在,且不發表任何意見。

7. 指出在設計與執行焦點團體研究時,與顧客互動的優、缺點。

8. 何謂人種誌研究?討論一下,行銷研究者為何在使用此技巧時,會遇到道德方面的問題。

9. 描述(1)語句完成；(2)字詞聯想；(3)漫畫或氣球型圓框測試。使用這三者來測試小孩會尿床的媽媽對尿布（小孩可以穿在睡衣裡面）的反應。

10. 你的大學正考慮要讓一家公寓管理公司在校園建立公寓綜合大廈，為了省錢，公司建議每4間公寓設一個共同的烹調區，此區會配有烤箱、爐子、微波爐、水槽、食物準備區、垃圾筒、個別小冰箱。每間公寓住兩位學生，因此共8位學生使用共同的烹調區。你自願去對學生做焦點團體以了解他們對此概念的反應，並腦力激盪出改善的建議。身為主持人，請準備討論主題的清單。

個案6.1　Backroads的冒險體驗

　　Backroads是一種專門從事於在大多數美麗的戶外景點，引導腳踏車、步行、多運動旅行的特定服務，Backroads的獨特性是因為其結合了非常高品質的住所、美食和體育活動。大多數的Backroads之旅都是6天5夜，例如以下的歐洲行：漫步普羅旺斯、Loire Valley騎腳踏車、愛爾蘭島的多種運動。也有亞洲太平洋之旅（如：巴里島的多種運動）、拉丁美洲之旅（如：漫步哥斯大黎加）、非洲之旅（如：摩洛哥的多種運動）、北美之旅（如：漫步佛蒙特州或是黃石的多種運動）。每種Backroads之旅在旺季都是排定五到十天，所選的景點都是最引人注目的。

　　Backroads專注於卓越，即使其旅程廣受歡迎且許多都已售罄，但仍持續地關注其客戶的想法。Backroads委任一間公司針對過去6個月第一次參加Backroads之旅的客戶進行焦點團體。以下是第一次焦點團體完整稿的摘要。此團體由25至40歲單身的男性和女性所組成，在加洲的舊金山進行。

　　主持人：有其他人對於Backroads之旅有任何的看法嗎？

　　約翰：有，我非常享受我的旅程，每件事都規劃的非常好，且所有的設備——腳踏車、小艇、浮潛用具都有供應。

　　柯帝士(Curtis)：我大表贊同。不需要在當地擔憂設備的出租或是租到壞掉的設備真是太好了。Backroads的設備都是第一流的，且它的導遊也是

非常棒的。他們知道關於該區的所有事情。

　　吉兒(Jill)：準備往返出發點的交通工具是很困難的。我做過Bordogne的腳踏車之旅，我也自己去過法國的Brive。在旅遊的旺季搭飛機去巴黎一點也不有趣，我在戴高樂機場還差點迷路，每件事都混在一塊。

　　彼得：跟我一樣。我在1月的時候做了紐西蘭多運動之旅，雖然季節不是問題，但成本卻超乎我的預期。Backroads旅程的價格並不便宜，且不包括往返出發點的交通費用，所以我花了大約2,500美元，超過我的預期。

　　約翰：哇，真多。我是在蒙特瑞半島做了多運動之旅，我只需要跳進我的凌志，不用兩個小時我就到了。

　　安柏(Amber)：我認為單人之旅是最棒的。我曾與混合的群體做過運動之旅，結果總是被慢的人拖累，有些愛發牢騷的更令人討厭。兩年前參與了其他公司的泰國運動之旅，我們所聽到的只有一個被寵壞的12歲小孩不斷哀嚎。

　　吉兒：Backroads的單人之旅真的很棒。我遇到特殊的人，並約好在這個十月一起去聖胡安做腳踏車之旅。

　　彼得：我在去年做過了，但我胖了5磅，Backroads之旅的美食真是好吃，我好愛吃。

使用以上摘要做為整個焦點團體完整稿的代表，回答以下的問題：

1. Backroads如何被知覺？亦即，它的明顯優點為何？

2. Backroads有哪些可能的服務領域可改善？

3. 此焦點團體得到的結論可以推論到所有Backroads的初次使用者嗎？為何可以或是為何不可以？

個案6.2　「哈比人的最愛」餐廳：焦點團體

　　柯瑞‧羅傑斯（CMG研究的專案經理）感到很興奮，因為他剛剛與傑夫‧迪恩講過電話，傑夫叫他針對「哈比人的最愛」餐廳的專案作一些焦點團體。為了對該專案有完整的了解，柯瑞檢視其筆記、搜尋他和傑夫在問題

定義階段所設計出的結論表格。以下為第四章出現的問題表格。

哈比人的最愛餐廳的行銷問題	
問題項目	敘述
餐廳會成功嗎？	會有足夠數量的人光顧餐廳嗎？
餐廳要怎樣設計？	裝潢、氣氛、主菜、點心、服務生的制服、預約席、特別座等，要如何設計？
主菜的平均價格為？	客人願意為標準主菜和特別菜色付出少錢？
最佳的位置為？	客人願意從家裡開多遠的車過來？有特定的位置納入考量嗎？
目標市場為何？	惠顧Hobbit選擇的客人其人口統計特色和生活風格為何？
最佳的促銷媒體為何？	要用何種廣告媒體最能接觸到目標市場？

1. 哪一個問題應該進行焦點團體的研究？為什麼？

2. 焦點團體應該招募怎樣的參與者？

3. 設計主持人進行焦點團體時可以使用的主題清單。

❖ 了解四種基本的資料蒐集方法
❖ 了解每種蒐集資料方法的優缺點
❖ 掌握各種資料蒐集方法的細節，如面對面訪談、電話訪談、電腦輔助訪談（包括線上調查）
❖ 選擇調查方法時應考量哪些因素

7

問卷調查資料的蒐集方法

處理行銷研究的議題有許多方法。在先前的章節中，已經討論了不同型式的研究，例如焦點團體、實驗及描述性研究。不同型式的研究，有許多不同的方法來蒐集資料。在觀察研究中，研究人員觀察且記錄下受測者的反應行為；而有些研究則使用了生理上的方法，例如眼球軌跡追蹤；還有些研究使用被動的電子儀器來蒐集資料，在受試者的家中或汽車上裝設儀器，以自動記錄受測者生活中所接受的電視、廣播以及網路上的商業廣告。在許多研究中，行銷人員必須與大量的受測者溝通，以了解受測者的想法、意見、偏好以及意圖。為了確使研究能反映較大的母體，或是在重要的子群體中能夠蒐集足夠大的樣本，需要大量的受測者。有些時候，研究員必須配合特殊的群體環境自行設計出資料蒐集方法以獲得理想的樣本。

一個需要大量受測者的**問卷調查**(survey)會使用預先設計好的問卷。在這個章節中，我們將把焦點放在不同的資料蒐集方法上。

問卷調查有四種基本的形式：1.人員施行的調查；2.電腦輔助調查；3.自我施行的調查；4.混合模式。以下將先個別討論每一種方法的利弊、普遍性和優點，提供不同的選擇，以運用這些方法達到蒐集資料的目的。最後討論行銷研究者在選擇資料蒐集方法時，應該考量哪些因素。

調查的優點

相較於觀察及其他質化的方法，**問卷調查法**能經濟且有效率地進行**量化資料**的蒐集，通常需要大量樣本。問卷調查法具有五項優點：1.統一性；2.容易施行；3.可發現隱藏的資訊；4.適合製表及統計分析；5.可看出子群體的差異性。

問卷調查的統一性

因為問卷上的問題都是事前設定，且經過特殊安排，能夠確保所有受測者回應的都是相同問題且只有相同的答案選項，以達到調查法上的統一性。

每位受測者所面臨的問題可以提供研究所需的完全資訊。

問卷調查易於施行

　　有時會使用訪談者來進行調查，有時也會請受測者自行填答問卷，不論是哪種情況，都比進行焦點團體或深度訪談簡單。最簡單的情況為受測者使用線上調查來回答問題，研究者只需設計問卷，放在網路上，邀請可能的受測者來填寫即可。

問卷調查可揭露隱藏的資訊

　　四個問題「什麼？為什麼？如何？誰？」可以幫助揭露「隱藏的」資訊。例如：詢問一對都在工作的父母，在選擇小孩的幼稚園時，幼稚園地理位置的重要性為何？在真正決定前，有多少所幼稚園被認真考慮過？也可以簡單詢問父母一些關於收入、職業、家庭人口多寡等問題，來對父母的經濟狀況或是工作情形進行了解。很多行銷研究人員想到的資訊都是無法觀察的，需要透過直接詢問來獲得。

問卷調查易於分析

　　行銷研究者都需要對於所蒐集到的原始資料進行分析，以推論出某些論調或是共通主題，藉由統計分析（無論簡單或複雜的）可以達到這個目標，而橫斷面調查則完美配合了這些程序。但質化方法因為樣本不多、內容需要解釋，而且是以籠統的方法來回答行銷管理者的問題，故比較不適用於統計分析。有越來越多的問卷設計軟體有能力去做簡單的統計分析功能，例如，針對每個問題的答案製表或是繪出彩色的圖形來解釋這些表格。

👥 問卷調查可揭露子群體的差異

由於調查需要大量的受測者，因此可以輕易地根據人口特徵或其他特色將樣本劃分為數個子群，再加以比較，為市場區隔提供資訊。實際上，調查樣本的抽取也可以特別包括重要的子群體，藉此來觀察市場區隔的差異。

四種不同的資料蒐集模式

在行銷研究的過程裡，資料蒐集這塊領域正在巨幅的改變中。有兩點原因可以說明這個改變。第一，過去20多年間，社會大眾對於參與調查的意願大幅衰減；第二，電腦及電子通訊技術顯著的進步，提供了更新、更有效率的方法來幫助行銷研究者蒐集資料。在最近一篇論文裡，Roger Tourangeau 發現造成美國大眾對於參與調查意願低落的原因：「守門員」的使用，例如：電話答錄機、來電顯示、拒接來電（據估計有1,100百萬的美國人只使用行動電話，而有6,400百萬的家庭作了「拒接訪問的登記」）、空閒時間的縮減、減少參與公眾議題、母語非英語的美國人出生比例提高，以及有理解及表達障礙的老年人口增加，最後也包括個人隱私權意識的抬頭。此種合作意願低落的情形除了在美國，也在世界各地發生。研究人員面臨如此狀況，必然需要對「傳統的」資料蒐集方法作一些省思及檢討。

儘管科技並沒有解決調查配合度低落的問題，但著實開啟了一個新的視野來幫助資料蒐集，圖7.1描述了近10年間，傳統資料蒐集的型式如何藉由電腦與電子通訊技術的輔助，轉型成更新、更有效率的方法。

有四種主要的方法可以對受測者進行調查取得資訊：1.不仰賴電腦，由真人實地進行面對面或是語音訪談；2.藉由電腦的輔助，面對面或是語音訪談；3.由應答者自行填寫問卷而不仰賴電腦輔助；4.以上所提到的任意二或三種混合進行。我們可以把以上四種方法分別歸類為人員施行的調查、電腦施行的調查、自我施行的調查，以及混合模式的調查。

圖7.1 技術對資料蒐集方法的影響

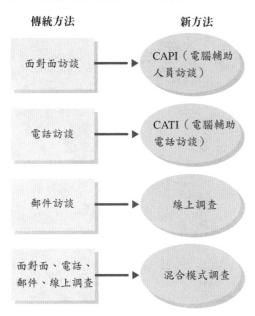

人員施行調查（無電腦輔助）

　　人員施行調查(person-administered survey)是訪談者藉由面對面或電話的方式，向受訪者提出問題並記錄回答。這個方法已經普遍採用多年，隨著通訊系統及電腦技術的發展，使用率下降，但仍有不可取代的優點。

▶ 人員施行調查的優點

　　人員施行調查有四個獨特的優點：**提供回饋、親切、品質控制、適應性**。他們比電話以及郵件訪查能得到更高的回應率。人員施行調查提供了多樣化的技術（例如卡片分類），這是其他方法不易施行的。此外，可對閱讀障礙者提供協助。

◎回饋

　　在訪談的過程中，訪談者必須直接回應受訪者的問題。有時受訪者會無法理解訪談的指示、聽不清楚問題、在受訪過程中分心，訪談者要針對這些

若缺少訪談者在旁協助，受訪者在理解問卷的問題上就可能發生困難。

問題給予口頭、肢體上的協助，或調整問問題的方式。當受訪者開始覺得煩躁或感到無聊，訪談者可以告訴他：「只剩下一點點問題就結束了」，而當受訪者對於訪談有所建議，訪談者也能即時記錄下來提供給研究者參考。

◎親切

大部分的人並不信任調查，或抱持著質疑的心態。這時如果有訪談人員在場，將會讓訪談過程更加親切、可信。另一個人的在場可以增加信任感及理解度，這是非人員親自訪查的模式無法做到的。

◎品質控制

訪談者有時必須根據某些特徵（如：性別、年紀等）來挑選某種類型的受訪者。人員訪談可以確保受訪者的特徵合乎要求，而研究者也相信，面對面的訪談能使受訪者更坦率誠實地作答。

◎適應性

人員訪談對於受訪者差異具有變通能力。例如面臨較年幼或較年老的受

訪者，人員訪談可以在一開始就逐步解說程序及問題，幫助受訪者了解如何進行調查。為了避免在對受訪者解釋問題中曲解了原意，訪談者須接受訓練。事實上，對於在訪問過程中可能會遇到的不同情況，訪談者也都該遵循一定的規則去應對。

▶ 人員施行調查的缺點

使用人員訪談的缺點包括人為疏失、速度慢、成本高、訪談評估。

◎人為疏失

人員訪談過程中，訪談者可能會錯置問題的順序，或改變問題原來使用的詞彙，這些都可能使問題的原意被曲解。重複的訪談過程可能造成枯燥以及疲累，都可能使訪談人員發生錯誤，例如，在記錄受訪者的回答時，寫下錯誤資訊。

◎速度慢

使用人員訪談（特別是挨家挨戶的訪問），相較於其他調查方法更為耗時。雖然一樣可以提供照片、影像與圖像的展示，但與使用電腦相比，速度較慢。通常人員訪談僅僅使用紙筆來記載受訪者的回答，之後還需要資料輸入以建立電腦檔案的步驟，因此現在已經有越來越多的資料調查公司使用筆記型電腦來做立即的資料輸入。

◎成本高

面對面人員訪談比起郵寄問卷或是線上調查更為昂貴。在理想狀態下，訪談者必須訓練有素，並且克服費用上的問題來進行調查。使用電話來作人員施行調查是成本較低的方式。

◎訪談評價的恐懼

另一項人員施行調查的缺點則是，對某些受訪者而言，有訪談者在場，會造成焦慮與恐懼，稱為**訪談評價**(interview evaluation)。

⍟ 電腦施行調查

電腦提供了一個誘人且可行的選擇來進行調查，且其技術的發展仍在每日翻新中。目前人員施行調查仍是業界主流，儘管電腦調查方法尚未完全成熟，但在不久的將來會快速成長並超越人員施行調查。電腦施行調查顯著的優勢使其可以延伸到其他方式的調查上來進行。例如可以藉由電話訪談配合使用電腦來進行，或是把問卷直接公布在網路上。因此在訪談工作上，不論是間接的輔助或是在直接與受訪者互動上，電腦技術對於**電腦施行調查**(computer administered survey)有很重大的影響。在網路問卷上，電腦提供了調查的介面，使潛在受訪者能藉由電腦完成問卷的填寫及傳輸。如同人員施行調查，電腦施行的調查也有其優缺點。

▶ 電腦施行調查的優點

電腦施行的調查具有多種形式，例如，受訪者通常在其個人電腦以線上模式來回答問題，而隨著不同的回答，問卷也能自動調整題目內容，因此不需要人員在場；有些電腦程式在電話或個人訪問的過程中也能提供協助，提示該問哪些問題，使用怎樣的順序來問。無論哪種方式，電腦施行調查都有五項優點：**速度快、無訪談誤差、多媒體使用、即時性的資料獲取、減少「訪談評價」中產生的焦慮感**（受訪者擔心無法「正確地」回答問題）。

◎速度快

電腦輔助蒐集資料的高效率，也許是其最大的優點；相較於人員訪談，電腦能以更快的速度完成訪談。電腦可以依據不同的回應快速的作題號的跳躍進行調查，或是快速隨機撥號進行電話訪談，也能輕易根據應答者不同的回應來作問卷內容的調整。這樣的快速性質直接降低了調查的成本，幾乎只需要郵件或是電話調查一半的成本。

◎無訪談誤差

經過適當的設計，電腦調查方法保證不會發生訪談者的錯誤，例如，不

慎略過該問的問題、沒有正確依據上一個問題的答案來決定下一個問題的題號、不適當的提出問題、沒有正確記錄受訪者的答案等等。同時電腦不會感到疲倦與無趣,且絕對誠實。

◎多媒體的使用

　　電腦圖片可以跟問題整合,一同顯示在螢幕上。舉窗型冷氣為例,傳統的方法需要訪談人員拿出圖片作展示,而電腦卻能輕鬆提供多種型式的透視圖供受訪者瀏覽。高品質的影像程式可以讓受訪者看到產品使用中的畫面,提供更寬廣的視覺呈現。

◎即時性的資料蒐集

　　電腦在與受訪者互動的同時,調查結果就能即時存入電腦的儲存裝置中,進行表格製作或是資料統計分析。一旦調查結束,資料儲存系統或是分析軟體便能在幾分鐘內完成最終的資料統計或圖表製作。這項特點可以讓調查公司同時連結電話訪問與電腦輸入,與受訪者進行調查。

◎「訪談評價」焦慮的降低

　　有時,在訪談過程中,受訪者會因訪談人員的存在造成訪談評估的發生,而憂慮他們是否「正確」回答了問題。即使在一個完全陌生的訪談者面前,有些人還是會感到壓力,擔心訪談者在得到問題答案後可能有的反應,在意訪談者會如何看待自己的回答。這特別會發生在私人議題的調查上,例如個人衛生習慣、政治傾向、經濟能力及年齡。因此在有訪談者在場的情形下,受訪者可能會作出與無人在場時不同的回答;為了迎合訪談者,受訪者甚至僅會說出訪談者想聽的答案。因此一些研究者認為,在敏感議題上,使用機器進行調查可以從受訪者身上獲得較貼近真實的結果。

　　最後,在處理自願受訪或「許可行銷」的情況時,線上調查具有新興的優勢,受訪者會有更高的回應率。當受訪群體屬於某個評估小組或是資料庫的顧客群,他們已同意接受某個研究或是公司的調查,研究顯示他們會顯露出更高的配合度及主動性,因此,個人化或是調查預告的通知等回應誘因則

非必要。

▶ 電腦施行調查的缺點

電腦施行調查的缺點為需要一定程度的技術水準及設置成本。

◎技術層面的需求

對於行銷研究者而言,可使用的電腦輔助方法有很多種。研究者可以採用最簡單的方法,也可以選擇比較複雜的版本,需要較高技術來確保整個系統可以操作並且零失誤。

◎建置成本可能較高

雖然電腦技術可以增加調查的效率,但在設置上,取得適當且可操作的系統可能有高額的成本。以最複雜的電腦施行調查為例(如電腦輔助電話訪談系統),程式的設計規劃與除錯維護都是不可或缺的,即使是經驗老到的程式設計師,也需要花兩天的時間來設定。

電腦施行調查的成本(包括時間)較其他資料蒐集方法高,會降低其吸引力,只有成本較低的電腦調查方法較常被使用,例如架構在網路的問卷調查,因其友善的使用者介面吸引越來越多的研究者來使用。受訪者只需要上網並登入適當的網站,便能輕鬆的填寫問卷,這樣的方式為研究者節省可觀的成本。

👪 自我施行調查(無電腦輔助)

所謂**自我施行調查**(self-administered survey),乃受訪者獨立完成調查作業,沒有訪談者在場,也沒有電腦輔助。我們稱這種模式為「紙筆」調查。受訪者可以按自己的步調選擇填寫問卷的時間與地點,同時也能自行決定何時繳回問卷。

▶ 自我施行調查的優點

自我施行調查有三個優點：**成本低廉、受訪者的彈性高、無訪談評價的焦慮**。

◎成本低廉

消除了訪談者以及訪談時的硬體需求（如電腦），明顯降低了成本。

◎受訪者的高彈性

受訪者可以自行掌控測驗的步調，從容的進行調查而沒有時間上的壓力。理想狀態下，受訪者應該以放鬆的心情來作答，而自我施行調查則能夠讓受訪者處於輕鬆的狀態。

◎無訪談評價的焦慮

部分受訪者會在回答問題時感到焦慮，尤其在敏感議題上，如賭博、抽菸或是牙齒手術。因此自我施行調查排除了電腦及人員在場的因素，讓應答者更為自在。自我施行問卷相較於面對面訪談，也更能引導出深入的資訊。

▶ 自我施行調查的缺點

自我施行調查的缺點為**對受訪者缺乏控制、缺乏監督、需要高水準的問卷設計**。

◎對受訪者缺乏控制

自行施行調查把調查的控制權都交在可能的受訪者手中，此種機制可能會有以下問題：降低受訪者完成調查的比率及回答問題的正確性、受測者不會即時回答問題，或拒絕繳回問卷。

◎缺乏監督

採用自行施行調查時，研究者無法有效監督或是在調查過程中與受訪者互動，因此可能發生受訪者不理解問題或字句的涵義，或是對回答問題的方

式感到疑惑，這些都可能造成受訪者沮喪而無法適當回答問題，甚至放棄
作答。

◎需要高水準的問卷設計

　　由於缺乏訪談人員或是電腦系統的協助，問卷本身必須完全避免引發受
訪者可能的理解障礙。除了需要清楚的流程指示、範例說明、貫穿全文的提
示用語，問卷也要鼓勵受訪者參與調查的進行、完成所有的問答。因此不論
何種資料蒐集的模式，問卷的設計是相當重要的。在資料蒐集開始之前，問
卷就要設計得準確無誤。

🚶 混合模式調查

　　混合模式調查(mixed-mode surveys)又稱為「混合」調查，會使用多種
資料蒐集方法。近年來，由於線上調查研究的使用率增加，越來越多應答者
開始接觸網際網路，而線上調查常常結合了其他資料蒐集的方法，如電話調
查，或是人員訪查的形式，故混合模式調查已經越來越普及。研究者可以透
過混合模式，使用兩種或兩種以上的方法，或是先後使用不同的方法（例如
使用網際網路來募集面對面訪談的自願受訪者）來取得具代表性的樣本。

▶ 混合模式的優點
◎透過多管道蒐集資料

　　混合調查模式的主要優點是，研究者可以利用各種方法的優勢，達到資
料蒐集的目標。舉例來說，今天調查的目標是以家庭為單位，我們要從800
戶家庭中隨機選取1/4來作調查。假設其中有一半的家庭使用網際網路的服
務，一半沒有，我們便可針對使用網路的那一半取1/4來作線上調查，藉由
電子郵件寄送問卷，應答者收到問卷作答後，便能自動傳給研究者作資料的
分析及統計。而為了達到具有代表性樣本的目標，另一半沒有網路服務的家
庭便可採用電話調查，同樣取1/4透過電話進行訪問。透過這樣混合的方
式，不但可利用電腦調查取得快速且低成本的樣本，也能藉由電話訪問獲得

具代表性的樣本。

▶ 混合模式的缺點

◎調查模式可能影響回答

在過去，研究者不願意使用混合式調查蒐集資料的原因，就是擔心混合模式會影響受訪者的回答。同樣的受訪者，在家進行面對面訪談或是採用電腦網路的線上調查，會有不同的結果嗎？由Green、Medlin及Whitten主持的研究，將線上調查及傳統郵件調查作了一番比較：研究指出，這兩者在資料品質上沒有差異，在回應率上也沒有差異。這是令人意外的結果，因為郵件調查主要的缺點就是低回應率。而有些其他的研究已經開始評估在混合模式應用中不同方法差異性的處理。這些研究結果指出，調查模式並不全然一致影響受訪者，我們需要注意的是，研究者必須找出已蒐集資料中的差異性，藉此判斷資料蒐集模式是否能解釋所發現的差異。

◎額外的複雜度

多重模式的資料蒐集增加了額外的複雜度。例如同樣的調查，採用電話訪問與線上調查，線上調查問卷的措詞勢必與電話訪問中訪談者的用語不同，以配合受訪者所處的不同環境。因此，不同來源的資料必須整合成一個單一的資料集，以確保這些資料是相容的。

資料蒐集模式的敘述

在對於人員、電腦、自我施行，以及混合模式調查的正反面論調有了基本了解後，再來看看不同的訪談技巧如何應用在不同的資料蒐集法。不考量混合模式，行銷研究者至少有11種不同的資料蒐集法。

人員施行調查：

1. 在家訪談
2. 商場攔訪

3. 辦公室訪談

4. 傳統電話訪談

5. 集中定點式電話訪談

電腦施行調查：

6. 電腦輔助電話訪問（CATI）

7. 完全電腦化訪談

8. 線上或是網路為基礎的調查

自我施行調查：

9. 團體自我施行調查

10. 問卷留置調查

11. 郵件調查

👥 人員施行訪談

人員訪談至少有五種不同的模式，差異性主要是在訪談地點。這些地點包括在家訪談、商場攔訪、辦公室訪談以及電話訪談（其中包括「傳統式」以及集中定點式）。

▶ 在家訪談

在家訪談(in-home interview)是指訪談者進入受訪者家中進行調查。因為必須先募集參與者，再由研究者拜訪參與者住家進行問答，因此需要花費相當大的成本。以下兩點原因說明為何在家訪談需要高成本：首先，行銷研究者必須相信人員接觸是調查成功的主因；第二，研究者必須確認受訪者家中的環境有利於訪談的進行。當研究需要受訪者實地在場看、讀、使用、觸摸和產品互動，研究者相信安全舒適的家會是保證資料蒐集品質的重要因素。例如Yankelovich Youth Monitor進行一個針對約6歲孩童的訪談，此時選擇在家中進行，無疑對父母及小孩而言，都是一個感到舒適的地點。

研究目的有時需要受訪者實地在場與產品互動，例如某公司開發了新型的烤箱。為了保持乾淨的烹調過程，烤箱需依據不同的烹飪應用來設定與安

裝，而所使用的錫箔紙也應該放置在正確的位置確保工作順利進行。消費者能根據指示完成嗎？這個例子需要有人引導受訪者在自己家中的廚房來完成調查。研究人員可以觀察受訪者如何打開箱子、組合裝置、閱讀說明指示、實地進行烹調，這些可能得花一小時以上。受訪者也許不會有意願為了這個研究花上一小時出門去某個地方接受調查，但他們會樂於就在自己家中進行。這個過程可以維持高水準的訪談並具有親和力。

▶ 商場攔訪

　　雖然在家訪談有其優勢，但高成本卻是很大的缺點。即使是在當地訪問，所花費的成本也相當可觀。所謂**商場攔訪**(mall-intercept interview)就是在人口密集的商業區，選擇正在逛街的人做訪談的邀約，民調公司或是需要大量數據的調查皆可採用這種方式。作商場攔訪的公司通常在大型商場裡會有自己的辦公空間，吸引大範圍區域的消費者而非傳統市集的當地民眾來進行調查。這種商場攔訪通常具有排他性，訪談公司需要跟商場進行協商，其他市調公司也會來參與競爭。這種方式可降低交通成本，因為受訪者已吸收了這些花費，自行移動到商場，在商業區域逛街的人們可能當場被攔下做調查，或是被邀請到購物中心特定的辦公室來進行訪問。儘管部分商場以騷擾顧客為由禁止商場攔訪的行為，但多數的商場都是允許這樣的調查，自身也仰賴蒐集到的資訊來調整對商場的規劃。此外，其中能與受訪者直接進行互動也是商場攔訪的優點。

　　然而商場攔訪也有其缺點：首先，樣本代表性是很重要的議題，大部分商場都是吸引緊鄰在附近相對小區域的民眾來消費；此外，具有經常性消費習慣的民眾在商場被攔訪的機率也較高。如果研究者尋求的是一個具有大區域代表性的樣本（例如：國家或是都會等級），就必須謹慎考慮這些商場攔訪資料是否具代表性。近年來零售主義慢慢抬頭，類似目錄行銷或是獨立的零售商店如沃爾瑪崛起，代表購物商場的消費群慢慢由方便導向轉為休閒導向，因此必須仔細審視商場攔截的樣本真正代表的是哪一種消費群體。當然，並不是所有的購物者都願意接受商場攔訪，其各有不同的拒絕因素，將在第十章介紹「配額」的概念，來解決缺乏代表性的問題。

另一個商場攔訪的缺點是，無法提供像在家訪談那樣舒適、親切且能集中注意力的環境，受訪者可能會因為路人的目光感到不自在；有時間上的壓力，或因其他要事而無法專心，這些都不在訪談者能掌控的範圍內。這些因素對訪談品質會造成負面影響。有些調查公司會將受訪者帶到商場的特別訪談室以試圖減緩這些因素（有些訪談室甚至會設置單向鏡面），此程序使受訪者更容易專心與自在。

▶ 辦公室訪談

儘管在家訪談以及商場攔訪很適合多樣化的消費群，然而有些行銷研究是針對企業對企業間的經營，或組織化的市場典型，會需要企業經營者、購買代理人、工程師或是其他的管理者等來做受訪者。通常**辦公室訪談**(in-office interview)的地點都是在受訪者工作的辦公室或是公司的會客室區域。商業人士面對面訪談的優、缺點與消費者在家訪談類似。舉例來說，假設惠普想要設計一台超高速雷射印表機，需要獲取使用者偏好的相關資訊，這時，將受訪者設定在預期的可能使用者或是採買人員才有意義，因此受訪者就在他們所上班的地點進行訪談是合乎邏輯的。

辦公室的訪談一樣要負擔不小的成本。要先找出何人對於採購產品有發言權，或是決定權。有時這些人員名單可以透過某些來源取得，例如工商目錄或是貿易協會的會員名單；打電話給某家確定有適合受訪者的特定公司是更常見的作法，然而要確認出這些在大組織中的人是費時的。一旦找到合格的人選，下一步就是說服他參與訪談；並在約定好的時間到達特定地點。漫長的等待有時是不可避免的，而受訪者非預期性的行程更動也可能導致訪談取消，這些因素都會使辦公室訪談花費更多成本。有時因為受訪者的特殊性（擁有知識與能力的專業人士），訪談者需要與受訪者身邊的守門人周旋（如祕書），並學習他們的行話，面對受訪者尖銳或批判的問題，訪談者也必須有能力因應。

▶ 電話訪談

面對面訪談的目的是讓受訪者能實地看到產品、廣告和包裝，確認受訪

者能遵循一定的步驟，並觀察其臨場反應。如果實體上的接觸並非必要，那電話訪談便是具吸引力的選擇。電話訪談的優點非常多，因此很普遍的用在行銷研究上。首先就成本考量，是相當低廉的資料蒐集方式，長途的電話訪談遠低於面訪所需的成本。而第二項優點是電話訪談能**發覺潛在的優質樣本**，研究者使用隨機撥號及適當的**回撥機制**，電話訪談也許能取得比其他調查方法更好的樣本。而第三項優點則是電話訪談能在短時間完成，大多數的電話訪問都不會耗時過久，而好的訪談者能在每小時完成好幾個訪談，因此一個使用電話訪談的研究，能在幾天內就完成資料蒐集。以政治性民意調查公司來說，針對投票對象的即時性資訊顯得相當重要，因此在一個晚上就完成全國性的民意調查是司空見慣的。

不幸的電話訪談也有先天性的缺點。首先，受訪者無法被展示任何物件並與其互動，因此當需要展示產品、廣告及包裝時，電話訪談就很難被列入考慮。

第二項缺點則是電話訪談沒辦法像面對面訪談一樣，可以讓訪談者作多方面的判斷及評估。例如，要判斷受訪者的經濟狀況時，訪談者可以由受訪者的居住環境或是其他外在的視覺景象來當作參考。同樣的，電話訪問也無法觀察受訪者的肢體語言、面部表情以及進行眼神交流。但也有人認為這項缺點某方面而言也是優點，自我揭露的研究指出，人員訪談雖然能夠提供更多資訊，但在訪談議題具有威脅性或攸關個人隱私時除外（例如酒精使用、避孕方法、種族議題，以及所得稅申報等），匿名的電話訪談比面對面訪談更能獲得具信服力的回應。相較面對面訪談，電話訪談易使受訪者產生疑慮、配合度低、產生較多的「沒意見」或是社會預期的答案，且對於長時間訪談更沒耐性。

第三項缺點，行銷研究者將更受限於所獲得資訊的品質與種類。長時間的訪談不適合電話訪問，而過長的問題或是繁多的選項，僅透過電話也難讓受訪者清楚地記憶與理解，他們可能會以掛電話或是極短的回應來加速訪談的結束。因此在處理許多開放式的問題，請受訪者給予評論或意見時，電話訪談的可行性就很低，記錄下這些評論對訪談員而言有一定的困難度。

最後一個缺點是，目前使用自動答錄機、來電顯示及拒接來電的裝置開

Active Learning

藉行銷研究監控消費者滿意度

假設你的行銷研究需要進行團體專案，而你的小組決定研究何時與為何你們學校的同學會選擇這所學校。你們5個組員將由學校的學生名單隨機抽樣兩百人進行電話訪談，每人負責40人，在各自的宿舍或公寓進行調查。你自願主導這整個調查，你會如何規劃完成每一項任務呢？

接下來將陳述如何使用電話進行訪談，對照看看這些在行銷研究的標準作法是否如你對你的組員所建議的一致。

任務	寫下你建議的作法
1. 你如何訓練你的夥伴成為稱職的訪談者？	_____
2. 你如何確保他們能正確的進行一場訪談？	_____
3. 你如何確認你的夥伴可以合宜的控制訪談時間？	_____
4. 你如何指導他們處理「沒意見」及電話答錄機的情況？	_____
5. 你如何避免他們在完成的訪談記錄上造假？	_____

始普及，這些都成為訪談的絆腳石，調查公司也開始關切如何解決這些守門員的問題。而另一項困難則是正當的電話調查員常會與形象不佳的電話行銷者混淆，使得訪談受挫。

雖然電話訪談的缺點以及回應率的降低，但這方法仍然受到歡迎。一則紐西蘭研究報告指出，在有金錢獎勵的誘因且確定訪談非行銷電話時，受訪者的回應率會相當好。

電話訪談有兩種形式：**傳統模式**及**集中定點式**。電話通訊技術影響電話訪談甚鉅，可以想見傳統的電話方法慢慢被淘汰，而集中定點式的電話訪談則展露頭角。

▶ 傳統電話訪談

　　技術發展徹底改變了電話調查的模式，但傳統電話訪談還是有其價值。在集中定點式電訪以及電腦輔助電訪問世之前，**傳統電話訪談**(traditional telephone interview)的流程都由人工進行，而訪談者沒有專屬的辦公室或是電訪中心，他們手動輸入電話號碼並依據印好的問題來逐題問答，並依照特定的指示來進行訪談，確認受訪著的答案並記錄在問卷上，最後確認問卷的每一個問題都有完成調查。很明顯的，這樣的方式也提高了錯誤發生的可能性，除了可能撥錯號碼或是在訪談過程中失誤，受訪者不在家而需要再次回撥的狀況也顯得沒有效率。由於完成訪談的時間無法預料，調查公司以訪談完成件數來給付訪談者薪水，而非工作時數，這樣也提高了訪談者可能會假造紀錄的可能性。

▶ 集中定點式電話訪談

　　這種形式的電話訪談是目前調查業界採用的標準作法。使用**集中定點式電話訪談**(central location telephone interview)時，調查公司在同個地點設置了多條電話線路，使得訪談人員能集中進行電話訪問。而通常訪彈人員各自都有屬於自己的隔間並配戴輕型耳機，空出雙手記錄訪談內容，所有的程序都將在訪談中心完成，這樣方法的優點為資源共通，訪談者可以處理多個調查，例如在白天的時候與經理級受訪者洽談，而在晚間的時候與受訪者限定為家庭成員的受訪者連絡。

　　這樣集中式的進行電話訪問，好處是高效率以及易於控管。在同一地點便完成所有程序，還能同時著手於不同要求的調查，是其高效率的主因。

　　除了節省成本，使用集中電訪的重要原因是易於控管。從一開始的人員招募與訓練，之後統一集中在一個地點，學員可以很快就熟稔硬體的使用，並學習如何進行問卷調查及訪談程序，且透過電話線路進行練習。實地上的訪談過程也可以被監督控管，大多數的調查機構都允許監督者在訪談過程中監聽，沒有適當執行訪探工作的人員可以直接被糾正，每一輪的監控都能注意到所有的訪談者，但通常監督者會比較在意新手的表現，以確保他們能正確執行工作。同時訪談者也無法得知自己是否是處於被監聽的狀態，這樣可

以督促他們隨時都能保持勤奮的工作態度。完成的問卷可以當下作檢查，也屬於額外的品質控制。問卷的填寫上有任何不足的地方，都可以立刻通知採訪員進行修正。而採訪人員的工作行程也是具有可規劃性，來配合研究者針對受訪者所設定的合宜時間來進行訪問。

電腦施行訪談

電腦技術對於電話資料蒐集業界有很大的影響。使用電腦訪談有兩種模式，一種是配合人員訪談，另一種是使用合成人聲或是預錄聲音。同時我們也會描述近日浮出檯面的重要電腦輔助訪談方法。

電腦輔助電話訪談

最先進的電話訪談公司，會將集中定點式電話訪談的程序都電腦化，稱為**電腦輔助電話訪談**(computer-assisted telephone interview)系統。

儘管每個系統可能各不相同，技術也日新月異，我們還是可以描繪一個典型的電腦輔助系統。訪談者配備耳機坐在電腦螢幕前，成為電腦與公司的系統連結著，電腦自動從受訪者名單中撥號給受訪者，而電腦螢幕則顯示相關的訊息，在訪談進行的過程中，訪談者藉由鍵盤輸入來進行訪談的控制。

問題以及可能的回應都會同時顯示在螢幕上，訪談者對受訪者讀出問題，並輸入答案對應的編碼，電腦則會自動判斷輸出下一個問題，例如，訪談者可能問受訪者是否有養狗，如果回答是肯定的，接下來的問題可能是相關於狗的種類及購買狗食的偏好；而當回答是否定的，電腦則會略過這些問題，輸出下一個問題，例如，你是否有養貓？使用電腦降低了在傳統電話訪談或集中定點式電話訪談可能會發生的人為錯誤。而在電腦輔助電話訪談中，訪談者僅扮演了替電腦「發聲」的角色，電腦可以利用來制定問卷，例如在一個長時間訪談的開端，你可能會詢問受訪者關於他車子的年份、型號、生產日期，接著你可能會問及相關車種的細節，問題可能會以這樣的方式呈現在螢幕上：「你說過你擁有一輛Lexus。在你的家庭成員裡，誰最常使用這輛車？」類似的模式也會出現在傳統或是集中定點式的電話訪談中，

但需要經由人工不斷的翻查問卷，記憶先前的答案，這些都不及電腦處理來的有效率。

電腦輔助電話訪談不需要透過手寫的方式來完成問卷建檔，而是利用鍵盤輸入來建立問卷的電子檔案，因此沒有錯誤核對的問題，去除了人工記錄錯誤的可能。在大部分的電腦化訪談系統裡，「不可能」的答案也不會被允許輸入，例如，答案的選項只有*A*、*B*、*C*時，電腦不會接受輸入*D*，會要求重新輸入，直到產生合法輸入。因此如果答案的組合或模式不合法，電腦不會接受這些輸入，而會警告訪談員這些異狀，並輸出一些提示來解決這個狀況。當訪談結束後，資料就直接處理成電腦檔案。

問卷處理的另一項操作也給了電腦輔助訪談發揮的機會，電腦可以在研究中隨時進行圖表的製作，這在紙筆作業的問卷處理上是不可能辦到的，詳盡的圖表製作，不靠電腦輔助可能得費上好幾天的工夫。具有即時性回報特點的電腦化電訪擁有很實際的優勢，根據初步的圖表分析後，部分的問卷問題會被篩除掉，以節省往後訪談的時間與金錢，例如有九成以上的受訪者都對同一問題給相同的回應，則這個問題就沒有繼續提問的必要。

製表分析也可產生額外的問題，假設在訪談初期發現了預期外的產品使用模式，仰賴增加的問題可以深入探討這項行為，所以電腦施行的調查提供了傳統紙筆調查方法所缺乏的彈性。經理們可以利用初期調查報告的結果來做計畫與策略研擬。有時候調查企劃完成的日期會跟經理人報告的日期很接近，因此調查結果能事先出爐將有助於經理人提早準備報告，以避免都擠在很短的時間內處理。因此電腦輔助電話訪談與電腦輔助人員訪談的諸多好處及高效率使其成為企業界調查服務的主流資料蒐集方法。

總結來說，使用電腦進行電話訪談具有**節省成本、品質控管**，以及**節省紙筆作業時間**的好處，對於行銷研究者而言是一個很有吸引力的選擇。

▶ 完全電腦化訪談（非線上）

有些公司已經研發出**完全電腦化訪談**(fully computerized interviews)，意即所有的調查完全由電腦完成，但不是在網路上進行。這樣一個系統，由電腦撥出號碼，並自動開始介紹整個調查，受訪者則利用電話上的按鍵來回應

完全電腦化的訪談允許受訪者依自己的步調進行作業。

問題，藉此與電腦互動。調查業界稱為**全自動電話調查**(Completely Automated Telephone Survey, CATS)。CATS成功使用客戶滿意度調查、服務品質控管、選舉民意調查、產品授權登記，甚至是給予消費者試用樣品的在家調查。

在另一個系統，受訪者坐或站在電腦前，電腦螢幕會顯示問題及回答的選項，受訪者可藉由觸碰螢幕或是使用鍵盤的方式來作答，例如詢問受訪者對於最近一次諮詢旅遊機構計畫家庭旅遊的滿意度，將滿意度量化為1至10（非常不滿意到非常滿意）。受訪者則使用1至10的數字按鍵來回應，根據過往的經驗與期待，可能按下2或7，而不正確的答案（例如0）則可能會讓電腦發出聲響，提示受訪者這不是正確的選項，並指示重新輸入。

這個方法幾乎包含了所有電腦訪談的優點，而且省去了訪談者的支出以及電腦語音溝通的成本。由於受訪者的答案都存在電腦檔案裡，因此製表的工作可以依每日不同的進度進行，而對研究者來說，也在任何時刻輕鬆存取調查資料。部份研究者認為，調查業界應該轉移重心，淘汰傳統的紙筆測驗，使用電腦架構的方式進行調查。

▶ 線上或是其他網路為基礎的訪談

線上調查可以同時進行多人訪談，而**網路問卷**(Internet-based ques-
tionarire)（受訪者在線上回答問題的方式）已成為業界線上調查的標準方
法。例如P&G公司花費了一億五千萬美元在每年有千筆數量的調查上，線
上調查在1999年占15%，但在2001年卻成長到50%，而這趨勢仍會繼續成
長。網路為基礎的線上調查，便宜、簡單且快速。在問卷設計上，電腦可以
適應於各種標準的問題形式，例如圖片呈現、圖例說明及其他展示。舉個例
子，我們可以在螢幕上顯示一張圖片來進行Greenfield線上貨架測試，提供
受訪者一個虛擬的購物情境，讓他們自由選擇審視貨架上的產品。而線上調
查具備的影像呈現能力也成為研究者在追蹤廣告效應時採用的方法。研究者
可以隨心所欲地查看目前的表單現況，而受訪者也能自由選擇線上調查的時
間。

線上資料蒐集仍會繼續深遠的影響行銷研究的視野，特別是線上專門小
組。以消費者滿意度來說，比起每年一次鬆散的「插曲式」調查，線上專門
小組的調查更可以反應出及時性的調查結果、幫助公司研擬策略。某些研究
者則把這項線上調查的特點稱作「即時性調查」。有學者則認為線上調查正
逐漸取代焦點團體，因為它易於應用在新產品的測試上。而線上調查普遍被
認為會如同電話或郵寄訪問一般影響回應品質，儘管關於這個想法的研究，
現在才開始顯著。另一方面來說，由於研究者可以持續地觀察調查過程，來
發現調查中的問題，並即時調整問卷及解決問題。請閱讀Marketing
Research Insight 7.1來理解這個特點。

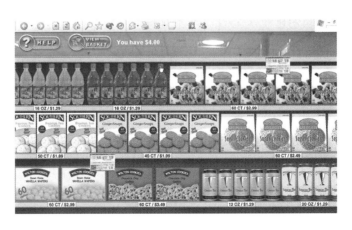

online research

Active Learning

參與線上調查

SRI Consulting Business Intelligence開發了一個叫做VALS的系統，這個系統會依據個人特質以及消費行為把人分成八個不同型態的類群。請認識這個系統，並試看看自己屬於哪個類群，到該公司網站（www.sric-bi.com/VALS/presurvey.shtml）上瀏覽，完成線上調查。

MARKETING
RESEARCH
INSIGHT

ONLINE APPLICATION

online research

7.1 使用可取得的追蹤數值來分析與修正線上調查

我們可以利用一些數值上的方法來深入解析調查的運作。一個位於加州的行銷研究公司，提供了以下的追蹤方法及修正行動來處理線上調查。

數值1：被邀請參加調查的人中，有多少比例的人實際參與了調查？如果這個比例低於你的期待，建議修改邀請內容。建議如下：

❖ 讓它更簡短。

❖ 除去廣告宣傳。

❖ 讓研究主題明確化，並嘗試增加趣味性。

❖ 情況允許下，附註上贊助的公司行號，增加邀請的可信度。

❖ 如果是存有某種動機，將它模糊化。

數值2：有多少比例的受訪者在每道問題後退出訪談？這個數值可以判斷問題是否讓受訪者感到洩氣或受到挑戰。檢視這些問題可以找出會讓受訪者放棄的原因，例如，受訪者是不是需要下載一些程式、圖片、影像等耗時的前置作業才能進行調查？若是如此，試著縮短下載的時間。另一方面，如果問題過於複雜，試著用簡單的模式重新詮釋。

數值3：是否你沒有發現任何導致高放棄率的問題，但問卷完成率還是低落？此時可以評估整份問卷完成所需的時間是否過長？刪除多餘及非必要的問題來縮減問卷長度，並試著查看問卷中可能出現的列表，試著讓它更為精簡。

行銷研究者在進行整個研究時，可以預先施行一個小型測驗。從具代表性的群體中挑選少部分的受訪者進行測驗，並運用以上三個數值來評估問卷潛在的缺陷，在正式的調查之前，進行調整與修正。

根據到目前為止的閱讀以及VALS調查的實地體驗，你可能會疑惑為什麼現今的調查業界為什麼沒有單靠線上調查來進行作業，儘管這樣的趨勢是很明顯的，但就現況而言，不一定適用在全世界的國家。

👥 自我施行調查

自我施行調查，意即受訪者可以自行決定何時、何地進行調查、花費多少注意力及時間在調查上，除此之外也能決定要回答哪些問題、哪些不答。受訪者填寫固定問卷的影本，稱為**紙筆測驗**。而自我施行調查最常見的模式就是郵件調查，此外有群體自我施行調查、問卷留置調查可以考慮：。

然而：「為何以網路為基礎的調查，沒有被歸類在自我施行調查中呢？」原因是，一個設計良好的問卷軟體，會提示使用者完成所有的問題，這個提示會持續到受訪者完成問題為止。而自我施行調查則缺乏了這樣的能力，它沒有辦法避免受訪者略過問題，故沒有把網路為基礎調查放在自我施行調查的類別中。

▶ 團體自我施行調查

團體自我施行調查(group self-administered survey)是基於方便或經濟考量，所以問卷施行對象為群體而非個人。舉例來說，可以招募20至30人來觀賞一個電視節目，播放實驗性的廣告，所有的受訪者坐在放映室中，觀賞預先準備的帶子，事後則給予受訪者問卷，根據他們的記憶，來填寫對於測試廣告的意見及看法，這樣的做法可以節省成本，並在短時間內完成大數量的調查。

群體自我施行調查是相當有彈性的，例如學生可以在教室內進行調查；教會可以在團體聚會時進行調查；而社會團體與組織、公司職員、電影贊助者以及其他任何團體，都可以在工作、聚會，或其他閒暇時間在適合地點進行調查。而通常研究者會給予團體金錢或物質上的報酬來當作調查的獎勵。在這些個案中，受訪者都能依自己的步調填寫問卷。假定調查的負責人在場，則有機會與受訪者產生互動，然而除了急迫性的問題，團體調查並不鼓

勵受訪者發問。

▶ 問卷留置調查

　　另一種自我施行調查的模式是**問卷留置調查**(drop-off survey)，有時又稱為**留置與蒐集**，調查人員找到適當的受訪者，簡短介紹調查目的後，便留下問卷讓受訪者自行解讀問卷的內容，並利用空閒時間完成，主要的目標是要獲得受訪者的合作，而負責人可能會在特定的時間來取回問卷，或是受訪者會在完成問卷後，使用收件者預付郵資的寄件方式寄回結果。按慣例，負責人會在當天或隔天取回問卷，因此負責問卷的人一天會經過很多住宅區域或商業區域留置問卷、取回問卷。而問卷留置方法特別適合針對當地的市場調查，做有必要而受限的旅行。這種方法有比較快的完成週期、高回應率、降低訪談者對答案的影響因素、可針對受訪者做篩選控制，此外成本也不昂貴。研究報告指出，這對商業及組織性的受訪者，有改善回應率的作用。

　　多樣化的留置問卷調查包括，訪談者在受訪者工作的地方留置問卷，並要求對方填寫，隔天交回。例如：某些旅館會在房間內放置問卷，邀請房客填寫，並在退房時放回桌上；有些商店也會有簡短的問卷調查來了解顧客的人口統計、消費傾向、媒體習慣或其他資訊，顧客可以回家填寫問卷，並在下次消費時繳交，而業者也會使用類似贈送禮品提貨卷的方式吸引消費者參與調查。所以任何「留置」問卷給預期受訪者的方式，都屬於留置問卷調查的範圍。

▶ 郵件調查

　　郵件調查(mail survey)是利用郵寄的方式把問卷寄到適當的受訪者家中，等問卷完成後，再由受訪者將問卷寄回。以自我施行的觀點來看有其吸引人的優點：不需要招募與培訓訓練員、不需要監控與給薪、郵寄名單可輕易由商業公司篩選提供，挑選出特定的目標來做調查。舉例來說，在超過50萬人口的城市，我們可能可以獲得一份專精於家庭醫療的醫生名單，他們都在這個城市開立診所。同時也可以從這些公司選擇購買電腦檔案、列印好的

標籤（或是貼好標籤的信封），甚至有些名單公司會提供裝信與郵寄的服務。也有些公司販賣郵件名單，而大部分也會提供線上購買的服務。對於透過郵件進行調查的受訪者而言，郵件調查也幾乎是最便宜的方法。

　　儘管郵件調查被美國統計協會描述為「有效率、有效力、有力量」，但有兩個主要的缺點，首先是**無回應**(nonresponse)，意指沒有繳回問卷；再者是**自我選擇偏誤**(self-selection bias)，意指選擇填寫問卷並交回的人和拒絕填寫問卷的人可能屬於兩種不同的群體，主動填寫問卷的受訪者本身可能就具有某種偏誤，會喪失一般人口的代表性。調查顯示具有自我選擇性的受訪者，通常都更熱衷研究的議題。可以肯定的，郵寄調查並非唯一面臨無回應及自我選擇偏誤問題的調查方法，所有形式的調查都可能遭遇到無回應，因為系統性的傾向或潛藏的回應模式，行銷研究者必須不斷擔心最終所得的樣本會與原來可能的受訪者名單有所出入。不管使用何種調查模式，選擇接受調查的人可能都具有某些相同的特質，例如較高的教育水平、較高或較低的滿意度，或是普遍比目標母體更多的意見。

　　當請顧客選擇要用何種方法蒐集資料時，行銷研究者應該告知會有無回應及偏差的問題。例如，郵件調查以其低回應率最為人詬病，因此願意接受調查且寄回結果的群體基本上就與拒絕調查的群體有所差異。同時，也有人拒絕使用電話訪談，而喜好購物的人會比不愛逛街的人更能接受商場攔訪。任何資料蒐集方法都有無回應以及偏差問題要列入考量。一位謹慎的研究者會幫助他的顧客去了解使用這些方法可能潛藏的危機。此外，在家庭群體使用郵件問卷的回應率不到兩成，研究者曾使用不同的策略試圖增加回應率，例如：註冊郵件、彩色印刷、金錢、個人化、催收明信片等等。而研究顯示，即使利用了預先通知、獎勵誘因或其他方法，郵件調查的回應率仍然不高。

　　儘管如此，在高識字率及擁有可靠郵政系統的國家中，郵寄調查仍是可行的方法，有證據顯示對企業受訪者可以透過使用預先通知、獎勵及其他策略來減少無回應的狀況。例如：研究公司建立一個郵件專門小組以解決低回應率的情況，專門小組的成員同意接受不定時的郵件調查，可提高回應率。也有人轉移到更快速、更便宜的網際通訊系統，使用各種不同的電子郵件系

統。此外，郵件專門小組的會員也需要謹慎挑選，才能確保受訪者是符合要求的調查標的。

表 7.1 各種資料蒐集方法的優、缺點			
方法	主要優點	主要缺點	評註
在家訪談	在家具有私密性	每單位訪談的成本高	每場訪談的資訊量很大
商場攔訪	快速且便利	只會訪談到顧客，受訪者可能會對於商場的訪問環境感到不自在	商場攔訪公司通常在該家購物中心擁有獨占訪問權
辦公室訪問	對於忙碌的白領族有利	成本相當高且要獲得訪問權有時不容易	對於受訪者檢視產品原型或樣本有所幫助
集中定點式訪問	訪問周期短、品質控管佳、成本不高	電話通訊可能受到限制	遠距離的通話可以達成
電腦輔助電話訪談	電腦降低人為錯誤、資料可即時輸入建檔、高品質控管	設定成本可能不低受訪者須具備一定的電腦操作能力	在線上調查平台上沒有優勢
完全電腦化訪談	受訪者可依自己步調進行回應，結果則由電腦建檔處理	受訪者必須具備上網能力	令人振奮的新變革不斷在進行中
線上問卷調查	易於設計與傳布問卷、完成周期短、電子檔結果	團體的募集與安全維護不易	成長最快速的方法、彈性高、可進行線上分析
團體自我施行調查	節省訪談者的成本、一次調查多名受訪者很合乎經濟	不適用於大規模的國家性調查	容易出錯、適合小規模的測試
問卷留置調查	節省訪談者成本、適合當地市場調查	低回應率、自我選擇偏誤、速度慢	有許多邏輯性的延伸應用
郵件調查	低成本、存在優質的名單公司		存在許多策略可提高回應率

調查方法的選擇

行銷研究有多種不同類型的訪談方法可以使用，而行銷研究者如何依照不同的情況來選擇適當的調查模式呢？經過先前的討論，應該已經了解各種方法的優、缺點及特色，將這些性質歸納成表7.1以供參考。

如何知道要選擇哪種調查方法呢？回答這個問題時，研究者必須先關心整體的資料品質。即使最尖端的分析技巧也不能在貧乏的資料上發揮作用。因此，依據手邊擁有的時間、成本，研究者必須努力選擇出一個最能獲得高品質資料的調查方法。研究者必須運用判斷力從可選擇的方法中，找到最適合當下環境的方法。有時候結果是顯而易見的，有時候則需要小心思考。新的資料蒐集方法不斷問世，舊方法的技術改良也時有成果，研究者需要不斷吸收這些新知。

有多少時間進行資料蒐集？

有時資料蒐集的期限相當緊迫，例如，國家性的選舉設定在四星期後進行，而有些參與者需要做測驗調查；一個違反商標法的試驗需要對公司商標的認知度進行調查，可能需要4星期的時間；而一個FCC無線電許可執照的應用調查期限是6星期，或是電台收聽人數的調查等等。傳統上，如果調查要在短時間內完成，電話調查因為速度快，所以是普遍採用的作法。除了身體上需要跟產品互動的調查外，線上調查有**快速**及**具變通性**的特點，雜誌廣告、商標或是其他行銷刺激物都可以由線上調查進行評估。在時間受限的情況下，須耗費長時間的在家訪談跟郵件調查就成了最差的選擇。

有多少資金進行資料蒐集？

在預算充足時可考慮的方法有很多，但當預算受到限制，高成本的方法就不能列入考慮。隨著科技成本降低，網路存取成為越來越普遍的方式，因

此在預算不多的情況下，線上調查很值得採用，且現在很多線上調查公司讓使用者能自行設計問卷，或是從專門小組中選擇所需的樣本種類和數目，調查僅需花費幾百或幾千美元便能完成，為相當低成本的資料蒐集方法。當然研究者需確定專門小組的成員，是其想要的受訪者群體。研究者也必須考慮發生率(incidence rate)以及其他「文化」因素在資料方法選擇上的影響。

何謂發生率？

發生率是指每次調查中，都會針對某些特定條件挑選受訪者，而合乎條件的人數占總人口數的比例即稱為發生。鮮少研究的目標群體是針對「所有人」的，在調查研究中常有資格的限定，例如，合乎法定年齡的投票者、私家汽車的擁有及駕駛者、18歲以上的成年人等等。有時發生率是很低的，例如藥商可能會希望針對膽固醇值250以上、年齡50歲以上的老人，進行藥物上的調查；化妝品公司可能希望面訪6個月內有計畫進行整容手術的女性。在這些低發生率的情形下，必須特別謹慎於資料蒐集方法的選擇。拿以上兩個例子來說，採用相當耗時的逐戶訪查，來尋找合乎資格的受訪者就顯得相當不智。行銷研究業者處理低發生率的狀況已有多年經驗，他們建立線上調查的專門小組，以可負擔的價格提供研究者能對合乎調查資格的專門小組成員進行調查。

是否存在文化或其他基本差異性的考量？

有時資料蒐集方法會受到文化規範或通訊系統很大的影響，這已慢慢成為全球行銷研究公司關注的議題。例如，居住在北歐的居民並不歡迎有陌生人到家造訪，因此電話或線上調查會比登門訪問更合宜；而在印度，擁有電話的人口不到一成，上網率也非常低，此時登門式的採訪就常被採用；在加拿大，通常不使用誘因刺激受訪者進行調查，電話調查被大量使用，線上調查的成長率正緩慢成長。當公司進行一個跨文化的調查時，與當地的調查公司事先諮詢將有助於資料蒐集方法的正確選擇。一個橫跨100多國的全球性

市場調查會利用線上及郵件調查來補足上網率，以獲得具代表性的樣本。然而我們也注意到一個有趣的現象，相較於郵件訪談，西班牙人比較偏好面對面訪談，但研究卻顯示對西班牙的受訪者來說，郵件調查跟面對面訪談的品質幾乎沒有差異。

哪種形式的受訪者互動是需要的？

　　調查中任何特殊的需求都可能影響資料蒐集方法的選擇。例如調查可能要求受訪者觀賞一則廣告、包裝設計或是產品商標，研究者也可能希望受訪者接觸產品、試吃或是觀賞影片。當這些需求納入調查的考量時，研究者會與客戶進行資訊蒐集議題的討論，此時時間與金錢成本可能就不是主要的考量，資料蒐集方法必須儘量滿足調查所需要的要素。

　　例如，當受訪者需要觀賞商標或雜誌廣告圖片時，線上或郵件調查就可以列入考慮；受訪者若需要觀賞影片或動畫，線上調查也可以列入考慮；如果受訪者需要觀賞一則20分鐘長的促銷影片，商場攔訪及線上調查可以列入考慮；如果是需要與產品進行互動、觸摸、品嘗的調查，商場攔訪是最適合的；若是需要受訪者實地操作、安裝產品，那在家訪談可能是中唯一可行的資料蒐集方法。

複習與應用

1. 依據不同性質的調查研究方法，列出他們主要的優點；思考他們是否可能有任何缺點？並加以闡釋。

2. 人員施行調查有哪些優點是電腦施行調查所不及的？

3. 指出(1)在家訪談(2)商場攔訪和(3)辦公室訪談，三者的異同？

4. 論述自我施行調查的優缺點。

5. 郵件調查的主要缺點為何？

6. 發生率如何影響資料蒐集方法的選擇？

7. NAPA汽車零件是一家零售連鎖業者，專門儲存、銷售國產及進口的汽車零件。為了更深入了解顧客，行銷管理者下令旗下2,000家店面經理人，在10月的第二週，使用紙筆，記錄下每筆消費超過150美元的消費者資訊，並在該週結束時交回這些紀錄。你對這樣的資料蒐集方法有何看法？

8. 進行電話訪談時，受訪者可能拒絕調查、已經更換電話號碼，甚至搬家，而習慣上都撥打其他的號碼進行下一個訪談。拒絕訪談或是無回應的數目回報並不是一個標準的作法。而這樣的無回應及回報政策有什麼效用？

9. 假設研究公司接受了某位顧客的要求進行調查。此顧客銷售一套電子保全系統，在所有的門窗加裝感應器，感應器啟動後，若有入侵者觸發了該系統，就會警鈴大做。而顧客想了解美國有多少公寓的居民聽過這種系統？對此抱持何種看法？近年內有多大的可能性會考慮裝置這種設備？請分別就使用以下五種調查模式，分析其正、負面的考量？(1)在家訪談；(2)商場攔訪；(3)線上調查；(4)留置問卷調查；(5)電腦輔助電話訪談。

個案7.1　Steward研究公司

喬治是Steward研究公司的總裁。這家公司專精於替各種企業客戶量身訂作問卷調查，他們擁有集中定點式的電話調查機構，也設立「Steward Online」分公司進行線上調查的業務。然而喬治也常仰賴其他研究公司的服務，以提供他的顧客更適當的資料蒐集方法。在一個與4位企劃執行長的會談中，喬治分別討論每個客戶不同的情況。

顧客1：一家小型零件製造廠研發了一種研磨裝置，用來磨利高精確度的鑿孔器鑽頭，這種鑽頭能夠鑽出近乎完美的洞，可運用在引擎滑輪的鑽孔上。當鑽頭磨損無法使用時，研磨裝置能夠修補鑽頭的耗損達12次之多，以延長鑽頭的壽命。在機器通過測試實驗，廠商也透過數場焦點團體的訪談來

獲得具參考性的建議後，現在已經準備好蒐集更多資訊來進行產品的推廣。企劃執行長與顧客共同研擬出多種不同的推廣方案。而顧客希望針對這些方案先進行市場評估，最後才針對全國各子公司內部共125位銷售人員的訓練計畫。

顧客2：一家區域性的烘培工場，銷售多種餅乾、零食至加州、內華達州、亞利桑那州及新墨西哥的超級市場中。產品競爭相當激烈，競爭者使用大量的報紙與電視廣告。負責行銷的客戶副總裁則需要為公司進行促銷產品的分析。他很遺憾儘管每年花費百萬美元在4個州的促銷廣告上，卻沒有有效評估這些花費的效果。Steward企劃主持人則建議使用TOMA的方法，詢問顧客當提及某種商品種類（如餅乾）時，最先想起的三種品牌，來了解顧客的態度及偏好。

顧客3：一位發明家研發了一種牙刷消毒器，這項裝置可以利用高溫蒸氣在牙刷使用後進行消毒的作業，避免病毒與黴菌孳生；經實驗室證明確實有效，同時也提供放置牙刷的平台。而這位發明家與某家廠商洽談，廠商有意願購買這項產品的專利，但想先獲得一些關於產品市場調查的資訊。包括消費者是否關心牙刷的清潔問題？是否樂意花錢購買一個放置牙刷的插電平台來保持牙刷的衛生？而發明者則憂心如何在廠商失去興趣之前，快速提供這樣的資訊。

1. 對每一個顧客個案進行評估，並給出一個或更多的資料蒐集方法建議。
2. 針對你所給的蒐集方法建議，提出合理的解釋。
3. 闡述你所建議的資料蒐集方法，有哪些先天性的缺點？

個案7.2　「哈比人的最愛」餐廳： 資料蒐集的方向

柯瑞・迪恩替傑恩經營的「哈比人的最愛」餐廳主持焦點團體的訪談以進一步了解顧客對於餐廳室內裝潢、氣氛、主菜、特餐等，的建議及偏好。

傑夫對於僅僅三個焦點團體所獲得的大量資訊感到印象深刻，而柯瑞則提醒他，這些顧客的意見固然有其代表性，但只是暫時性的調查結果，需要作更探索性的調查。傑夫同意柯瑞的說法，便問道：「下一步呢？」柯瑞說：「我得好好思考我們需要蒐集哪方面的資訊。目前有幾個選擇可以供我考慮，來做出最佳的決定，以進行都會區群體的資料蒐集。」

1. 郵件調查是否是個好選擇？請回答並加以解釋。

2. 柯瑞是否該推薦電話調查？使用電話調查來蒐集資料有什麼正面或反面的理由？

3. 線上調查是一個可行的方式嗎？比較電話調查與線上調查，哪種方法較適合推薦給柯瑞採用？

行銷研究的衡量

基本的問答形式

　　設計問卷就像作曲家創作一首曲子、作家寫一部小說或畫家畫一幅山水畫，需要的是創意，然而，問卷設計仍有些基本方法。本章將介紹如何考量問卷中，問題和答案的形式及設計方法。首先，需要知道研究人員所使用的三種基本「問題—回答」形式：開放式、封閉式和尺度回答的問題。圖8.1展示三個種類，並指出每種的兩個變化。每個形式的優缺點列於表8.1。

開放式問題

　　開放式問題(open-ended question)不會給受訪者回答的選項，而是請受訪者以自身的話語來回答。回答會依主題而不同，**非探索形式**(unprobed format)不會尋求額外的資訊，研究人員只想要簡單的評論、陳述，或是只想要受訪者指出品牌、店家的名稱；**探索形式**(probed format)會包含**回答探索**(response probe)，訪談者會進一步地詢問額外資訊，例如：「你可以想到其他的東西嗎？」以鼓勵受訪者提供更多的資訊。

封閉式問題

　　封閉式問題(closed-ended question)在問卷上列出回答的選項，方便迅速且容易地回答。**二種選擇封閉式問題**(dichotomous closed-ended question)只有兩個回答的選項，如「是」或「否」；如果可供選擇的回答選項多於兩個，則稱為**多種選擇封閉式問題**(multiple-category closed-ended question)。因為二種選擇和多種選擇封閉式問題都有助於回答的過程以及資料的輸入，所以很常被問卷使用。

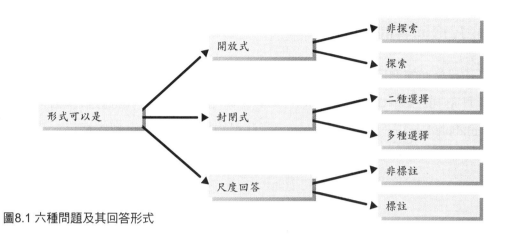

圖8.1 六種問題及其回答形式

表 8.1 不同回答形式的優、缺點			
回答形式	**問題範例**	**優點**	**缺點**
非探索開放式問題	你對於上一次在電視看到的 Sony DVD 播放機廣告的反應是？	讓受訪者可以使用自己的話來回答。	難以編碼和解釋。受訪者可能不會給完整的回答。
探索開放式問題	你對於該廣告有任何其他的想法或反應嗎？	引出完整的回答。	難以編碼和解釋。
二種選擇封閉式問題	你對「Sony DVD 播放機比Panasonic的好」此項論述，感到同意或不同意？	容易施行和編碼。	可能會過度簡化回答的選項。
多種選舉封閉式問題	萬一你明天想買一台DVD播放機，你最可能買哪個品牌？ a. Panasonic b. General Electric c. Sony d. JVC e. 其他品牌	可以包含較多的可能回答選項。容易施行和編碼。	可能會讓受訪者選到未察覺的回答選項。必須區分「選一個」和「選所有符合的」。
非標註尺度回答問題	以1-7分評分，你對Sony DVD播放機的操作容易程度給幾分？	可以表達出思想或感覺的程度。容易施行和編碼。	受訪者可能不會很清楚知道各尺度的意思。
標註尺度回答問題	你對於「Sony DVD播放機比Panasonic的好」此項論述感到不同意、強烈不同意、同意或強烈同意？	可以表達出思想或感覺的程度。容易施行和編碼。受訪者可以知道每個尺度的意義。	可能對尺度不熟悉或是尺度的水準太多。

尺度回答問題

尺度回答問題(scaled-response question)使用研究人員所選擇的尺度來衡量研究中的某些構念,在問卷中會涵蓋這些回答選項。**非標註尺度回答形式**(unlabeled scaled-response format)所使用的尺度是純數字型或是只在端點加以說明,而**標註尺度回答形式**(labeled scaled-response format)所使用的尺度會在所有的尺度位置上都加註描述的用字。

選擇問答形式時的考量

以上六種問題形式都有可能使用於問卷中,研究人員需要考量以下四點,以決定使用何種:1.衡量屬性的性質;2.之前的研究;3.受訪者的能力;4.想要的尺度水準。

衡量屬性的性質

構念的性質常會決定「問題—回答」的形式,例如:Alka Seltzer想知道,受訪者在過去1個月是否有購買其品牌的感冒藥,唯一的答案為「是」、「否」或「不記得」;如果是問婚姻狀態,一個女人可能是已婚、分居、離婚、寡居、單身、同居;但如果是問對於Herchey巧克力的喜歡程度,因為「喜歡」為一種主觀的變化程度,

則需要使用尺度回答法。因此,有些屬性可以事先設定成適當的回答選項,有些則需要用尺度來表示等級。

之前的研究

有時,一個調查會遵循之前的調查,需要將新的發現與之前的調查進行比較,在這種情況,通常會簡單地採用之前研究的問題形式。特定的尺度或

是問題回答形式可能是由衡量過該構念的其他人所發展出來，有些尺度有被發表，或是能夠讓行銷研究人員免費使用；有些則是保留在研究人員的自身公司內，供顧客使用，例如：有些研究公司專門進行消費者滿意度的研究，他們就會精製其尺度，使之更能補捉到該構念。不論是在哪種情況下，如果研究人員認為某種問題形式適合手中的研究，則最好是採用或修改它，而非創造新的形式。

受訪者的能力

問題的形式需要符合受訪者的能力，例如，如果研究人員認為某特定研究中的受訪者可能不善表達或不願將其意見說出，此時開放式的形式就不適合；如果受訪者無法用數字的尺度來評分時，用標註形式或是兩種選擇封閉式問題形式則是比較適合的。

想要的尺度水準

某些統計分析對於所分析的衡量有些基本的假設，故當研究者欲使用該統計分析方法時，在選擇問題的形式時就需要特別注意，例如，如果回答的選項為「是」或「否」，研究者可以算出回答某一項的百分率，但如果問題是問受訪者在上一個月使用自動提款機的次數時，則只能算出平均的次數，平均數和百分率是不同的，兩種選擇回答選項所能提供的資訊少於尺度回答選項，如果研究者想使用較高階的統計分析，問題應使用尺度回答的形式。

衡量中的基本概念

問卷透過衡量(measurement)蒐集資訊，衡量的設計是為了判斷目標物是否擁有某種屬性及程度如何，例如：行銷管理者可能會想知道人們對於某種產品的感覺或是在某段時間內會使用多少的產品量，這些資訊都可用來回答

特定的研究目的。

　　究竟衡量的是什麼呢？衡量的是目標物的屬性。目標物包括消費者、品牌、店家、廣告或任何感興趣的構念，**屬性**(properties)為目標物的特殊特徵，具有區分不同目標物的能力，假設想研究的目標物為消費者，如表8.2所示，當管理者欲定義會買特殊產品的消費者時，會結合多種人口統計的特徵，如年齡、所得水準、性別、購買行為等來加以描述，每種屬性都有更進一步差異化消費者的潛力。

　　表8.2也比較了三位消費者的年齡、所得水準、知覺和性別。當目標物在屬性上已經指定，則稱該屬性已被衡量。行銷研究中的衡量會有相當不同的程度，研究者常常想找出不同消費者類型中的相對差異。

　　表面上看來，衡量似乎是一非常簡單的過程，當衡量的是**客觀屬性**(objective properties)時，它確實是很簡單，客觀屬性指的是可以實際驗證的特性（如：年齡、所得、所購買的數量等），其為可觀察得到且是有形的，常可將其事前設定為回答的選項，但行銷研究者也常想衡量**主觀屬性**(subjective properties)，其為心理上的構念（如：個人的態度或意圖），無法直接觀察且是無形的，行銷研究者必須請受訪者將其心理構念轉為一種強度的連續帶，採用或設計某些清楚且可能被受訪者使用的問題形式，此過程稱為**尺度設計**(scale development)。

表 8.2	衡量目標物的屬性並使用三個消費者屬性進行差異化		
目標物	**屬性**		**衡量的指定**
消費者	年齡		35歲
	所得水準		$75,000
	性別		男性
	上次買的品牌		Gillette
	對品牌的評估		普通
屬性			**衡量的指定**
	安柏先生	黑小姐	柯比先生
年齡	35歲	42歲	21歲
所得	$75,000	$65,000	$45,000
性別	男	女	男
上次購買的品牌	Gillette	Schick	Gillette
對品牌的評估	普通	好	極佳

尺度的特色

尺度設計指的是設計問卷和回答的形式以衡量目標物的客觀屬性，尺度有多種類型，每種都有不同的特色，尺度的特色決定了尺度的衡量水準。尺度共有四個特色：描述、順序、距離、原點。

描述

描述意指在尺度的每個位置都會使用特定的描述用語或標籤，例如：「是」和「否」、「同意」和「不同意」；受訪者的年齡是哪幾年。所有的尺度都會包含此點特色以定義回答的選項。

順序

順序(order)指的是描述用語的相對大小，此處的「相對」包括「大於」、「小於」和「等於」。受訪者最不喜歡的品牌「小於」最喜歡的品牌；都勾選相同所得種類的受訪者為「等於」。不是所有的尺度都擁有順序的特性，例如：「購買者」會多於或少於「非購買者」嗎？此時即無法分出相對的大小。

距離

當描述用語間的絕對差異已知，且可用單位來表示時，則該尺度具有**距離**(distance)的特性。買3瓶可樂的受訪者比買1瓶的多買了2瓶；擁有3台車的家庭比只有兩台車的多一台。當距離的特性存在時，順序的特性就會存在，不只知道3台車的家庭在車子數目上「大於」只有2台車的，且可以知道其距離為2。

原點

如果尺度有特定的起點或絕對原點時，該尺度具有**原點**(origin)特性。0是年齡尺度的原點、也是旅行哩數的原點，或消費可樂瓶數的原點。不是所有的尺度都有絕對原點，許多行銷研究者所使用的尺度都只具有抽象的中立點，並不具有原點特性，例如：當受訪者對於同意程度的衡量說出「無意見」時，就不能說他屬於**絕對原點**的同意。

每個尺度特性都是立基於前一個特性，描述是最基本的，每個尺度都具有這個特性；如果尺度為順序的，則也會具有描述的特性；如果具有距離特性，則也有順序和描述；如果是有原點，則會具有距離、順序和描述特性。亦即，如果尺度有較高等級的特性，則它也會具有所有較低等級的特性（反過來不成立）。

衡量尺度的水準

為什麼需要知道尺度的特性？因為尺度所擁有的特性決定了尺度的衡量水準，對於行銷研究者而言，了解尺度的衡量水準是非常重要的，共可以分為四種衡量水準：名目、順序、區間和比率。表8.3列出彼此間的差異和尺度的特性。

表8.3引進了兩個新的概念：類別尺度(categorical scale)和公制尺度(metric scale)。**類別尺度**是由一小群不同的數值或類別（如：男性／女性；已婚

表 8.3	衡量尺度具有不同的尺度特性				
		尺度特性			
衡量尺度		描述	順序	距離	原點
類別尺度	名目	是	否	否	否
	順序	是	是	否	否
公制尺度	區間	是	是	是	否
	比率	是	是	是	是

／單身／寡居）所組成，共有兩種類型：名目和順序。**公制尺度**則是由很多數字或標籤所組成，常是一種衡量的連續帶形式，也有兩種類型：區間和比率尺度。

名目尺度

名目尺度(nominal scales)是只有使用標籤的尺度，只擁有描述的特性，包括種族、宗教、住宅的種類、性別、上次購買的品牌、買者／非買者、有關是／否或同意／不同意的回答、或其他只能以質性區分的描述用語範例。如果是以職業（如銀行家、醫生、電腦程式設計師等）來描述調查中的受訪者，則需要使用名目尺度。這些名目尺度的範例都只有將消費者分類，並未提供其他的資訊，如大於、兩倍大等。名目尺度問題的範例可見表8.4A。

順序尺度

順序尺度(ordinal scales)讓研究者可以對於受訪者或其回答作排序，如果受訪者被要求指出他的第一、第二、第三的品牌選擇，則得到的結果即為順序尺度；如果受訪者在購買頻率尺度上，某一類別勾選「每星期都買或更頻繁」，另一類別勾選「每個月買一次或更少」，此結果亦為順序尺度。順序尺度指出目標物間的相對大小差異，擁有描述和順序特性，但因為不具距離和原點特性，故無法知道描述用語間的差距有多大。順序尺度的範例請見表8.4B。

區間尺度

區間尺度(interval scales)指的是描述用語間的距離都已知的尺度，對於相臨的描述用語，其距離可以用一個尺度單位來定義。例如：評分為「3」分的咖啡品牌與評分為「4」分的，相差了一個單位。有時研究者必須相信描述用語間的區間大小都相同，如果是想要評估店內的銷售人員，選出一最

適合的描述用語（極度友善、非常友善、有些友善、有些不友善、非常不友善、極度不友善），研究者就會假設每個選擇之間的差距都是一個單位，此時可以說該尺度是「假設的區間」。如同表8.4C所示，這些描述用語可能會出現於問卷上，或是構成一連續帶，請受訪者在之間的底線上勾選。使用區間尺度，研究者可以作出更高程度的衡量，進行更有力的統計分析（如：相關分析）。

比率尺度

比率尺度(ratio scales)為絕對原點存在的尺度，此特性的存在讓衡量結果的比較可以使用比率。一個人可能比另一個人花多兩倍的錢或只旅行了另一個人的1/3。比率不適合用於間隔尺度，不能說一家店的友善比另一家少了一半。比率尺度的範例如表8.4D所示。

衡量尺度水準的重要性

為什麼會這麼關心尺度特性和衡量水準？有兩點重要的理由：第一、衡量水準決定了會得到哪些有關目標物的資訊。例如，名目尺度衡量的是最低的資訊水準，常被認為是最粗糙的尺度，只能用來確認目標物的某些屬性，但比率尺度則可獲得最多的資訊；第二、衡量水準指定了可以使用的統計分析有哪些，低水準的尺度只能用低水準的分析，而高水準的尺度則可以用較複雜的尺度，亦即，尺度所獲得的資訊量會影響統計分析上的限制。

使用最高適合水準的尺度來衡量是較佳的，需由目標物的屬性和受訪者的心智能力決定何為最適合的水準。有些特色是屬於質性的，只能用名目尺度來衡量，但有些特色則是量化的，則可以使用公制尺度。

表 8.4	使用不同尺度假設的問題範例

A.名目尺度問題

1.請指出你的性別。 _____男性 _____女性

2.請勾選出所有你會考慮購買的品牌。

_____Sony

_____Zenith

_____RCA

_____Curtis Mathes

3.你記得上星期有看過Delta航空的「輕鬆愉快假期」廣告嗎？

_____有 _____沒有

B.間隔尺度問題

1.請依你的偏好將以下品牌排序，1代表最喜歡，2代表次喜歡，依此類推。

_____Arrid

_____Right Guard

_____Mennen

2.對於以下的雜貨店組合，圈出你比較可能光顧的店家。

Kroger/First National

First National/A&P

A&P/Kroger

3.依你之見，你認為Wal-Mart的價格。

_____高於Sears

_____跟Sears一樣

_____低於Sears

C.間隔尺度問題

1.請依品牌的整體表現對其評分。

品牌	評分（圈選一個）									
	非常糟								非常好	
Mont Blanc	1	2	3	4	5	6	7	8	9	10
Parker	1	2	3	4	5	6	7	8	9	10
Cross	1	2	3	4	5	6	7	8	9	10

2.指出對以下論述的同意程度，圈選適當的數字。

論述	強烈同意				強烈不同意
a.我喜歡尋找便宜貨	1	2	3	4	5
b.我喜歡去戶外	1	2	3	4	5
c.我愛烹飪	1	2	3	4	5

3.請評估Pontiac Firebird，勾選出最適當的底線。

蒐集慢	____ ____ ____ ____ ____	蒐集快
設計好	____ ____ ____ ____ ____	設計差
價格低	____ ____ ____ ____ ____	價格高

D.比率尺度問題

1.請問你幾歲？
　_____歲

2.過去一月內，你有多少次在7-11買超過5美元的東西？
　0　1　2　3　4　5　更多（_____次）

3.你認為購買10萬美元定額人壽保險保單的人，每年要為該保單付多少錢？
　_____元

4.當你立遺囑時，有多大的機率會請律師來服務？
　_____百分比

行銷研究常使用的尺度

　　行銷研究者常希望衡量消費者的客觀屬性，這些屬性有多種變化，但主要都是與消費者的心理層面有關，包括態度、意見、評估、信念、印象、知覺、感覺和意圖，因為這些構念都是觀察不到的，行銷研究者必須發展出某些方法來讓受訪者以簡單又可了解的方式表達出其印象的方向和強度，因此，會使用尺度回答問題，藉以衡量無法觀察的構念。以下會介入一些常用於行銷研究的基本尺度形式，可以常在問卷上看到這些尺度，因為它們負責了大多數的行銷研究衡量工作，故稱其為**勞役馬尺度**(workhorse scales)。

勞役馬尺度的強度連續帶

　　因為大多數的心理屬性都是以**連續帶**的方式存在，存有兩個極端，故常使用間隔尺度的形式來衡量。有時，使用數字來指出尺度上每個位置間的單一距離單位。通常尺度是由極端的負、中立，再到極端的正，中立點並不是零點或是原點，只是連續帶中的其中一點，以表8.5為例，可以發現他們都是位於極端負至極端正之間，而在尺度中間有一個「無意見」的位置。

　　每份問卷都自行發明新的尺度形式並不是個理想的方式，行銷研究者常常使用一些標準的種類，這些常被使用的勞役馬尺度包括**李克特尺度**(Likert scale)、**生活風格類型**(lifestyle inventory)、**語意差異尺度**(semantic differential scale)。

Active **Learning**

試著用以下範例，指出尺度的特性和水準。請對於第一行中的每個問題，在對應的列中圈出你的答案，並利用表8.3確認出尺度的水準。

問題	在「是」或「否」中圈選出你的答案				
	有原點嗎？	相臨標籤的距離相等嗎？	每個標籤都會大於或小於臨近的標籤嗎？	有使用標籤嗎（所有的尺度都會用）	請寫下問題的尺度水準
家裡的汽車是自己的或是租的？ ____擁有 ____租	是 否	是 否	是 否	是 否	是 _____
每個月你會洗車幾次？ ____次	是 否	是 否	是 否	是 否	是 _____
「我家的汽車可以滿足我的所有需求」 ____強烈同意 ____同意 ____無意見 ____不同意 ____強烈不同意	是 否	是 否	是 否	是 否	是 _____
你比較喜歡至少500英哩以上的旅行，且都利用州際間的道路來回： ____家裡的車 ____租借的車	是 否	是 否	是 否	是 否	是 _____

👥 李克特尺度

行銷研究者常使用的尺度回答形式為**李克特尺度**(Likert scale)，其會請受訪者對於一系列的論述以對稱性的「同意—不同意」尺度來評估他們同意或不同意的程度，李克特尺度的價值在於能夠**得到受訪者感覺的強度**，使用李克特尺度時，最好是使用簡單或清楚的論述來讓受訪者指出其同意程度，

表8.6是一個電話訪談的範例。

　　李克特尺度已被行銷研究者廣泛地修改與採用，故其定義依人而定，有些人認為，只要是使用「強烈」、「稍微」、「有點」或類似的描述用語的，就是屬於李克特尺度；有人則認為，問題有使用「同意—不同意」回答選項的才是李克特尺度。本書傾向同意第二群人的意見，認為那些不屬於「同意—不同意」衡量的是屬於「**敏感性**」或「**強度**」尺度。

生活風格類型

　　生活風格類型(lifestyle inventory)為李克特的特殊應用，其考量人們的價

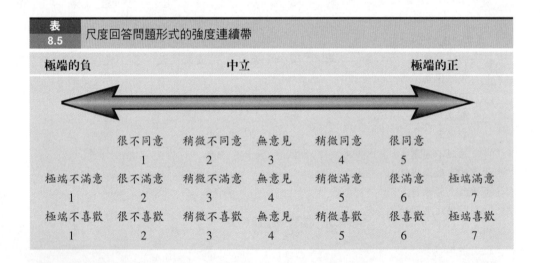

表 8.5	尺度回答問題形式的強度連續帶

極端的負	中立	極端的正

	很不同意	稍微不同意	無意見	稍微同意	很同意	
	1	2	3	4	5	
極端不滿意	很不滿意	稍微不滿意	無意見	稍微滿意	很滿意	極端滿意
1	2	3	4	5	6	7
極端不喜歡	很不喜歡	稍微不喜歡	無意見	稍微喜歡	很喜歡	極端喜歡
1	2	3	4	5	6	7

表 8.6	李克特問題形式可用於電話訪談，但必須先提醒受訪者它的形式

（訪談者：以下會有一系列論述，每說完一個，請你指出對它同意或不同意的程度。這些指示清楚嗎？）如果不清楚，再解釋一次。

（訪談者：說說每個論述，詢問每個的回應）你是同意或不同意？

論述	非常不同意	不同意	中立	同意	非常同意
Levi's牛仔褲很好看	1	2	3	4	5
Levi's牛仔褲的價格合理	1	2	3	4	5
你買的下一條牛仔褲會是Levi's的	1	2	3	4	5
Levi's牛仔褲容易在別人身上看到	1	2	3	4	5
Levi's牛仔褲讓你覺得很好	1	2	3	4	5

值觀及個性，以反映出人們對於工作、休閒時間、購買的獨特活動、興趣和意見（AIO：A＝活動—Activity，I＝興趣：Interst，O＝意見：Opinion）。此技術源自廣告的策略家，他們想要獲得有關消費者的一些描述，以建立更有效的廣告。基本信念為了解消費者的生活風格，而不是只了解人口特徵，更能夠提供行銷決策上的方向，很多公司皆使用生活風格作為**鎖定**市場和客層的工具。

　　生活風格的問題衡量消費者獨特的生活方式，這些問題可用以區分買者的型態（如：產品的重度或輕度使用者、店家的顧客或非顧客、媒體工具的使用者或非使用者），可以評估人們的價格意識、時尚意識、意見提供者、熱衷運動、孩童導向、以家庭為中心的程度。這些屬性常是使用一系列的AIO論述來衡量，通常以表8.7的形式呈現，每位受訪者指出其同意或不同意的程度。在某些應用上，問卷會包含大量的生活風格論述，可能有非常一般的個人AIO敘述，到非常特殊的論述（關於行銷研究者所關心的特殊產品、品牌、服務等）。

語意差異尺度

　　起源於將個人的質性判斷轉為量化估計的問題，**語意差異尺度**(semantic

表 8.7 問卷上的生活風格論述範例					
請圈選出你對每句論述的同意或不同意程度					
論述	非常不同意		中立		非常同意
我買的東西很多都是特價商品	1	2	3	4	5
我通常都會有幾件最新潮的套裝	1	2	3	4	5
我的孩子是我生命中最重要的事	1	2	3	4	5
我通常保持我的房子非常整齊和清潔	1	2	3	4	5
我寧可在家安靜度過一晚，也不願出門參加派對	1	2	3	4	5
有一個記帳戶頭是好事	1	2	3	4	5
我喜歡看、聽棒球或足球比賽	1	2	3	4	5
相較於大多數的人我認為自己有更多的自信	1	2	3	4	5
我常會影響朋友的購買意願和行為	1	2	3	4	5
我明天或許會有更多的錢可以花用	1	2	3	4	5

建立大學生的生活風格類型

因為你是一位大學生，你可以輕易指出大學生生活風格的面向有哪些，在這次的Active Learning中，請將以下的大學生活動，以李克特尺度的論述寫出，使其可以擺在問卷上，以衡量大學生的生活風格類型。

大學生活風格面向	你的論述	非常不同意	不同意	中立	同意	非常同意
念書	_____	1	2	3	4	5
外出	_____	1	2	3	4	5
工作	_____	1	2	3	4	5
運動	_____	1	2	3	4	5
購物	_____	1	2	3	4	5
吃飯	_____	1	2	3	4	5
花錢	_____	1	2	3	4	5

differential scale)為一種專業化的尺度回答問題形式。和李克特尺度一樣，語意差異尺度也是從別的研究領域借用。語意差異尺度包含了目標物多個屬性的兩極形容詞，受訪者則在兩極形容詞間的連續帶，指出對於該屬性的印象。語意差異的焦點在於**目標物、概念**或**個人的衡量**，因為很多行銷刺激物都具有意義、內在關聯性或言外之意，因此當行銷研究者想判斷品牌、店家或其他形象時，非常適合使用這類尺度。

建構語意差意尺度時研究人員必須先決定所評估的概念或目標物，接著選擇成對的兩極形容詞或用語，用來描述目標物的屬性程度，例如：「友善—不友善」、「熱—冷」、「方便—不便」、「高品質—低品質」、「可依賴—不可依賴」，兩極形容詞位於強度連續帶的兩端，通常中間會有5或7個區分的底線，受訪者藉由在適當的底線上勾選來表達出對於目標物績效的評估，其勾選的位置與端點越近，表示評估的強度越強。

表8.8示範以上的過程如何在紅龍蝦餐廳的研究中進行，而受訪者亦被要求在同一個調查中對傑克海鮮餐廳作出評分。每位受訪者都被要求在數個

兩極形容詞中，勾選出最適合用來描述餐廳的底線。可以注意到，並不是「好的」形容詞都擺在同一端，此種有正有負的擺法是為了避免**月暈效果** (halo effect)，怕因為對於店家或品牌的一般感覺，影響到受訪者對於特殊屬性的印象。例如，假設你對紅龍蝦餐廳有非常正面的印象，如果所有正面的形容詞都出現在右邊，你可能會直接勾選所有右邊的形容詞，而沒有仔細閱讀，但實際上紅龍蝦餐廳可能某些屬性並沒有那麼好，像是位置不佳或菜色不多。在語意差異尺度中**隨機擺放**正負形容詞可以**最小化**月暈效果，且有證據指出，當受訪者對於調查主題有著較矛盾的想法時，在問題的形成上最好也是正負面語氣各半。

　　語意差異尺度最吸引人的地方在於能夠算出平均值，然後畫出品牌或公司形象的輪廓。每個勾選的底線都會設定編碼的數字，如：1、2、3（從左至右），再針對每對兩極形容詞計算其平均，將平均值畫於表8.8中，行銷研

表 8.8　當衡量店家、公司或品牌形象時，語意差異尺度很好用

針對每對描述用語，勾選出你對於紅龍蝦餐廳的印象。

高價	＿＿＿＿＿＿＿	低價
不方便的位置	＿＿＿＿＿＿＿	方便的位置
屬於我	＿＿＿＿＿＿＿	不屬於我
氣氛溫馨	＿＿＿＿＿＿＿	氣氛冷淡
菜單種類有限	＿＿＿＿＿＿＿	菜單種類多
服務快速	＿＿＿＿＿＿＿	服務慢
食物品質差	＿＿＿＿＿＿＿	食物品質好
特殊時間才去的場所	＿＿＿＿＿＿＿	每天都可以去的場所

結果呈現

高價	＿＿＿＿＿＿＿	低價
不方便的位置	＿＿＿＿＿＿＿	方便的位置
屬於我	＿＿＿＿＿＿＿	不屬於我
氣氛溫馨	＿＿＿＿＿＿＿	氣氛冷淡
菜單種類有限	＿＿＿＿＿＿＿	菜單種類多
服務快速	＿＿＿＿＿＿＿	服務慢
食物品質差	＿＿＿＿＿＿＿	食物品質好
特殊時間才去的場所	＿＿＿＿＿＿＿	每天都可以去的場所

●——● 紅龍蝦餐廳
●┄┄┄● 傑克海鮮餐廳

究者就可以用此圖表作為溝通工具對其顧客報告。

語意差異尺度受到文化的影響頗深,在某文化下所設計出的尺度用於不同文化的受訪者時,可能會得到不同的答案。

其他尺度回答的問題形式

行銷研究中有很多變化的尺度回答問題形式,如果將來從事行銷研究的工作,將可以發現每家行銷研究公司或部門都是使用「**試錯**」的形式,範例如表8.9。

有數個非常好的理由支持為何要採用較受歡迎的問題形式:第一,可以加快問卷設計的過程,選用標準化的尺度回答形式,不需要再創造新的形式,可節省時間和成本;第二,因為該尺度回答的形式已被多個研究採用,因此具有一定的信度和效度。

使用尺度回答形式時的問題

使用尺度回答形式時,需要先回答兩個問題。第一,問題中是否包含中間或中立的回答選項,在前述的李克特尺度、生活風格類型和語意差異尺度

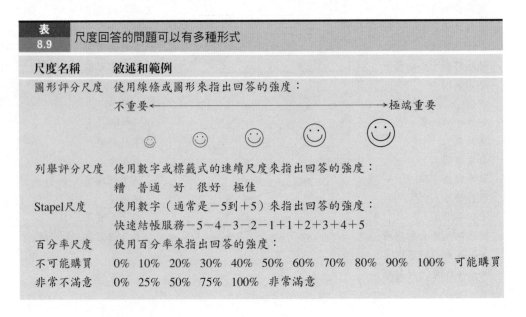

表 8.9	尺度回答的問題可以有多種形式
尺度名稱	敘述和範例
圖形評分尺度	使用線條或圖形來指出回答的強度: 不重要←──────────→極端重要 ☺ ☺ ☺ ☺ ☺
列舉評分尺度	使用數字或標籤式的連續尺度來指出回答的強度: 糟 普通 好 很好 極佳
Stapel尺度	使用數字(通常是−5到＋5)來指出回答的強度: 快速結帳服務−5−4−3−2−1＋1＋2＋3＋4＋5
百分率尺度	使用百分率來指出回答的強度:
不可能購買	0% 10% 20% 30% 40% 50% 60% 70% 80% 90% 100% 可能購買
非常不滿意	0% 25% 50% 75% 100% 非常滿意

的範例中，都有中立的選項，但有些研究者不喜歡於研究中使用中立的選項，支持使用中立選項的認為有些受訪者是真的沒有意見，因此應該讓其表達出矛盾的狀態；但反對者則認為受訪者會使用中立選項作為**藏匿意見**的方法，不使用中立選項將可迫使這群受訪者表達出其意見或感覺。

第二個問題為是否有使用**完全對稱**的尺度，有時只使用正面的那一端也是可以的，例如：當思考某件事的重要程度時，通常不會去想到其「**不重要**」的程度，事實上，很多構念的對稱性尺度都不適合且不夠直觀，因此，不見得需要使用完全對稱的尺度。

有些尺度因為受訪者鮮少用到負面的那一端，因此只包含正面的一端，研究人員可以透過前測，來看看完整版本和只有一端的版本是否有差異，在敏感性尺度上最好是都經由前測，來判斷尺度該如何使用。

何時該使用何種尺度

市場研究者要面對真正的調查步驟，問卷設計是最重要的一步，在設計行銷研究的提案時必須先加以思考。市場研究者常使用「構念」或標準的行銷概念，他們常會有構念要如何衡量的心中想法，此心中的想法就成為**操作型定義**(operational definition)。

表8.10列出常被市場研究者衡量的構念適合使用的尺度，可以發現因為大多數的構念都是態度或強度尺度，因此以區間尺度居多。

在表8.10中，也包括一些名目尺度的構念，像意識、擁有、回想、辨認等構念，都是用「是—否」尺度來衡量。如果是使用清單，而受訪者可以勾選出所有符合的項目，則是屬於**加總尺度**(summated scale)，計算每位受訪者勾選的數目，將該數目當作構念的衡量值。例如，如果列出10種廚房設備，詢問受訪者家中的廚房有哪幾樣？如果受訪者有很多樣廚具，則會有較高的加總尺度數字。

定錨尺度(anchored scale)是一種常被使用的5點尺度，其在衡量的連續帶兩端都會給予說明標籤，並加上起始和結束時的數字，例如：電話訪談者

表 8.10	構念的常用尺度
構念	**回答尺度**
意識（或擁有）	是—否 或從選項中勾選 範例：你擁有下列哪些廚房設備？（請勾選所有符合的）
品牌／店家形象	語意差異尺度（5點或7點），使用一套兩極形容詞 範例：請參考表8.8的範例
人口特徵	標準人口特徵　問題（性別、年齡區間、所得區間等） 範例： 指出你的性別　＿＿＿男性　　＿＿＿女性 你的年紀區間為？ ＿＿＿20或更年輕 ＿＿＿21－30 ＿＿＿31－40 ＿＿＿41－50 ＿＿＿50或更年長
使用頻率	標籤（絕不、鮮少、偶爾、常常、很常、特別常） 或每週（或每月）的使用次數 範例：你外帶中國菜的頻率為？
重要性	標籤（不重要、輕微重要、重要、相當重要、非常重要） 或使用5點尺度進行評分 範例：乾洗服務單日取件對你的重要性為？
購買意願	標籤（不可能、稍微不可能、可能、相當可能、非常可能） 或100%可能性 範例：當你下次買餅乾時，購買無脂品牌的可能性為？
生活風格／意見	李克特尺度（非常不同意—非常同意，5點尺度），使用一系列的生活風格論述 範例：指出你對以下論述的同意或不同意程度。 　1.我的行程很滿 　2.我工作量大
績效或態度	標籤（糟、普通、好、很好、極佳） 或使用5點尺度評分 或使用－5到＋5的史德培尺度(Stapel scale) 或依受訪者的能力，決定尺度點的位置數目 範例：指出你認為Arby在以下特色上的表現為何。 　1.菜單上菜色的多樣性 　2.價格合理 　3.位置方便

回想或辨認	是—否
	或從一列選項中勾選
	範例：你上個月，曾經在哪些地方看過或聽過Pets-R-U的廣告？
	（勾選所有符合的）
滿意度	標籤（完全不滿意、輕微滿意、有些滿意、非常滿意、完全滿意）
	或10點滿意度尺度，1=完全不滿意；10=完全滿意
	注意：如果沒辦法肯定受訪者大多不會不滿意，則仍推薦使用對稱性的尺度，依舊有衡量不滿意的程度（完全不滿意、輕微不滿意、中立、輕微滿意、完全滿意）
	範例：根據你對聯邦快遞的經驗，你對其隔夜快遞服務的滿意度為何？
	完全不滿意　輕微滿意　有些滿意　非常滿意　完全滿意

可能會問：「請告訴我你對光碟燒錄軟體的滿意程度，1代表不滿意，5代表非常滿意」或「請對你個人電腦影音系統的音樂品質評分，1代表很糟，5代表很好」。**非定錨尺度**(unanchored scale)是端點沒有加上標籤說明的尺度，例如，「請用1到5尺度指出對光碟燒錄軟體的滿意程度」，在非定錨尺度中數字越大，通常代表越正面的評估，因此，1是最不正面的回答，5是最正面的回答。

5點尺度是最佳的尺度嗎？Marketing Research Insight 8.1解釋為何該問題的回答為「可能是」。

該使用幾點尺度？

當衡量主觀的構念（如：評估、預期、態度、意見等），行銷研究者常面臨的問題為到底要使用幾點尺度，使用2點、5點、10點或其他數字？

需要依情況而定，沒有說哪個數字就是最好。近期的一篇文章，比較了2點、4點和5點尺度，發現當衡量品牌表現、消費者預望和滿意度時，使用5點尺度最佳，但其他研究者則發現，10點滿意度尺度又優於5點尺度。

不同的情況，適合使用不同的尺度。當研究者需要的是初步的衡量時，5點尺度很好用；但如果需要的是較細微的衡量時，則需使用7、9或10點尺

度。5點尺度偵測的是一般的傾向，主要是受訪者為負面、中立或正面，如果想更精確地知道其態度的程度，則需要使用較多點的尺度。

衡量的信度和效度

理想上，任何市場研究者所使用的衡量都應該是可信且正確的。**信度衡量**(reliable measure)評估受訪者對於相同或近乎相同的問題，是不是能回答出同樣或非常類似的答案。如果受測者未改變，同樣的題目重複測試多次，但每次得到的答案都不同，則表示題目有問題。

效度和信度完全不同，很可能雖然有非常好的信度，但卻不具效度。效度指的是衡量的正確性，評估衡量的結果與真實的狀況是否一致， **效度衡量**(valid measure)就是看該衡量的結果是否真實。例如，詢問受訪者「每年所得收入多少？」的尷尬問題，雖然他實際上每年賺的錢少於4萬美元，但卻挑選最高的選項「超過10萬美元」。而在問題再次測試時，該名受訪者堅守謊言，繼續回答最高所得，此時，該名受訪者受測結果雖然完全一致（可信），但卻並不真實（不正確）。說謊並非不正確的唯一原因，受訪者可能會記錯、誤解或是猜錯答案，這些都會讓答案不正確。

當研究人員在設計問卷上的題目時，會使用直覺的判斷，稱為**表面效度**(face validity)來評估每個問題的效度，所設計出的每個問題，都會評估其表面效度。研究人員有時也會請其同事，來看看問卷是否具有表面效度，並加以修正。但學術性的行銷研究者認為表面效度是一種非常弱的測試，使用這種效度，會面臨道德上的兩難。

信度和效度衡量的正式發展已經有多年歷史，且是一複雜的過程，行銷專家常會花相當長的時間來進行行銷構念的信效度測試，幸運的是，這些努力最終都在學術期刊上發表，可供業界直接使用這些衡量，如：Marketing Scales Handbooks（見www.marketingpower.com）。

複習與應用

1. 列出三種基本的「問題—回答」形式。每種均指出兩個變化,並加以舉例。

2. 何謂衡量?請分別以目標物和屬性(以主、客觀角度)加以回答。

3. 定義四個尺度水準,並指出每個水準可以得到的資訊類型。

4. 在對稱尺度中,要包括中立選項嗎?支持和反對的論點為何?

5. 何謂月暈效果?研究者如何加以控制?

6. 何謂信度和效度?其定義與差異各為何?

7. 以下範例中,市場研究者皆需要衡量某些構念,請為其選擇適當的尺度,並說明該尺度的假設、所要使用的回答選項種類、是否要使用「無意見」或中立選項,並評估表面效度。

   (1) 馬特想知道學齡前兒童對於單人遊戲機的反應為何。在玩那個遊戲時,兒童要跟著動畫的角色一起唱歌,然後猜出該首歌的下一個字。

   (2) TCBY測式5種新的優格口味,想知道消費者對於每一種的甜度、口味喜好度、味覺豐富性的評價。

   (3) 藥品公司想知道新的聯邦法律(禁止醫生開立免費處方藥)如何影響醫生在開藥單時對於有品牌名稱或無品牌名稱藥品的選擇。

8. Burke行銷研究公司替Equitable Insurance公司進行調查,並挑選一小群受訪者評估調查的信度。首先施測一次,請他們回答,然後再選5題重測一次。有一題的題目是:「如果你今年打算買壽險,你考慮Equitable Insurance公司的可能性為多少?」受訪者以可能性尺度來回答(0%到100%的可能性)。這個「測試—再測」的方法發現受訪者會在其初次回答的10%以內變動,如果他初次調查時回答的是50%,則在第二次調查時,其回答會介於45%至55%之間。

   調查已經進行了四個星期,尚有二個星期的時間可以蒐集資料。在初次調查過後的一個星期,又請重測過的受測者再重測一次,伯克發現再測的平均值比初次測試高了20%,這代表該尺度變成不可信了嗎?如果是

的話，為何之前的好信度會改變了？如果不是的話，究竟發生了什麼事？Burke要如何主張它仍是具有信度的衡量？

❖ 了解問卷的基本功能
❖ 了解設計問題時要遵循及避免之處
❖ 學習基本的問卷組織
❖ 學習問卷的編製
❖ 了解電腦輔助問卷設計軟體的優點
❖ 學習如何使用WebSurveyor

9

問卷設計

本章將討論問卷(questionnaire) 設計的方法，包含問卷的基本功能及問卷製作的過程，並將指引讀者如何設計一份文意清楚的問卷，在學習避免偏差性問題產生的同時，學會如何組織問卷的內容及編碼，了解預先測試問卷的重要性。也將介紹電腦輔助問卷設計軟體，使用WebSurveyor軟體進行問卷的編排，在網路發布供受訪者使用，並能自動將調查結果輸出成可供下載的電腦檔案。

問卷的功能

研究者藉由問卷來對受訪者進行問題的調查。因此問卷為調查中不可或缺的元素，並提供六項重要的功能：1.問卷將研究目標具體轉化成問題形式，呈現給受訪者；2.問卷提供了一致性的問題與回答選項，使每位受訪者面對相同的調查；3.藉由問卷的用字遣詞及問題的流程編排，讓受訪者配合訪談的進行；4.問卷可以作為研究的永久紀錄；5.根據所使用的問卷類型，能加速資料分析的過程：就像WebSurveyor的線上問卷，能在幾秒內傳遞給數千名潛在的受訪者，並及時回收一樣。某些問卷的印製設計能夠將受訪者的答案以機器掃描辨識，進行統計分析；6.問卷包含了一些能夠進行信度評估的資訊，且能用來作受訪者參與調查的後續確認。換句話說，研究者可以使用問卷來作品質管理。

由以上的功能可知，問卷在研究過程中扮演了相當重要的角色。事實上，研究也指出問卷直接影響了資料蒐集的品質。即使是經驗豐富的採訪者，也無法彌補問卷中的缺陷。因此花費心力製作一份設計良好的問卷，是能夠值回票價的。你很快就能學到，問卷的製作屬系統性的過程，研究者必須仔細思量問題採用的形式，考慮手邊調查研究的特點，最後小心地完成每個問題的編排。問卷設計需要透過研究者歷經一連串相關的步驟來完成。

問卷發展的過程

問卷設計(questionnaire design)是一個系統性的過程,研究人員考慮不同的問題形式,思量不同的因子來完成調查的目的,最後仔細地編製,建構問卷的基本架構。

圖9.1顯示出典型行銷研究調查中,問卷設計的流程圖。流程中的前兩個步驟,已包含在本書中。我們將延伸並專注於問卷設計的過程,你可以發現,在問卷定案前,還有一些特別的步驟需要研究者去完成。圖9.1告訴我們,完成一份成熟的問卷是需要一連串步驟來進行的。實際上,在問卷建構

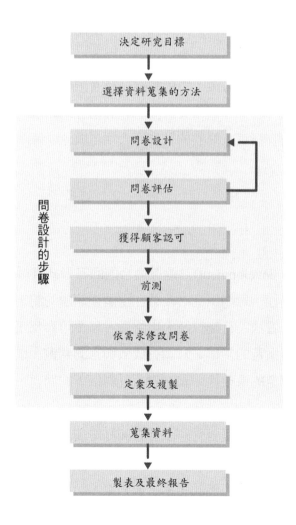

圖9.1　問卷發展步驟的流程

之前，研究者就必須仔細考量不同的問題模式，作出最佳選擇來配合調查的受訪者及環境。當問卷開始成型，研究者則開始評估每個問題及其回應選項。而問題一旦更動，則需要重新評估問題是否合乎研究者的要求。同時，研究者也必須盡力去避免**問題偏差(question bias)**，不讓闡述問題的語意及模式影響到受訪者的回答。以下將會詳盡描述問卷的發展以及如何減少問題偏差。

問卷中的問題以及問卷的介紹、流程指示、基本架構等，都應該進行系統性的評估，以發掘其中潛在的錯誤，並進行內容的修改。通常這樣的評估發生在研究者端，而非顧客端，問卷在實際使用前，會經由研究者仔細地評估及審查，而在顧客端進行問卷認可的階段，顧客可以作問卷的審查，檢閱問卷是否已包含應有且合宜的議題。而問卷內容經顧客核可後，調查研究公司則會請顧客在問卷的拷貝版上簽名，作為核可的證明。即使顧客無法全然了解問卷設計的技術層面，但顧客依然可以針對問卷問題是否能夠達到調查的目，進行評論。問卷經過認可後，將會實際進行有限樣本的前測，針對問卷的措詞、指令、及施行過程等，來發掘問卷設計潛在的缺陷。之後再根據前測的結果進行問卷內容修正，問卷的製作即大功告成。

問題的制定

問題制定(question development)為選擇適合的回答形式且編製明確、易懂、沒有偏差問題的過程。行銷研究者十分注重調查問題的制定，因為這些問題用以評估：態度、看法、行為以及人口特徵，需要可靠及正確的回覆。問題的制定可說是一項嚴苛的工作，為調查成敗與否的關鍵。以下舉個老掉牙的例子來點出問題制定的重要性。試試看，針對以下的問題，你會如何回答？

當你認為有可能通過時，是否曾經試著在闖紅燈前停下？是____否____

如果你回答「是」，表示黃燈時，你習慣加快速度通行，當你回答「否」，表示你可能是位冒險者。無論是哪一個答案，結論都顯示參與調查的

人都曾經（或仍然）是個危險駕駛。但無論是在過去或是未來，不可能所有的人都是愛冒險的駕駛者，因此這個問題的措詞肯定有瑕疵存在。

要精準陳述一個問題並不容易，有時一字之差就能影響受訪者回答問題的結果，有為數不少的研究都指出了這個現象。舉例來說，有個研究向受訪者展示了車子的照片後，問道：「你是否有看到破損的車前燈？」並向另一個團體問道：「你是否看到『一個』破損的車前燈？」前者回答「不知道」及「是」的比例，比後者來得高。即使是一字之差，都可能造成問題的偏差，影響調查的結果。不幸地，許多會話常用字彙使用在問卷時，都會造成偏差性的答案。表9.1列舉了「十個問題制定中應避免使用的字彙」。許多日常口語中使用的詞彙用在問卷當中，受訪者照字面上的解釋來回答問題，是有可能造成偏差答案的發生。

表9.1告訴我們，在問卷中避免使用某些提示、暗號、解釋，這些可能會誘導受訪者作出不準確的回應。即使不是全部的受訪者都會被問題的措詞影響其判斷力，但只要有少部分的人被影響，這些偏差就會導致研究的結果被曲解或混淆，如同前述破掉的車前燈一例。你應該特別專注於表9.1中「正確的措詞」，這將避免讓受訪者陷入回答出極端答案的窘境。較好的措詞會給予受訪者較大的空間，在某種程度上作出回答（如多常、多重要等），如此的答案較能貼近受訪者真實的想法與態度，而儘量避免極端狹隘的措詞口吻。

ꭲꭲꭲ 四個應該遵循的問題制定原則

問題評估(question evaluation)為審查問題、判斷是否已將問題偏差的影響降到最低，內容是否能讓受訪者理解且輕鬆作答。之前已經提到，問題偏差是問題所使用的詞彙影響受訪者，使其無法準確地回答問題。因此，每一個問題都應該被檢驗與測試，根據一些可能會造成問題偏差的因子來測驗。問題的評估是一個判斷的過程，以下提供四點簡單的問題制定導引，或「應該遵循的原則」。一個好的問題要有四個要素：1.焦點集中；2.簡潔；3.簡單；4.清楚。以下將會對這四點進行討論。

表 9.1	問題制定時應該避免的10個字彙：舉購買平面電視的消費者調查為例	
用字[a]	**不佳的問法**	**較佳的問法**
全部	在你決定購買平面電視之前，你有考慮過<u>全部</u>的選擇嗎？	當你決定購買平面電視之前，你會考慮哪些選擇？
總是	你<u>總是</u>在Gateway上購買電子產品？	你在Gateway上購買電子產品的頻率為？
任何	在價錢上，你有<u>任何</u>的考量嗎？	價錢考量對你的購買影響程度有多少？
任何人	在你下決定前，你是否有跟<u>任何人</u>討論過平面電視嗎？	在你下決定前，你有跟某人討論過平面電視？
最佳	你新購買的平面電視，<u>最佳</u>特色是？	請使用很好、好、普通、差，來描述你新的平面電視的各項效能。
曾經	你是否<u>曾經</u>看過平面電視？	過去30年間，你有看過平面電視嗎？
每次	你在購物前是否<u>每次</u>都會查閱消費者報告？	你購物時有多常會查閱消費者報告？
最	影響你購買<u>最</u>重要的因素為何？	使用非常重要、普通重要、不重要，來描述下列影響你購買的因素。
從不	當購買一樣電子產品時，你會說你<u>從不</u>考慮保固嗎？	當購買一樣電子產品時，你有多常會考慮到保固？
最負面	高價位是影響你購買平面電視最<u>負面的</u>因素嗎？	當你考慮購買平面電視時，高價位因素影響你決定購買的程度有多少？

[a]為何要避免這些字彙？因為這些字彙讓受訪者的答案呈現兩極化，答案將只受限於「同意」或「反對」兩者。

資料來源：Adapted and modified from Payne ,S.L.(1980) .The Art of Asking Questions,2nd ed. Princeton ,NJ: Princeton University Press.(First Printing,1951).

▶ 問題應該聚焦於單一的議題上

研究者必須彰顯特定的議題，舉例來說，「當你在旅行時，你通常會選擇哪種類型的旅館？」此問題的焦點就不甚明確，因為並未指明旅行的類型，及旅館的使用時機。這是商業旅行或是休閒旅行？旅館僅是途中過夜的中繼站，亦或是到了終點時住宿的旅館？更聚焦的說法是：「在進行家庭度假時，你會在旅遊目的地選擇哪種類型的旅館住宿？」再舉一例，「你通常幾點工作？」這個問題問的是你幾點離家出門工作；還是當你到了公司，幾點才開始作業？而較佳的問法是：「你通常幾點離開家門，準備上班的呢？」

▶ 問題應該要精簡

多餘且冗長的字彙應該被刪除，在口頭訪問時（例如電話訪問）尤其重要。簡短的內容將幫助受訪者更容易理解問題的主旨，避免問題過於冗長，讓受訪者失去耐性而分心。以下是一個冗長的問題：「當你發現冰箱的製冰機不能再正常製造冰塊，而此冰箱是你首次購買的，你必須決定進行某些形式的維修，此時你心中會有哪些考量？」比較精簡的說法應該是：「假設你的製冰機現在無法正常運作，你如何去解決這個問題？」研究指出，一個精簡的問題，問句長度最好不要超過20個字。

▶ 問題應該盡可能使用簡單的語法

敘述的句型應該力求簡單，使用單一的主詞與述詞，受訪者不易混淆；反之，複雜的句子，就會出現多個主詞、述詞、受詞或補語，句子越複雜，回應錯誤的可能越會發生。當句子需要記憶的狀況越多，受訪者就需要花更多精神去處理資訊，這可能耗盡受訪者的注意力，或是僅把焦點放在問題的某一部分上，而無法作全盤的考量。為了避免這樣的問題，研究者應該使用簡單的句型架構，在必要時，也可以將問題分成兩個簡單句型來表達問題的主旨。例如：「如果你正在考慮買部家庭用車，來接送小孩上下學、往返音樂教室，或是拜訪朋友，在選擇車子進行試開時，你跟你的配偶會考慮哪些安全的特色？」而一種簡單的說法則是：「你跟你的配偶在採買家庭用車時，是否會考慮安全的特色？」如果答案為「是」，討論的程度為「非常重視」、「重視」、「一點重視」、「不太重視」。

▶ 問題應該清楚明瞭

讓所有受訪者對於同一個問題解讀有一致性，是相當重要的。例如「你有多少個孩子？」這個問題就不夠清楚，它可以有不同的解讀：受訪者可能以為問題重點是「目前家中有幾位孩子同住」，也可能會有受訪者把前一段婚姻的小孩計算在內。而較佳的問法是：「目前有幾位未滿18歲的孩子與你同住？」制定清楚問題的策略為：**「使用受訪者常用的字彙」**，一般使用者可能無法理解的行銷研究專業術語，如「價格點」或「品牌權益」等，應該

避免使用。研究者應該注意簡潔的方針、修飾問題的內容,使用經濟的字數來設計一個清楚明瞭的問題。有學者指出:「問題應該**簡單、清晰、明確。**」

當研究者處理的是非本土的調查,問題的用字更顯困難。不同的國家有各自的語言及其獨特的文化,承接一個外語的問卷設計是一種特殊的挑戰。而一些致力於全球性調查專案的研究者,也發展出一些特別的策略來處理不同國家的問卷設計。

四個應該避免的問題制定原則

有四種情況是會造成問題偏差的,必須學會加以避免,並在問卷中辨識出這些盲點。應該避免問題有:1.具誘導性;2.置入性資訊;3.模稜兩可;4.誇張。

▶ 問題不該誘導受訪者答出特定的答案

一個具**誘導性的問題**(leading question)意即問題的內容含有特別的提示或期待,引導受訪者如何回答,導致答案偏差。例如「你難道沒有發現到,使用信用卡作線上購物可能衍生的問題嗎?」這問題很明顯在提示受訪者問題的負面性,並不是一個中性的問法。因此受訪者的答案可能較易傾向於線上購物是會有問題的,而同意句中的觀點,這在本來是抱持無意見的受訪者身上會更為明顯。把剛剛的問題改為「你是否曾發現任何關於信用卡線上購物可能產生的問題」?這樣的問法對於受訪者就顯得客觀許多。我們必須給予受訪者自由思考的空間,避免引導受訪者作出正面或負面偏向的回答。檢視下面的誘導性問題來作討論:

作為一個Cadillac擁有者,你應該很滿意你的車吧,不是嗎?

這是一個誘導性的問題,因為問句中已經暗自假設所有的Cadillac車主,都很滿意自己的車。會使受訪者認為不滿意是一個不合適的答案,如果回答不滿意將使自己孤立於大眾之外。

你曾聽說過目前流行的熱門話題，亦即關於衛星雷達系統的事嗎？	這是一個誘導性的問題，受訪者可能會因為受到社會期望的影響而回答「有聽過」。換句話說，可能只有少數人會承認自己對於「目前流行的熱門話題」毫無概念。

▶ 問題不應該含有多餘的置入性資訊

誘導性問題可以引導受訪者偏向可預期的答案，相較之下，內含置入性資訊的問題更為詭譎，同樣也會造成問題偏差。這種類型的偏差，需要更多的判斷力才能確認出來，因為**置入性問題**(loaded question)會潛藏某些資訊以牽動受訪者的價值觀及行為規範；或是運用情緒性的字眼影響受訪者，甚至觸動受訪者內心的恐懼。一些學者把含有置入性資訊的問題，簡單歸類為「偏差問題」。舉例來說，一家販賣防身棒的公司可能會這樣設計問題：「是否允許人們基於自我防衛使用防身棒，以保護自己免於受傷？」很明顯的，大部分的受訪者都會認可保護自己免於傷害的需求，且自我防衛是眾所皆知的合法行為。我們可以修改問題的內容，減少一些置入性的偏差資訊。「你是否同意，部分人士攜帶相關的防身產品有其必要性？」問句中把保護還有自我防衛的曖昧詞彙刪除了，以避免任何可能的問題偏差。

▶ 問題不應該模稜兩可

一個**模稜兩可的問題**(double-barreled question)意即一個問題中實際上含有兩個不同的問題。這樣的問法會讓受訪者無法直接針對其中任何一個問題作答。例如，詢問處於餐廳中的顧客：「請問你對於我們餐廳中的食物及服務滿意嗎？」如果回答是肯定的，那是對於食物還是服務的肯定呢？亦或兩者皆滿意。如果把食物以及服務分開，就可以避免模稜兩可的狀況。有時候模稜兩可的問題並不明顯，閱讀下面針對職業狀態來設計的選項：

_____全職工作者
_____全職學生
_____兼差學生

_____無業狀態

_____退休狀態

假設受訪者是已退休的全職學生，那將如何作答呢？一個改進的作法是，把在學狀態跟工作狀態的問題分開詢問。

▶ 問題不應該將情境誇張化

一個**誇張化的問題**(overstate question)意即不當強調了主題的某個面向，或者可以說戲劇性地描述了主題。我們應該使用自然的語調來描述主題，而非過於正向或負向的描述口吻。舉一個眼鏡販賣者設計的調查：「你願意花多少錢去買一副太陽眼鏡，來保護你免於強烈紫外線的照射、避免遭受可能失明的下場？」問題中誇張強調了紫外線對眼睛的影響，強迫受訪者去思考「該花多少錢預防失明」的結果，而非真正會花在太陽眼鏡上的價錢。一個語氣較為緩和的問法是：「你願意花多少錢購買太陽眼鏡，避免太陽的直射？」

當然還有其他陷阱式的問法，只要我們能依據常識來編製問卷，大部分的偏差問題都能避免掉。以下為一些荒謬問題的案例：問受訪者一些難以記憶的細節（你上次購買阿斯匹靈時，買了多少分量，以及哪些牌子）；問題會導致猜測（轉角的加油站每公升汽油提供了多少優惠價格）；或是在受訪者無法推測的情況下，去臆測他們的行為（你有多常去這家新開幕且高級的餐廳吃飯，假設它才離你家十公里遠）。

經驗豐富的研究者會發展出關於之前所描述的「應該遵循及避免規則」的第六感。研究者為了能趕上調查的進度，倉促中發生錯誤在所難免。因此許多研究者會找來「專家」去重新檢驗他們的問卷草稿。有時候會先由一家調查公司草擬問卷，之後再找另一家公司來進行問卷的深入審核，避免問題產生偏差。**表面效度**(face validity)，意即問題「看起來正確」。

Active **Learning**

　　你能判斷問題中出現的「缺陷」並加以修正嗎？以下提出了幾個可能出現在問卷中的問題，每個都違反了之前所提到的應該遵循或避免的原則。試著指出他們違反了哪些規則，並改寫成較無錯誤的版本。

不良的問題版本	發生了什麼錯誤	改良過後的版本
你對於汽車上的嬰兒座椅有哪些想法？	＿＿＿＿＿	＿＿＿＿＿
當你的幼齡小孩搭乘你的車，而你正在跑公務、接送其他年齡較大的小孩，或是送朋友回家時，你是否會使用嬰兒座椅？	＿＿＿＿＿	＿＿＿＿＿
儘管對你而言使用嬰兒座椅不方便，或是當你正在忙而小孩正在哭鬧中，你是否還是會堅持使用嬰兒座椅？	＿＿＿＿＿	＿＿＿＿＿
在別的車子撞上你，或是因為你的車子因失控而撞上路燈等其他東西時，你認為你應該花多少錢在嬰兒座椅上，固定及保護你車上的小孩？	＿＿＿＿＿	＿＿＿＿＿
難道不應該關心那些有幼齡小孩的父母，是否有使用嬰兒座椅？	＿＿＿＿＿	＿＿＿＿＿
既然嬰兒座椅被證實具有相當價值，你是否同意也讓你的寶貝擁有一個呢？	＿＿＿＿＿	＿＿＿＿＿
你是否同意一個好的父母及負責任的市民，應該使用汽車嬰兒座椅？	＿＿＿＿＿	＿＿＿＿＿
當你與你的幼童在交通工具上發生意外時，你是否相信嬰兒座椅能保護你的小孩免於受到傷害？	＿＿＿＿＿	＿＿＿＿＿

問卷組織

在了解問卷編製的過程，特別是問題制定時該注意的方針後，接下來把焦點放在問卷組織(questionnaire organization)上。通常研究者會針對問卷的目的來作問題編製，以符合調查的目標。**問卷組織**是由一連串的陳述與問題建構出的一份問卷。它有一個重要的概念，因為問卷的外貌及其給予受訪者的觀感，對於資料蒐集的品質皆有潛在的影響。組織良好的問卷，可以刺激受訪者認真作答並完成調查；反之，不良的問卷則會使受訪者感到挫折，甚至在調查途中便放棄作答。我們將描述兩項問卷組織的重要面向：引言介紹及問卷本身的問題流程。

ﾐﾐﾐ 介紹

問卷的介紹在問卷設計中相當重要。如果關於郵件調查或是線上調查的引言，這通常被指為**前言介紹**(cover letter)。如果這是運用在受訪者的口頭調查，例如個人訪談，則被稱為**開場介紹**(opening comment)。當然每一個調查及其目標群體都是獨特的，研究者不能使用相同單一標準化的介紹來應付所有情形。這一小節將陳述五個介紹的功能（如表9.2），並提供適當的範例，你將在個人財務管理軟體的使用調查中發現它們。當你閱讀每項功能的描述時，試著對照表9.2的範例及其簡短的說明。

首先，在調查的開頭進行採訪員的自我介紹是基本的禮貌。表9.2的採訪員開頭便說明了自己的身分及調查目的。受訪者一開始就能感受到採訪員的誠意並能意會這並不是推銷員的訪問，此外調查的主辦者也應該被確認。關於主辦者的確認有兩種模式：在**非隱匿調查**(undisguised survey)中，主辦公司會被提及；而**隱匿調查**(disguised survey)，主辦者的名子不會讓受訪者得知。無論採取哪一種模式，要看調查目的而論，或是根據研究者及顧客的想法，判斷揭露贊助者的名字與真實的意圖，是否對受訪者的回答有某種程度的影響。另一個不公開主辦公司名稱的理由是，為了避免讓競爭對手得知

表 9.2	問卷介紹的功能	
功能	範例	解說
調查者／主辦者的介紹	「你好，我是_____，我是一位服務於密爾瓦基市全國意見調查公司(Nationwide Opinion Research Company)的電訪員，我並不會作任何的產品推銷。」	調查的主辦者一開始便作自我介紹，而受訪者可以感受到訪談者的誠意，並意會到這並不是電話推銷。
指出調查的目的	「我們正在進行一項財務管理軟體使用者的調查。」	告知受訪者調查的主題以及訪問的理由。
解釋受訪者被挑選的原因	「你的電話號碼是由電腦隨機挑選產生。」	讓受訪者了解自己為何被挑選進行訪問。
鼓勵／邀約受訪者參與調查	「這是一項匿名的調查，我將會詢問你一些關於財務管理軟體使用的經驗問題，這不會花費你太多的時間，你現在方便接受訪問嗎？」	徵求受訪者的同意，在這個時間點參與訪問（同時這裡使用的匿名調查可以增加合作的意願，並告知受訪者整個調查可能要花費的時間）。
檢驗受訪者是否合乎資格	「你是否有使用Quicken或是Microsoft Money軟體？」	檢驗受訪者是否合乎參與調查的資格，都沒有使用過這兩個軟體的受訪者將被刪除。

調查的進行。

第二，應該要簡單明瞭地敘述調查的目的。在前言介紹中，調查目的可以用一到兩個句子表達出來。通常不會把調查的多個意圖讓受訪者得知，羅列所有的調查目的，可能會讓受訪者失去耐性或是感到壓力。例如一家銀行委託調查公司進行企業形象的調查。調查公司只需說明：「我們現在進行一項關於金融業顧客對金融組織的印象調查。」這樣既能滿足受訪者的好奇心，也使得銀行的名字沒有被揭露出來。

第三，必須告知受訪者被選擇的緣由。簡短的用一句話來告知受訪者被選擇的原因便已足夠，通常「隨機選擇」就是一個充足的理由。

當然，你在道義上必須告知受訪者實際上採行的方法，如果受訪者並不是被隨機挑選出來的結果，更須**明確告知**對方是如何被挑選上的。

第四，你必須邀請受訪者來參與調查。在郵件調查的模式中，前言介紹

常會附加以下文字作為結束，「你願意花十分鐘的時間來完成問卷，並使用回郵信封回寄給我們嗎？」如果你進行的是個人訪談或是電話訪問，則可以詢問：「我現在可以快速地問你一些關於你使用汽車修理店的經驗嗎？」必須盡可能用字簡潔，讓受訪者了解並作好準備，等待他參與調查回答問題。此時也能在適當的時機提供獎勵，鼓勵受訪者參與調查。**誘因**(incentives)為提供某些事物給受訪者增加他們參與調查的意願。研究者可以使用各種不同的誘因來鼓勵調查。當受訪者排斥電話行銷或是研究人員蒐集資料的請求時，顯示出受訪者需要更多的誘因。例如提供金錢上的獎勵、商品的樣本，或是研究結果的複製品。另外也可以告知使用者他們的參與價值，以重要性來鼓勵他們：「你是從少數的候選者中隨機挑選出來的受訪者，讓你抒發對於新型汽車輪胎的看法」，或是調查議題的本身，就能顯示其價值：「讓消費者對產品公司表達他們的滿意度，是相當重要的」。

其他形式的誘因，也有降低受訪者焦慮的作用，例如表9.2使用的**匿名**(anonymity)，可以保護受訪者的隱私，訪問的結果不會與受訪者的姓名有任何牽連。另一種方式則是**保密**(confidentiality)，意即研究者雖然知道受訪者的名字，但不會洩漏給第三方知悉。匿名調查最適合使用在受訪者回覆問卷這種資料蒐集方法上。任何自我施行的調查都符合匿名，只要受訪者未指明他的身分，或是在問卷上留下可供追蹤的身分資訊。然而當受訪者忙碌，無法完成調查時，電話的再次回撥及擇期再訪是必要的。此時便需要留下受訪者的一些資訊，例如住址、電話號碼等。這種情況下，研究者必須作到保密工作。通常問卷都會保留一塊空白區域用來記錄下次訪談的時間，或是受訪者的聯絡資料及姓名，而研究者有義務去維護這些資訊的機密性，確保不會外流。

第五項功能則是，受訪者的資格判定。受訪者需要通過篩選才能進行後續的調查。**篩選問題**(screening question)用來揀選合乎條件的受訪者進行調查。而是否需要進行篩選則要看調查的目的為何。假定有一個調查是要研究關於想購買新車的消費者如何去選擇汽車經銷商時，你可能就會需要剔除從來沒有買過車子，或是在兩年內沒有購買新車的受訪者。「你在過去這兩年內，曾購買過新車嗎？」對於答案為「否」的受訪者，可以採用「不好意思

打擾你，占用你的時間」來結束調查，而有些人可會抱怨你不早一點提出篩選問題而浪費了雙方的時間，然而把篩選問題放在介紹的最開頭，而將其他的問卷介紹放置在後，有時並不恰當。有些研究指出，直接的篩選問題如果涉及收入或是對某些受訪者而言，將會導致自我選擇性，使得合乎條件的受訪者可能迴避調查。因此研究者應該使用一些合適的樣本框架來減少篩選問題的需求。

　　介紹的編排應該如同設計問題一樣盡心盡力，前言的介紹將會大幅影響受訪者是否決定參與後續的調查。研究者需要花費巧思去設計一個好的前言介紹，或是訪談的開場白來吸引受訪者參與調查。如果沒有一個好的介紹來說服受訪者接受訪問，那在問卷設計花費的工夫也就白費了。

問題流程

　　問題流程(question flow)關係到問題的次序以及問題區塊（包含問卷上的任何指示）。每一項研究的目標都會引出一個問題，或是問題的集合。因此問題的設計都是以目標為導向來設置。為了讓受訪者容易回答問題，問題群組的組織必須要有其可理解的邏輯性。表9.3列出了問卷中常用的問題次序，並如標題所註明，問卷問題次序的設計有其邏輯性的考量。然而我們必須儘量保持問卷的簡潔，過長的問卷易使受訪者失去耐性而降低調查的完成率。

　　首先，如之前所討論過的介紹功能，通常在初始時期都會使用篩選問題作為開頭，來確保受訪者合乎調查的條件。當然，也並非所有的調查都會有篩選問題進行條件的審核。舉例來說，一個關於百貨公司賒帳戶頭顧客的調查，則不需要篩選問題，因為受訪者本身就已經符合擁有賒帳戶頭的條件了。

　　一旦確定受訪者通過了篩選問題的檢定，接下來的問題則可以用來「暖身」。**暖身問題**(warm-up questions)的性質為簡單且容易回答，目的在於讓受訪者產生興趣，感受到接受調查並不費力。理想的狀況是，暖身問題會跟研究主題有關，研究者會選擇一個較不重要的問題用來提高受訪者的意願，讓

表 9.3	問題出現在問卷中的位置具有其邏輯性		
問題的類型	位置	範例	說明
篩選	首先開始的問題。	「過去一個月中,你是否曾在Gap購物?」	用來挑選合乎條件的受訪者。
暖身	接在任何篩選問題之後。	「你購物的週期有多長?」「你通常會在星期幾購物?」	容易回答;讓受訪者感受「這是能輕鬆完成」的調查;引起興趣。
過渡時期（問題鋪陳）	位於任何主要問題段落之前,或是用於問題模式變化之時。	「接下來的問題是要詢問關於貴府的電視收視習慣。」「接下來我會念出一些敘述,在每則敘述之後,我會詢問你是否同意這些敘述。」	告知受訪者問題的主題或是模式有所改變。
複雜或是不易回答的問題	問卷的中間部分;接近尾聲。	「用尺度1−7來表達你對下列10家商店僱用的銷售員,其親和力的看法。」「接下來的3個月中,你有多大的可能會購買下面所列的物品?」	受訪者已自我承諾要完成問卷;可以了解（或被告知）剩下的問題不多了。
分類與統計性問題	最後的段落。	「你所就讀的最高學歷是?」	隱私性的問題或是較為冒犯的問題,設置在問卷的最後面。

受訪者更能專注於接下來會遇到的較困難問題。

　　過渡時期(transitions)是一些敘述或是問題,讓受訪者了解接下來問題的主題或模式有所變化。例如「接下來的問題與府上的電視收視習慣有關」。過渡時期也包括「跳躍式」問題。**跳躍式問題**(skip question)表示現在問題的答案,將會影響下一個問題的內容。例如:「當你在家聽音樂時,通常會使用收音機、CD播放器,或是其他裝置?」如果受訪者的答案是收音機,那關於使用CD播放器或是使用iPod聽音樂的問題細節就顯得多餘,此時問卷本身或是訪談者會指示受訪者略過這些不必要的問題。如果研究者的問卷中有大量的過渡時期及跳躍式問題,那他應該考慮**繪製流程圖**來確保問卷的指示沒有錯誤,問題的次序可以流暢進行。

　　如表9.3所示,將較複雜或不易回答的問題放在問卷的中後段是較合適的。尺度回答問題,如語意差異尺度、李克特尺度,或是其他需要某種程度

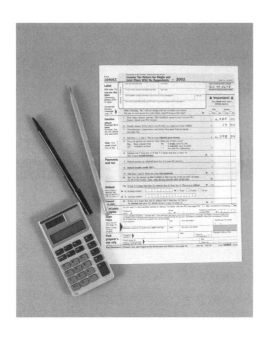

所得為一人口特徵的問題，通常置於問卷的最後一部分。

量化的心理行為（如，評估、意見、過去經驗的回憶，意圖的表現，或是回答「假設性」的問題）都可以放置在這個部分。首先，當訪問進行到這部分的問題時，受訪者先前已經回答完一些相對簡單的問題，心理狀況已經有所調適，並感受到稍許的責任感及義務來完成調查，既使這部分的問題需要更高的心力，受訪者更覺得有督促自己完成調查的打算。再者，使用自我施行或線上調查的受訪者，也將看到未完成的問題段落所剩不多，問卷的結尾已在眼前。而使用人員調查的情況時，問卷也會有所提示，讓訪談者告知受訪者問卷已經進入最後階段。一個經驗老到的訪談者，能意識到何時受訪者會陷入低潮，並在允許的情況下適時給於提示，維持訪談的進度。

問卷的最後段落，傳統上會保留給分類性的問題。**分類問題**(classification question)通常包括統計性的問題，根據不同的分析目的將受訪者群體進行分類，例如年齡、性別、收入水準等。而將這類問題放在問卷尾端是有好處的，因為這類問題常涉及受訪者的個人隱私，例如最高學歷、婚姻狀態、經濟能力、年齡等，受訪者可能拒絕回答這些問題。如果這類問題一開始就在問卷中提出，一開始的訪談氣氛就會受到負面影響，受訪者可能會認為接下來還會有更多的隱私性問題，參與後續訪談的意願自然就低落了。

大多數的研究者都能同意這樣的問卷流程，也有其他人傾向於不一樣的

問卷組織，這些人傾向將問卷視為不同元素的集合，可以有效率地進行問卷的編排與組織，而在邏輯上依然保留基本問卷流程的架構。Marketing Research Insight 9.1將學習到另外三種不同的問卷組織。

9.1 問卷的問題組織方法

本章所提到的問題流程通常都被問卷設計者採用，但問卷組織的方法則可分為三種：**漏斗法**(funnel approach)、**勞動法**(work approach)及**區段法**(sections approach)。

漏斗法為一種由寬到窄或由一般化到特殊化的問題流程，將一般性的問題放在問卷的前半部分，而將特定、較深入的問題（如涉及私人性質的統計問題）放在後面，問卷使用較一般化且簡單的問題作為開頭，逐漸深入至較多細節的部分。

受訪者必須花費不同程度的心力來回答不同的問題群組時，會使用**勞動法**。如果回答問題不僅僅是需要簡單的回憶，受訪者必須花費更大程度的專注力作答。如同之前所建議的問題流程，較困難的問題應該放置在問卷的中後半段。名目尺度的問題，比尺度回答及開放式的問題都要容易回答，開放式問題往往被受訪者認為是最難回答的問題，而研究者也建議儘量不用或是少用開放式的問題。當受訪者遭遇到勞動問題時，必須讓其處於回應的狀態或是承諾會完成問卷，此時受訪者才會願意花費額外的心力來回答。

另一種組織方法則是以邏輯組織的概念，進行問卷問題的編排，此稱為區段法。**區段法**依據不同主題的目標，將共同目標的問題集合成群。當研究者有不同主題的問題群，這個方法顯得特別有用。使用區段法，研究者擁有一個架構來涵蓋所有的主題，而受訪者將注意力集中在那個主題的區段上。例如有些問題用來評估使用媒體的偏好；部分問題則評估購買不同產品的頻率；其他問題則評估對於餐廳服務及特色的偏好程度。有時研究目標定義了區段，區段也可以建構在問題的不同格式上，例如將李克特尺度的問題都集中在一個區段中。哪一種方式最好？並沒有任何一種問卷模式可以應付所有的情況。而事實上我們所提及的三種方法並非互斥的，研究者可以在同一分問卷上綜合使用這些方法。同時研究者也發現，調查的主題影響著問題的配置以及問題流程運用的方法。然而我們可以使用這些方法，或是其組合來幫助受訪者更容易完成調查。

如同之前所提及的，問卷的設計需要創意及嚴謹的態度來滿足簡單、合乎常規的要求。而設計問卷最大的原則是讓受訪者感到友善，可以花費最少的心力來完成問卷，使得問卷有效且正確完成的機率能提高到最大。要達到這樣的結果，研究者要選擇邏輯性的回應格式，段落分明，提供清楚的指引，使問卷的呈現看起來更有吸引力。

Active Learning

下列表格列出「哈比人的最愛」餐廳的調查研究目標及每項目標使用的評估方法。運用剛學到的問題流程及問卷組織概念（Marketing Research Insight 9.1），判斷表格中每項調查目標相對應的評估問題，應該放置在問卷中的哪個部分，同時寫下如此建議的理由。

調查目標及敘述	如何評估	應該被設置在問卷中的哪個位置及其理由
這是否是一家成功的餐廳？ 是否有足夠的顧客來這家餐廳消費？	描述餐廳的概念並使用量表來評估消費的意圖。	＿＿＿＿＿＿
如何設計這家餐廳？ 如何設計餐廳的裝潢，氣氛、主菜、甜點、制服、定位、特餐等？	使用偏好程度的量表來評估受訪者對於每一項設計要素的偏好程度。	＿＿＿＿＿＿
主菜的平均價格應該為何？ 顧客願意花多少錢在餐廳的主菜及推薦菜色上？	使用價格量表評估受訪者願意花多少錢在餐廳的主菜及推薦菜色上。	＿＿＿＿＿＿
理想的餐廳地點為何？ 離顧客住處多遠，會使顧客願意開車上門，還有哪些其他的地理特點（如靠近水域或是足夠的停車空間等）可以列入考量？	測驗受訪者願意駕駛多遠的距離到達具有不同地理特色的新餐廳地點。	＿＿＿＿＿＿
預設消費者的類型大概是？	用統計問題，將受訪者群體進行分類。	＿＿＿＿＿＿
最佳的促銷手法是？ 怎樣的行銷手法可以吸引到預設的消費者群體？	評估當地對不同媒體的使用，如電台、電視，及報紙來獲得資訊，如最常被閱讀的報紙區段，最熱門的電台節目及電視上當地新聞的播出時段。	＿＿＿＿＿＿

電腦輔助問卷設計

電腦輔助問卷設計(computer-assisted questionnaire design)是運用電腦軟體來幫助使用者設計及發布問卷,並回收進行資料分析。部分公司已經發展出利用軟體彌補文字處理機的編輯問題,產生具有勾選欄位、聲音播放鍵、編碼問題的最終問卷版本。大多數的軟體程式也允許使用者在網路上散布這些問卷,使受訪者藉由網路來進行調查。之後資料可以被下載、分析,而這些特殊用途的軟體可以產生電子檔,例如輸出成Excel可讀取的格式,匯入SPSS供研究者分析。

接下來的段落說明這些電腦輔助問卷設計軟體如何應用。首先,這些輔助軟體至少有四種不同的優點:更簡單、更快速、更友善,比傳統的文書處理機提供了更卓越的彈性。

問卷的建立

傳統的問卷設計程式會詢問使用者問題的類型、回答選項類別的數目、是否允許多重選取、若出現跳躍式問題,則回答的選項將如何呈現在問卷上。而這些調查建立的過程中要考量到格式,有時候會以選單的模式供使用者點選;也可能會出現格式化的段落,進行一連串的問題。通常程式會提供**問題類別的清單**,例如封閉式問題、開放式問題、數字尺度、或量表式問題。程式甚至內建問題特徵資料庫來提供「標準」問題的建構,研究者常用來進行評估的事項,例如人口統計資料、重要性、滿意度、效能或使用情形,都已涵蓋在內。而比較先進的特色是,輔助軟體提供了研究者上傳各類圖檔的功能。大多數的電腦問卷設計軟體修改彈性都很大,允許使用者更改問題的格式,運用相同的回應模式建立區塊或是問題的主體,包括介紹說明以及問題跳躍指向的說明,問題位置的設置也輕而易舉。而問卷的外觀也可以依據設計者的偏好作修改,例如字型、背景、顏色等。

我們擷取了**WebSurveyor**的軟體畫面,並加上註解來說明這個軟體是如

何運作的。在圖9.2中，你可以看到WebSurveyor允許使用者一個問題接著一個問題去建構一份問卷，也設有易於操作的捲動式視窗界面。而在圖9.3中，你可以看到問題編輯視窗，當使用者選擇問題的類別（例如單選或複選），則對應的WebSurveyor問題編輯視窗則會出現。此外，主體問題格式視窗是可見的，可用於評分量表的建立。研究者只要設定披薩遞送公司的不同服務評估選項，每個選項會依受訪者所認為的重要度作評量。當問卷製作完成，WevSurveyor可以讓使用者預覽實際的線上調查問卷畫面。圖9.4你可以看到「複選」題、數值回應問題，以及披薩服務調查重要程度評估量表的一部分。

資料蒐集與資料檔案建立

電腦輔助問卷設計軟體能建立線上調查問卷，根據軟體的特性在網路上發布。步驟進行到這，問卷已經準備好讓受訪者來進行調查了。研究者可以

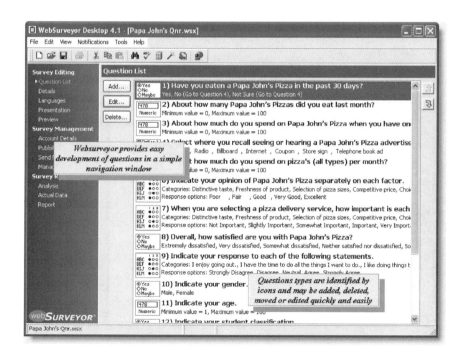

圖9.2　WebSurveyor問題選單視窗

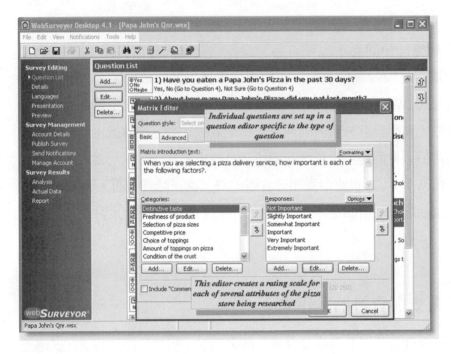

圖9.3 WebSurveyor的問題編輯功能

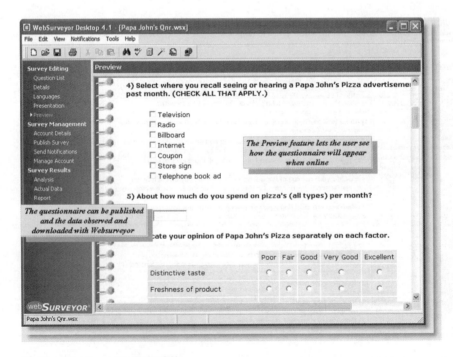

圖9.4 WebSurveyor預覽功能

決定受訪者跟問卷溝通的方式，通知受訪者來參與調查。當受訪者進行調查時，電子檔案也及時建立了。受訪者存取線上問卷，依照問題作出回應，最後按下「傳送鍵」來傳輸問卷的結果；程式接受到傳送訊號後，立即將受訪者的答案寫入資料檔案，所以資料檔案的大小會隨著受訪者傳送結果的次數而增加。使用電子郵件地址驗證機制，可以防止同一受訪者傳送多次的調查結果。資料檔案可以讓研究者自由下載處理，同時也能選擇檔案的格式（例如Excel格式）。

資料分析與製圖

許多問卷設計軟體還提供了資料分析、圖表製作以及結果製表的功能。有一些僅提供簡易的製圖功能，而有些提供不同的統計分析選項。對研究者而言，操縱這些特質進行調查進度的監控是相當有用的。圖表的處理可以進行多樣化的呈現，而某些程式可以製出專業的圖表，儲存或嵌入在文字處理機的報告檔案中。線上調查的優點十分驚人，而研究者在設計問卷時仍須嚴謹對待。Marketing Research Insight 9.2為經驗豐富的行銷研究專家所撰寫的文章，提醒行銷研究者處理線上調查的問卷設計時，要遵守哪些實務上的考量。

問卷的編碼

問卷設計最後的步驟是將問題編碼，使用數字來配對問題回答的結果，協助資料蒐集以及分析。編碼的邏輯並不困難，其基本規則如表9.4所示。編碼的主要目的是將每個可能的回應用不同的號碼表示，這是因為數字輸入在電腦操作上較易進行，同時電腦製表程式對於數字的處理會更有效率。

以下列出了問卷編碼的基本規則：

■ 每個封閉式問題的答案，都應該有相對應的編碼。

9.2 運用最佳實務來設計出最佳的線上問卷

線上問卷具有許多優點，為其他資料蒐集方法所不及。線上調查只需要花費相對電話訪問及郵件訪問極小部分的成本，且能節省數天到數個星期的時間進行問卷設計及執行，並且在幾天內就能獲得結果回報，使用電腦技術吸引人的地方，就在於可以減少研究者的設計時間以及昂貴的錯誤成本。InsightExpress線上調查公司的總裁李‧史密斯(Lee Smith)在這領域有傑出的表現，其列出了一些進行調查時最佳實務的原則。閱讀這些項目，有一部分與問卷設計相關。以下為李‧史密斯所列出的最佳實務相關事項，提供問卷設計及線上調查應該奉行的準則：

■ 小心定義研究目標
■ 確定線上目標人口與你期待的受訪群體相同

■ 關於問卷的長度
儘量保持簡短
在問卷開頭使用對受訪者有吸引力的問題
第一個問題必須簡單而容易回答
同一個時間只問一個問題（集中問題的焦點）
避免問題偏差（不要誘導受訪者）
■ 運用邀請獲得合作
盡可能作個人化的邀請
盡可能提醒受訪者他與調查主辦公司的關聯性
告訴受訪者花時間完成調查是值得的
實驗證明，使用一些誘因來提升調查的回應率是合理的投資
■ 監控調查的結果來確保調查進行合乎預期，若沒有合乎預期，儘快予以調整

■ 使用數字進行編碼，由1開始，以1遞增上去，配合回應尺度的邏輯方向。
■ 當問題有相同的回應選項，應該統一選項的編碼，即使這些問題沒有在同個位置。
■ 可複選的問題，就每個選項而言可以分別視為一個「是」或「否」的問題，使用1表示是，0表示否。
■ 盡可能在問卷定案前完成編碼系統。

表9.4為每個問題進行編碼，作為問卷編碼系統的示範。問題中的「是」與「否」使用了文字式的回應類別，而編碼用括號括起，配置於選項後；數

表 9.4	問卷編碼範例

1. 過去一個月中,你是否曾經購買過約翰爸爸的披薩。

　　____是(1)____否(2)____不確定(3)

2. 你最後一次購買約翰爸爸的披薩時,你是否(單選):

　　____讓店員送到你家?　　　　　　　(1)

　　____讓店員送到你工作的地方?(2)

　　____自取?　　　　　　　　　(3)

　　____在店裡食用?　　　　　　(4)

　　____使用其他方式購買?　　　(5)

3. 就你的經驗,約翰爸爸的披薩味道如何?

　　____差　　(1)

　　____普通　(2)

　　____好　　(3)

　　____很好　(4)

　　____非常好(5)

4. 通常你會加入哪些佐料在你的披薩上?(可複選)

　　____青椒(0;1)

　　____洋蔥(0;1)

　　____蘑菇(0;1)　　　　　　　註:0、1表示編碼系統,而

　　____臘腸(0;1)　　　　　　　通常不會像這樣預先在問卷

　　____義大利香腸(0;1)　　　　上編碼,而每一個回應選項

　　____辣椒(0;1)　　　　　　　都被定義成一個獨立的問

　　____黑橄欖(0;1)　　　　　　題。

　　____鯷魚(0;1)

5. 你認為約翰爸爸外送披薩的速度如何?(圈選出適當的數字)

　　非常慢　1　2　3　4　5　6　7　非常快

6. 請填寫你的年齡:　　　歲(註:當使用者填寫時,並沒有為歲數預先編碼)。

7. 請填寫你的性別____男(1)____女(2)

字排序的方向要配合程度量表。注意表9.4的問題3,數字的編碼為1－5,而其方向性也與選項差——非常好一致。假設我們使用5分的李克特尺度來表示「非常不同意－非常同意」,我們在編碼也可以使用數字1－5來對應。當處理尺度回答問題,且問題的回應選項由數字組成時,則不需額外的編碼。

表9.4中有個例子顯得稍微複雜,但只要能掌握基本的原則,問卷編碼便很容易理解。有時候研究者會採用**複選題**(all that apply question)的方式,供受訪者在選項清單中同時選擇一個以上的答案。表9.4的問題4就是個例

子，而標準的作法會採用0與1作選項的編碼。0表示選項未被受訪者選擇；1表示選項被受訪者選擇。這也可以想像成研究者針對每個選項進行是與否的問答，例如：通常你是否會選擇青椒加在披薩上？＿＿＿否(0)＿＿＿是(1)，使用複選的方式讓問卷的呈現更為簡潔有效率。

當行銷研究產界運用更先進的技術來進行問卷設計與調查時，問卷編碼將不再普遍。使用電腦輔助問卷設計軟體設計的問卷，不再需要在問卷上進行編碼，因為其編碼技術已內嵌在軟體的指令中。儘管如此，研究者還是有必要了解選項的編碼是如何進行的。

問卷的前測

回顧圖9.1，可以發現問卷發展流程最後還需進行整體問卷的評估，這可以使用前測來完成。**前測**(pretest)使用小規模且具代表性的受測者來進行問卷的評估，在問卷真正定案前發掘其中潛在的錯誤。參與前測的受訪者必須是研究目標母體中的一部分，如此才會具有代表性。前測的受測者，會針對問卷作錯誤的檢驗：問卷中的用詞、指令、問題流程，或是其他任何問卷可能發生問題的環節，進行評估，找出會令人混淆、難以理解或其他有問題的部分。參與前測的受測者大約是5至10人，研究者利用他們來找出問卷設計上可能出現的共同問題。舉例來說，若只有一位參與者提出了對問卷中某部分的質疑，研究者可能不會採納這個意見來作問題的修改，但若有3個人都對相同的環節提出了一致的意見，研究者則會警覺到修改的必要性，並重新評估問題的設計是否出現了瑕疵。研究者在進行問題的修正時，也會站在受訪者的角度來思考：「這個問題的定義是否夠明確？」、「問卷中的指示是否易於理解？」、「問卷使用的詞彙是否足夠精準？」、「是否有多餘或是不恰當的用字？」當然，研究者並無法揣摩所有受測者的心態，因此也顯露出前測的重要性。

複習與應用

1. 什麼是問卷？問卷有何功能？

2. 什麼叫「問題偏差」？使用表9.1所舉出的應該避免使用詞彙，舉出兩個問題偏差的例子，並進行修正，寫出沒有偏差的版本。

3. 問題的制定有哪些「應該避免」的規則？描述每項的意義。

4. 匿名與保密之間的差異何在？

5. 舉出至少三項特質，說明對問卷設計者而言，為何使用電腦輔助問卷設計軟體會比傳統的文字處理機更為便利。

6. 前測的作用為何？研究者如何進行前測。

7. 假設貴大學的行銷研究社團正在籌備一個賺錢的專案。將針對校園女生進行一場競賽，選出12名佳麗作為「某某大學校園美女」月曆封面，而所有的照片都將透過專業攝影師拍攝。有部分的社員認為，這樣的行為可能會引起校園內學生產生不良的觀感，認為校園女孩月曆的製作貶低了女性的價值。請你使用「應避免」的詞彙來設計一份偏差性問卷，讓受訪者能傾向女性價值被貶低的觀點，作出偏差性的回覆。最後指出問卷錯誤的地方，重新提出一個正確的版本。

8. 豹‧馬汀(Panther Martin)從事魚標的投資與銷售，為了調查潛在顧客的意見，豹僱用了調查公司攔訪碼頭的釣客，推薦他們試用豹的魚標產品，當受訪者出海釣魚的行程結束，再與釣客進行口頭訪談，獲取產品使用的意見。豹提供了3個魚標作為誘因，並在釣客完成訪談後，額外贈送5個當作回饋。來到船隻停靠的碼頭後，如何進行開場白來與釣客進行洽談？設計一套講稿來說服釣客參與調查。

個案9.1　MOE'S淺艇堡和三明治

Moe's是家販賣潛艇堡三明治的商店，同時也提供利用玉米薄餅而非麵

包包裹的三明治。在較大的都會區，Moe's占有7個店面，Moe希望能建立經銷權來擴大版圖成為國際性的企業。而專家建議Moe應該先針對7個據點進行基本的顧客調查，來改善現有可能沒有注意到的缺失。因此Moe與Superior Research Inc.調查公司的鮑伯(Bob)洽談合作，討論具體的調查目標。鮑伯確信，在大型都會區使用電話調查將是一個不錯的選擇。

✦ Moe's潛艇堡和三明治調查的研究目標

1. 顧客到Moe's進行用餐的頻率為何？
2. 每個顧客上門消費的金額大約是多少？
3. 顧客的滿意度如何？
4. 他們對下列關於Moe's潛艇堡和三明治在各方面的表現有什麼看法？
   (1) 競爭價格
   (2) 地理優勢
   (3) 三明治的多樣性
   (4) 內餡的新鮮度
   (5) 服務的效率
   (6) 潛艇堡的口味
   (7) 三明治外皮的口味
   (8) 三明治的獨特性
5. 顧客對於最近的廣告是否有印象，而這印象是在何處注意到這些廣告？
   （Moe's使用下列的廣告方法：工商服務電話簿、廣告招牌、報紙廣告，折價優待卷。）
6. 獲得一個統計學上的樣本報告。

　　請為Moe's潛艇堡和三明治商店設計一份問卷來進行調查，交給鮑伯進行更深入的研究分析。

個案9.2　Park Place精神療養院

　　亞利桑那州土桑市的Park Place精神療養院於去年開始設立營運。特色在精神醫療及心理建康照顧，同時也提供住院以及門診服務，儘管醫院規模不大，同時間只能收容40位病人；地點位於郊區，離市中心有20哩遠，附近20至30哩遠的高價區域，依然為主要的目標顧客。醫院投資在大型看板、報紙、工商服務電話簿、電台及網站作為廣告的媒介。營業到今年年底，已有45%的市場占有率，而未來的發展也相當樂觀。

　　Park Place的老闆決定擴大營運，研擬更有企圖心的計畫書來進軍這塊市場。計畫中將會廣泛研究各種心理健康照護的問題，以及看護服務的探討。醫院的行銷經理連繫了當地的調查公司及相關部門人員來進行調查目標的討論。調查目標包含了地理位置的情況、顧客家庭尋求醫療協助的決策流程，以及土桑市的居民在面臨疾病徵狀或心理問題時，會尋求哪些單位的協助，這些都包含在行銷計畫中。這些研究目標明確訂立如下：

- 調查受訪者對於參與每人50美元在醫院舉辦兩小時夜間研討會，感興趣的程度，評估的項目如下：戒菸、減重、情緒管理、藥物濫用、老年癡呆症、恐慌症、青少年問題。
- 評估受訪者參加上述團體的意願，但將團體時間延長為兩個月，每人750美元，而這個計畫包含每週兩個小時的會議，持續8個禮拜。
- 評估當受訪者的家庭成員面臨疾病症狀或是心理問題時，會向哪個單位尋求專業的諮詢服務（心理問題包括沮喪、壓力大、無精打采、睡眠問題等，或其他問題導致缺乏依靠、孤僻及迷惘）。尋求協助的方向包括宗教諮詢如教會牧師、博學的友人、家庭律師、家庭醫師、精神醫療機構、心理學家、社會工作者、當地警察，及其他協助。
- 評估受訪者是否能回憶起近期內Park Place精神療養院的相關廣告，如果有的話，其廣告的媒介是？
- 評估心理醫療照顧機構的地理位置對於顧客家庭成員的重要性，不論是住院病人或是門診病人。

■ 調查受訪者對於Park Place精神療養院的地理位置有何觀感。

■ 獲得目標市場資訊。

將採用隨機電話訪問的方式,從醫院的市場目標——高級地段居民中,挑選受訪者進行調查。

1. 為電話訪問設計一份問卷,並挑選出500戶家庭,與家庭中主要負責健康照顧的成人進行調查訪問。

2. 檢視你所設計的問卷中,每個問題的選項。如果你在相關議題的問題群組中使用相同的格式,請指出你針對這群體使用這格式的理由,而非針對群體中的每個問題。

3. 檢視問卷的組織層面,分析你所使用的問題流程及細節;例如問卷中使用的篩選問題、暖身問題、過渡時期問題,以及跳躍式問題。

個案9.3　「哈比人的最愛」餐廳:問卷設計

(註:請先閱讀過個案3.2「哈比人的最愛」餐廳。)

柯瑞‧羅傑斯現在獲得為傑夫‧迪恩主持一場研究調查的機會。他坐下來開始處理問卷設計的工作。首先,他必須寫一份調查介紹的文案,然後需要一個篩選問題來檢驗受訪者的身分。每個人的意見都對調查有幫助嗎?「絕對不是」,不會需要一個很少進餐廳消費的受訪者,提供對餐廳的意見。柯瑞繼續著手處理調查中的其他議題。他知道他需要輸入預測模組,且必須設計一些問題去處理必要的評估;同時,他也需要操作一些典型的問題,像是廣告配置決策之類的。最後,柯瑞知道他必須安排議題的位置。

1. 仔細閱讀個案3.2,為「哈比人的最愛」餐廳設計一份問卷。

學習目標

10

決定樣本如何選擇

若國際市場有好幾億的人口，國內市場至少是由數百萬人組成，即使是區域市場也會有幾萬個家庭，想要從市場中的每個人獲得資訊是不可能也不可行的。因此，行銷研究者會使用樣本。此章即在討論研究人員要如何取得樣本。

樣本和抽樣的基本概念

母體

母體(population)是由專案目標所詳細指定的整個研究群體，管理者相較於研究人員，對於母體的定義較不具體，這是因為研究人員必須非常精確地使用母體的敘述，而管理者則是較一般性的使用。以下以Terminix Pest Control為例，檢視兩者的差異。

如果Terminix想知道消費者是如何抵抗家中的蟑螂、螞蟻、蜘蛛和其他昆蟲時，Terminix的管理者可能是將母體定義為「可能使用我們服務的任何人」，但負責抽樣設計的研究人員使用的定義則是「Terminix服務都會區負責家中害蟲處理的一家之主」。研究人員將「任何人」改為「家中」，且更精確地指出回應者應該是誰（一家之主），並具體指定必須是在Terminix服務的都會區。如果問題定義錯誤，對研究會造成巨大的損傷；母體定義錯誤，亦會產生嚴重的後果。研究的發現只能適用於它所定義的母體，如果Terminix的母體為「使用服務的任何人」，則會涵蓋工業、機構、企業型用戶和家庭，如果較大的國家型連鎖機構（如希爾頓餐廳）都被包括於樣本中，則結果就不能只代表家庭了。

樣本和樣本單位

樣本(sample)是能夠適當地代表整個群體的母體子集合，管理者和研究人員在使用這個術語時也有差異，管理者常會忽略樣本的適當性，假設任何

樣本都是具代表性的；但研究人員則經過訓練，須偵測出樣本誤差，並要仔細地評估樣本的代表性程度。

樣本單位(sample unit)是調查的基本單位，在Terminix的例子中，樣本單位是家庭。

普查

樣本是群體的子集合，**普查**(census)則是清點整個母體。普查最經典的範例是每十年進行一次的美國人口普查(www.census.gov)，其目標母體為全美的所有家庭，事實上，此母體定義是一種理想上的普查，實際上不可能取得美國所有家庭的資訊。在普查活動進行的期間，普查局也只能接觸到某個比率的樣本，即使有數十萬的公共預算，並涵蓋所有主要的廣告媒體（如電視、報紙、雜誌），且有辛勤的後續追蹤，但普查局仍坦承該數據並不正確。其遇到的困難與行銷研究中會遇到的相同。例如可能有些人住址改變、沒有登記住址、不識字、非法居住美國，或不願參與。從事調查研究的行銷人員會遇到所有類似的問題，甚至還有更多，因此，研究人員都了解到，欲進行母體的普查是不可行且不可能的，所以他們轉而使用樣本，以便代表目標母體。

抽樣誤差

抽樣誤差(sampling error)是因為使用樣本所造成研究中的任何誤差，可能是因為樣本選擇的方法或是樣本大小所引起。

樣本框架和樣本框架誤差

選擇樣本時，需要**樣本框架**(sample frame)列出母體中的所有樣本單位。如果研究人員將母體定義為德州所有修理鞋店，則樣本框架會列出所有德州修理鞋店的店名。若研究人員無法找到清單，樣本框架就會由他的主觀

意識所構成。

　　樣本框架無可避免地會包含**樣本框架誤差**(sample frame error)，此為樣本框架無法涵蓋整個母體所造成。比較樣本框架的清單和實際的母體，即可知道樣本框架誤差為何。

　　抽樣時，研究人員應該判斷樣本框架誤差的程度，有時雖然包含很多潛在的樣本框架誤差，但因為缺乏其他的樣本框架可以使用，所以只能將錯就錯。研究人員有責任找到在合理的成本下，誤差最少的樣本框架，並且需要把樣本框架的誤差程度告知顧客。

抽樣的理由

　　有兩點理由說明為何抽樣較普查更受歡迎。第一，在實際考量成本和母體大小後，會比較喜歡採取抽樣。進行**普查非常昂貴**，尤其是消費者母體數目可能是好幾百萬時；即使將母體限制在中規模的都會區，仍包含數十萬的個人，即使使用郵寄問卷，其成本仍是過高的；第二，傳統的研究公司和研究人員無法分析普查所產生的龐大資料，雖然電腦統計軟體可以輕易處理數千筆觀測值，但當資料上萬時則會減緩處理速度，而數十萬時則沒有辦法處理。且在研究人員考量電腦能力和使用的製表設備前，就必須先考慮到眾多的資料準備程序（如問卷處理、回應處理、將回應轉成電腦檔案等），這些都是研究人員和設備難以處理的。

　　可以從非正式的成本效益分析來支持樣本的使用。如果Terminix家庭調查的專案經理選擇500個家庭為樣本，成本為1萬美元，結果是所調查的人中有20%會考慮轉來使用Terminix服務；如果使用完全不同的樣本大小、以同樣方式抽樣，結果會不同嗎？假如第二次的樣本得到的結果是，會有22%的人轉為使用Terminix，但卻要多花1萬美元的成本，第二次的樣本還有獲得其他的東西嗎？幾乎是沒有！如果專案經理結合兩次的結果，得到的估計是21%，多花1萬美元卻只能多得1%的資訊，是很不值得的。

機率和非機率抽樣方法

　　所有的樣本設計都可分為兩個類型：機率或非機率。**機率樣本**(probability samples)為母體的每個元素都有已知的機率可以被選為樣本；**非機率樣本**(nonprobability samples)為母體中元素被選為樣本的機率是未知的。但「已知」和「未知」這樣的用語會造成誤導，為了算出精確的機率，必須知道母體的精確大小，但在大多數的行銷研究中是不可能的，如果將母體鎖定為《時人》雜誌(*People*)的讀者，每週的母體大小都不同，便無法得出精確的數字。

　　「已知」機率的本質取決於抽樣方法，而非母體的大小精確度。機率抽樣方法指的是，如果在抽樣發生的當時，知道母體大小的精確值，則母體中任何元素被抽中的機率是可以計算的，但實際上並不會真的算出機率，只是確定採取該抽樣方法可以計算機率而已。

　　使用非機率抽樣方法，即使知道母體的大小，也無法算出機率，因為抽樣的技巧是主觀的。非機率抽樣同意人為介入，而機率抽樣則沒有。

機率抽樣方法

　　機率抽樣的方法有四種（如表10.1所示）：簡單隨機抽樣(simple random sampling)、系統抽樣(systematic sampling)、集群抽樣(cluster sampling)、分層抽樣(stratified sampling)。

▶ 簡單隨機抽樣

　　使用**簡單隨機抽樣**時，母體中所有元素被選為樣本的機率都是相同的。此抽樣技巧可以用以下公式表式：

樣本選擇的機率公式　　　　　　　　選擇的機率＝樣本大小÷母體大小

　　使用簡單隨機抽樣，如果研究人員調查的母體為10萬名最近購買HDTVs

的消費者，而樣本大小為1,000，則任一母體成員被選為樣本的機率為：

$$1,000 \div 100,000 = 1\%$$

有很多簡單隨機抽樣的例子，包括**瞎抽法**(blind draw method)和**亂數法**(random numbers method)。

◎瞎抽法

瞎抽法是指藉由名字或其他特定的設計盲目選擇參與者。例如想要知道學生對於行銷研究職業的態度，假設母體為30名學生，要進行瞎抽時，需要先將每個學生的名字寫在小卡片上，再將所有的卡片放入盒子中，搖動盒子確保名字混合均勻，在無法透視盒內物品的狀況下，請一些人來抽出10張卡片當作樣本。在此種抽樣方法下，每位學生都有相同的機率被抽中($10 \div 30 = 33\%$)。也可以使用身分證號碼或其他母體成員的設計（只要不重複）來作為抽樣。較為人熟悉的瞎抽法例子包括：乒乓球上的樂透彩數字、賭場的輪盤等，其母體成員被抽中的機率都是相同的。

表 10.1	四種不同的機率抽樣方法

簡單隨機抽樣
研究人員使用亂數表、隨機撥號或其他的隨機程序，保證樣本框架上的每個母體元素被選為樣本的機率都是相同的。

系統抽樣
使用列出母體元素的樣本框架，研究人員選隨一個起始點作為第一個樣本元素，將樣本框架上的母體大小除上樣本大小得到常數的「跳過間隔」(skip interval)。使用跳過間隔涵蓋整個清單。此方法與簡單隨機抽樣可以得到相同的結果，但比較有效率。

集群抽樣
將彼此非常類似的樣本框架分成幾個群體，稱為「集群」。研究人員可以隨機選擇幾個集群，再針對每一個進行普查。或者研究人員也可以選擇較多個集群，再從每個裡面抽取樣本。當可以輕易確認出高度相似的集群時，較會使用此種抽樣方法。

分層抽樣
如果母體在某些區辨因素（如所得、產品擁有權）上，具有歪斜的分布，則研究人員可以在樣本框架中確認出子母體，稱為「分層」。在各層中再進行簡單隨機抽樣。當估計母體數值（如平均數）時，可能會使用加權的程序；若母體不呈鐘形分配時，適合使用此種抽樣方法。

◎亂數法

亂數法是一種比較精細的簡單隨機抽樣，應用是基於**亂數**的概念。亂數為隨機性受到保證的數字，透過電腦可以產生不具任何系統順序的數字。

使用亂數法來抽取選修行銷研究的學生樣本，假設每個學生都有個號碼（1到30，不重複），只抽10名，可使用電腦軟體（如Microsoft Excel或SPSS）來產生亂數抽取樣本。

Marketing Research Insight 10.1使用試算表產生亂數，從30個母體元素中抽取樣本。如果遇到相同的數字時，則略過該數，因為同一個人抽兩次是不適當的。

MARKETING RESEARCH INSIGHT

PRACTICAL INSIGHTS

10.1 如何使用亂數來抽出簡單隨機樣本

步驟1：為每個母體元素指定一個特定的數字。

名稱	數字
鮑伯·艾德蒙 (Adams, Bob)	1
卡洛·貝克 (Baker, Carol)	2
佛若德·布朗 (Brown, Fred)	3
哈洛德·賈斯特 (Chester, Harold)	4
珍·唐 (Downs, Jane)	5
…	↓
羅蘭·林威 (Zimwitz, Roland)	30

步驟2：使用試算表程式（如Microsoft Excel）產生介於1到N（此個案為30）的亂數，通常亂數函數產生的數字會介於0.0到1.0之間，如果將亂數乘上N，並將其變為整數，則可以得到介於1到N的亂數。透過此方法，可產生以下的亂數：

23 12 8 4 22 17 6 23 14 2 13

選擇第一個亂數，並找到對應的母體數字（在稍早的範例中，23為第一個亂數）。

步驟3：根據該數，選擇對應的人：#23——安·史丹佛(Stepford, Ann)。

步驟4：根據下一個亂數，選擇對應的人。

步驟5：重複同樣的步驟，直到得到所需的樣本數。如果遇到之前已出現過的數字（如23），則略過它，因為你在該母體元素中已經選過此樣本。

◎簡單隨機抽樣的優缺點

　　簡單隨機抽樣是相當吸引人的抽樣方法，因為它可以取得機率樣本，且可以獲得母體的不偏估計。此抽樣方法保證每個母體元素都有相同的機率被抽中，因此所得到的樣本，不管大小為何，都具有正確的母體代表性。

　　然而，簡單隨機抽樣仍具有少部分缺點。無論使用瞎抽或是亂數法，都必須事先指定每個母體元素，在瞎抽法的例子中，每個學生的名字都必須寫在卡片上；而在亂數的例子中，每個學生都被指定一個特定的數字。本質上，簡單隨機抽樣開始時必須具有**完整的母體清單**，但此清單常是不容易取得的，如果母體不具備電子格式的清單，要指定特定代碼或值給每個母體元素，將會非常麻煩。

◎實務上的簡單隨機抽樣

　　簡單隨機抽樣有三種非常成功的應用實例：亂數撥號(random digit dialing, RDD)、電腦化資料庫、小母體。行銷研究中所使用的簡單隨機抽樣大多是這三種應用。

　　亂數撥號使用於電話調查，用以克服未列出電話號碼或是新增號碼的問題。未列出號碼對於美國或其他地方的研究人員而言，逐漸形成困擾，因為在亂數撥號的情況下，電訪員撥打藉由電腦產生的電話號碼，若電話彼端的接聽者符合受訪資格時，則進行調查。亂數撥號可能會產生大量的不存在號碼，要減少此問題的方式為**加1撥號程序**(plus-one dialing procedure)，先由電話簿中選出號碼，再加上1，用新的號碼撥打；或是將最後一碼以亂數來取代。

　　亂數撥號有可能是從電腦清單、公司檔案、工商名錄（都可能被轉為資料庫）來選擇回應者，每個資料庫軟體程式都具備亂數篩選的特色，且提供多碼取數，如果研究人員有電腦化的母體資料庫時，可以非常輕易地進行簡單隨機抽樣。

　　簡單隨機抽樣要列出母體很麻煩，但在母體小且穩定的行銷研究中，使用簡單隨機抽樣才是最聰明的。

▶ 系統抽樣

當母體過於龐大，且不具備電腦資料庫形式時（如電話簿），使用簡單隨機抽樣所需的時間和費用十分驚人。要解決這個問題，可以一種較為經濟的替代方式──**系統抽樣**取代。系統抽樣抽取樣本的方式較簡單隨機抽樣有效率且省力，為最普遍的隨機抽樣技巧。雖然在電腦化資料庫和亂數特色產生後，其歡迎度下滑，但在母體清單是實體列出的情況（電話簿）下，系統抽樣產生的樣本在品質上和簡單隨機抽樣不相上下，故仍然較受歡迎。

為了使用系統抽樣，必須先取得母體清單的紙本，研究人員必須決定**跳過間隔**，其計算公式如下：

跳過間隔的公式　　　　　　　　　跳過間隔＝母體清單大小÷樣本大小

根據跳過間隔來取得名字。假設所算出的跳過間隔為250，就代表每250個名字選一個進入樣本，使用跳過間隔可以確保涵蓋整個清單。Marketing Research Insight 10.2示範如何進行系統抽樣。

MARKETING RESEARCH INSIGHT　　　　　　　　　　　　　　　　**PRACTICAL INSIGHTS**

10.2 如何取得系統樣本

步驟1：確認出母體清單，其樣本框架誤差必須在可以接受的範圍，例如電話簿黃頁。

步驟2：把清單上的名字數目除以樣本大小，得到跳過間隔。例如電話簿上有25,000個名字，樣本大小為500，因此跳過間隔為50。

步驟3：使用亂數，決定抽樣的起始點。例如選擇頁數的隨機數字；選擇該頁行數的隨機數字；選擇該行的隨機姓名──假設是瓊斯·威廉(Jones William)。

步驟4：應用跳過間隔來決定清單上的哪些名字要被選為樣本。例如瓊斯，跳50個名字為萊森·斐迪南(Lathum Ferdinand)。

步驟5：把清單視為「圓形」，所選出的第一個名字當作清單的第一個名字，原本該名字的前一個名字，則視為清單的最後一個名字。例如當你進行至電話簿的結尾(Zs)時，則接續As。

Active Learning

使用電話簿取得系統樣本

　　此Active Learning將讓你使用紙本清單（如電話簿）來抽取系統樣本。透過以下步驟，你將使用區域電話簿，並應用系統抽樣的步驟來獲得一千個家庭樣本。

1. 估計電話簿清單上的總家庭數目。

　　(1) 決定列出家庭清單的有多少頁：_____頁

　　(2) 決定每頁有多少行：_____行

　　(3) 決定每行平均列出多少個家庭清單（注意：如果企業電話與家庭電話混在一起，則需要調整）：_____家庭清單

　　(4) 將頁數乘以行數乘以每行的家庭清單數，得到樣本框架（電話簿）上的估計家庭總數：_____家庭數目

　　(5) 將家庭數目除以樣本數(1,000)，決定跳過間隔：_____跳過間隔

　　(6) 使用亂數產生器（如Excel功能或亂數表），產生隨機起始點。可由以下兩種方式產生：

　　(a) 選出介於1到總家庭數之間的一個亂數，或

　　(b) 選出介於1到電話簿上總頁數之間的隨機頁數，翻至該頁，選擇介於1至該頁總行數之間的隨機行數，進入該行。最後，選擇介於1至該行總家庭數目之間的一個隨機家庭。

　　(7) 使用跳過間隔，取得電話清單上的1,000個家庭

　　(8) 此處所使用的程序是假設你所選出的每個家庭都願意參與調查（100%回應率），然而，這個假設是脫離現實的。假設你預期有50%的回應率，要如何調整跳過間隔，以解決回應者拒絕參與調查的問題呢？

◎為何系統抽樣具有效率

　　因為系統抽樣使用隨機的起始點，確保系統樣本具有足夠的隨機性，使

得每個母體元素都有相同的機率被選進樣本，因此為一種機率抽樣。系統抽樣想像清單是由互斥的跳過間隔數字所組成，每一個都具有母體的代表性，隨機起始點確保所抽出的樣本是隨機的。

如何產生隨機起始點？可以先計算或估計清單上母體成員的數目，再產生一個介於1到N（母體大小）的亂數，藉由亂數值找到該成員的位置。較有效率的方法為先產生介於1到總頁數（電話簿）的一個亂數值，以決定起始頁（假設抽出第53頁）；另一個隨機數字從介於1到該頁的總行數範圍中抽出，以決定是該頁的哪一行（假設抽出第3行）；最後一個隨機數字則是從介於1到該行的名字總數範圍中抽出，以決定要從該行的哪個位置開始（假設是第17個名字被抽出）。從該起始點，使用跳過間隔，如此一來便可確保涵蓋整個清單，且最後抽出的名字與起始點剛好是差一個間隔。

系統抽樣和簡單隨機抽樣本質上的差異，可以從「系統」和「隨機」兩個詞中看出，系統抽樣使用**跳過間隔**，而簡單隨機抽樣則是連續地抽出**隨機樣本**；系統抽樣會**系統性**地抽遍整個母體，而簡單隨機抽樣雖然保證整個母體都有被涵蓋，但並不採用系統模式。系統抽樣的效率，來自於跳過間隔以及只有在一開始時，需要使用的亂數。

◎系統抽樣的缺點

使用系統抽樣最大的危險在於母體的清單（樣本框架），因為有些號碼是沒有被列出的，所以**樣本框架誤差**是電話簿的主要問題，且其清單可能也有過時的問題。這兩種情況的樣本框架都沒有包含某些母體成員，而這些成員也不可能被選為樣本。

▸ 集群抽樣

另一種機率抽樣為**集群抽樣**，其將母體分為幾個子群，稱為「集群」，每個都能夠代表整個母體。集群抽樣的基本概念與系統抽樣非常類似，但執行上卻不相同。集群抽樣的程序會確認出相同的集群，每個集群都能夠滿足代表母體。無論有沒有電子資料庫，均可以應用集群抽樣，也由於抽樣的程序更為簡化，且非常容易進行，較系統抽樣更具效率。

◎區域抽樣為集群抽樣的形式之一

進行**區域抽樣**(area sampling)時，研究人員將調查的母體分為幾個地理區（如城市、街坊，或其他方便且可辨識的地理分類）。接下來有兩種選擇：採用**一步區域樣本法**(one-step area sample)時，研究人員相信多個地理區（集群）具備足夠的相似點，只要隨機選出及專注其中一個區域，對其成員進行普查，所得結果就可以概化至所有的母體。研究人員也可以使用**兩步區域樣本法**(two-step area sample)來進行抽樣，第一步，研究人員先選出幾個隨機的區域；第二步，使用一個機率方法在那幾個區域中抽取樣本。二步區域樣本法較一步法來的好（因為只使用單一集群的代表性總是倍受懷疑），但成本會比較高。我們將在Marketing Research Insight 10.3示範如何取得區域樣本。

區格抽樣為區域抽樣法的一種變化，研究人員將地圖上的區域劃分為幾個格子，每個格子即為一個集群，區格抽樣和區域抽樣的差異在於格子結構的使用：可以跨越自然和人為的疆界（如街道、河流、城市界線等用於區域抽樣的劃分）。地理人口統計被用來描述各集群的人口特色。無論母體如何劃分，研究人員都可以採用一步法或兩步法。

MARKETING RESEARCH INSIGHT

PRACTICAL INSIGHTS

10.3 如何使用小部分來進行區域抽樣

步驟1：決定所要調查的地理區，將其分為幾個小塊，每個小塊彼此要有高度相似性。例如在新餐廳的預定位置上，可以將其分為20個小塊，每個加以編號。

步驟2：判斷要使用一步或兩步集群抽樣。假設

使用兩步集群抽樣。

步驟3：使用亂數，選出要抽樣的幾個小塊。例如隨機選擇4小塊，號碼為3，15，2，19。

步驟4：使用機率方法來抽樣，從每個選出的小塊中抽出樣本。例如先確認出隨機起始點，教導現場工作人員每五個家庭進行一次調查（系統抽樣）。

區域抽樣使用小塊當作其集群。

◎集群（區域）抽樣的缺點

集群抽樣最大的危險為**集群規格誤差**，當集群間不具相同質性時，即會出現此種問題。假設區域抽樣是使用街道作為各集群的確認指標，如果有一條街環繞著一座小湖，湖邊的房子可會比較貴且奢華，若這一塊剛好被選中，作為調查的樣本，其結果可能會有所偏誤，無法代表較不富裕的集群。倘若採用的是**一步區域抽樣**，則偏差會更為嚴重。

▶ 分層抽樣

先前所討論的抽樣方法都是假設母體呈現常態或是鐘形分配，且每個可能的樣本單位都能夠全權代表母體，極端的樣本單位都能被相反方向的極端單位所抵銷，不幸的是，在行銷研究中常會遇到包含獨特子群體的母體，該母體的分布並非常態曲線，在這種情況下，除非調整樣本設計，否則所得到的樣本就會不正確，解決的方法之一為**分層抽樣**，將母體分為不同的子群或分層，再於這些子群中抽樣。

◎使用歪斜母體

歪斜母體(skewed population)在某一端有較長的尾巴,而在另一端的尾巴較短,其與鐘形分配極為不同。若使用適用於鐘形分配的簡單隨機、系統、集群抽樣,欲從歪斜的分配中抽取樣本時,會得到不正確的結果。假設一間大學想要知道,學生對於教學計畫品質的評估為何?研究人員可以形成以下問題:「你對大學學歷的重視程度為何?」回應的選項為5點尺度,1代表「一點也不重視」,5代表「非常重視」。學生母體可以用年級來分層,可分為一年級生、二年級生、三年級生與四年級生。不同的學生年級所給的回應應不相同,因為越年長者會越重視學歷,且可以預期越年長者的回應將一致(較少變異性);這是因為新生才剛進學校,有可能不看重學業的完成,但有些想成為醫生、律師或專業人士的,就會十分重視大學學歷。因此,在新生方面的變異會最大,隨著年級的增加,變異會減少,其分布可由圖10.1看出,從圖中可以看出,雖然各年級的分配為常態曲線,但整個大學母體的分配則是歪斜的。

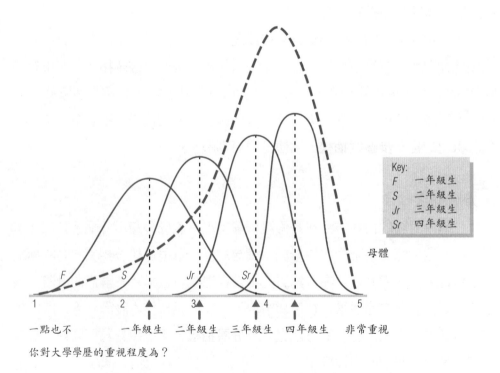

圖10.1　分層簡單隨機抽樣:使用大學年級狀態作為分層的基礎

採取**分層抽樣**，可以使用歪斜的母體，並要確認出所包含的分層。之後再使用簡單隨機抽樣、系統抽樣或是其他種類的機率抽樣，從各分層中抽出樣本（因為各分層皆為鐘形分配），因此，此種抽樣劃分法為先分割再克服。

◎分層抽樣的正確性

分層抽樣如何產生較正確的整體樣本？有兩種方式可以達成分層抽樣的正確性：第一，分層抽樣允許精確地分析各層。前述大學學歷的例子說明了為何研究人員想要知道各層的差異，每一層都代表了不同的回應，藉由分層抽樣，可以得到較佳的結果；第二，可以透過**加權平均**(weighted mean)的計算，來估計整體樣本平均，其公式考量各層相較於母體規模的大小，並將該比率應用於分層的平均。母體平均的計算是透過各層的平均乘以所占比率，再將加權過的分層平均加總。此公式所算出的估計值會與母體的真實分配一致。以下將使用兩個分層的公式：

加權平均的公式　　　　平均$_{母體}$＝（平均$_A$）（比率$_A$）＋（平均$_B$）（比率$_B$）

A代表分層A；B代表分層B。

範例：研究人員將會規律租DVD的家庭母體分為兩層，分層*A*是沒有年輕小孩的家庭；分層*B*是有年輕小孩的家庭。當要求使用5點尺度（1＝不好；2＝尚好；3＝好；4＝非常好；5＝極佳）來評估該DVD出租店的DVD多樣性時，所算出的平均數分別是2.0（尚可）和4.0（非常好）。研究人員從普查的資訊中得知，沒有年輕小孩的家庭占總母體的70%，有年輕小孩的家庭占30%，因此加權平均為(0.7)(2.0)＋(0.3)(4.0)＝2.6（介於尚可和好）。

◎如何應用分層抽樣

因為在行銷研究中常遇到歪斜的母體，因此有很多使用分層抽樣的範例。**代理衡量**(surrogate measure)為每個母體成員看得見且較易判斷的特色，可用以將各成員分入適當的子群。例如在大學的例子裡，每位學生的年級分

類就是容易處理的代理。研究人員應該使用某些基礎，將母體分為不同的分層，且層與層之間要有不同的回應。

如果各層所抽的樣本大小忠實地反應他們與母體之間的相對大小，則稱為**等比率分層樣本**設計(proportionate stratified sample)，此時並未使用加權公式，因為各層的權重是由它的相對大小自動計算，但如果使用**非等比率分層抽樣**(disproportionate stratified sampling)時，則須使用加權公式，因為分層的大小並不能反應相對於母體的大小（詳見Marketing Research Insight 10.4）。

非機率抽樣方法

以上所討論的抽樣方法都包含機率抽樣的假設，在任何情況中，任何單位從母體抽出成為樣本的機率都是既定的，即使無法精確地計算，機率抽樣和非機率抽樣最關鍵的差異，還是在於使用樣本設計的過程。使用非機率抽

MARKETING
RESEARCH
INSIGHT

PRACTICAL INSIGHTS

10.4 如何取得分層樣本

步驟1：確認母體的分布就某些關鍵因素而言並非鐘形分配，將其區分為數個子群。例如是否擁有HDTV，使用者在付費電影和事件的使用上將有所不同，所以可以分為HDTV的擁有者和非擁有者。

步驟2：使用此因素或其他的代理變數，將母體分為數層（各分層與確認出的子群一致）。例如使用篩選問題，將回應者區分為HDTV的擁有者和非擁有者。

步驟3：各層選用一種機率抽樣方法。例如使用簡單隨機抽樣從各層抽取樣本。

步驟4：檢視各層，看看有沒有管理上相關的差異。例如HDTV的擁有者在付費電視的使用上，與非擁有者有差異嗎？回答：HDTV的擁有者每月平均看10次，非擁有者則是5次。

步驟5：如果分層的樣本大小不與母體中的分層規模成比率，則需使用加權平均公式來估計母體值。例如如果擁有者占母體的30%，非擁有者占70%，則估計值為$(10)(0.3)+(5)(0.7) = 6.5$，每月會付費看6.5次。

樣方法時，並不是根據機率來抽取樣本，而是一種有偏差的選擇過程，通常是為了減少抽樣的成本。使用非機率樣本，研究人員雖然可以節省一些，但所得樣本卻無法真實代表母體。有四種非機率抽樣的方法：便利樣本(convenience samples)、判斷樣本(judgment samples)、推薦樣本(referral samples)和定額樣本(quota sample)。

▶ 便利樣本

便利樣本指的是容易取得的訪談者樣本，對研究人員而言，最方便的是高流量的區域（如購物中心、忙碌的人行道交叉口），可以減少其時間和努力。但地點和回應者的選擇，都是**主觀**而非客觀的。某些母體成員會自動從抽樣的過程中排除，例如有些人很少或是不曾去過特定的高流量區域；且因為缺乏嚴謹的選擇過程，有些母體成員會因為其外貌、裝扮，或是成群結隊而被忽略。有一位作者就說過：「便利樣本會產生嚴重的誤導。」

Mall-intercept公司常使用便利抽樣來招募受訪者。例如可在大的購物中心遇到購物者，透過篩選問題快速的進行資格審查，對於那些想要滿足口腹之欲的人，可以施行問卷或進行口味測試；或是給予回應者試用品，詢問他們是否會在家中使用，幾天後進行電話追蹤，詢問他們對產品的反應。在這個案例中，不只是接觸到受訪者的便利，在產品儲存的配置和訪談人員的控制上，都具有便利性，此外，在短短幾天便可招募到大量的受訪者。篩選的問題和購物中心的地理分散，似乎可以減少此樣本設計的主觀性，但事實上，仍有大量的母體不處於該處，無法被接觸到，此時可以使用定額方式來減少便利樣本的選擇誤差。

▶ 判斷樣本

判斷樣本與便利樣本在概念上有些不同，例如要證實是否有受過教育的猜測，就必須判斷誰應該代表母體。常有些其他的研究人員或個人會幫助研究者，利用其母體的相關知識，幫助選出能夠組成樣本的人。判斷樣本具高度主觀性，會傾向有較多的誤差。

焦點團體研究常使用判斷抽樣而非機率抽樣，在最近的一次焦點團體中

（關心低脂、營養餅乾的需求），12位學齡前兒童的母親被選為現在和未來市場的代表，其中6位也有就學中的孩子，另外6位則只有學齡前的孩子。在研究人員的判斷下，她們足以代表焦點團體的目標母體。我們必須指出，焦點團體的意圖和樣本調查是截然不同的，使用判斷樣本在這個特殊的階段可以得到滿意解答，焦點團體的結論可以作為期兩個月的大規模區域調查的基礎，該調查使用機率抽樣方法。

▸ 推薦樣本

推薦樣本有時又稱為**滾雪球樣本**，需要回應者提供可能的參與者名單。剛開始時，研究人員先編輯一份簡短的可能回應者清單，清單上的人數會小於研究所需的總樣本數，在訪談過每位回應者後，會請每位回應者提出可能參與研究的名單，額外的回應者由先前的回應者所推薦。

當樣本框架有限且很小，或是回應者可以提供符合研究條件的其他人名單時，特別適合使用推薦樣本。推薦樣本的非機率方面來自於所使用的選擇性，且一開始的清單也是特定的，後來加進樣本的人，亦依賴人們的回想。推薦樣本適合用於產業行銷研究的情況。

▸ 定額樣本

定額樣本建立一個特定的分額（或是總樣本的一個比率）來進行訪談。例如研究人員可能想要的樣本，由50%的男性和50%的女性所組成。定額樣本是一種非機率抽樣，依賴購物中心攔截、便利樣本法的行銷研究者特別喜歡使用定額抽樣。分額是透過研究目標所決定，並且藉由確認母體的重要特色所定義。應用定額抽樣時，現場的工作人員會有篩選的標準，會將可能的回應者分為特殊的定額群體。假設一位訪談員被指派需要取得黑人女性、黑人男性、白人女性和白人男性各50名，資格審核的標準即為種族和性別。若現場工作人員進行購物中心的攔截，可以透過眼睛的檢視來找出可能的回應者，並填滿四個群體所需的分額，因此，定額抽樣可以減少便利樣本較不具代表性的問題。

定額樣本通常是由有抓緊某些特色消費者的公司在進行特殊的行銷研究

專案時所使用。例如一家大銀行可能會規定最後的樣本要由一半的成年男性和一半的成年女性所組成，因為在銀行所理解的市場之下，消費者是由男女各半所組成的。定額抽樣不一定是僅僅依賴人口統計特色，例如在一個公園的使用調查中，就使用位置的種類（北、中、南區）和一天的時間（白天、中午、下午），區分出9種不同的公園使用者種類。

當謹慎使用且公司了解母體的定額特性時，定額抽樣在研究人員的心中是可以與機率抽樣匹敵的。一位研究人員曾經指出：「雖然機率抽樣是被推薦的方法，但在真實世界中，常是根據定額樣本和其他非隨機抽樣方法進行統計的推論。奇怪的是，就我的經驗而言，統計理論的異常使用，會與最純淨的隨機樣本所得的結果差不多。」

圖片訴說千言萬語：以圖解來呈現抽樣方法

圖10.2是一個虛擬的滿意度調查，呈現出八種抽樣方法的代表。每個範例的母體，都是由25位消費者所組成。有1/5(20%)的消費者感到不滿意，2/5(40%)感到滿意，2/5(40%)對於品牌看法表示中立。使用機率樣本方法（簡單隨機樣本、系統樣本、集群樣本和分層隨機樣本），所得到的樣本滿意度情況與母體一致，亦即，每種機率樣本都由5位消費者組成，有1位不滿意(20%)、2位滿意(40%)、2位中立(40%)。

當使用非機率樣本方法時（便利樣本、判斷樣本、推薦樣本和定額樣本），所得到的樣本滿意度情況無法代表母體。如果細看非機率抽樣的樣本，可以發現所取得的樣本都集中在母體的某個特定區域，非機率抽樣的集中性表示：某些母體成員被選為樣本的機率是不相稱的，導致樣本選擇誤差。

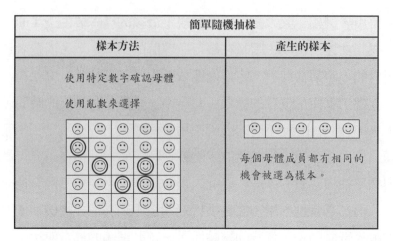

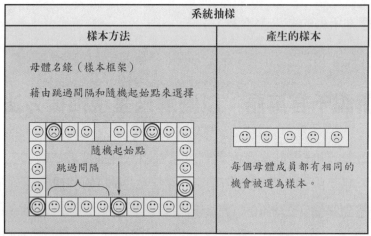

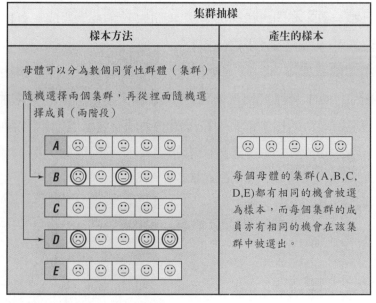

圖10.2　多種抽樣方法的圖示法

分層簡單抽樣	
樣本方法	**產生的樣本**
母體被分為兩個異質性子群（分層） 根據比率，從各分層中隨機抽出該層的成員 	 母體中各層的每個成員都有相同的機率被選進樣本（等比率抽樣）。

便利抽樣	
樣本方法	**產生的樣本**
選擇那些經過某高度流動位置的人 	 只有那些經過該位置的人會機會被選為樣本，會導致誤差。

判斷抽樣	
樣本方法	**產生的樣本**
選擇那些典型且方便取得的 	 只有那些被判斷為典型且方便取得的，才有機會被選為樣本，會導致誤差。

抽薦抽樣	
樣本方法	產生的樣本
根據隨意選出的回應者的推薦,再選出樣本	只有那些在友誼網絡中的人有機會被選為樣本,會導致誤差。

定額抽樣	
樣本方法	產生的樣本
母體分配由人口統計特色或一些消費者行為變數來分類 根據定額制度來抽樣,可確保母體分配,但在便利的位置進行(如購物中心) Men Women	只有那些經過便利位置的人有機會被選為樣本,會導致誤差。

線上抽樣技巧

　　網路調查的抽樣具有特殊挑戰性,大多數的議題都是用機率和非機率抽樣的概念來加以解決,訣竅是要了解:線上抽樣方法如何進行,以及如何根據基本的抽樣概念來解釋抽樣的程序。線上調查的優點已廣為周知,使用網路情境所會引發的樣本偏誤,應該以加權的方式來解決。

以下介紹四種線上抽樣的種類：1.隨機線上攔截抽樣(random online intercept sampling)；2.邀請線上抽樣(invitation online sampling)；3.線上小組抽樣(online panel sampling)；4.其他線上抽樣種類。

隨機線上攔截抽樣

隨機線上攔截抽樣為隨機選擇網站的瀏覽者，有很多Java或HTML的公用程式可用來幫助選出隨機的網站瀏覽者，如果母體被定義為網站的瀏覽者時，此方法可以在時間期限內簡單地產生隨機樣本。如果樣本選擇的程式是隨機開始，且整合跳過間隔系統，此為**系統樣本**；如果樣本程式將網站瀏覽者母體以分層來處理，此為**分層簡單隨機抽樣**；如果母體不只是網站的瀏覽者，使用網站只是因為上面有很多瀏覽者，則此樣本類似於購物中心的**攔截樣本**（便利樣本）。

邀請線上抽樣

邀請線上抽樣為通知潛在的受訪者，請他們去某特定網站接受問卷測試，例如零售連鎖店可能會在消費者的收據上公告，請消費者參與線上問卷，為了避免垃圾問卷，線上研究人員需要與潛在受訪者建立關係，讓他們接受電子郵件的調查。如果零售店使用隨機抽樣法（如系統抽樣），會產生機率樣本；如果電子郵件清單能夠代表真正的母體，且使用隨機抽樣，則可以產生機率樣本，不過，當選擇的程序漏掉某些母體成員，或有些成員重複出現時，則會產生非機率樣本。

線上小組抽樣

線上小組抽樣是指行銷研究公司為了特定目的，找來的具代表性的一群消費者或其他回應者小組。有越來越多公司和線上小組提供快速、方便和彈性的接觸樣本管道。小組公司通常擁有數千人，來自各個地理區，行銷研究

人員可以指定需要的樣本（如特定的地理區、所得、教育、家庭特色等），小組公司使用其小組成員資料庫，發送電子郵件給符合資格的成員。雖然線上小組樣本並非機率抽樣，但在行銷研究產業中卻受到廣泛使用。線上小組最大的優點為高回應率，如此可以確保最後的樣本可以妥善代表目標母體。

其他的線上抽樣方法

其他的線上抽樣方法亦是可行的，主要受限於樣本設計者的創意，為了確認出基本的抽樣方法，僅需分析**潛在樣本**是如何被選擇出來的。例如一位受訪者可能被要求將調查的網站寄給他的朋友（推薦抽樣）；或是在每位消費者進行過線上購物時，自動彈出的調查網頁（普查）。不管哪種方法，如果都仔細地以基本抽樣技巧加以分析，都可以判斷其屬於機率或非機率樣本。

發展樣本計畫

到目前為止，已討論了抽樣的多個方面，它們都是有邏輯相關的，可以將其整合為一連續的步驟，稱為**樣本計畫**(sample plan)，研究人員可以遵循該計畫，取得最終的樣本。圖10.3列出這些步驟。

步驟1：定義母體

抽樣過程的第一步需要進行目標母體的定義。目標母體是由行銷研究的目的所確認，其範圍會**快速聚焦**，目標母體剛開始時的定義還相當模糊，不過會快速地轉為相當具體的人口統計或其他特色，以區分目標母體和其他母體。研究人員的任務為詳細指明樣本單位，需要具體描述要調查的對象為何種類型。

假設一家餐廳要進行品牌知名度的調查，其用以定義相關母體的重要指

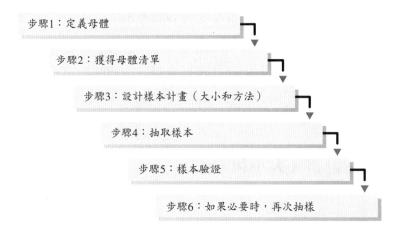

圖10.3　抽樣流程的步驟

標可以是： 1.是否擁有自己的房子；2.不屬於健身中心。母體指標可以由先前的研究獲得，或是根據行銷決策者的智慧判斷。

步驟2：獲得母體清單

定義母體後，研究人員開始尋找合適的名單，以作為樣本框架。在某些研究中，候選人的名單已經以各種形式（公司檔案或記錄；公家或私人）存在資料庫中，研究人員可輕易取得；在某些情況下，可向第三方以付錢方式取得名單。不幸的是，清單通常無法忠實地反應目標母體，大多數的清單都有樣本框架誤差的問題，且資料庫也未包含所有的母體成員；清單亦可能遭到扭曲，包含一些不屬於母體的成員。例如使用投票記錄當作樣本框架，用來調查汽車的駕駛情況。

評估樣本框架誤差的關鍵在於兩個因素：1.判斷列於樣本框架上的人與母體的差異程度；2.估計母體中的哪種人不會被列於樣本框架上。第一個因素，在訪談開始前先使用問題篩選，可以找出與母體不一致的人。列於清單上的人具有母體成員資格的比率，稱為**發生率**(incidence rate)。在投票記錄的清單範例中，篩選問題就可以去問受訪者是否擁有駕照，因為在美國大多數的人都會開車，因此發生率應該會高，雖然不是每位駕駛都會去投票；有

些駕駛不會包含於樣本框架中,但其樣本框架誤差應該會很小,因此,投票登記的記錄即為可被接受的樣本框架。如果母體是全世界且發生率低,研究人員通常轉為使用已編輯過的清單,而抽樣公司也會設計出相關的服務,以解決全球行銷研究的問題。

🚶 步驟3:設計樣本計畫(大小和方法)

在精確定義過母體,且了解目標母體清單的可取得性和情況後,研究人員開始設計樣本。此時,會考慮多種資料蒐集方法的成本,研究人員需同時**平衡樣本設計、資料蒐集成本**和**樣本大小**。

不論樣本的大小為何,研究人員可以使用特定的抽樣方法或多種方法的結合來取樣,沒有一種抽樣方法是最好的,樣本計畫會隨著調查的目標和限制所改變。

抽樣方法的描述需包含抽取樣本的所有必要步驟。假設想要使用系統抽樣,抽樣方法必須詳細說明抽樣框架、樣本大小、跳過間隔、隨機起始點要如何決定、篩選問題、再次接觸、替換程序,所有的可能性都要設想,且必須作好預防。

🚶 步驟4:抽取樣本

抽取樣本為兩階段的過程:第一,要先選擇樣本單位;第二,要從該單位取得資訊。需要先選人,然後問他一些問題。但這會有替換的問題,當有人滿足資格且成為樣本,卻不願意參與調查時,就會發生替換的問題。「如何決定替換的回應者?」如果行銷研究專案經理想確保特定的抽樣方法有被準確地使用,就需要解決替換的問題。在實務上有三種替換的方法:**向下替換**(drop-down substitution)、**過度抽樣**(oversampling)、**再次抽樣**(resampling)。

當研究人員有整個母體的便利名單時,會使用**向下替換**。假設我們使用電話簿作為樣本框架,你是訪談員,每隔100個名字要打一通電話,在你的第一通電話時,受訪者雖然符合資格,但卻拒絕參與調查,如果是使用向下

替換，則是打給名單上的下一位，不需要再跳100個名字；如果又遭拒絕，則再打給下一位，直到找到願意合作的受訪者為止，之後再繼續100的跳過間隔。如果要使用向下替換，訪談者必需要有**完整**的樣本框架。

過度抽樣為另一種替換方法，如果研究人員知道發生率、無回應率、不可使用的回應時，會使用此種方法。假設傳統的郵寄問卷回應率為20%，為了取得最終樣本——200名受訪者，在郵寄樣本時，就應該寄出1,000份。每種資料蒐集的方法都有不同的過度抽樣應用，端看研究人員的智慧去決定適合的程度。否則，則需要在後面的時點使用再次抽樣以獲得想要的樣本大小。

再次抽樣為第三種受訪者替換的方法，在抽出第一次的樣本後，對樣本框架再抽一次，此時的回應率會比預期更低，且需要抽出更多可能的受訪者（前面已經抽出過的樣本，不能再包含於再次抽樣的樣本中）。

步驟5：樣本驗證

樣本驗證(sample validation)為抽樣過程最後的階段，研究人員檢視樣本的一些特色以判斷其是否代表母體。它有多種形式，其一為比較樣本的人口統計特色和已知的資訊（如普查），當進行定額樣本驗證時，研究人員就必須使用設定定額系統的人口統計特色來加以驗證。而樣本驗證的本質是想確認所抽出的樣本，能夠真的代表母體，雖然不是所有的研究人員都會進行樣本驗證，但是如果先前就擁有關於母體人口統計特色的知識，還是建議使用；反之，當沒有先前知識存在時，就不可能進行驗證。

步驟6：如果必要時，再次抽樣

當樣本無法通過驗證時，代表其無法充分地代表母體，即使是進行過樣本替換後，此問題仍有可能存在。有時，當發現這個情況時，研究人員會使用加權設計以補償其代表性不足的問題；有時可以進行再次抽樣，抽取更多的受訪者，將他們加到樣本中，直到可以達到滿意的驗證水準為止。

複習與應用

1. 區辨非機率和機率抽樣方法。哪一種是比較被偏好的？為什麼？指出機率和非機率抽樣方法各自的優缺點。

2. 何謂**隨機**？(1)瞎抽；(2)使用亂數撥號；(3)使用電腦產生亂數，請解釋以上三種如何包含隨機的概念。

3. 區辨集群抽樣和簡單隨機抽樣；系統抽樣和集群抽樣是如何地相關？

4. 什麼叫「歪斜」的母體？請說明什麼是歪斜的母體分配變數，它看起來像什麼？

5. 簡短敘述四種非機率抽樣方法。

6. 描述當選擇某人成為樣本，但他卻拒絕參與調查或是不符資格時，所會使用的三種替換方法。

7. 以下是四群母體和其對應的可能樣本框架。請就每一對，指出(1)不會被包含於樣本框架的母體成員；(2)雖列於樣本框架上，但不是母體的一部分；(3)判斷其樣本框架誤差的程度是否可以被接受？

母體	樣本框架
Scope漱口水的購買者	消費者報導訂閱者的郵寄名單
FM古典音樂電台的特殊聽眾	城市的電話簿
預期購買者一天的新計畫與	銷售和國際行銷執行長的成員
預期的顧客追蹤	（銷售經理的全國編制）
耐風雨露天平台材料的使用者	近期登記名字參與花園秀的人和家庭
（建築室外的平台）	

8. 一位樂透彩（每週開獎，挑選1至20的數字）玩家對於贏得彩金的隨機性感到好奇，他追蹤過去五個星期的得獎數字，發現大多數的數字都有25%的機會被抽出，但數字6的機率為50%。如果他在這星期的樂透選擇數字6，他贏的機會會較多或較少，或是沒有差異？請用簡單隨機抽樣的概念來回答。

9. 一位市場研究者建議Big Tree Country俱樂部（為一家私人的國家俱樂部，思考要如何改良設計，讓高爾夫課程更具專業水準）進行調查，研

究者正考慮三種不同的樣本設計以抽出俱樂部高爾夫會員的代表性樣本。三種設計為：

(1)隨機選擇一天，安排1位訪談員待在第一個洞的發球處，每隔10位高爾夫打擊者就攔截1位，請對方填寫問卷。

(2)在高爾夫登記付費櫃檯放置一疊問卷，讓打球者填寫並簽名，完成問卷的可以參加摸彩，事後抽出3位招待俱樂部免費晚餐。

(3)使用城市的電話簿、加1撥號程序。使用亂數表，選出電話簿的隨機頁和該頁上的名字。加1法可以應用於那個名字或是列於之後的每個名字，直到確認出1,000位打高爾夫球的人，並進行過電話訪談。

評估樣本的代表性問題和其他議題，請仔細思考各個樣本方法，你推薦使用何種？為什麼？

個案10.1　Cobalt Group：MyCarTools的線上調查

Cobalt Group（www.cobaltgrouP.com）為汽車業電子商務產品和服務的頭號提供者，其宣稱擁有9,000名網站顧客，也有差不多數字的區域顧客。Cobalt Group擁有多種產品，其數目因應汽車經銷商和汽車消費者的關係調整。其中一項產品為MyCarTools，它支援汽車經銷商供應個人網站空間給汽車消費者，此網站空間可讓汽車消費者輸入汽車使用狀況、追蹤服務記錄、線上預約服務的時間，而汽車經銷商亦可使用此網站空間的服務，當作一種直效行銷的工具，當消費者輸入資訊於網站空間時，經銷商的車主資料庫也會擴大，此資料庫可用來確認消費者的種類和傾向、利用廣告和特殊促銷鎖定特定的消費者區隔，甚至提醒消費者回想產品。

MyCarTools具有相當大的潛在價值，因為它是經銷商與車主在車子的壽命期間內維持親密接觸的方法，如果消費者感到滿意，此種接觸會轉為一種強烈的傾向，讓消費者在日後如果想換車時，考慮來此尋找經銷商。參與MyCarTools的程度是完全自願性的，這須取決於幾個因素：第一，車主必

須同意進入經銷商的網站空間；第二，車主必須有能力使用電腦，且要能夠連上網路；第三，車主必須規律地使用該服務。

在一個線上聊天解決問題的論壇，使用Cobalt Group經銷商軟體的汽車經銷商，問了幾個有關MyCarTools價值的問題，最重要的問題為：「相較於沒有使用MyCarTools的經銷商，當車主想要買新車時，真的會有較大的可能光顧使用MyCarTools的經銷商嗎？」

Cobalt Group特殊專案團隊被指派來研究這個問題。該團隊立即設計出線上問卷，但在決定樣本計畫上遭遇了困難。

1. 此行銷研究情況的母體定義為何？
2. 在此母體定義下，樣本框架為何？
3. 特殊專案團隊應該使用電子郵件邀請或是網站彈跳式邀請抽樣方法？你為什麼推薦這個方法？

個案10.2　「哈比人的最愛」餐廳：樣本框架

經過再三熟慮後，柯瑞・羅傑斯欲使用電話樣本或線上小組來對「哈比人的最愛」餐廳進行調查。為了讓他的預測模型能適當地運作，柯瑞所使用的樣本設計必須取得能夠代表整個大都會區的樣本。

1. 柯瑞・羅傑斯應該使用都會區電話簿作為樣本框架，採用系統抽樣嗎？此樣本計畫的優缺點為何？
2. 柯瑞・羅傑斯的樣本計畫應該使用亂數撥號嗎？此樣本計畫的優缺點為何？
3. 柯瑞・羅傑斯應該使用如同知識網路公司所維持的機率線上小組嗎？使用此種樣本設計，優缺點為何？

11

決定樣本的大小

樣本選擇的方法會影響樣本代表性，然而卻有很多管理者誤以為樣本大小和樣本代表性是有關的，事實上它們是無關的。藉由本章，你將會了解，樣本的大小會直接影響到它的正確或錯誤。

以下為一個範例，說明樣本大小和母體代表性是無關的。假設我們想要知道有多少比率的美國勞動者在一週工作時間內穿著便服上班，使用便利抽樣派人站在紐約市華爾街的角落，問每一個願意與我們對話的人，一個星期後，共問到了5,000名受訪者，這些人足以代表美國的勞動者母體嗎？如果問1萬名紐約客呢？不論樣本大小為何，基於相同理由，都不足以代表母體。

樣本大小並不能判斷代表性，但是會影響到樣本結果的正確性。**樣本正確性**(sample accuracy) 是指隨機樣本的統計值（如對於特定問題的回應平均數）與母體值（母體的真實平均）的接近程度。相較於母體真實數值的正確性，樣本大小會直接影響樣本結果。如果隨機樣本有5名受訪者，會比只有1名時來得正確；有10名時也會比只有5名時正確。重點是：1.樣本大小與代表性無關；2.樣本大小與正確性有關。

樣本大小的規則

決定樣本中要包含多少受訪者為行銷研究過程中最簡單的決策之一，但因為要使用公式，所以常會令人感到迷惑。樣本大小的決定，常在理論上的最佳與實際上的可能間達到妥協。

行銷研究人員基與以下兩點理由，需要對樣本大小的決定有基本的了解：第一、很多業界人士都有**大規模樣本偏差**(large sample size bias)，錯誤地認為樣本大小決定了樣本代表性，這些業界人士常會問：「樣本需要多大才具代表性？」然而，樣本大小和代表性之間是沒有關係的，此為樣本大小決定的基礎之一；第二、因為樣本大小常會影響到成本（特別是人員訪談或電話調查時），因此行銷管理者亦需要對樣本數的決定有基本的了解，可以幫助其進行資源的管理。

為了反駁「大規模樣本偏差」，故於表11.1列出八個有關樣本大小的規則，以及樣本是如何與正確性有關。以下的規則只適用於機率樣本的情況，只有當樣本是隨機樣本時，以下的規則才會成立。

以接近信賴區間決定樣本大小

決定樣本大小最正確的值為**接近信賴區間**(confidence interval approach)，其應用正確性（樣本誤差）、變異性(variability)和信賴區間的概念，創造出「正確」的樣本大小。它在理論上是最正確的方法，所以被國家民意調查公司和大多數的行銷研究人員採用。

樣本大小和正確性

決定樣本大小的第一條規則：「**唯有普查的樣本能夠完全正確**」，正確指的是「樣本誤差」，調查包含兩種誤差：非抽樣誤差(nonsampling error)和抽樣誤差(sampling error)。**非抽樣誤差**是指除了樣本選擇方法和樣本大小以外的所有誤差，包括問題定義錯誤、錯誤偏差、不正確的分析等。**抽樣誤差**

表 11.1	樣本大小和樣本正確性的規則

1. 唯有普查的樣本能夠完全正確。
2. 機率樣本總是會有些不正確（樣本誤差）。
3. 機率樣本越大越正確（較少樣本誤差）。
4. 機率樣本的正確性（誤差）可以用簡單的公式來計算，以正負多少百分比來表示。
5. 對於調查中的任何結果，如果用同樣的機率樣本大小再次調查，將會發現同樣的結果（介於原始結果的正負多少個百分比之內）。
6. 幾乎在所有的個案中，機率樣本的正確性（樣本誤差）都與母體的大小無關。
7. 機率樣本的大小可以只占母體規模的微小比率，但仍可以非常正確（較少樣本誤差）。
8. 機率樣本的大小取決於顧客想要的正確性（可接受的樣本誤差）和蒐集該樣本大小所需要的成本。

則是指樣本選擇和樣本大小導致的誤差。因為普查會清點每一個單一個人，所以會完全正確，不會有樣本誤差。

基於成本和實務上的理由，普查並非總是可行的，因此帶來決定樣本大小的第二條規則：「**機率樣本總是會有些不正確（樣本誤差）**」。此規則指出，隨機樣本雖然不是完全正確、不能完全代表母體，但已具有相當程度的代表性了。

決定樣本大小的第三條規則：「**機率樣本越大越正確（較少樣本誤差）**」指出，在樣本大小和樣本正確性之間存有某種關係，此關係可以用圖11.1來表示，樣本誤差（正確性）位於縱軸，樣本大小位於橫軸，圖中展示出當樣本大小介於50到2,000時所對應的正確性水準，該圖的形狀與第三條規則一致，當樣本大小增加時，樣本誤差會減少，其關係可由曲線看出。

在樣本誤差圖中可以發現另一個重要的性質，從圖中可以注意到，當樣本大小在1,000左右時，正確性水準會跌至±3%（實際上是±3.1%），之後當樣本大小再增加時，正確性水準會以非常緩慢的比率下降。換言之，當樣本大於1,000時，較難藉由再增加樣本來提高正確性，事實上，如果正確性已經有±3.1%時，較不可能再大幅提高正確性了。

當樣本規模小的時候，只需小量增加，即可大幅提升正確性，例如當樣本大小為50時，正確性水準為±13.9%，但是當樣本大小為250時，正確性

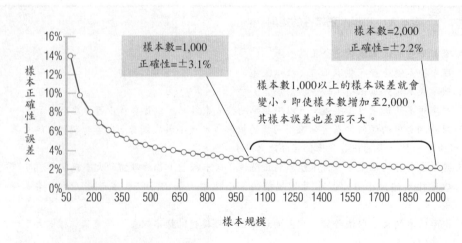

圖11.1　樣本規模與樣本誤差的關係

水準會變成正負6.2%，其正確性幾乎是50名樣本時的兩倍。但是當樣本規模已經很大時，就不會出現此種正確性的大幅增加，因為其為曲線的關係。

可以使用決定樣本大小的第四條規則「**機率樣本的正確性（誤差）可以用簡單的公式來計算，以正負多少百分比來表示**」得到樣本誤差圖，該公式為：

樣本誤差公式　　　　　　　　　　正負多少比率的樣本誤差 $= 1.96 \times \sqrt{\dfrac{p * q}{n}}$

此公式相當簡單，n 為樣本大小，1.96為常數，但 p 和 q 是什麼呢？

p 和 q：變異性的概念

當有多種不同的回答時，結果具有大的變異。**變異性**定義為受訪者間對一特定問題回答相異的程度。如果在回應尺度上，大多數的受訪者都是回答相同的答案，因為其回應為高度相似，所以分配的變異較少，如果回答出多種答案，則變異性較大。

當母體成員間的差異較大時，應該抽取較多的樣本。

以上的樣本誤差公式只適用於名目資料或是分類型的資料。如果是用對或錯來回答問題,所得到的答案會非常相似;相似性越大,回應的變異性就越低。假設問題為「當你下一次訂披薩時,會選擇Domino嗎?」如果有90%回答會,10%回答不會,亦即大多數的受訪者都是回答相同的答案,在回應上極為相似,變異性低;但是如果是50%回答會,50%回答不會,整體的回應模式就是相異的,會有較大的變異。在圖11.2中,看出回應的變異性。如果是90－10的百分比分割,圖會有一邊高(90%)一邊低(10%),幾乎每個人都會選Domino,但如果是50－50百分比分割時,則變異較大,回答較不一致。

以Domino披薩為例,說明p和q是什麼:

p＝說「會」的百分比

q＝100%－p,說「不會」的百分比

p和q加起來都會是100%。

p＝50%且q＝50%的樣本誤差公式　　　　$$\pm 樣本誤差\% = 1.96 \times \sqrt{\frac{2500}{n}}$$

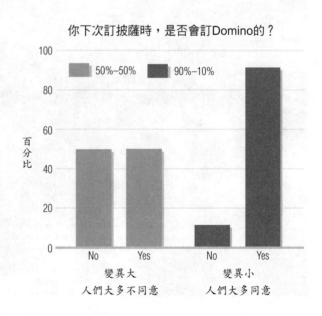

你下次訂披薩時,是否會訂Domino的?

變異大
人們大多不同意

變異小
人們大多同意

圖11.2　分配分散所反應出的變異量

在樣本誤差的公式中，要把p乘上q，p、q最大的可能乘積為2,500(50%×50%)，其他組合的結果一定都會小於2,500，最不對稱的組合為99－10百分比分割，會導致最小的乘積。以最大的變異情況為例（50－50百分比分割），樣本誤差公式會變得比較簡單，且有兩個常數1.96和2,500：

此為創造出樣本誤差圖11.1的公式。為了判斷在已知樣本大小下，樣本誤差和隨機樣本的關聯，需要將樣本大小的概念融入於公式中。

信賴區間的概念

決定樣本大小的第五條規則指出「**對於調查中的任何結果，如果用同樣的機率樣本大小再次調查，將會發現同樣的結果（介於原始結果的正負多少個百分比之內）**」，此規則是根據信賴區間(confidence interval)的概念。

信賴區間為一個範圍，其端點定義了對某問題的特定回應比率。信賴區間是根據統計中常見的常態或鐘形曲線。圖11.3展示出常態曲線的性質，1.96倍的標準差定義了95%的分配。

中央極限定理(central limit theorem)是很多統計概念的基礎，亦是決定樣本大小第七條規則的基礎。原始的重複為重製，如果重複Domino的調查很多次（或許1,000次），維持同樣的樣本大小，但使用新的隨機樣本，將這1,000次中，回答「會」的比率以長條圖畫出，根據中央極限定理，該長條圖會長得像常態曲線。圖11.4顯示：如果母體成員中有50%指出下次會買Domino批薩的長條圖。

圖11.4指出有95%的重製會位於±1.96倍樣本誤差之間。在範例中，1,000個隨機樣本，每次抽取的樣本大小都是100，計算每個樣本回答「會」的比率，再將其畫為長條圖。樣本大小等於100時，樣本誤差計算如下：

p＝50%、q＝50%且n＝100時的樣本誤差公式

$$\pm \text{ 樣本誤差} \% = 1.96 \times \sqrt{\frac{2500}{n}}$$
$$= 1.96 \times \sqrt{\frac{2500}{100}}$$
$$= 1.96 \times \sqrt{25}$$
$$= 1.96 \times 5$$
$$= \pm 9.8\%$$

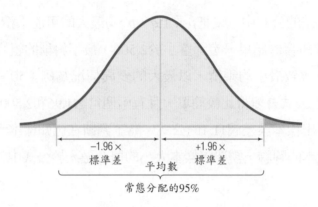

圖11.3 確認出95%性質的常態曲線

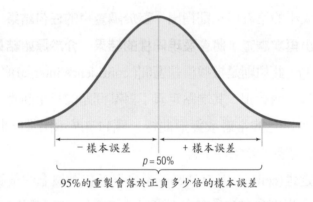

圖11.4 將Domino披薩1,000次調查的重製發現繪圖：示範中央極限定理

信賴區間的公式

信賴區間 $=p\pm$樣本誤差

此範例中95%信賴區間的限制為50%±9.8%，即為40.2%和59.8%。

研究者要如何使用信賴區間？此為離開理論，進入樣本大小實務面的好時機。**信賴區間法**(confidence interval method)可以讓研究者去預測當調查重製多次時，會產生怎樣的結果。雖然不會有顧客願意花1,000次的重製成本，但研究人員可以說：「我發現有50%的樣本會在下一次訂披薩時訂購Domino，我非常有信心，真實的母體比率會介於40.2%和59.8%之間，即使重複作1,000次調查，95%的發現也都會位於這個範圍。」

若信賴區間太廣時會怎樣呢？顧客會懷疑40%到60%的區間夠精確嗎？

—Active Learning

信賴水準如何影響樣本正確性曲線？

到目前為止，樣本誤差的公式使用的z值都是1.96，反映95%的信賴水準，但行銷研究者也常使用另外一種信賴水準（99%的信賴水準），z值為2.58。此次Active Learning將練習樣本誤差公式使用的$p=50\%$，$q=50\%$，使用的z值為2.58，並以下列樣本大小計算相關的樣本誤差：

100
500
1,000
2,000

將計算出的±樣本誤差反映出樣本大小100、500、1,000、2,000的數字，繪於圖11.1上。如同圖中原有的線條，以曲線將四個點連接起來。請總結兩點結論，比較此範例中信賴水準的效果，與圖11.3橫軸範圍95%樣本誤差之間的差異。

1.＿＿＿＿＿＿＿＿＿＿＿＿＿＿＿＿＿＿＿＿＿＿＿＿

2.＿＿＿＿＿＿＿＿＿＿＿＿＿＿＿＿＿＿＿＿＿＿＿＿

圖11.5示範樣本大小如何影響理論上抽樣分布的形狀以及信賴區間的範圍範圍。

👫 母體大小(N)如何影響樣本大小

或許你已經注意到，在所有的討論和計算中忽略了某個元素，該元素在決定樣本大小的第六條規則中提到：「**幾乎在所有的個案中，機率樣本的正確性（樣本誤差）都與母體的大小無關**」，以上的公式並未包含母體大小（N）。在不考慮母體大小的情況下，我們已經有計算過樣本誤差和信賴區間，這代表100個樣本，其樣本誤差為±5%（信賴區間為±9.8%）可以代表觀看上一次超級盃的2,000萬母體、200萬Kleenex衛生紙購買者和20萬的蘇

樣本大小　抽樣分配（反映出樣本誤差）

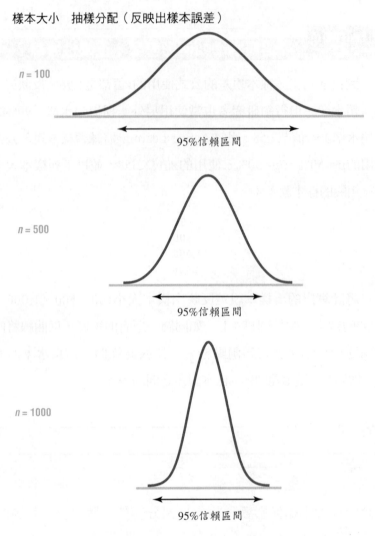

n = 100

95%信賴區間

n = 500

95%信賴區間

n = 1000

95%信賴區間

圖11.5　三種抽樣分配，展示出當樣本規模越大，樣本誤差會越小

格蘭犬飼主嗎？是，它可以。只有「小母體」，才會在決定樣本大小時考量母體的大小。

因為樣本大小與母體大小無關，因此可以了解決定樣本大小的第七條規則：「**機率樣本的大小可以只占母體規模的微小比率，但仍可以非常正確（較少樣本誤差）**」。國家民意調查傾向使用1,000至1,200名樣本，樣本誤差約為±3%，有高度的正確性。當樣本大小為5,000時，樣本誤差為±1.4%，為非常小的誤差水準，5,000小於100萬的1%，而很多消費者市場（如可樂消費者、公寓擁有者、網站瀏覽者等），都是由好幾百萬的消費者所組成。

樣本大小的公式

　　為了計算出適當的樣本大小，只需要三個項目：1.母體的變異性；2.可接受的樣本誤差；3.用來估計母體數值的信賴水準。以下會介紹如何透過**信賴區間法**使用公式來計算樣本大小。

透過信賴區間公式來決定樣本大小

　　當考量百分比時，包含三個必要項目的公式為：

標準樣本大小公式
$$n = \frac{z^2(pq)}{e^2}$$

　　　　n＝樣本大小
　　　　z＝在已選擇的信賴水準下（通常是1.96）之標準誤差
　　　　p＝估計的母體百分比
　　　　q＝100－p
　　　　e＝可接受的樣本誤差

▶ **變異性：p乘q**

　　當聚焦於調查中的名目尺度問題時，會使用此樣本大小公式。例如當進行Domino的披薩調查時，主要是想知道有多少比率的披薩購買者會買Domino的披薩，如果沒有「不確定買哪家」的人，將只有兩種可能的答案：會買Domino與不會買Domino。如果披薩購買者母體的變異性小，亦即幾乎每個人(90%)都會買Domino披薩，考慮到$p \times q$的公式，則可以抽取較少的樣本。

▶ **可接受的樣本誤差：e**

　　該公式包括另一個因素——可接受的樣本誤差。**可接受的樣本誤差**(acceptable error)是與調查有關的樣本誤差量，用以指出重製與母體百分比

的接近程度。

如果進行一個調查，其*p*值要被估計——哪些人可能會購買Wal-Mart、IBM等賣家的產品，必須持有可接受樣本誤差的想法，可接受樣本誤差小時，會轉變為低百分比，如±4%，而可接受樣本誤差大時，會轉為高百分比，如±10%。

▶ 信賴水準：Z

到目前為止，所使用的常數皆為1.96，因為*z*值1.96是95%的信賴區間，研究人員常考量是要使用95%或99%的信賴水準，而95%的信賴水準是最常被使用的，且1.96可以視為2，比較方便計算。

信賴水準可以介於1%到100%，需要查*z*表去找出對應的值。市場研究者通常都是使用95%，偶有例外也是使用99%。表11.2指出99%和95%各自對應的*z*值，方便日後的查尋。

假設預期的變異性較大(50%)，想要±10%可接受的樣本誤差，並且是95%的信賴水準，可使用公式算出樣本大小：

p＝50%，*q*＝50%，*e*＝10%的樣本大小計算

$$n = \frac{1.96^2(50 \times 50)}{10^2}$$
$$= \frac{3.84(2500)}{100}$$
$$= \frac{9600}{100}$$
$$= 96$$

大多數的國家，民意調查使用的樣本大小都是1,100左右，其宣稱有±3%的正確性（允許的樣本誤差），使用95%的信賴水準，計算如下：

p＝50%，*q*＝50%，*e*＝3%的樣本大小計算

$$n = \frac{1.96^2(50 \times 50)}{3^2}$$
$$= \frac{3.84(2500)}{9}$$
$$= \frac{9600}{9}$$
$$= 1067$$

表 11.2	95%和99%信賴水準的z值	
信賴水準		z
95%		1.96
99%		2.58

如果國家民意調查使用±3%的正確性、95%的信賴水準，它們需要使用的樣本大小為1,067（大約1,100名受訪者）。下次閱讀報紙或看電視時，萬一有關於國家民意調查的報導，可以確認一下它所使用的樣本大小，且看看它們所提出來的**誤差邊際**。

如果研究人員想要99%的信賴區間，則計算如下：

p＝50%，*q*＝50%，*e*＝3%，
99%信賴區間的樣本大小計算

$$n = \frac{2.58^2(50 \times 50)}{3^2}$$
$$= \frac{6.66(2500)}{9}$$
$$= \frac{16650}{9}$$
$$= 1850$$

亦即，如果調查的允許樣本誤差為±3%、99%的信賴水準，變異性為50%，則需要的樣本大小為1,850。

決定樣本大小時的實務考量

如何估計母體的變異性

當使用百分比的標準樣本大小公式時，有兩種選擇：1.預期最壞的情況(worst case)；2.估計真實的變異(variability)。**最壞的情況**或**最大的變異百分率**為50%/50%，此為最保守的假設，且可以計算出最大的可能樣本大小。

研究人員也可以去估計*p*，以降低樣本大小，任何其他的*p/q*組合，都會較50%/50%的組合需要較少的樣本大小，較少的樣本大小代表需求的努

Active **Learning** **樣本大小的計算練習**

　　雖然你可以一步步遵循，學習範例中的計算方式，但最好自己動手計算過樣本大小。在此Active Learning的練習中，請使用標準樣本大小公式來為以下五種情況，算出合適的樣本大小。

情況	信賴區間	p值	允許的誤差	樣本大小（寫入你的答案）
1	95%	65%	±3.5%	_____
2	99%	65%	±3.5%	_____
3	95%	60%	±5%	_____
4	99%	60%	±5%	_____
5	95%	50%	±4%	_____

　　為何所有的討論都集中在變異性、可接受的誤差和信賴水準？以亂數撥號的個案為例，衡量為了完成1,100個電話訪談，需要產生多少號碼，Marketing Research Indesign 11.1指出，為了獲得想要的樣本大小，需要打數以千計的電話，因此，研究者必須了解會影響到樣本大小的因素，並忠實地將其應用於決定樣本大小的公式中，因為每當需求的樣本數量增加時，要完成訪談就得增加很多額外的努力。

力、時間、成本也比較少，基於這個好理由，研究人員也會試著去估計p，而非直接採用最壞的情況。

　　目標母體的資訊常以多種形式存在，可能是以二手資料形式存在的普查敘述，也可能是透過其他組織（如當地報紙、州立代表處、促進商業發展的團體等）所獲得的資訊整理，或是透過之前的研究以及先前的商業經驗，也可以對研究的母體有些了解。結合所有的資訊，可以幫助研究專案經理判斷母體的變異性。如果專案經理握有相互衝突的資訊，或是擔心資訊的及時性和其他方面的問題，亦可以作一個前導式的研究以估計p值。

MARKETING RESEARCH INSIGHT

PRACTICAL INSIGHTS

11.1

你需要多少個亂數撥號電話號碼？

在第十章時，曾指出亂數撥號為一種隨機抽樣的實際化身，使用亂數產生器以產生使用於電話訪談的電話號碼。亂數撥號最重要的優點為：所有的號碼都有可能被包含於樣本中，不像如果使用電話簿當樣本框架時，可能會有些電話沒有被列在其中，且會有過時及缺乏最新申請號碼的問題。

亂數撥號克服了「漏掉號碼」的問題，但其產生的電話號碼並非萬無一失。像是撥出的號碼為空號，如果該調查是想針對家庭，也有可能會撥給企業、組織和其他不合乎資格的號碼，且即使是撥給家庭，它們可能也不符合資格，或是雖然資格通過了，卻不願意參與調查。

因此，為了取得達成訪談的樣本大小，需要多少個亂數號碼呢？可以藉由「完成率」的計算，來回答這個問題。計算如下：

1. 估計亂數撥號的號碼中，有多少比率是合適的家庭，稱為「有效」。

2. 估計在合適的家庭中，符合調查條件的發生率為何，稱為「發生」。

3. 估計符合資格的家庭中，有多少比率願意參與調查，稱為「參與」。

4. 將比率相乘：有效×發生×參與，即可得到「完成率」。

以有效率0.8、發生率0.6、參與率0.4為例，其完成率為0.8×0.6×0.4＝0.192，完成率0.192的解釋為：總亂數撥號的號碼中有19.2%會完成調查，80.2%的號碼無法完成調查。

根據以上範例，透過一些代數運算，可以獲得以下公式：

$$亂數撥號的號碼數 = \frac{想要的樣本大小}{完成率}$$

如果想要的樣本大小為1,100，完成率為0.192，則計算如下：

$$亂數撥號的號碼數 = \frac{想要的樣本大小}{完成率}$$
$$= 1,100 \div 0.192$$
$$= 5,230$$

⚊ 如何決定可接受樣本誤差的量

行銷經理知道，平均而言小樣本的正確性低於大樣本，但卻很少行銷經理以樣本誤差來思考，通常都是由研究人員告訴經理什麼是可以接受的，或是標準的樣本誤差為何。

當決策制定者想要估計的結果越精確時，需要越大的樣本規模。因此，行銷研究經理的任務為提供行銷決策者可接受的範圍或允許的誤差，幫助決

策的制定。可接受的樣本誤差是由正負百分比來表示,研究人員可以跟行銷決策者說:「所得到的估計會介於真實數字的±10%之間」。如果決策者不懂,亦可以換個說法:「如果發現有45%的樣本正在作嚴謹思考,欲脫離競爭者轉為購買你的品牌時,則有35%至55%的競爭對手購買者,正思考著要成為你的顧客。」此說法的轉變會一直持續,直到行銷經理了解該信賴區間範圍的意義。

如何決定信賴水準

所有的行銷決策都要承受部分的風險,因此有必要將風險的估計(至少是不確定的涵義)包含至樣本大小的判斷。因為樣本統計量為母體數值的估計,適當的方法是使用樣本資訊產生一個區間,該區間會使母體的值都落於其中。因為抽樣過程是不完美的,因此使用抽樣誤差的估計去計算此區間是適合的。使用適當的統計術語,此區間即可稱為**信賴水準**,研究人員會報告此區間以及母體數字會被此區間包含的信賴程度。

行銷研究中傳統都是使用95%的標準信賴區間,其z值為1.96,雖然可以使用1%至99%的信賴水準,當另一位研究人員使用99%的水準,其z值為2.58。99%的信賴水準是,如果調查重複多次,且都是同樣的樣本大小,99%的樣本會位於樣本誤差的範圍。

既然z值在樣本大小的公式中是擺在分子的位置,如果從1.96增加至2.58,樣本大小會增加。在任何已知的樣本誤差下,使用99%的信賴水準會增加樣本大小約73%,因此,使用99%的信賴水準對於樣本大小的計算會有強烈的影響。所以,大多數的行銷研究者比較喜歡採用的z值為1.96。

研究人員可以使用百分率或平均數來計算樣本大小。Marketing Research Insight 11.2中,會示範如何使用平均數來決定樣本大小。雖然公式不同,但基本的概念是相同的。

MARKETING
RESEARCH
INSIGHT

PRACTICAL INSIGHTS

11.2 使用平均數決定樣本大小：尺度變異性的範例

在這章中已經介紹過標準樣本大小公式，其假設研究人員都是使用百分比（*p*和*q*）。但在某些情況中，研究人員比較關心變數的平均數，此時百分率樣本大小公式就不適用了，研究人員必須使用不同的樣本大小公式，其變異性要以標準差來表示，需以標準差來指出變異的量。此時的樣本大小公式有細微的改變，如下所示：

平均數的樣本大小公式

$$n = \frac{s^2 z^2}{e^2}$$

n＝樣本大小

z＝在選定的信賴水準下（通常是1.96）的標準誤差

s＝估計標準差所指定的變異

e＝樣本估計母體時的精確量或允許的誤差

雖然此公式與百分率的公式不同，但卻是運用相同的邏輯和核心概念。此公式藉由變異的平方(s)乘上信賴水準數值的平方(z)再除以想要的精確值平方(e)求得樣本大小。首先，先看看母體變異性是如何成為公式的一部分，它以s的形式出現，代表估計的母體標準差，因為我們想要估計母體平均數，所以必須知道母體中的變異性有多少，因為標準差可以表達變異，所以使用它。因為不像百分率樣本大小的情況，50%代表最大的變異，因此必須依賴關於母體的先前知識以估計標準差。

接下來，必須表示e，其為估計母體平均數時，可接受的樣本平均誤差。如果母體變異的資訊未知，而且也沒有作前導式研究，研究人員可以將其範圍估計為平均數±3倍標準差。

假設調查中有一個重要的問題，請受訪者評估對於公司產品的滿意程度，以1到10的尺度來回答，如果受訪者使用此尺度，則理論上的範圍為10，10除以6會得到標準差(1.7)，即為估計的變異。此估計相當保守，受訪者可能不會使用整個1到10的尺度，平均數可能不會是5，因此，1.7為此情況下估計的最大可能變異。

如何平衡樣本大小和資料蒐集的成本

決定樣本大小的第八條規則：「**機率樣本的大小取決於顧客想要的正確性（可接受的樣本誤差）和蒐集該樣本大小所需要的成本**」。此為非常重要的規則，所有樣本大小的決策都必須要考量到這點，研究的成本不能超過研究資訊所帶來的價值。

　　為了解如何平衡樣本大小與成本，請思考以下的樣本大小決定個案。首先，使用95%的信賴水準($z = 1.96$)，並假設最差的變異情況($p = q = 50\%$)，再請研究人員和行銷經理決定出**初步**可接受的樣本誤差水準（假設是±3.5%樣本誤差）。

　　使用樣本大小公式，樣本大小(n)計算如下：

p＝50%，q＝50%，e＝3.5%時的樣本大小計算

$$
\begin{aligned}
n &= \frac{1.96^2(50 \times 50)}{3.5^2} \\
&= \frac{3.84(2500)}{12.25} \\
&= \frac{9600}{12.25} \\
&= 784\,(\text{四捨五入進位})
\end{aligned}
$$

　　在這個範例中，15,000加上完成784個電話訪談的資料蒐集成本，不被顧客所接受，因此，研究人員會創造出一個表格，上面會列出可以選擇的樣本大小，以及對應的正確性水準。雖然不是每位研究人員都會使用表格，但可接受的樣本誤差和多種樣本規模的成本都會加以討論，以決定最後的樣本大小為何。

　　當研究人員使用線上調查時，可以藉由購買線上專門小組來減少樣本的成本，可以從小組成員中抽出特定人口統計特色、生活風格、主要興趣的樣本，且又具有代表性。

決定樣本大小的其他方法

　　在實務上，有很多不同的方法可用來決定樣本大小。以下會介紹幾種較常見的方法，雖然大多數都有嚴重的缺點，使其較不受歡迎，但仍有人使用他們，且提出支持的理由。

獨斷「百分率經驗法則」樣本大小

獨斷法(arbitrary approach)為關於樣本大小的「百分率經驗法則」，為了獲得正確性，樣本大小通常為母體的至少5%，行銷經理常對於研究人員所建議的樣本大小，可能會有以下的回應：「但這小於整個母體的1%耶！」

由於獨斷百分率經驗法則法很容易記，且容易使用，因此有其吸引力，但你不該掉入此陷阱中，因為樣本大小其實和母體大小一點關係也沒有。為了自我遊說，請考量以下的樣本大小：如果母體不論是1萬、100萬和1,000萬，都抽5%的樣本，則會是500、5萬和50萬，回到圖11.1的樣本正確性圖，圖中最大的樣本規模為2,000，百分率經驗法則法會使樣本大小顯得相當荒謬，且從樣本大小規則中亦可以得知，即使樣本只占母體非常非常小的比率，也可以有非常大的正確性。

總而言之，獨斷樣本大小雖然簡單且容易使用，但卻**不具效率與經濟性**。使用抽樣時，我們希望以合於經濟的方式抽取母體的子集，並以事前決定好的正確性程度來估計母體的數值。百分率經驗法則會忽略抽樣的正確性，也會破壞某些樣本大小的規則，當研究的母體較大時，他們並不合乎經濟考量。

慣例樣本大小規格

慣例法(conventional approach)遵循一些「慣例」，或是一些數字，那些數字被認為會是正確的樣本大小。管理者可能會知道國家民意中心常抽取的樣本數都介於1,000至1,200之間，這對管理者而言，就是一種慣例，當市場研究人員所建議的樣本大小與此慣例不同時，他可能會感到懷疑；當公司對特定市場進行一系列的研究調查時，每年可能都會使用相同的樣本大小，因為去年也是這樣用。慣例也可能是類似研究樣本數的平均，也可能是之前研究中所使用過的最大樣本數，或是競爭者所用過的數本數。

百分比經驗法則和慣例法的基本差異在於前者沒有邏輯，後者較具有邏輯性，雖然它並不完美。5%的經驗法則會使樣本數迅速膨脹，而國家民意

中心的慣例：1,200個樣本則是不論母體大小為何，都抽取這個數字。此特性亦是慣例法的缺點，因為其假設管理者想要的正確性都是大約±3%，且母體的變異性也是最大。

採用過去用過或其他公司用過的樣本數亦會受到批評，這兩種方法都是假設過去研究所抽取的樣本數是正確的（使用正確的方法），但如果用了誤差的方法，或是即使樣本大小的方法是正確的，但所處的環境和假設皆與之前大不相同時，使用之前的樣本數就是不智的。

統計分析需求樣本大小規格

有時會使用**統計分析法**(statistical analysis approach)來決定樣本大小，研究人員會進行特定類型的資料分析，以判斷樣本大小。此章所介紹的樣本大小公式，就是最簡單的資料分析。

即使是效能最差的個人電腦也可以進行「子群分析」，徹底研究母體中的子群，獲得有關子群的資訊有助於樣本大小的決定，可將每個子群視為不同的母體，為每個子群決定其樣本大小，再用適當的方法獲得與子群有關的訊息。如果使用標準樣本大小公式決定樣本大小，且多個子群有被完整分析，目標為總樣本大小等於子群的數目乘上標準樣本大小公式所計算出的樣本大小。若目標有達成，所有的子群可以合併成一個較大的群體，以得到完整的母體。

樣本大小規格的成本基礎

所有可負擔法(all-you-can-afford approach)使用成本為基礎，以決定樣本大小。如同決定樣本大小的第八條規則指出，經理和行銷研究專家都非常關心資料蒐集的成本，因為不論是人員訪談、電話調查，甚至是郵寄問卷（有將誘因包在信封中），其成本都會迅速攀升，因此，成本成為決定樣本大小

的基礎，並不至於讓人感到意外。

所有可負擔法有多種應用的方式。在某些情況下，行銷研究專案的預算事先就已決定，每個階段可使用的金額都已設定，例如訪談的預算為1萬美元，或是有指明資料蒐集可以使用5,000美元；另一種情況為全年的行銷研究預算金額已經決定，再分攤給每個專案，專案經理只能使用所分得的預算，將錢用於每個部分，根據預算來決定樣本的大小。

使用所有可負擔法是一種本末倒置的作法，不是基於調查產生的資訊價值來決定樣本大小，而是由預算來決定樣本數，且這個方法也沒有考慮到樣本的正確性。因為很多經理偏好使用大樣本（即使小樣本數已經足夠），因此常會高估資料蒐集的成本。

根據最後一個樣本大小的規則，在決定樣本數時不能不考慮成本，關鍵為**何時**應考慮成本。在所有可負擔的範例中，成本完全引導樣本數，當有5,000美元可用於訪談，且資料蒐集公司索取的價格為「每完成一個訪談索取25美元」時，樣本可以設定為200名受訪者；另一種方法是考慮成本相對於研究的價值，如果經理想獲得極端精確的資訊，研究人員將會建議使用大樣本，並估計欲獲得該樣本數所需的成本，經理之後會考量成本和其帶來的資訊。使用成本排程概念，研究人員和經理會討論不同的樣本數、不同的資料蒐集方法、成本以及其他考量。此為較健康的情況，經理和研究人員會有較密切的合作，在經理方面可以更加了解最後的樣本數是如何決定的，不只是使用成本來決定樣本數，也會考量其他的方面。

兩種樣本大小的特殊決定情況

小母體抽樣

到目前為止的討論，都是假設母體非常大，此假設非常合理，因為在美國有眾多家庭、幾百萬有登記的駕駛、幾十萬人超過65歲等等。因此，從非常大的母體中抽取樣本是非常普遍的。然而，有時候的母體卻會是比較小

的，在企業對企業行銷的情況下很常見。第四條樣本大小規則可用以解釋此種情況「**機率樣本的正確性（誤差）可以用簡單的公式來計算，以正負多少百分比來表示**」。

　　小母體(small population)的情況是指樣本數大於總母體大小的5%，小母體是由考量中的樣本大小所定義，如果樣本少於總母體的5%，就可以將母體視為大規模，使用之前所討論過的程序；但如果是小母體時，需要使用**限定倍數**(finite multiplier)對樣本大小公式進行調整，限定倍數為一種調整因子，約等於未包含於樣本的母體比率的平方根。假設母體大小為1,000家公司，抽取500個樣本，限定倍數為[(1,000−500)∕1000)的平分根，即為0.71。因此，可以此用的樣本僅有355家公司(0.71×500)，其與大母體時抽取500個樣本的正確性相同。

　　使用限定倍數來計算樣本大小的公式如下：

小母體的樣本大小公式　　小母體的樣本大小＝樣本大小公式×$\sqrt{\dfrac{N-n}{N-1}}$

　　以下範例使用1,000家公司為母體。假設想知道有多少比率的公司對於當地醫院所提供的物資濫用勸告計畫感興趣，在不確定變異，決定採用最壞的情況(50−50)，使用95%信賴水準，結果的正確性為±5%。計算如下：

p＝50%，*q*＝50%，*e*＝5%的樣本大小計算

$$
\begin{aligned}
n &= \frac{1.96^2(pq)}{e^2} \\
  &= \frac{1.96^2(50 \times 50)}{5^2} \\
  &= \frac{3.84(2500)}{25} \\
  &= \frac{9600}{25} \\
  &= 384
\end{aligned}
$$

　　因應小母體的情況，使用限定倍數來調整樣本大小：

為小樣本母體大小所調整的
樣本大小公式範例

$$小母體樣本 = n\sqrt{\frac{N-n}{N-1}}$$

$$= 384\sqrt{\frac{1000-384}{1000-1}}$$
$$= 384\sqrt{\frac{616}{999}}$$
$$= 384\sqrt{.62}$$
$$= 384 \times .79$$
$$= 303$$

因為使用的是小母體，所以需要的樣本數為303而非384。藉由應用限定倍數，可以減少樣本大小81%，並達到同樣的正確性水準。如果此調查是使用人員訪談，將會省下可觀的成本。

使用非機率抽樣時的樣本大小

以上所討論的樣本大小公式和統計上的考量，都是假設採用機率抽樣方法，亦即樣本必須具有不偏性，只有樣本大小可以造成抽樣誤差，因為樣本大小決定正確性而非代表性，而抽樣方法決定代表性，因此當使用機率抽樣程序時，所有的樣本大小公式都假設代表性是存在的。

當使用非機率抽樣時，決定樣本大小的唯一合理方式是權衡樣本所帶來的利益、價值和蒐集資訊所花的成本。此為非常主觀的判斷，因為管理者常會把資訊看得非常重要。例如資訊可能會形成問題，可以開啟管理者的眼界，並讓其意識到之前未發覺的市場區隔。因為它的樣本選擇過程較為隨意，可能會導致偏差，所以不適合使用樣本大小公式，樣本大小通常都是根據資訊的價值來決定。

複習與應用

1. 描述以下的樣本大小決定方法,並指出每種的主要缺點為何:

    (1) 使用母體大小的經理法則百分率。

    (2) 使用慣例樣本數,如民意測驗專家所使用的樣本數。

    (3) 根據資料蒐集所分配到的預算,決定樣本大小。

2. 當使用信賴區間法來決定樣本大小時,有哪三個基本考量?

3. 使用本章所提供的公式,及精確性(允許誤差)±5%,計算下列適合的樣本數:

    (1) 30%的變異,95%的信賴水準。

    (2) 60%的變異,99%的信賴水準。

    (3) 變異不知,95%的信賴水準。

4. 為什麼研究人員和行銷經理需要對研究專案的正確性水準進行討論?

5. 一位研究人員根據經驗得知,多種資料蒐集方法的平均成本為:

資料蒐集方法	成本／受訪者
人員訪談	$50
電話訪談	$25
郵件調查	$0.50(每寄出一封信)

   如果資料蒐集所分配到的研究預算為2,500美元,每種資料蒐集方法允許的最大正確水準為何?請根據你的發現,評述為何把成本視為決定樣本數的唯一方式是不適當的。

6. Allbookstore.com包含二手教科書部門,它從二手書購買者那大量買入二手教科書,而二手書購買者則是在期末考時,在校園搭建小亭子收購二手書籍。Allbookstore.com將二手教科書賣給透過安全信用卡交易登入其網站的學生,再由美國包裹服務將書送至學生手中。

   此公司對於過去四年大學生每年的購書行為進行調查,在每次調查中,都使用1,000位隨機選擇的大學生為樣本,詢問他們在去年是否有買過

二手教科書。結果如下：

	幾年以前			
	1	2	3	4
買二手教科書的比率	45	50	60	70

這些資料具有怎樣的樣本數涵義？

7. 有一些數字，可以用來加快樣本數的計算。高露潔牙膏檢視每年牙膏購買者的調查，就以下的個案，根據考量的主要變數計算樣本大小。當資訊不足時，請提供合理的假設。

個案	主要變數	變異	可接受的誤差	信賴水準
1	高露潔牙膏去年的市占率	23%市占率	4%	95%
2	多少比率的人會每週使用高露潔刷牙	未知	5%	99%
3	高露潔的買者轉換至別的品牌的可能性	去年有30%的轉換	5%	95%
4	有多少比率的人想要牙膏具有預防牙垢的功能	兩年前為20% 一年前為40%	3.5%	95%
5	人們接受家庭牙醫推薦採用某牙膏品牌的意願	未知	6%	99%

8. Andrew公司銷售一款稱為ActiBath的「浴場藥片」，它是一種能在沐浴時使用的碳酸鹽滋潤治療配方。從之前的研究中，公司管理者知道有60%的婦女會使用某些方式來滋潤皮膚，有30%認為她們的皮膚是最寶貴的資產。管理階層的疑慮為：婦女是否能將洗澡造成的皮膚乾燥與ActiBath產品連結，且擔心她們不相信ActiBath可以滋潤皮膚的事實。

關於潤膚膏的使用以及關切美麗皮膚一事,是否可以用來決定ActiBath調查所需使用的樣本數?如果可以,請指出要如何決定;若不行,請指出為什麼,並說明樣本數應該如何決定。

個案11.1 Cobalt Group:MyCarTools的線上調查

此個案的背景可以在第十章的個案10.1找到。

決定使用彈跳式邀請,它會在一整個完整的星期(從星期天的午夜至該週星期六的晚上11點59分59秒),隨機出現於每個汽車經銷商網站。大約有9,000家汽車經銷商有使用Cobalt Group的網站,但只有其中2,000家有使用MyCarTools的服務。快速檢視網站的資料庫,發現汽車經銷商每週都經歷了大約100次嚴重的網路塞車(當網站瀏覽者待在該網站兩分鐘以上,即稱為一次嚴重的網路塞車),換言之,這些經銷商的網站每週都有2萬次嚴重網路塞車。

此時又出現了一個決策,當發生嚴重網路塞車時,應該使用彈跳式邀請嗎?或是使用的比率為何?此決策相當複雜,因為回應率(有多少比率被邀請至WebSurveyor進行線上調查的經銷商網站瀏覽者,會實際完成問卷並遞交它)為未知的因素。有些線上的行銷研究指出:10%的回應率是標準的。

1. 當使用以下的樣本數時,判斷樣本誤差的大小(使用95%的信賴水準)。

    (1) 每20位邀請一位。

    (2) 每10位邀請一位。

    (3) 每5位邀請一位。

2. 使用第1題的答案,並考慮有關樣本大小的其他因素,你認為哪一種決定樣本大小的方法最適合用於此種情況?

12

實地蒐集資料、
無回應誤差、檢查問卷

這章將討論資料蒐集的相關議題，包括促使人們參與調查的因素。在前一章中，已經介紹過樣本誤差，此章將介紹另一種研究誤差。在進行調查研究時，會有兩種誤差：第一種為**抽樣誤差**，發生於抽取樣本時，可透過標準的樣本數公式來控制抽樣誤差；當誤差來自於受訪者沒有仔細聽問題、訪談者失去熱情或讓可能的受訪者掛電話時，則是第二種**非抽樣誤差**(nonsampling error)。此章會學習非抽樣誤差的來源，以及控制它們的方法。

行銷研究中的非抽樣誤差

在前兩章中，討論抽樣的概念，樣本計畫和樣本大小都是決定抽樣誤差的重要因素，了解抽樣即可控制抽樣誤差。但抽樣誤差只是總誤差的一部分，尚包含**非抽樣誤差**，此為調查中與樣本計畫、樣本大小無關的任何誤差。非抽樣誤差包括：1.所有種類的**無回應誤差**(nonresponse error)；2.資料蒐集誤差；3.資料處理誤差；4.資料分析誤差；5.解釋誤差，也包括了問題定義、問題形成，或任何不是抽樣誤差的誤差。通常，較大的非抽樣誤差來自於資料蒐集的階段，因此會討論此階段發生的一些誤差，及多種控制誤差的方法，以降低它們的不利影響。

實地蒐集資料時會遇到的可能誤差

蒐集資料時會發生多種非抽樣誤差，可以分為兩個大類：第一大類為**現場調查工作者的誤差**(fieldworker error)，此為進行問卷調查的人（通常是訪談者）所犯下的誤差。現場調查工作者的品質，會隨著研究人員的資源和調查的環境，產生很大的差異，但即使是專業的資料蒐集者，也可能會發生現場調查者的誤差，當然，其發生誤差的可能性較低。

另一類非抽樣誤差為**受訪者誤差**(respondent error)，此為受訪者所產生的誤差。無論資料蒐集的方法為何，都會產生受訪者誤差，但有些方法產生誤差的可能性較大。在這兩大類的誤差中，可以再分為兩種誤差的等級：**有意的誤差**（故意犯下的誤差）和**無意的誤差**（非故意犯下的誤差）。圖12.1列出多種誤差的種類。

有意的現場調查工作者誤差

當資料蒐集者故意破壞研究人員設定的資料蒐集規則時，會發生**有意的現場調查工作者誤差**(intentional fieldworker errors)，可以將有意的現場調查工作者誤差分為兩種：**訪談者欺騙**(interviewer cheating)和**引導受訪者**(leading the respondent)，兩種都會造成研究人員的困擾。

當訪談者偽造、扭曲受訪者的回答時，稱為**訪談者欺騙**。為什麼訪談者要偽造答案呢？這通常與薪資制度有關。訪談者雖是計時工作，但常見的薪資制度會以完成訪談的數量給予報酬，一位電話訪談者或購物中心攔截訪談者，每完成一次訪談可能得到5.5美元，在訪談日結束後，只需交出完成的問卷，根據交付的數量給薪。訪談者可以訪談容易接觸，但卻不符樣本資格的人來進行欺騙，而此種薪資制度確實給予欺騙進行的誘因，且大多數的訪談者都不是全職的，因此他們的工作良心也會慢慢消失。

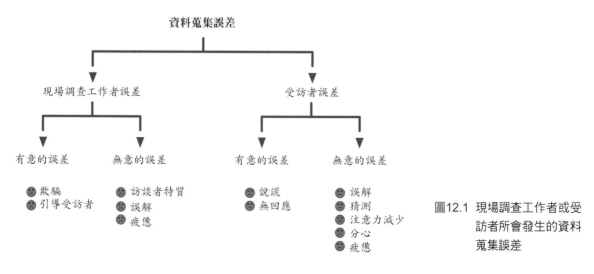

圖12.1 現場調查工作者或受訪者所會發生的資料蒐集誤差

雖然以完成訪談數給薪的制度有上述問題，但仍有支持性的論點。訪談者不像生產線的工人，使用商場攔截時，根據購物中心購買者的動線和受訪者的資格限制，會有閒置期間，電話訪談者在家進行調查時，可能也會休息一會，或是等一段時間以滿足某些調查的回撥策略。因此，現場調查工作者的薪資水準低，工作時間長，而此工作是相當耗費精神的，故產生交出完整偽造問卷的誘因。

另一種訪談者有意犯下的誤差為**引導受訪者**，當訪談者以文字、聲音語調、肢體語言，甚至將問題改寫來影響受訪者的答案時，即會發生此種誤差。例如本來的問題為：「節省電力是你所關心的事嗎？」被訪談者改為：

Active Learning　　　**你是個騙子嗎？**

　　學生可能會有以上所提到的欺騙誤差是如何發生的疑惑，可以進行以下的測試，來了解同班同學的欺騙行為。請針對每句敘述，圈選「是」或「否」，以表達你認為你的同學在過去兩年，是否有從事以下的欺騙行為。

在過去兩年，你的同學有過以下行為嗎？	你的同學有從事這種行為嗎？	
「偷取」某科目上一次的考卷閱讀。	是	否
與其他同學一起完成帶回家作的考卷或作業，但其實應該是要獨立完成的。	是	否
考試時攜帶小抄。	是	否
將錯誤的答案偷偷改正，再拿考卷去跟老師要分數。	是	否
抄襲其他同學的作業。	是	否
偷聽先交考卷的同學談論內容，想得知是否有關於考試的資訊。	是	否

　　如果大多是圈選「是」，你就與大多數商學院的學生一樣。如果你和大多數的大學生都已經相信，在考試和寫作業時會出現欺騙的行為，那些可能財務吃緊的訪談員，難道不會在訪談時造假嗎？

「節省電力不是你關心的事嗎？」就有可能會影響到受訪者的回答。

有另一種較不明顯的引導受訪者情況，可以微妙地吐露出哪一種回應是訪問者想要得到的。如果在回答某一問題時，受訪者回答：「是」，而訪談者說：「我就知道你會回答『是』，因為有超過90%的受訪者也都同意此議題。」此番說詞會烙印於受訪者的心中，讓他有他的答案「應該繼續」與大多數人站在一塊。

訪談者也可以使用線索來微妙地引導回答，例如在人員訪談中，訪談者可能對於他不贊成的問題，會輕微地搖頭；對於贊成的問題，則輕微地點頭，如果讓受訪者接收了這個線索，就可以根據訪談者的頭部移動來回答問題。而在電話訪談中，也可能透過口頭上的線索來影響受訪者的回答，像是「喔」表示不同意受訪者的回答，而「不錯」則表示同意。以上都是屬於有意的誤差，可以透過訓練訪談員來避免這些問題。

無意的現場調查工作者誤差

當訪談者認為他作的很好，卻仍犯下誤差時，稱為**無意的訪談者誤差**(unintentional interviewer error)。有三種無意的訪談者誤差來源：**訪談者的個**

個人特質（如外貌、口音、服裝），雖然不是有意的，但都可能造成現場調查工作者的誤差。

人特質(personal characteristics)、**訪談者誤解**(interviewer misunderstanding)和**訪談者的倦怠**。訪談者的**個人特質**,如口音、性別、行為、聲音等,都會是誤差的來源。有些特質可用以區隔出傑出的訪談者,Marketing Research Insight 12.1中列出傑出電話訪談者應具備的特質。

當研究者相信他知道如何進行調查,但其實進行的並不正確時,會發生**訪談者誤解**。一份問卷可能包含多個訪談者指令,他必須注意回應尺度種類的變化、記錄回應的指示,以及遵循複雜的指引。但是在設計問卷的行銷研究者和施行問卷的訪談者之間,有相當大的教育程度落差,此種落差容易成為溝通上的問題,使訪談者對於問卷上的指令感到混淆,且訪談者的經驗亦無法克服此種情況,他雖然努力想順從研究者的指示,但卻無法達成。

第三種無意的訪談者誤差為**與倦怠有關的錯誤**(fatigue-related mistakes),當訪談者疲倦時,即會發生此種錯誤。即使是簡單的問問題、記錄回答也會產生倦怠,訪談是非常費力、乏味且單調的,會不斷地重複,而當受訪者不合作時,更讓人疲憊。在一天的訪談快到達尾聲時,訪談者會比較放鬆,而犯錯的機會也就出現了,他可能會忘記檢查受訪者的回答、催促問卷的進行、以不耐煩的語氣和可能的受訪者溝通,結果使其不願參與調

MARKETING RESEARCH INSIGHT

PRACTICAL INSIGHTS

12.1 傑出的電話訪談者應具備的特質

具有優秀的低拒絕率、高生產力水準和壽命的電話訪談者,具有以下的特質:

工作導向——將訪談視為個人技巧的努力工作者

團隊成員——與其他人一起工作

親和力——喜歡蒐集電話中的意見

自豪——重視價值,喜歡被稱讚

紀律——完成導向和聚焦

移情——聆聽受訪者的回答,為其訂製訪談

控制——負責訪談,藉由強調調查的價值和目的來克服拒答

適合——其存在是讓人喜歡的

倫理——是個誠實的人

不是每一位傑出的訪談者都具有以上所有的特質,但一定都具備有相當的程度。

查。因此，線上調查開始盛行，以減少訪談者造成的上述情況。

有意的受訪者誤差

當受訪者有意在調查中扭曲回答時，稱為**有意的受訪者誤差**(intentional respondent errors)。可以將有意的受訪者誤差分為兩種：**說謊**(falsehoods)和**無回應**(nonresponse)。當受訪者不願於調查時說出真相，即稱為**說謊**，他們可能感到尷尬、想保護隱私、懷疑訪談者的身分，因此不願說出真實的想法。有一些主題也很容易產生扭曲，例如所得水準就是個敏感的話題，婚姻狀態也讓獨居女性難以回答，有些人也很介意回答年紀，或不太想回答個人的衛生習慣問題。這些主題都會使受訪者感到厭煩，使訪談過程趨向惱人狀態，跟著討厭訪談者，甚至想迅速結束訪談，因此，會讓受訪者開始想要說謊，胡亂地完成調查。

第二種有意的受訪者誤差為**無回應**，這可能是受訪者不願參與調查、過早結束訪談，或是拒絕回答問卷中的某些問題。無回應是研究人員最常遇到的有意受訪者誤差。有些觀察家相信，因為人們越來越忙且越來越注重隱私，調查研究越來越不受歡迎，估計美國消費者中約有50%的拒答率，尤以電話訪談的情況最為嚴重。雖然大多數的人都同意：拒答率攀升會造成研究的威脅，但仍有些人相信問題沒有那麼嚴重，仍是可以藉由訪談者的努力，來降低拒答率。

無意的受訪者誤差

當受訪者給的回應不是真實的，但訪問者卻相以為真時，就會發生**無意的受訪者誤差**(unintentional respondent error)。此類誤差可以分為五種情況：**受訪者誤解**(respondent misunderstanding)、**猜測**(guessing)、**注意力減少**(attention loss)、**分心**(distractions)和**受訪者疲憊**(respondent fatigue)。當受訪者未能理解問題，或是遵從指示即回答問題時，稱為**受訪者誤解**，在所有的調查中都可能存在受訪者誤解，誤解的程度可能是簡單的錯誤（如將單選題

視為多選）或是複雜的錯誤（如誤解術語，受訪者可能會將去年的淨利與稅前所得的概念混淆），任何誤解都會使調查遭遇災難。

當受訪者不確定所給的答案是否正確時，則會發生第二種無意的受訪者誤差，**猜測**。有時，受訪者會被問到比較不熟悉的主題，但又一定要回答時，只好揣測答案，所有的猜測都可能包含誤差。

當受訪者對於調查的興趣減少時，會發生第三種無意的受訪者誤差，稱為**注意力減少**。通常受訪者對於調查的興奮程度不如研究人員，且在進行問卷填答時，會逐漸感到無聊，越來越不想參與調查。

當問卷填答進行時，可能會發生**分心**的狀況，如打擾。例如在商場攔截的訪談中，可能會有熟人走過來打招呼，而使受訪者分心；家長在回答電話中的問題時，必須注意小孩；郵寄問卷的受訪者也可能會在作答的中途，跑去接電話。分心會使受訪者的思緒中斷，或是降低其對該調查的嚴肅程度。

當受訪者對於參與調查感到疲倦時，則會發生第五種無意的受訪者誤差，稱為**受訪者疲憊**。當受訪者感到疲倦時，審慎程度和反應力都會減弱，為了迅速完成問卷，可能都會回答「無意見」。

實地蒐集資料的品質控制

可以執行多種預防措施來最小化上述誤差的影響。請注意，只能夠最小化，而不能消除，因為潛在的誤差總是會存在的。但如果研究人員著手以下的控制手段，則可以減少誤差。表12.1列出實地蒐集資料時的品質控制方法。

控制有意的現場調查工作者誤差

有兩種策略可以減少訪談者犯下有意的誤差，分別為監督(supervision)和驗證(validation)。**監督**為使用管理者來監視現場調查者的工作。大多數的集中化電話訪談公司都有「竊聽」設備，監督者可以監視整個訪談的進行，

表 12.1 如何控制資料蒐集的誤差	
誤差種類	**控制方法**
有意的現場調查工作者誤差	
欺騙	監督
引導受訪者	驗證
無意的現場調查工作者誤差	
訪談者特質	訪談者的挑選和訓練
誤解	訪談訓練講習會(orientation sessions)和角色扮演會議(role-playing sessions)
疲憊	必要的休息和替代的調查
有意的受訪者誤差	
說謊	確保匿名性(anonymity)和保密(confidentiality) 誘因(incentives) 驗證檢查(validation checks) 第三者技巧(third-person technique)
無回應	確保匿名性和保密 誘因 第三者技巧
無意的受訪者誤差	
誤解	設計良好的問卷 直接問題
猜測	設計良好的問卷 回應的選項，如「不確定」
注意力減少 　分心 　疲憊	尺度端點的反轉(reversals of scale endpoints) 激勵(prompters)

而受訪者和訪談者都不知道有被監視。如果訪談者引導或過度地影響受訪者時，透過竊聽，即可發現這個情況，由監督者立即採取更正的動作（如訓斥訪談者）。而當人員訪談時，監督者可以伴隨在訪談者的身旁，觀察其問卷的施行情況。因為竊聽並未經過受訪者的同意，可能會破壞隱私，因此很多公司現在會告知受訪者，電話的全部或是部分會被監視或是錄音。

　　驗證為查核訪談者的工作，欲解決偽造或欺騙的問題。有很多種方式可以進行工作的驗證，像是由監督者再次聯繫受訪者，確認其是否真有參與調查，通常都是隨機選出完成調查中的10%，進行電話回撥，以驗證是否真有

近距離的監督可以減少現
場問卷工作者的誤差。

進行訪談,為了比較,甚至可以再問一次同樣的問題。當沒有進行回撥驗證
時,有些監督者會檢查已完成的問卷,看看是否存在問題,有些訪談者交回
偽造的問卷時,並沒有仔細地模仿真實受訪者,監督者可能發現不一致的地
方,例如受訪者雖然很年輕,卻有很多小孩。

控制無意的現場調查工作者誤差

監督者有責任最小化無意的訪談者誤差,以下介紹三種可以使用的方
法:挑選和訓練、訪談訓練講習會和角色扮演會議。因為訪談者的個人特質
會造成無意的誤差,因此在挑選上需要特別小心,而在挑選後,再透過訓練
以避免任何來自儀態、外貌所導致的偏差。**訪談訓練講習會**為會議的一種,
由監督者向現場調查工作者介紹此次的調查,並說明問卷進行時的要求,監
督者可以強調資格或定額的要求、提醒問卷進行的程序、或是將問卷上的指
示說明一遍,為了讓訪談者熟悉問卷的施行要求,也可以進行**角色扮演會
議**,讓訪談者對監督者實際演練問卷的施行情況,成功的角色扮演會議會讓
訪談者熟悉整個問卷的施行細節。為了控制訪談者的精神,有些研究人員會

要求訪談者中途要休息，或著進行不同的調查，以減低疲乏。

控制有意的受訪者誤差

為了控制有意的受訪者誤差，必須最小化受訪者說謊和無回應傾向。可以使用的方法包括匿名、保密、誘因、驗證檢查和第三者技巧。當受訪者的姓名保證不會與其答案產生關聯時，稱為**匿名**；而當受訪者的答案會保障隱私時，稱為**保密**。這兩種都有助於預防說謊，當受訪者可以匿名回答時，他們在回答個人隱私的問題時，會感到比較舒服，且比較不會說謊。

減少說謊和無回應誤差的另一種方式為使用**誘因**，誘因是為了獎勵參與調查所給的現金、禮物。當受訪者收到獎勵時，比較容易產生道德上的義務，會回答真實的答案，當他收了禮物，卻不老實回答時，可能會有罪惡感。

減少說謊的另一種方式為使用**驗證檢查**，確認受訪者所提供的資訊。例如Leap Frog欲對其學齡前孩童的教學產品進行登門拜訪的調查，訪談者可以請受訪者出示家中的Leap Frog產品，以作為驗證檢查；另一種比較不冒昧的驗證是由訓練過的訪談者來進行，可以藉由比較受訪者的回答和其外觀來進行檢驗，例如看起來很老的受訪者，卻說他們很年輕；衣衫襤褸的受訪者，卻說他們很有錢等。

有一種問卷設計的方式可用以減少有意的受訪者誤差，稱為**第三者技巧**，問題並非直接針對受訪者，而是以類似受訪者的第三者來表達，例如詢問中年男子以下的問題：「你認為像你一樣的人會使用威而剛嗎？」雖然受訪者可能會以其立場來思考，但因為問題的主體為不知名的第三者，問題不至於太過個人，因此，受訪者比較不會覺得洩漏了個人和私密的資訊。第三者技巧可用以減少說謊和無回應。

控制無意的受訪者誤差

有多種方式可以控制無意的受訪者誤差，包括：設計良好的問卷指示和

範例(questionnaire instructions and examples)、尺度端點的反轉、使用激勵。
在誤解方面,設計良好的**問卷指示和範例**可以避免受訪者的混淆。已經在第
九章中介紹過問卷的設計,研究人員有時也可以使用直接問題,來評估受訪
者的了解程度,例如可以使用5點尺度:1=強烈同意;2=同意;3=無意
見;4=不同意;5=強烈不同意。請受訪者評估:「這些指示清楚嗎?」如
果受訪者的答案是負面的,則重複講解指令,直到他們了解為止。可以藉由
提醒受訪者,尚有「無意見」、「不記得」或「不確定」的選項來減少
猜測。

在語意差異法時,討論過**尺度端點的反轉**,其並非將所有負面的形容詞
擺在一端,所有正面的擺在另一端,而是同樣的一端有正面也有負面的形容
詞。此種反轉是想警示受訪者,他們必須針對每個問題來作回答。而當使用
同意──不同意的論述時,會將論述改寫為反面的說法,請受訪者注意每一
論述。這兩種作法都可以提高受訪者的注意力。

較長的問卷常會使用**激勵**,如「我們就快要完成了」、「最困難的部分
已經完成了」,或是其他用以鼓勵受訪者繼續回答的話語,有時訪談者會感
到某些受訪者的注意力喪失或疲憊,亦可以用自己的激勵方式來鼓勵對方完
成調查。

在傳統調查中,控制資料蒐集誤差的最後評論

在行銷研究的資料蒐集階段,不論是訪談者或是受訪者,都會發生多種
非抽樣誤差,同時,亦有多種事前預防和控制方法可用以最小化非抽樣誤
差。每次的調查都是獨特的,因此無法提供一體適用的指引,只能夠強調良
好問卷設計於減少誤差上所扮演的重要角色;專業的實地資料蒐集公司需要
妥善地控制訪談者和受訪者誤差,才能維持其公司的經營;需不斷使用最新
的技術,來幫助蒐集資料和控制誤差。

線上調查時，會產生的資料蒐集誤差

在很多情況下，因為沒有訪談者的存在，線上調查與自我施行的問卷非常類似，因此，除非有採取控制的手段，否則線上調查也會有偽造的情況。有三種專屬於線上調查的資料蒐集誤差：1.同一受訪者的多次遞交(multiple submissions)；2.扭曲的受訪者和回答(bogus respondents and responses)；3.母體的扭曲(population misrepresentation)。

多次遞交

通常線上問卷都可以快速且輕易地完成，除非有加以控制，否則受訪者可以在幾分鐘之內就交出多次已完成的問卷，如果沒有限制每人的遞交次數，則會導致該名受訪者的看法和意見過度代表的錯誤情況。常見的控制方式為留下電子郵件的地址，一旦重複，則忽略該份問卷，但此方法無法消除一人有多個電子郵件的情況。

扭曲的受訪者和回答

網路的匿名性讓個人可以用虛擬的身分或是偽裝成另一個人來登入問卷網站，因為此匿名性，使人們可以給出無想法、極端或是其他錯誤的回答。扭曲的回答誤差對於線上調查是一嚴重的傷害，會使得研究人員轉為使用線上專門小組或其他事前確認過的受訪者，以控制扭曲的受訪者情況。

母體的扭曲

有些母體區隔（如年長市民、低所得家庭、有科技恐慌的民眾等）並不適合線上調查，有些人也比其他人更常使用網路，因此，網路調查會使那些常上網的人過度代表母體，而那些較少上網的人，則較少機會反映其

想法。

無回應誤差

　　雖然無回應已經在郵件調查時簡短地討論過，但以下會更詳細地介紹它，包括無回應的種類、如何評估**無回應誤差**的程度、調整或補償無回應的方式。無回應的確認、控制和調整對於調查的成功與否，非常重要，圖12.2展示出密西根大學消費者態度電話調查在過去20年的期間，其回應率一直是遞減的，在1996年之前，以每年1%的速度遞減，到1996年以後，則是每年減少1.5%，且其遞減的比率仍在加速。這個現象使研究的作者指出：「電話訪談似乎是沒有未來的。」

　　無回應是行銷研究中所遇到最大、最跨國性的問題，且此問題在很多調查中亦持續惡化。一些產業觀察家指出，導致無回應的主要問題為：**對於侵犯隱私的恐懼、消費者對於參與研究所帶來的好處產生疑慮**，以及**害怕以研究當作電話行銷的包裝**。

　　無回應的定義為可能的受訪者不參與調查，或是不回答特定的問題。無回應誤差至少可以分為三種不同種類：拒絕(refusals)參與調查、中斷訪談、

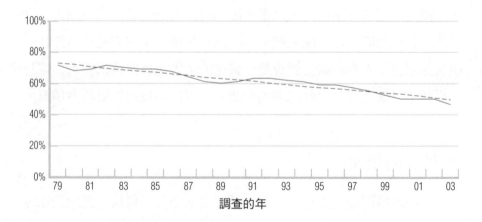

圖12.2　電話調查的回應率是向下的趨勢（虛線）

Source: Curtin, R., Presser, S., and Singer, E. (2005, Spring). Changes in telephone survey nonresponse over the past quarter century. *Public Opinion Quarterly,* 69(1):91.

拒絕回答特定問題或是漏答。

拒絕參與調查

不同國家、不同人口特徵的拒答率都不相同，而**拒絕**的理由也是千奇百怪，可能是因為忙碌、沒興趣、不喜歡訪談者的聲音，或是只是反應出對於調查的一貫態度。在Marketing Research Insight 12.2中，可以知道有趣的主題對於獲得受訪者合作的效果為何。拒絕參與的理由可能是因為受訪者不想花時間，或者是他們覺得這是對隱私的侵犯，即使是專門小組，亦有可能發生拒絕的情況。

克服拒絕的方式之一為使用誘因，在回顧15個不同的郵件調查後，研究人員發現，當有提供小禮物時，回應率會增加14%。造成拒絕參與的另一個原因為：問卷的長度太長，研究發現，當完成問卷所需的時間每增加一分鐘

MARKETING RESEARCH INSIGHT

ONLINE APPLICATION

12.2 受訪者會因為對主題感興趣而參與調查嗎？

普遍認為，當調查的受訪者對於調查的主題感到很有興趣時，會比較可能參與調查。有三位研究人員測試了這個想法，他們使用四種不同的調查，每一種的主題都不同，而一種調查使用不同的家庭母體，母體可以分為教師、剛有小孩的父母、年老的市民和政治捐獻者，主題可以分為教育和學校、照顧孩童以及對子女的教育、醫藥和健康議題、投票、選舉和國家面臨的議題。使用隨機抽樣方法選出受訪者進行電話調查，總共有2,330位受訪者參與調查，總回應率為63%。

結果為：當人們對該主題比較有興趣時，合作的機會較大。研究人員發現，當人們對主題感興趣時，參與的機會率40%，大於對主題不感興趣時的機率。如果研究人員所調查的主題讓受訪者十分感興趣，則需要在介紹的初期就吐露出調查的主題，但如果受訪者對研究主題不感興趣時，則需要給予誘因，以換得人們的參與。

時，回應率會減少0.85%。郵寄問卷的回應率亦會受到訴求種類的影響，當贊助者是教育機構時，使用社會效用訴求會比較有效地增加回應率，而當贊助者是商業組織時，使用利己訴求會比較有效。利己訴求強調，受訪者的參與對於研究的完成具備高度重要性。

中斷訪談

當受訪者接受調查，已經回答完幾題，卻決定不再回答任何問題時，稱為**中斷**(break-off)。中斷的理由亦有多種：訪談的耗時多於預期、該主題或特定問題使人不愉快或太私人、指示令人混淆、突然被打斷、受訪者突然接起電話而後停止訪談。而在自我施行的調查時，受訪者更可以恣意地停止填答。

使用訓練有素的訪談者去進行調查是非常重要的，在一場有關如何改善受訪者合作的討論中指出：「必須考慮訪談者，成功的公司都已了解到訪談者的重要性。」因此，研究的提供者越來越強調改善訓練技巧以及現場的檢查。

拒答特定問題（漏答）

即使受訪者同意參與調查，且未中途中斷，但研究人員有時也會發現某些問題的回應率就是比其他問題低。如果行銷研究者在事前就懷疑某題（如受訪者去年的年收入）的拒答率會比較高，可以在問卷中包含「拒答」的選項，但在自我填答的問卷中，則不適合包含此種選項，會讓受訪者藉此逃避，不提供真正的答案。**漏答**(item omission)是用以確認有多少比率的樣本拒答某特定問題的慣用語。研究證實，敏感的問題會造成較多的拒答，而較需要腦力的問題亦會得到比較多「不知道」的回應，因此，最好有提供「不知道」的選項，以減少漏答的情況。

何謂完整的訪談？

　　在訪談時，可能會遭遇中斷和漏答。在哪一部分的中斷仍舊可以構成完整的訪談？漏答要到怎樣的程度，才會將調查視為不完整的？亦即，研究人員需要定義一套標準，說明何謂**完整的訪談**(completed interview)。幾乎所有的調查都會有漏答和中斷的情況，但僅僅是因為幾題沒有回答，就要將該段訪談視為不完整嗎？到底應該回答多少題，才算是完整的訪談呢？以上問題的答案需要研究者的判斷，不同的研究專案會有不同的情況。只有在鮮少的情況下，有需要回答全部的問題，在大多數的情況中，研究人員會採用一些定義何謂完整訪談的決策法則。例如在大多數的研究裡，有些問題是關於研究的主要目的，另外有些問題則是問一些額外的補充資訊，如受訪者的人口特徵。由於它們是比較個人的問題，因此常置於問卷的最後面；也因為它們不是研究的主要焦點，因此只要所有的主要問題都有回答時，即可視為**完整的訪談**。

減少無回應誤差

　　以上已經介紹了無回應誤差的來源，以及如何控制調查中的訪談者和受訪者誤差，以下將介紹如何**最小化無回應**（最大化回應率）。每種資料蒐集的方法都會有無回應的可能，郵寄問卷常是最嚴重的情況，但即使是最嚴重的情況，仍然有許多策略可用以增加回應率，包括透過明信片或電話的**事前通知**(advance notification)、**金錢誘因**(monetary incentives)和**追蹤接觸**(follow-up contacts)。在郵寄調查前就確認出受訪者，可以替10分鐘的調查增加回應率（從27.5%上升至33.7%），除了確認受訪者外，如果在事前就取得受訪者的合作，回應率也可改善至40%。研究人員也開始使用其他的資料蒐集方法（如傳真、電子郵件等）以增加回應率，但仍是具有其他的問題，如母體受限、損失匿名性、無法使用較長的問卷等。

　　為了減少不在家、忙線、不回答的情況，會使用**嘗試回撥**(callback

attempts），研究人員應該要寫下受訪者不在家、忙線、不回答的時間和日期，選別的時間或日期嘗試回撥（通常是3至4次）。行銷研究的公司會設計特殊的表格以記錄嘗試回撥，內含時間、日期、結果等。

我們也可以透過替換樣本來減少無回應的情況，在第十章時已介紹過多種替換樣本的方式。總而言之，在調查時，處理無回應誤差的基本策略為審慎地使用誘因、說服受訪者合作、重複地嘗試接觸可能的受訪者，並使用系統性的替換受訪者，以達到想要的允許誤差標準。

衡量調查中的無回應誤差

大多數的行銷研究都會報告其回應率，回應率計算在總樣本中，有多少比率的訪談是完整的，其為無回應率的剩餘數（衡量無回應誤差），如果有75%的回應率，則無回應率為25%。

回應率的計算困擾了行銷研究者很多年，沒有一種一致被接受的定義，不同的公司使用不同的方法去計算回應率，事實上，亦有多個使用的術語，包括完成率、合作率、訪談率、在家的比率、拒答率等。在1982年，CASRO（美國調查研究組織會議）出版了一份特別的報告，嘗試提供一致的回應率定義和計算方法。

根據CASRO的報告，回應率定義為完整訪談數除以合格的樣本單位數。

CASRO的回應率公式（簡單形式）　　$$回應率＝\frac{完整的訪談數}{合格的樣本單位數}$$

在多數的研究中，都是透過篩選問題來判斷受訪者的資格。假設是替一家百貨公司進行研究，特別關心它的廚具部門，可以透過以下的篩選問題，來判斷可能的受訪者資格：「你有在Acme百貨作規律性的消費嗎？」如果回答：「有」，則可以再問：「你有在過去三個月內，在廚具部門消費嗎？」如果答案仍是「有」，則可以將該回應者視為具有接受調查的資格。

假設樣本為1,000位購物者，調查的結果為：

完成＝400

不合格＝300

拒絕參與＝100

沒接、忙線、不在家＝200

　　可用來計算樣本單位數的資訊為1.合格的；2.不合格的；3.不確定的。在計算回應率時，分子為完成的數目，而分母等於完成的數目加上雖然拒絕、忙線或不在家，但卻符合資格的比率。因為並沒有與拒絕、沒接、忙線、不在家的人談過，所以要如何決定在這些人裡面，有多少百分率的人合乎資格呢？我們將他們的數目乘上談過的人中符合資格的比率——亦即假設訪談過的人中的合格率（與700人談過，合格率0.57）亦可適用於未談過的母體（因為拒絕、沒接、忙線或不在家，所以未作過訪談）。計算回應率的公式如下：

CASRO的回應率公式（擴張形）

$$回應率 = \frac{完成}{完成 + \left[\dfrac{完成}{完成 + 不合格}\right] \times (拒絕 + 沒有接觸)}$$

CASRO範例計算結果

$$
\begin{aligned}
回應率 &= \frac{400}{400 + \left\{\dfrac{400}{400 + 300}\right\}\{100 + 200\}} \\
&= \frac{400}{400 + (0.57)(300)} \\
&= 70.0\%
\end{aligned}
$$

調整結果以減少無回應誤差的效果

　　無回應誤差應該加以衡量，如果無回應的程度會造成問題時，則需要加以調整，如果無回應誤差的程度不大，則不需要調整。有兩種調整的方法：**加權平均**(weighted averages)和**超額抽樣**(oversampling)。

Active Learning — 如何使用的CASRO公式計算回應率

因為CASRO公式看起來很簡單且直觀，但是當處理個別的研究計畫時，到底應該如何解釋它們呢，這個Active Learning的練習，提供實際計算回應率的機會。

以下的電話調查範例作為計算回應率之用。

母體：以電話調查美國家庭的汽車購買態度和行為。

抽樣框架：電話簿。

合格的受訪者：此調查搜尋關於汽車經銷商和最近的汽車購買行為資訊。你的顧客只想要那些在過去一年內，有購買過汽車的人的資訊。因此，會在調查的一開始就使用篩選問題，以判斷受訪者（或家庭中的任一成員）是否有在過去的一年內買車。

假設你把這個調查當作是班上的計畫，進行電話訪談，取得隨機選擇的電話號碼名單，需要完成五次的訪談，在放棄一支號碼前，需要進行最少三次的接觸嘗試，並要將每次打電話的結果，登記於電話記錄表上，你記錄的結果如下：

停用(D)——電話公司的訊息指出該支號碼已經停止使用。

目標錯誤(WT)——（不合格）該支號碼是企業的號碼，但你只對居民感興趣。

不合格的受訪者(IR)——家庭成員中沒有人在去年購買汽車。

拒絕(R)——受訪者拒絕參與。

終止(T)——受訪者接受調查，但在完成所有的問題前就停止參與。

完成(C)——完成問卷。

忙線(BSY)——電話忙線；在之後的時間嘗試回撥，直到試過三次。

沒接(NA)——沒人接電話或是遇到電話答錄機。可以留下訊息說你會再打來，直到試過三次。

回撥(CB)——在受訪者比較方便的時間再打電話過去，記錄回撥的時間和日期，並記得回撥，直到試過三次。

假設你的號碼和編碼如下所示：

電話號碼	第一次嘗試	第二次嘗試	第三次嘗試
474-289	沒接	沒接	完成
474-2668	忙線	不合格的受訪者	
488-3211	停用		
488-228	完成		
672-8912	目標錯誤		
263-6855	忙線	忙線	忙線
265-9799	終止		
234-7610	拒絕		
619-6019	回撥	忙線	忙線
619-8200	不合格的受訪者		
474-2716	不合格的受訪者		
774-7764	沒接	沒接	
474-2654	停用		
488-4799	目標錯誤		
619-0015	忙線	完成	
265-4356	沒接	沒接	完成
265-4480	目標錯誤		
263-8898	沒接	沒接	沒接
774-2212	完成		

你在第19支電話號碼時，完成了5筆訪談。因此，回應率的計算就不應該包括那些沒有撥的號碼。

注意每支號碼最後的編碼，並計算每種編碼的次數。將這些數字輸入回應率的公式，以算出正確的回應率。

$$回應率 = \cfrac{C}{C + \left(\cfrac{C}{C + IR + WT}\right)(BSY + D + T + R + NA)}$$
$$= \underline{\qquad\qquad}\%$$

請注意不合格者在公式中是如何處理的。IR和WT都被視為不合格。應用的邏輯為：訪談過的人和未訪談過的人，兩者合格率相同(BSY, D, T, R, NA)。

加權平均

加權平均利用權數（可以正確反映出子群代表母體的比率）於子群平均上，計算總體分數，以調整子群的無回應誤差。加權平均用以調整樣本的結果，使其與真實的人口統計特徵一致。

假設助曬乳液的目標市場是由50%已婚和50%的未婚人士所組成，但郵件調查的樣本是由25%已婚和75%的未婚所組成，必須以50－50的加權平均來調整結果。假設有一題是問：「平均而言，你願意付多少錢買5盎司的助曬乳液？」已婚受訪者的平均答案為2美元，未婚的為3美元，如果計算郵件調查樣本(25－75)的總體平均則為2.75美元(0.25×2＋0.75×3)；若應用50－50的真實比率，平均價格會變為2.5美元(0.5×2＋0.5×3)。無回應誤差扭曲了平均價格，但透過真實人口統計的特徵來調整後，可消除此種誤差。

超額抽樣

超額抽樣為處理無回應誤差的第二種策略，通常比較昂貴，故只在某些情況下使用，使用超額抽樣時，研究人員抽取的樣本數會大於所要分析的群體，請注意這裡指的是最終的樣本數會大於目標樣本數，而非先抽取大量的可能受訪者，以達到目標樣本數。在超額抽樣後，研究人員再根據目標群體的特徵，從受訪者多抽取符合的子樣本，雖然某些問題的拒答率可能較高，但因為超額抽樣可以產生足夠的受訪者，因此仍可以減少無回應的問題。

以助曬乳液為例，假設共寄出1萬份問卷，收回2,000份（由75%未婚和25%已婚所組成），為了抽取50－50已婚對未婚的比率，故每種都抽取500份，不需要再進行加權，因為所分析的樣本已經具有適當的比率。然而，有1,000份已婚者的問卷棄而不用，如果想要符合的人口特徵越多，最終的樣本數會越少，棄而不用的問卷數更多。因此，減少無回應誤差最好的方式，仍是選用適當的調查方法、給予誘因，儘量不要使用調整，根據**經驗法則**，雖然有時採用調整是好的，但最好加以避免。

初步的問卷檢查

無回應在每個調查中幾乎都會出現，就算受訪者都有作答，他們的答案有時也令人產生質疑。因此，在行銷研究的資料蒐集階段中，尚包含一個步驟，即是問卷的檢查，其為之後的電腦製表和分析預作準備。研究人員通常都發展出關於回答品質的第六感，只需要檢查原始問卷，即可偵測出錯誤。

問卷檢查要注意看些什麼

檢查問卷的目的是想判斷「壞」卷的程度，把具有嚴重問題的問卷挑出來。有問題的問卷包含下面幾種：效度有問題、具有無法接受的未完成模式、受訪者誤解的程度過大、具有其他複雜或明顯的問題（如書寫不合規格、運送時破損）。檢查完整的問卷可以找出以下五種不同的問題：未完成的問卷、不回答特定問題、答案相同模式、中道模式、不可信的回答。表12.2總結這五種問題。

▶ 未完成的問卷

未完成的問卷是指問卷的後面幾題或後面幾頁都沒有作答，可以將這種無回應誤差稱為「中斷」，常發生於人員和電話訪談中。或許是因為受訪者累了、問卷太複雜、該主題太私人等因素，讓受訪者不願回答後面的問題。

表 12.2　檢查問卷時會發現的問題

問題種類	描述
未完成的問卷	問卷沒有填完，受訪者在某個地方就停止作答了（中斷）。
不回答特定問題	受訪者拒答特定問題，但其他的問題都有作答（漏答）。
答案相同模式	受訪者不管問題為何，具有一致性的傾向是回答喜歡或不喜歡。
中道模式	受訪者於大多數的問題都是回答「無意見」。
不可信的回答	受訪者在信度檢測上呈現不一致。

應該要檢查問卷，以找出
多種回答上的問題。

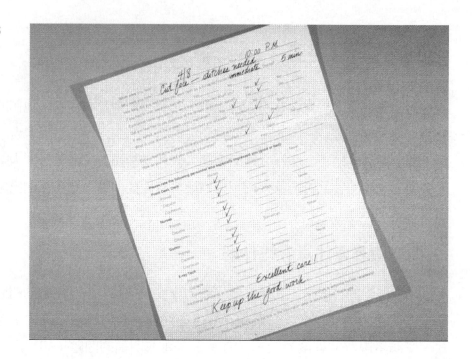

不回答特定問題（漏答）

受訪者可能基於任何理由，留下幾題不予回應。

答案相同模式

即使每一題都回答了，可能也存有問題。**全部說是**(yea-saying)模式指的
是該名受訪者在問卷中，不論是什麼問題，全都回答「是」或「強烈同
意」，因此，該份問卷可能會不正確；而**全部說否**(nay-saying)則是該名受訪
者全部回答「否」或「強烈不同意」。

中道模式

中道模式(middle-of-the-road pattern)是該名受訪者大多回答「無意見」，
無意見可能是真的無意見，或者是沒興趣、缺乏注意力、拒答的一種表示。
雖然受訪者可能真的對該主題沒有意見，但如果一個人給了太多無意見的回

答，那還有必要使用這位受訪者嗎？

👪 不可信的回答

信度為受訪者回答的一致性程度，有時研究人員會進行一致性的檢測。假設一名受訪者對於「廚具的用電量是你在意的事嗎？」回答為「是」，如果對於另一題「當你使用電子咖啡壺、烤箱或電子開罐機時，你會思考用了多少電嗎？」回答為「不會」，則會被判斷為**不可信的受訪者**(unreliable respondent)，將會從樣本中刪除。

在檢查問卷時，尚會出現其他麻煩的問題。例如單選題時，可能會選擇多個選項；沒有發現問卷背後仍有題目，以至全部漏答；沒有注意是以同意的程度大小來作答，而是寫下評論等。欲偵測這些錯誤，都需要實際地檢查問卷。

複習與應用

1. 區辨抽樣誤差和非抽樣誤差。
2. 指出有意的現場調查工作者誤差的種類，以及可用以最小化誤差的方法；指出無意的現場調查工作者誤差的種類，以及可用以最小化誤差的方法。
3. 定義「無回應」，並列出調查中的三種無回應種類。
4. 為什麼有必要對於完成的問卷進行初步檢查？
5. 一間新的購物中心攔截公司在鄰近的折扣商場開設了營業處，向你所服務的保險公司介紹生意，你所處的保險公司正想進行一項調查，想知道市場對全新的人壽保險保單的反應，請簡述為了評估該商場攔截公司的服務品質，你需要什麼樣的資訊。
6. 假設你在電話行銷公司打零工，根據所獲得信用卡申請單的數量來給薪。公司的擁有者發現，信用卡的申請數量一直減少，因此想進行行銷

研究的電話訪談，當你在星期一上班時，拿到了一疊問卷，需要去進行電話訪談。在這種情況下，會發生哪些有意的現場調查工作者誤差呢？

7. 如何定義「完成」？這個定義如何幫助研究人員處理「未完成的問卷」？

8. 在你作行銷實習的第一天，公司的管理者遞給你昨天電話訪談的記錄，請你分析這些記錄，在下午5點向他報告。

	羅尼(Ronie)	瑪麗(Mary)	潘(Pam)	伊莎貝爾(Isbelle)
完成	20	30	15	19
拒絕	10	2	8	9
不合格	15	4	14	15
忙線	20	10	21	23
停用	0	1	3	2
中斷	5	2	7	9
沒接	3	2	4	3

個案12.1　Pacific States研究：電腦輔助電話訪談或線上專門小組？

　　Pacific States研究機構為一家完全服務的公司，位於西美的10個區域型購物中心。每個分支都具有完整的焦點團體場所（提供太平洋州立25%的收入；另外25%的收入，來自於購物中心的攔截訪談；50%的生意則來自集中化的電話訪談服務）。在過去的5年，這三塊區域的運作都相當穩定，但公司持續對電話訪談的品質進行改善，主要的難處在於留住訪談員，內部研究指出，平均每個分支都需要全職與兼職的電話訪談員各6名（當工作量增加時僱用）。當工作缺乏時，會遣散全職的訪談員，但是當工作量超過全職訪談員的負荷時，又會使用兼職的人。全職訪談員在Pacific States的平均工作時間為6個月。

品管問題影響到它的生意。一位主要的顧客最近告訴Pacific States，說不會再使用它的服務，因為發現其訪談員在施行問卷時，造成了嚴重的問題；另一位顧客也抱怨Pacific States完成電話訪談的時間過慢，且有多處錯誤。而且因為無回應問題、隱私性的議題、多種電話篩選系統的出現（消費者可用以篩選來電），使得電話研究也越來越難以進行。

Ned為負責電話訪談的管理者，已經與多家電腦服務公司討論過上述問題。Ned正思考將Pacific States從集中式電話訪談改為電腦輔助電話訪談(CATI)，他已經作過初步的分析，發現CATI可以大幅減少訪談者誤差，也認為CATI系統的容易使用性，會讓訪談員留在Pacific States更久。因為CATI可以整合十處分支，因此可以將工作分配給每處的全職訪談員，亦即，雖然各處看起來都像是獨立運作的資料蒐集公司，但工作是透過Pacific States位於舊金山的總部所分配的。

Ned發現完全整合的CATI系統需要25萬美元的裝設成本，每天的維修與升級費需要15萬美元，並且需要向每位顧客收取每頁問卷250美元的轉換費，以更改成CATI的格式。

Ned也在思考線上專門小組（可代表高收入的西部美國）的可行性，其由2萬名線上小組參加者組成，高收入西部的20個最大城市皆有1,000名代表。小組受訪者由高收入的消費者組成，會提供他們獎勵的以取得合作。Ned估計每年所需的獎勵成本為200萬美元、線上服務的規劃需要25萬美元、維持線上專門小組的網路費也需要25萬美元。

1. 利用資料蒐集的概念以及本章所介紹的主題，列出使用CATI的優缺點。
2. 你對於線上專門小組（比CATI系統貴很多）有什麼建議？Ned應該將注意力置於CATI系統或從事線上專門小組？為什麼？

學習目標

❖ 了解資料編碼和資料編碼手冊
❖ 學習資料彙總的概念，及其所提供的功能
❖ 學習五種用於行銷研究的基本統計分析
❖ 學習使用常用於描述資料的中央趨勢和散布衡量
❖ 學習如何用SPSS取得敘述統計的資料

13

基本的資料分析：
敘述統計

由本章開始討論行銷研究者所使用的多種統計技巧，這些技巧可以將雜亂的資料轉為有意義的資訊，並可彙總及溝通從資料中所發現的模式。

資料編碼以及資料編碼手冊

在檢查過問卷並進行處理後，研究人員進入資料分析過程的資料輸入階段。**資料輸入**(data entry)指的是創造出一個電腦檔案，內含所有完成問卷的原始資料。有多種資料輸入的方式，可以用鍵盤輸入每筆資料，也可以用電腦掃描，將整份問卷直接轉為資料檔。

資料輸入時，需要進行**資料編碼**(data coding)，即根據問卷上每題的可能回答，給予對應的代碼，這些代碼常是數字的型態，因為數字可以被快速、容易地輸入，且電腦處理數字也比較有效率。在大規模的專案裡，通常會請承包商來進行資料輸入，此時研究人員就要使用**資料編碼手冊**(data code book)，內含所有變數的名稱，以及每題的每個答案所對應的代碼數字為何。只要使用資料編碼手冊，即使研究人員沒有參與研究專案的早期階段，也可以使用該資料集合進行分析。

當使用線上調查時，資料檔為受訪者所遞交的完成問卷，會以HTML語法將問卷自動編碼。在線上調查時，編碼手冊非常重要，研究者必須使用它們將資料檔中的數字和問卷的回答作出連結。

使用SPSS時，非常簡單就可以取得編碼。首先打開資料檔，定義所有的變數和其變數標籤，再使用Utilities－File Info或Utilities－Variable指令，前者會在SPSS的輸出視窗中列出所有的變數，後者則是使用一個視窗，將所有的變數資訊一個個分開（如圖13.1）。

SPSS

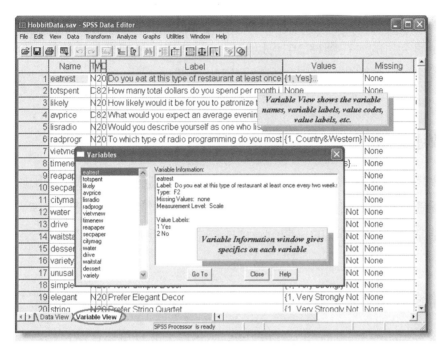

圖13.1　SPSS的變數瀏覽視窗顯示出「哈比人的最愛」餐廳的調查資料基本編碼
　　　　手冊

行銷研究所使用的統計分析種類

　　當學習過使用SPSS、處理過資料、熟悉SPSS的運作後，行銷研究者開始使用資料矩陣進行後續的分析。**資料矩陣**(data matrix)為編碼過的原始資料，行上面的資料代表問卷上問題的答案、列上面的資料則代表每位受訪者或個案。當行銷人員面對資料矩陣時，要進行**資料彙總**(data summarization)的過程，計算出一些數字以代表資料集合的特性。資料彙總可將資料矩陣濃縮，但又具有足夠的資訊供顧客參考。資料彙總其實就是任何一種統計分析，具有以下的功能：1.總結資料；2.提供容易了解的概念；3傳達基本的模式；4.概化樣本發現至母體。

　　行銷研究者可以使用五種基本的統計分析來分析資料矩陣：敘述分析(descriptive analysis)、推論分析(inferential analysis)、差別分析(differences analysis)、相關分析(associative analysis)和預測分析(predictive analysis)。每

一種在資料分析的過程中都扮演獨特的角色，且通常結合成完整的資訊分析以滿足研究目的。在圖13.2中可以發現，這些技巧是越來越複雜的，但隨著複雜度增加，能將原始資料轉為越有用的資訊。

敘述分析

平均數、眾數、標準差、全距等衡量都是**敘述分析**的形式，可用以描述樣本的資料矩陣，如描述「典型」的受訪者、發現回應的一般模式等。敘述分析通常用於分析過程的早期，且會成為之後分析的基礎。

推論分析

當行銷研究者所使用的統計程序是要將樣本的結果概化至目標母體時，此過程稱為**推論分析**，這種統計程序讓研究者可以根據樣本資料矩陣所提供的資訊，來獲得有關母體的結論。推論統計包括假設檢定以及根據樣本資訊，估計真實母體數值。

差別分析會告訴你，高所得的美國運通卡持有者是否在花費的金額上與低所得者不同。

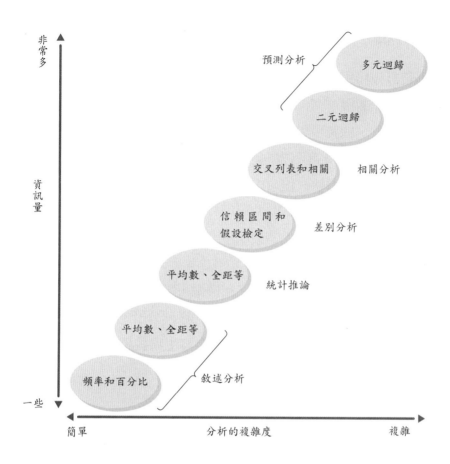

圖13.2　行銷研究所使用的分析層級

差別分析

　　有時，行銷研究者需要判斷兩個群體是否不同，例如研究人員調查信用卡的使用情況，想要知道高所得者和低所得者在使用美國運通卡的頻率上是否有所差異，研究人員可以藉由比較高低所得者的平均每年花費，來得到重要的市場區隔資訊。研究人員也可以進行實驗，判斷何種廣告主題最能讓目標客群產生印象。利用**差別分析**可以得出真實和推論母體間的差異程度，有助於管理者進行決策制定。統計上的差別分析包括組間顯著性差異的t檢定和變異數分析。

相關分析

有些統計技巧用以判斷變數間是否有系統性的關係。**相關分析**研究兩個變數間是否存有關係，及其關係為何。例如廣告回響和購買意圖是正相關嗎？銷售人員的訓練費用和銷售人員的績效是正相關嗎？相關分析可以指出兩個問題間相關性的強度和方向。如果研究者對於更複雜的相關模式感興趣，亦有可以使用的方法，但超出本書的範圍。

預測分析

行銷研究者會使用一些統計程序和模型，幫助預測未來的事件，稱為**預測分析**，其中最常使用的是迴歸分析和時間序列分析。因為行銷管理者常會擔心在特定情況下（如價格上漲），未來會發生哪些事，因此，預測是非常需要的。

「哈比人的最愛」餐廳：SPSS資料集

從本章開始，會使用「哈比人的最愛」餐廳的調查資料作SPSS示範。你可以用學生版的SPSS再跑一次資料分析，請至www.prenhall.com/burns-bush網站下載資料集。

該調查的問卷刊登於WebSurveyor，符合資格的受訪者在指派的時間內，線上回答問題並遞交問卷。之後下載資料、輸入SPSS、設定變數名稱和標籤、清除無效樣本。最後的資料集共包含400名受訪者（皆回答了所有的問題），SPSS的資料檔為「hobbitdata.standard.sav」。你應該要下載該檔案，並檢視問題和回應的格式，在之後教導SPSS的多種分析時，會用到它們。

SPSS的資料集是由欄和列所組成（在資料瀏覽視窗可見），欄代表變數（反映相關的問題）、列則是代表每位受訪者，可以參考圖13.3。

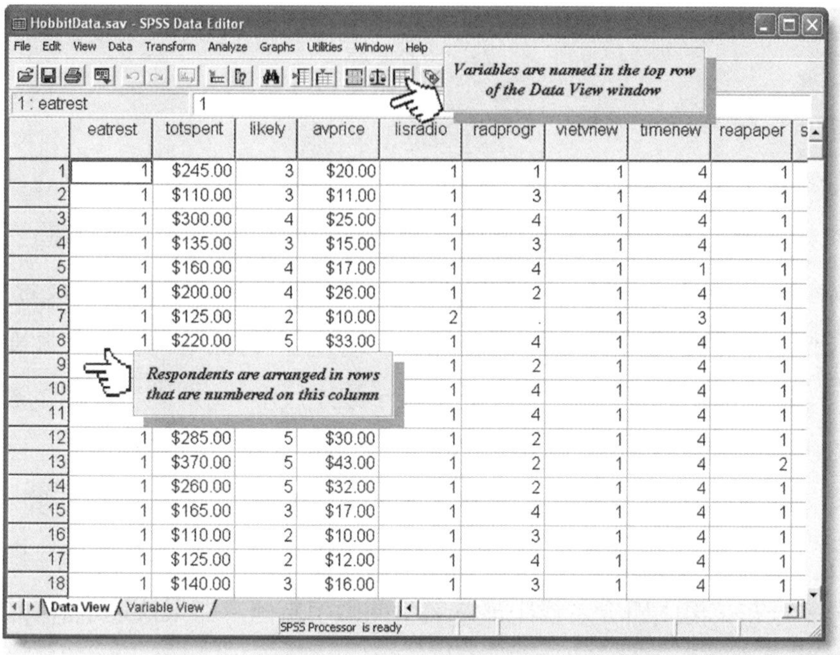

	eatrest	totspent	likely	avprice	lisradio	radprogr	vietnew	timenew	reapaper
1	1	$245.00	3	$20.00	1	1	1	4	1
2	1	$110.00	3	$11.00	1	3	1	4	1
3	1	$300.00	4	$25.00	1	4	1	4	1
4	1	$135.00	3	$15.00	1	3	1	4	1
5	1	$160.00	4	$17.00	1	4	1	1	1
6	1	$200.00	4	$26.00	1	2	1	4	1
7	1	$125.00	2	$10.00	2	.	1	3	1
8	1	$220.00	5	$33.00	1	4	1	4	1
9					1	2	1	4	1
10					1	4	1	4	1
11					1	4	1	4	1
12	1	$285.00	5	$30.00	1	2	1	4	1
13	1	$370.00	5	$43.00	1	2	1	4	2
14	1	$260.00	5	$32.00	1	2	1	4	1
15	1	$165.00	3	$17.00	1	4	1	4	1
16	1	$110.00	2	$10.00	1	3	1	4	1
17	1	$125.00	2	$12.00	1	4	1	4	1
18	1	$140.00	3	$16.00	1	3	1	4	1

圖13.3　SPSS的資料瀏覽視窗，展示出「哈比人的最愛」餐廳的調查資料矩陣

透過敘述分析了解資料

有兩套用來廣泛描述從樣本所獲得資訊的衡量：第一套包括中央趨勢的衡量及敘述「典型」受訪者或回應的衡量；第二套包括變異的衡量及受訪者回應與「典型」受訪者或回應類似程度的衡量。雖然尚有其他種類的敘述衡量可供使用，但受歡迎程度都不如中央趨勢和變異，因此，鮮少向顧客說明。

中央趨勢衡量：總結「典型」受訪者

所有中央趨勢衡量的基本目標是想將資料彙總，然後只報告單一資訊，藉此反映出對於某問題的最典型回應。應用於任何統計衡量的**中央趨勢**一詞，反映出典型或最頻繁的回應。有三種常作為資料彙總手段的中央趨勢衡

量，分別為眾數(mode)、中位數(median)和平均數(mean)。

▶ 眾數

眾數是一種敘述分析衡量，指的是在一串數字中，出現次數最多的數值，例如在圖13.3中，第一個變數「eatrest」屬於資格問題，詢問受訪者「你每兩星期至少有一次在這種餐廳吃飯嗎？」如果受訪者回答「沒有」，則不符資格，不會出現於資料集。如果回答「有」則會編碼為「1」。此題的眾數為1。當資料為分類型資料時（如名目、順序尺度），則適合使用眾數。

以下為一個更有趣的分類問題：「你最常聽哪種收音機節目？」回應的選項和編碼為：1.鄉村和西部；2.容易聽的；3.搖滾；4.談話性或新聞；5.沒有偏好。有一個簡單的方法可以找出眾數，首先算出字串中每個數字的頻率或百分率分布，再由研究者找出最常發生的數字為何。如果快速地計算圖13.3中每個數字出現的次數，會發有共有一個1、二個2、二個3、四個4。因為4最常發生，所以談話性或新聞節目為眾數。

眾數只是說明哪個數字最常發生，並不需要該數字的發生率超過50%。如果有兩個數字出現的次數相同，則認為是二元模式分配；如果有三個數字出現的次數相同，則是三元模式分配。

▶ 中位數

中位數指的是一個數值，其出現於排列後數值集合的最中間，亦即有一半的數值大於中位數，但有另外一半的數值小於中位數。無論該串數值為從大到小排列或從小到大排列（需考慮出現的頻率），中位數皆為中點，如果共有奇數個數值，中位數會是數值之一，如果共有偶數個數值時，中位數則會位於兩個臨近數值的中間。

為了找出中位數，研究人員需要先將數值排序，再計算出頻率或百分率分布，並加總算出累積百分率，找出50－50的中斷點。

以圖13.3的前10名受訪者為例，為了找出中位數，先要將數值排序，亦即不能是類別型態的變數。故使用惠顧「哈比人的最愛」餐廳的可能性為例（變數名稱為「likely」，為區間尺度），其具有一個2、四個3、四個4、一個

5，因為2和3占了53%，4和5占了剩下的47%，所以中位數一定界於3和4之間。

中位數較眾數提供更多的資訊，眾數可以出現於串列的任何位置，但中位數只能出現於中點。最常出現的分布並非對稱的，而50－50的點常位於特定的數值，而非兩個臨近的數值之間。

▶ 平均數

平均數，有時又被稱為「算數平均」，為一串數字的平均數，透過以下公式計算：

平均數的公式

$$平均數 = \frac{\sum_{i=1}^{n} x_i}{n}$$

n＝個案數目

x_i＝每筆個別數值

$\sum$加總所有的x_i

將集合中的n個數字，每個皆以x_i表示，全部加總過後，再除以集合中的數目，得到的數字即為平均數。以圖13.3的前15筆晚餐價格為例，其總合為372美元，除上15後，可以得到平均數12.13美元。因為平均數將集合中的每個數字都擺入公式，所提供的資訊多於中位數。平均數可以提供很多資訊，為了快速解釋，常用圖表來說明，如Marketing Research Indesign 13.1。

衡量變異：設想受訪者間的差異

雖然中央趨勢的衡量非常有用，但卻不是完整的指標，可以描述出一串數字的所有特性，它無法指出對於特定問題回答間的變異性，以及受訪者特質上的差異。為了解數值間的多樣性或變異性，行銷研究者必須**衡量變異** (measures of variability)，以了解數值間的「典型」差異。

因為資料的變異性表達出受訪者間對某一主題反應的相似程度，因此對

於行銷決策有很大的影響，共有三種變異性的衡量方法：**頻率分布**(frequency distribution)、**全距**(range)和**標準差**(standard deviation)，每種衡量都提供了獨特的資訊，有助於描述回應的差異。

▶ 頻率分布

頻率分布是將每個數值出現的次數製表。**頻率**是指原始的清算，通常會將其轉為百分率以便於比較，只需將每個數值的頻率除以總觀察值的數目，即可轉為百分率，稱為**百分率分布**(percentage distribution)。例如圖13.3的lis-radio欄，在聽廣播的模式中，可以發現有九個1、一個2，此為頻率分布，如果欲換成百分率分布，則要將每個頻率除以受訪者的數目（此時為10），得到的百分率分布為：是（90%）、否（10%），亦即在10名的樣本中，幾乎每1名在聽廣播都有規律性。

　　頻率分布可以表達出集合中的所有不同數值，並指出其相似程度。如第十一章圖11.2所示範，當用長條圖來表示百分率分布時，如何快速地表達出變異性，如果百分率分布都是一些非常相似的數值，它的圖形會呈現大起大落，像是凸起的大頭釘，此時變異性小；如果是由很多不相似的數值組成，圖形會是延展開的，只有小的山峰和村莊，此時變異性大。

▶ 全距

全距指的是已排列過的數值集合中，最大值和最小值之間的差距，亦是數值分布的兩端點之間的距離。全距所提供的資訊與頻率分布不同，全距會確認出分布發生的區間，雖然不會指出最大值和最小值發生的次數，但可以提供一些差異的資訊，指出極端值之間有多遠。例如如果注意圖13.3的「totspent」欄，它代表每個月會花多少錢於餐廳，以前十位受訪者為例，可以發現最小值為110美元，最大值為370美元，因此全距為260美元（370－110）。

▶ 標準差

標準差指的是數值間的變異程度，可以轉變為常態或鐘形分配。雖然行

MARKETING RESEARCH INSIGHT

13.1 使用點平均說明總體差異

美國的青少年和其他國家的青少年不同嗎？此問題的答案取決於不同的主題。若研究人員想了解小孩對購買力的影響，選擇以色列和美國青少年進行比較，研究人員選出多種家庭購買情境（如家庭汽車、電視、假期）並確認出四、五種子決策（如何時去買、何處去買、花多少錢買等），他們調查有13至18歲年紀小孩的家庭，以6點尺度衡量小孩的影響（1＝毫無影響，6＝完全影響）。以下的圖表比較以色列和美國青少年在購買家庭汽車時，多種子決策上的平均影響。

以色列青少年平均影響的點線圖，在五個子決策都高於美國高於美國青少年。這只是獨立的個案嗎？請再看第二、三張圖表。

可以從圖表中發現，美國青少年在很多的家庭購買決策中，擁有的影響力都低於以色列的青少年。

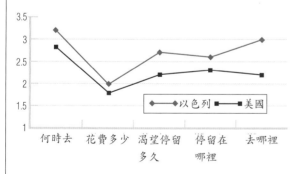

青少年對家庭假期購買決策的影響

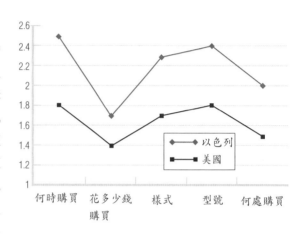

青少年對家庭汽車購買決策的影響

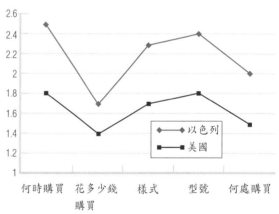

青少年對家庭電視購買決策的影響

銷研究者不會總是依賴標準差的常態曲線解釋，但常會在電腦報表上看到標準差，且也常使用於報告中。

表13.1指出鐘形或常態分配的性質。此種模型為對稱型的分配，在中點的兩邊各是50%的分布。在常態曲線的情況下，中點亦是平均數。標準差為標準化的衡量單位，位於橫軸之上，與常態分配的假設直接相關。例如中點上下一個標準差的範圍會包括曲線下的面積68%，加減任何數目的標準差，其曲線下所含面積的比率都是已知的，±2.58倍標準差所含的面積為99%；±1.96倍標準差所含的面積為95%；±1.64倍標準差所含的面積為90%。以上的情況，皆必須假設頻率分布的形狀接近常態分配。

標準差的公式如下：

標準差的公式

$$標準差 = \sqrt{\frac{\sum_{i-1}^{n}(x_i - \bar{x})^2}{n-1}}$$

X_i代表每筆觀察值，$\bar{x}$代表平均數。使用「哈比人的最愛」餐廳的前十五位受訪者對於餐廳平均花費的例子為例，已知平均花費為12.13美元，應用標準差的公式，計算如下：

表 13.1	常態分配中標準差的解釋	
標準差偏離平均值的數目	曲線下的面積比率[a]	右邊（左邊）的面積比率[b]
±1.00	68%	16.0%
±1.64	90%	5.0%
±1.96	95%	2.5%
±2.58	99%	0.5%
±3.00	99.7%	0.1%

a.此為曲線以下與標準差的下限（左邊）與上限（右邊）間所包含的面積，平均數與上下限間為等距。

b.此為包含在曲線以下與標準差上下限以外的面積。由於常態曲線有對稱的特性，因此在標準差下限以下的面積（左尾）與在標準差上限以上的面積（右尾）完全相同。

計算標準差的範例

$$s = \sqrt{\frac{\sum\limits_{i-1}^{n}(x_i - \bar{x})^2}{n = 1}}$$

$$= \sqrt{\frac{(20 - 12.13)^2 + (11 - 12.13)^2 + \cdots + (11 - 12.13)^2}{10 - 1}}$$

$$= \$9.96$$

　　將差異平方、加總、再除以(n-1)、再開根號，看起來似乎很奇怪，但如果未將差異平方，則會得到正與負的值，加總時，會造成抵銷的效果，大的負值會抵銷掉大的正值，讓分子最後接近於0，0無法代表其變異的程度，因此，為了克服這個問題，需要在加總前先進行平方，平方可將負值都轉為正值，之後再將所有平方後的差異加總，除上總觀察值的數目減1，之所以減去1是為了達成標準差的「不偏」估計。因為每筆差異都進行過平方，造成了膨脹的效果，因此最後要進行開根號的運算，將其調整為原始的衡量。如果沒有開根號，該數值稱為**變異數**(variance)，亦即，變異數是標準差的平方。

　　標準差常是與平均數一起報告的，假設分配為鐘形，標準差的大小有助於想像典型受訪者與平均數的相異程度。如果標準差小，分布是很壓縮的，如果標準差大，則分布會向兩端延伸。在「哈比人的最愛」餐廳的範例中，標準差為9.96美元，假設其回應屬於鐘形分配，則95%的回應會介於12.13±(1.96×9.96)即12.13±19.52（0和31.65美元之間），亦即有95%的受訪者所花的錢介於0美元到31.65美元之間。

何時使用特殊的敘述衡量

　　在第八章中，學過衡量尺度的等級會影響到分析的方法，例如名目尺度所包含的資訊就少於區間尺度。而衡量尺度的等級亦會影響到中央趨勢或變異性衡量所能提供的資訊量。能提供越多資訊的統計衡量，應該使用包含越

表 13.2 何時該使用何種敘述統計			
範例問題	衡量等級	中央趨勢（最典型的回應）	變異性（回應間的相似程度）
你的性別為？	名目尺度	眾數	頻率或百分率分布
將五個品牌，用1-5作排序	順序尺度	中位數	累積百分率分布
根據五點尺度，評估星巴克咖啡飲料的種樣多樣性？	區間尺度	平均數	標準差和全距
上星期講了多久的手機？	比率尺度	平均數	標準差和全距

多資訊的尺度。

表13.2指出衡量尺度的等級與中央趨勢和變異性衡量之間的關係，需根據不同的尺度，選擇不同的統計分析方法。

「哈比人的最愛」餐廳：使用SPSS進行敘述統計

▶ 使用SPSS獲得頻率分布和眾數

在「哈比人的最愛」餐廳的調查中，有很多題使用類別的回應選項，亦即名目尺度的假設。使用名目尺度時，眾數為最適合的中央趨勢衡量，變異性則由回應的分布來加以評估。

稍早，我們以「哈比人的最愛」餐廳的前15名位受訪者的回答為例，使用「廣播節目聆聽偏好」此一名目尺度變數示範如何找出眾數。以下我們仍會使用這個變數以及400筆完整資料集，示範如何使用SPSS創造出頻率分布及找出眾數。

圖13.4示範找出廣播站聆聽偏好眾數的一系列流程。首先選擇Analyze-Descriptive Statistics-Frequencies，會開啟變數選擇的視窗，可以在此指定所要分析的變數，Statistics鍵會開啟統計視窗，內含數種統計概念可供選擇，因為我們只想找出眾數，故只要於眾數前的格子打勾，Continue會關閉該視

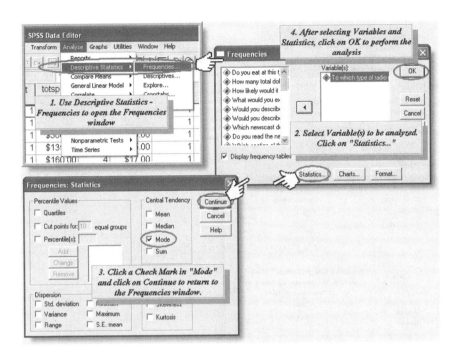

圖13.4　使用SPSS獲得頻率分布和眾數的流程

窗，OK則會關閉變數選擇視窗，並讓SPSS開始創造頻率分布及確認眾數。可以在圖13.5中看到輸出的結果，眾數為3，頻率分布指出搖滾為最受歡迎的節目型式，共有159位受訪者選擇它，共占了39.80%。

當你注意輸出的結果時，會發現所定義的變數標籤、數值標籤會出現於結果之上。Descriptive Statistics-Frequencies程序會為每一個問題的回應創造出頻率分布以及相關的百分率分布，其輸出的結果包括統計表格以及針對每一變數的表格（內含標數標籤、數值標籤、頻率、百分率、正確百分率和累積百分率）。

「哈比人的最愛」餐廳的調查資料集內含遺漏的答案，因此是非常典型的，在第十二章中已經學過，有時受訪者會拒答某些問題、沒有能力回答某些問題，或是會直接跳過某些問題，在這些情況下，如果該名受訪者仍包含於資料集中，則其跳過的問題，稱為「**資料遺漏**」。SPSS和大多數的資料分析軟體都能處理資料遺漏的問題，可以由Marketing Research Insight 13.2中，學習SPSS如何使用「正確的百分率」。

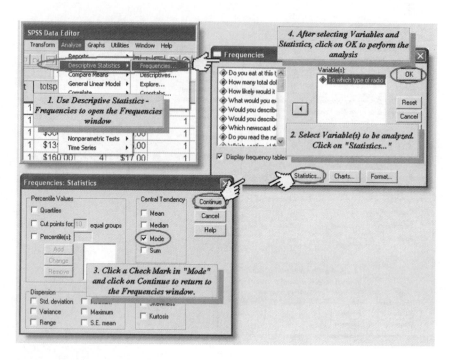

圖13.5　頻率分布和眾數的SPSS輸出結果

---Active Learning

　　使用「哈比人的最愛」餐廳的資料集以SPSS計算頻率分布、百分率分布並找出眾數。根據圖13.6的流程說明，使用資料集中的廣播節目聆聽偏好變數。比較圖13.7所得到的SPSS輸出，確認你可以找出眾數3（搖滾樂）。並且確保你了解「正確百分率」的意思，計算其中的一項（如鄉村和西部音樂），將結果和SPSS輸出的正確百分率(17.10%)作比較，如果兩者並未一致，則再讀一次Marketing Research Insight 13.2，以獲得正確百分率的進一步了解。

使用SPSS找出中位數

　　使用Analyze－Descriptive Statistics－Frequencies程序亦可簡單的找出中位數。為了找出中位數，必須使用具有邏輯順序的數值，故選用惠顧餐廳的

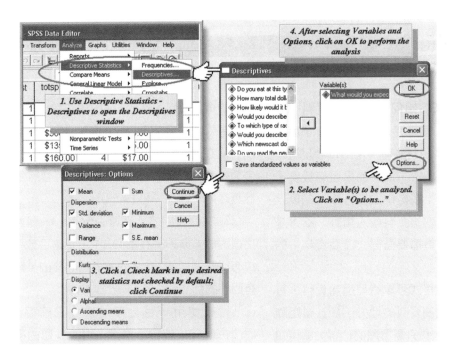

圖13.6 使用SPSS獲得平均數、標準差和全距的流程

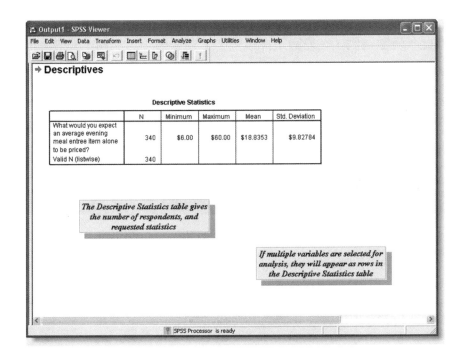

圖13.7 平均數、標準差和全距的SPSS輸出結果

MARKETING RESEARCH INSIGHT

13.2 SPSS如何處理遺漏資料

當研究人員進行調查,而後檢查資料集時,常可以發現有些問題受訪者並沒有回答,漏答的原因有很多,可能是受訪者拒答;或是中途被打斷,然後就沒有再來回答;亦或是資料輸入錯誤。不管是哪種理由,研究人員都要面對「遺漏資料」的問題。

SPSS有內建的程式可以處理遺漏資料,首先,SPSS會將有遺漏資料的地方,於資料矩陣中輸入「.」,研究人員只需看點的位置,即可知道哪邊有遺漏資料。然後,SPSS的分析會忽略所有的遺漏資料。在圖13.5的SPSS輸出報表,會先報告「N」,其中有385筆正確回應,有15筆遺漏,而在之後的頻率報表可以看出,SPSS會報告頻率和百分率,在這兩欄中,都會將遺漏值計算在內(各為15和3.80%)。

SPSS報告中的「正確百分率」一欄並不包括遺漏值,亦即,在圖13.5中,正確百分率是根據有回答問題的385名受訪者所計算的,忽視沒有回答的那15位。

應該使用「百分率」或「正確百分率」呢?由研究人員自行決定,但大多數的研究人員都會使用正確百分率。

可能性此一變數為例,在變數選擇視窗中,要選擇「可能性」變數,而在統計視窗中,則要勾選中位數。

SPSS的輸出報表會含有可能性變數的頻率分布以及中位數3。

Active Learning

使用「哈比人的最愛」餐廳的資料集,以SPSS找出惠顧餐廳可能性的中位數。使用圖13.5作為流程指導,但選擇可能性變數進行分析,並勾選中位數的格子。如果數字3(neither likely nor unlikely)不為中位數,則請找出所犯的錯誤。

使用SPSS找出平均數、全距和標準差

如前所述，因為電腦統計軟體無法分辨各問題所使用的衡量尺度等級，因此有賴分析師分辨所用的尺度，並選擇適當的方析方法。調查中的一個問題為：「你預期晚餐中每道餐點的平均價格為何？」受訪者以金額來回答，故為比率尺度。

此時，並不會想知道頻率分布，因為平均價格變數為比率尺度，且為了容納所有不同的可能價格，頻率分布表可能也會過於龐大，因此，使用Analyze-Descriptive Statistics-Descriptives指令，選擇平均價格作為分析的變數，再按下Option鈕，然後就可以選擇平均數、標準差、全距等。可以參考圖13.6的SPSS操作程序。

圖13.7是產生的結果。在「哈比人的最愛」餐廳的調查中，預期的平均餐點價格為18.84美元，標準差為9.83美元，估計的最低價為6美元、最高價為60美元，全距為54美元。

Active Learning

使用SPSS找出平均數和相關的敘述統計量

在這個Active Learning的練習中，想要讓你有更進一步的練習，找出不同變數的平均數、全距和標準差。請使用圖13.6的流程，但選擇的問題為「你每個月在餐廳共花了多少錢」，利用SPSS算出敘述統計量。得出的答案應該是平均數150.02美元、標準差92.71美元，回答的最小值為5美元、最大值為450美元。

向顧客報告敘述統計量

　　行銷研究者要如何報告從多種敘述統計量中所得到的結論？有最少三種可能的方式，第一種，建立表格以總結適當的統計量，例如研究者可以使用表格展示出平均數、標準差、全距等。如果有計算出百分率，亦可設計百分率表格（加總為100%）。最後，研究者亦可設計出可以解釋發現的表格。

複習與應用

1. 指出何謂資料彙總？為什麼它有用？
2. 指出為何研究人員不喜歡使用較複雜的統計分析來報告，而選用較簡單的分析形式。
3. 何謂中央趨勢的衡量？它描述的是？
4. 使用範例，說明頻率分布（或百分率分布）如何透露出兩個極端的變異

性（高變異和低變異），並舉例之。

5. 參考標準差的公式，指出它是如何衡量受訪者間的差異。

6. 在下列個案中，適合使用哪些中央趨勢衡量：(1)受訪者的性別（男性或女性）；(2)婚姻狀態（單身、已婚、離婚、分居、寡居、其他）；(3)品味測試，請受測者指出他們的偏好順序。

7. 如果使用標準差作為樣本變異性的衡量，需要採用哪些統計假設？

個案13.1　Auto Online網站使用調查

Auto Online為一網站，想買汽車的人可以在此找到多種汽車型號和樣式的資訊，並可以進行線上購買。最近，Auto Online欲進行線上問卷調查，郵寄了5,000份邀請函給瀏覽過Auto Online的汽車買家，其中有些人是從Auto Online購買，有些則是從經銷商購買，但都有在購買前，瀏覽過Auto Online最少一次。

以下為刊登於網站上的問卷，並提供它的編碼代號以供參考。

Auto Online的線上調查問卷

請盡其所能回答以下的問題，當回答所有的問題後，按下「遞交」鈕。請不要作答超過一次。

1. 在過去3個月內，你曾經瀏覽過Auto Online網站嗎？

　　____是 (1)　　　____否 (2)

2. 你透過網路採購物品的頻率為？

非常頻繁	頻繁	偶爾	幾乎沒有	絕不
5	4	3	2	1

3. 指出你對以下論述的意見。請針對每一點，指出你是強烈不同意、有點不同意、中立、有點同意或是強烈不同意。

	強烈不同意	中立	強烈同意
我喜歡使用網路	1	2 3 4	5
我使用網路去研究我的購買決策	1	2 3 4	5
我認為從網路買東西是安全的	1	2 3 4	5
當研究汽車的購買時，網路是好用的工具	1	2 3 4	5
網路不應被用來買車	1	2 3 4	5
線上經銷商只是把你帶進傳統經銷商的另一種方式			
我喜歡買新車的過程	1	2 3 4	5
我不喜歡與汽車銷售人員爭論	1	2 3 4	5

4. 你在購買汽車前，會去Auto Online網站幾次？

____次

5. 你是如何發現Auto Online的？指出你所能回想起的所有方式。

____朋友介紹 (0,1)　　　____網站瀏覽 (0,1)　　　____電影院 (0,1)

____看板 (0,1)　　　____搜尋引擎 (0,1)　　　____報紙 (0,1)

____網路橫幅廣告 (0,1)　　　____電視 (0,1)　　　____其他 (0,1)

6. 你對以下有關Auto Online論述的反應為何？

	強烈不同意	強烈中立	強烈同意
該網站容易使用	1	2 3 4	5
我覺得該網站對於我的購買非	1	2 3 4	5
常有幫助	1	2 3 4	5
我有使用該網站的正面經驗	1	2 3 4	5
我只會在研究時，使用該網站	1	2 3 4	5
該網站影響了我的買車決策	1	2 3 4	5
從這個網站購買，會覺得安全	1	2 3 4	5

7. 你的新車是在Auto Online網站買的嗎？

____是 (1)　　　____否 (2)

a. 如果是的話，與傳統經銷商相比，是一次比較好的購買經驗嗎？

____是 (1)　　　　　　____否 (2)

b. 如果是的話，指出好的程度為：

____非常好(1)　　　____有點好 (3)

____好很多(2)　　　____只好一點點 (4)

8. 以下是六個可能的理由，解釋為什麼人們不會在網路上進行整個汽車購買過程。請指出你對每個論述的同意程度。

	強烈不同意	強烈中立			強烈同意
人們覺得網路不是留下個人 資訊的安全地方	1	2	3	4	5
人們在買車前會想要試車	1	2	3	4	5
人們覺得親自與銷售代表協 商，可以獲得較佳的價格	1	2	3	4	5
人們會覺得線上處理比較複雜	1	2	3	4	5
當購買不同的車子時，人們喜 歡插手那個情況	1	2	3	4	5
在買車前，人們會想要看看車 子，檢查有沒有問題	1	2	3	4	5

以下幾個問題與你剛購買的汽車有關：

9. 你共花了幾個星期積極尋找這輛車？____週

10. 如果是你來賣這輛車，你覺得它大概值多少？____美元

11. 你的新車定價為多少？____美元

12. 你實際付了多少錢買下它？____美元

以下為基本資料的問題：

13. 你的年紀是？____歲

14. 你的婚姻狀態為？

____單身 (1) ____已婚 (2) ____寡居(3) ____離婚 (4) ____分居 (5)

15. 有多少位未滿18歲的小孩與你同住？

16. 你所完成的最高學歷為？

____國中以下 (1) ____高中 (2) ____學院 (3) ____大學學歷 (4)

____研究所學歷 (5) ____其他（請說明：_____）(6)

17. 你的種族是？

____白種人 (1) ____黑人 (2) ____亞洲人 (3) ____美裔非洲人 (4)

____西班牙人 (5) ____其他 (6)

18. 你整個家庭去年的稅前收入為？

____低於35,000美元 (1) ____35,001美元到5萬美元 (2)

____50,001美元到65,000美元 (3) ____65,001美元到8萬美元 (4)

____80,001美元到95,000美元 (5) ____95,001美元到11萬美元 (6)

____超過11萬元 (7)

19. 你的性別為

____男性 (1) ____女性 (2)

總共有1,400名受訪者參與Auto Online的調查，該SPSS資料集命名為AutoOnline.sav，可於www.prenhall.com/burnsbush下載。

請對於問卷中的所有問題，進行適當的敘述分析。

個案13.2 「哈比人的最愛」餐廳：調查的敘述分析

柯瑞‧羅傑斯很開心地打電話給傑夫‧迪恩，告訴他「哈比人的最愛」餐廳調查資料都已收齊，可以進行分析了。因為柯瑞尚有其他的行銷研究專案和排好的會議要忙，因此打電話給莎莉絲特‧布朗(Celeste Brown)，莎莉絲特為亞博州立大學主修行銷的大四學生，在上一學期有修過行銷研究的課程，並有非常好的成績，莎莉絲特的老師曾經邀請柯瑞前來進行演講，講題為「行銷研究者典型的一天」，而莎莉絲特在演講的隔天，就與柯瑞接觸，

想從事行銷研究的實習工作。

柯瑞請莎莉絲特進入他的辦公室，並說：「莎莉絲特，來為調查作些分析吧，我將請妳進行基本的分析，請於明天下午兩點半告訴我，妳發現了什麼。」

在個案13.2中，你的任務是扮演莎莉絲特的角色，利用Hobbit Data.sav檔，進行一些敘述分析。

1. 判斷哪些變數是類別變數（名目或順序尺度），進行適當的敘述分析，並加以解釋。

2. 判斷哪些變數是區間或比率尺度，進行適當的敘述分析，並加以解釋。

學習目標

❖ 區別統計量和參數
❖ 了解統計推論的概念
❖ 學習如何估計母體平均數或百分率
❖ 檢定有關母體平均數或百分率的假設
❖ 學習如何用SPSS進行和解釋統計推論

14

將樣本的結果概化至
母體並進行百分率和
平均數的假設檢定

中央趨勢和變異性的衡量雖然可以彙總調查的發現，但是只報告機率樣本的敘統統計是不夠的，因為這些衡量常包括某種程度的抽樣過程誤差。每筆樣本雖然都可以提供關於母體的一些資訊，但總是會存在一些樣本誤差需要加以考量。

樣本統計量和母體參數

根據樣本提供的資訊，所計算出的數值，稱為樣本**統計量**(statistics)，而根據完整的普查所計算出的數值，則稱為**參數**(parameters)。統計學家使用希臘字母代表母體參數（如：α、β），使用羅馬字母（如：a、b）代表統計量，每個樣本統計量都有相對應的母體參數，例如可以在表14.1中發現，統計量是以p表示百分率，參數則是以π表示。因為普查常是不可行的，故會以樣本統計量估計母體參數，此章即介紹估計眾多母體參數的程序。

推論和統計推論的概念

推論(inference)為邏輯的一種形式，當你根據在班上所觀察到的一小群成員，而對整個班級提出概括性的陳述時（概化），即是在進行推論。當你在進行推論時，你會從小量的證據中獲得結論。假如你有兩位朋友都買了

表 14.1	母體參數和其對應的樣本統計量	
統計概念	母體參數（希臘字母）	樣本統計量（羅馬字母）
平均數	μ (mu)	$\bar{x}$
標準差	σ (sigma)	s
百分率	π (pi)	p
斜率	β (beta)	b

Chevrolets汽車，兩位都抱怨它的性能，你就有可能推論所有的Chevrolets性能都不好，但如果你有一位朋友抱怨Chevy汽車，而其他的朋友都沒有，你也可以推論有些Chevy有性能不好的問題。

支持概化證據的量，對於推論有很大的影響，假如你有20位朋友都買了新的Chevrolets，而他們都抱怨性能差，你的推論會較只有兩位抱怨時，更有力和確定。

統計推論(statistical inference)是一套使用樣本數和樣本統計量估計相關母體參數的程序，統計推論根據樣本統計量並考量與樣本數有關的樣本誤差，使用正式的步驟估計母體參數（概化）。以下利用樣本統計量（百分率，p）估計母體百分率 π，以說明如何在統計推論時，將樣本數納入考慮。假設Chevrolet想知道是否有不滿意的消費者，便可進行兩項獨立的行銷研究調查，以判斷不滿意的消費者所占的比率。

在第一個調查中，訪問了一百位曾在過去6個月內購買過Chevy的消費者，詢問他們：「自從買了Chevrolet後，你是感到滿意或是不滿意？」調查發現，有30%的受訪者都感到不滿意。此結果可以推論至Chevy擁有者（在過去6個月內購買）的母體，得到母體中也有30%不滿意的結果。但因為此樣本為機率樣本，一定包含某些樣本誤差，因此，只能說大約有30%的母體感到不滿意，如果進行普查，其結果可能會多於或少於30%。

在第二個調查中，詢問了1,000位受訪者同樣的問題，此次調查發現，有35%的受訪者感到不滿意。因為此35%亦是包含了樣本誤差的估計，故只能說**大約**有35%的母體感到不滿意。我們已經有關於Chevrolets不滿意程度的兩個估計：一為30%；另一為35%。

如何將這些結果轉變為正確的數字？可以用區間來加以表示，例如樣本為一百時，可以表示為「30%±x%」，而樣本為1,000時，可以表示為「35%±y%」，至於x、y誰比較大，則請回想是有20位朋友還是兩位朋友邏輯推論時，何種情況的推論較強。當使用較多的樣本（較多證據）時，對於樣本統計量的正確性會有較大的信心，因此，用以估計真實母體的區間會比較小，因為y為使用較大的樣本、較少的抽樣誤差，故y的區間會小於x的區間。

當欲利用統計推論來估計母體參數時，先要計算出樣本統計量，再利用樣本數(n)算出母體參數會位於其中的區間。

此章介紹行銷研究人員常用的兩種統計推論：**參數估計**(parameter estimation)和**假設檢定**(hypothesis test)。參數估計藉由**信賴區間**(confidence intervals)的使用，估計母體數值（參數）；假設檢定則是比較樣本統計量和假定的母體數值。表14.2列出這兩種統計推論。

參數估計

參數估計為使用樣本資訊計算出用以描述母體範圍區間的過程，它會使用三個數值：樣本統計量（如：平均數或百分率）、統計標準差和想要的信賴水準（95%或99%）。

樣本統計量

平均數為一串區間或比率尺度數字的平均。以高爾夫球玩家為例，可以研究每個月他們平均會買多少顆高爾夫球，或是可以調查高中生花在速食上的平均金額是多少。如果是百分率，則可以檢視有多少比率的高爾夫球玩家，只購買Maxfli Gold的球，或是有多少比率的高中生只吃Taco Bell的速食。因為平均數或百分率都是從樣本得到的，所以都是樣本統計量。

表 14.2	兩種統計推論：RealPlayer所作的線上音樂收聽者的調查結果	
種類	**描述**	**範例**
參數估計	藉由信賴區間的使用，估計母體數值（參數）。	個人電腦使用者線上收聽音樂的比率為30%±10%(20%－40%)。
假設檢定	比較樣本統計量和從事研究前所假定的母體數值。	線上音樂收聽者每天會聽45±15分鐘，而非RealPlayer管理者相信的90分鐘。
Note:The examples are fictitious.		

✦ 標準差

　　樣本通常都存在某些程度的變異，亦即高爾夫球玩家不會全部都是買同樣數量的高爾夫球，也不會全都買Maxfli Gold；也不是所有的高中生都吃速食，更不見得都會去Taco Bell。**標準差**(standard error)為抽樣分布變異的衡量，只要從相同母體抽取一大群獨立樣本時，就會出現標準差。

　　平均數的標準差(standard error of the mean)公式如下：

平均數的標準差公式

$$s_{\bar{x}} = \frac{s}{\sqrt{n}}$$

　　　$s_{\bar{x}}$＝平均數的標準差公式

　　　s　＝標準差

　　　n　＝樣本數

　　百分率的標準差(standard error of the percentage)公式如下：

百分率的標準差公式

$$s_p = \sqrt{\frac{p \times q}{n}}$$

　　　s_p＝百分率的標準差

　　　p＝樣本百分率

　　　q＝(100-p)

　　　n＝樣本數

　　在這兩個公式中，樣本數n都是當分母，意指當樣本數較大時，標準差會比較小；當樣本數小時，標準差較大。這兩個標準差公式，也都可以看出變異的影響，在平均數的公式中，變異是以標準差s來代表；而在百分率的公式中，則是以$(p \times q)$來代表，可以發現，變異都是分子，因此，變異越大，標準差越大。故標準差同時有考量樣本數和樣本中的變異程度。

　　假設《紐約時報》調查其讀者每日花在閱讀報紙的時間，發現標準差為20分鐘，所使用的樣本數為100。計算平均數的標準差如下：

以標準差=20，計算平均數的標準差

$$s_{\bar{x}} = \frac{s}{\sqrt{n}}$$
$$s_{\bar{x}} = \frac{20}{\sqrt{100}}$$
$$= \frac{20}{10}$$
$$= 2 \text{ 分鐘}$$

如果調查所發現的標準差為40分鐘，則標準差為：

以標準差=20，計算平均數的標準差

$$s_{\bar{x}} = \frac{s}{\sqrt{n}}$$
$$s_{\bar{x}} = \frac{40}{\sqrt{100}}$$
$$= \frac{40}{10}$$
$$= 4 \text{ 分鐘}$$

即使樣本數相同，當樣本的變異較小時（20分鐘），平均數的標準差也會較小；而當樣本的變異較大時（40分鐘），平均數的標準差會比較大。可以注意到，在同樣的樣本數下，當變異加倍時（從20變成40分鐘），標準差也會加倍，見圖14.1。

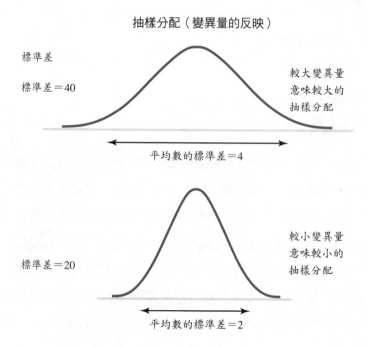

圖14.1　找到變異量在樣本中對平均數標準差的影響（樣本大小相同）

百分率標準差雖然與公式略顯不同，但亦遵循這個邏輯。在公式中，以 $(p \times q)$ 表示變異的程度，如果 p 和 q 相距甚遠時，所造成的變異會非常小，例如如果調查了100名麥當勞早餐的購買者，有90%會在買蛋堡時，也買杯咖啡，有10%不會，則所造成的變異非常小（因為幾乎所有的人都會點杯咖啡）。如果發現有50%會買咖啡，50%不會，則變異會大很多，這是因為任兩位消費者在購買咖啡的習慣上，就有可能不同。

利用以上兩種結果，比較百分率的標準差。使用90－10百分比分割，百分率的標準差為：

$p=90$，$q=10$的百分率標準差計算

$$
\begin{aligned}
s_p &= \sqrt{\frac{p \times q}{n}} \\
&= \sqrt{\frac{(90)(10)}{100}} \\
&= \sqrt{\frac{900}{100}} \\
&= \sqrt{9} \\
&= 3\%
\end{aligned}
$$

使用50－50百分比分割，百分率的標準差為：

$p=50$，$q=50$的百分率標準差計算

$$
\begin{aligned}
s_p &= \sqrt{\frac{p \times q}{n}} \\
&= \sqrt{\frac{(50)(50)}{100}} \\
&= \sqrt{\frac{2500}{100}} \\
&= \sqrt{25} \\
&= 5\%
\end{aligned}
$$

上述範例指出，在相同樣本數下，變異越大，百分率的標準差也會越大。

信賴區間

信賴區間為研究者想要的正確性程度，以百分率的形式表示。通常，研究人員先決定想要的信賴水準為何，再開始計算樣本統計量，因為會存有樣本誤差，所以會在該樣本統計量上，加／減某一相同數量，以決定最大值和

最小值（範圍）。

行銷研究者常使用的信賴水準為90%、95%和99%，對應的標準差為±1.64、1.96和2.58，符號為z_a，所以$z_{0.99}$=±2.58倍標準差。行銷研究**最常使用的信賴水準**(most commonly used level of confidence)為95%，對應1.96倍標準差，且95%的信賴水準亦是統計分析軟體的預設水準（如SPSS）。以下使用樣本統計量計算標準差，並運用想要的信賴水準，計算母體參數的範圍。

母體參數估計（平均數）的公式　　　　　　　　　　　　　　　　$\overline{x}\pm z_a s_{\overline{x}}$

　　$\overline{x}$＝樣本平均數

　　z_a＝95%或99%信賴水準的z值

　　$s_{\overline{x}}$＝平均數的標準差

母體參數估計（百分率）的公式　　　　　　　　　　　　　　　　$p\pm z_a s_p$

　　p＝樣本百分率

　　z_a＝95%或99%信賴水準的z值

　　s_p＝百分率的標準差

如果想要99%的信賴水準，要將百分率的標準差s_p乘上2.58，加上百分率p可以得到上限；減去百分率p可以得到下限。如此，在你的估計中已經有考慮到樣本統計量p、變異（在s_p的公式中）、樣本數n（在s_p的公式中）、信賴水準。

如果比較保守，想使用99%的信賴水準，得到的範圍會比使用95%信賴水準時來的大，因為99%是使用±2.58倍標準差，而95%則使用±1.96倍標準差。

假設《紐約時報》的樣本是100名，平均閱讀時間為45分鐘，標準差為20分鐘，使用95%和99%信賴區間的計算如下：

以95%的信賴區間計算平均數

$$\bar{x} \pm 1.96 \times s_{\bar{x}}$$
$$45 \pm 1.96 \times \frac{20}{\sqrt{100}}$$
$$45 \pm 1.96 \times 2$$
$$45 \pm 3.9$$
$$41.1 - 48.9 \text{ 分鐘}$$

以99%的信賴區間計算平均數

$$\bar{x} \pm 2.58 \times s_{\bar{x}}$$
$$45 \pm 2.58 \times \frac{20}{\sqrt{100}}$$
$$45 \pm 2.58 \times 2$$
$$45 \pm 5.2$$
$$39.8 - 50.2 \text{ 分鐘}$$

　　如果一百位蛋堡購買者中，有50%會買咖啡，則使用95%和99%信賴區間的計算如下：

以95%的信賴區間計算百分率

$$p \pm 1.96 \times s_p$$
$$p \pm 1.96 \times \sqrt{\frac{p \times q}{n}}$$
$$50 \pm 1.96 \times \sqrt{\frac{50 \times 50}{100}}$$
$$50 \pm 1.96 \times 5$$
$$50 \pm 9.8$$
$$40.2\% - 59.8\%$$

以99%的信賴區間計算百分率

$$p \pm 2.58 \times s_p$$
$$p \pm 2.58 \times \sqrt{\frac{p \times q}{n}}$$
$$50 \pm 2.58 \times \sqrt{\frac{50 \times 50}{100}}$$
$$50 \pm 2.58 \times 5$$
$$50 \pm 12.9$$
$$37.1\% - 62.9\%$$

　　使用95%或99%的信賴區間，唯一不同點是在z_a，95%時是1.96，99%時是2.58。當樣本數和變異都相等時，99%信賴區間的範圍一定比95%的大。

Active Learning　計算信賴區間

　　此次的Active Learning將讓你練習計算信賴區間。此次的調查樣本數為一千，詢問有關衛星廣播的問題。問題、樣本統計量和其他資訊都列於下表。以95%的信賴區間，計算母體參數。

問題	樣本統計量	95%的信賴區間 下限	上限
你聽過衛星廣播嗎？	50%回答「有」		
如果「有」，你擁有衛星收音機嗎？	30%回答「有」		
如果擁有衛星收音機，你上星期聽了多少時間（以分鐘計）？	平均100.70分鐘 標準差為25分鐘		

如何解釋估計的母體平均數或百分率範圍

　　如何解釋這些範圍？如果你記得抽樣分布為一種理論上的概念，解釋起來就會相當簡單。如果我們使用99%的信賴水準，且重複多次抽樣的過程，計算多次樣本統計量，其頻率分布（抽樣分布）會是鐘形的曲線。重複抽樣的結果，有99%會構成一個範圍，該範圍會涵蓋母體參數。

　　行銷研究人員為了特定的行銷研究專案，通常只會抽取一套樣本，此種限制解釋了為何需要估計，而且機率抽樣的技巧亦需謹慎應用，故統計推論的程序為機率樣本設計和資料分析的直接連結。在推論的過程中必須使用樣本數，而當估計母體參數時，需要使用信賴區間，樣本數則被用以反映這些信賴區間。

　　計算平均數或百分率，共有5個步驟，詳見表14.3。

　　統計推論的邏輯和一般的推理過程是相同的，證據越多，結果越可以精確的概化，唯一的差異在於統計推論必須遵循某些規定和公式，如此才能與統計理論的假設一致，而當進行非統計的推論時，可以使用主觀的因素判斷，故每個人的推論結果都會不同，但在統計推論時，公式是完全客觀且一致的，且都是以統計概念為基礎。

表 14.3	如何計算平均數或百分率的信賴區間

步驟1：算出樣本統計量（平均數或百分率）。
步驟2：判斷樣本的變異量，以「平均數的標準差」或「百分率的標準差」的形式呈現。
步驟3：確認樣本數。
步驟4：判斷想要的信賴水準，以決定z值。
步驟5：計算信賴區間。

「哈比人的最愛」餐廳：用SPSS取得百分率的信賴區間

　　SPSS無法計算百分率的信賴區間，因為分類變數（如：「哈比人的最愛」餐廳調查中的「最喜歡的廣播節目形式」）會有多個不同種類。但因為其計算相當簡單，只需要知道p值和樣本數，而這些都可以在SPSS的「Frequencies」程序中獲得。

　　以下是使用「哈比人的最愛」餐廳資料集的範例。在敘述分析中發現，「搖滾」是最受喜愛的廣播節目形式，有41.30%的受訪者都有聽。以95%的信賴水準、樣本數400，計算信賴區間。

計算「哈比人的最愛」餐廳中喜愛「搖滾」廣播形式百分率的信賴區間（採95%的信賴水準）

$$p \pm 1.96 \times s_p$$
$$p \pm 1.96 \times \sqrt{\frac{p \times q}{n}}$$
$$41.3 \pm 1.96 \times \sqrt{\frac{41.3 \times 58.7}{400}}$$
$$41.3 \pm 1.96 \times 2.46$$
$$41.3 \pm 4.8$$
$$36.5\% - 46.1\%$$

　　幸運的是，百分率的信賴區間很容易計算，只需要透過Frequencies分析獲得目標百分率和樣本數，帶入公式中，即可算出信賴區間。

　　SPSS程式可以計算平均數的信賴區間。為了示範，首先回顧一下柯瑞・羅傑斯（研究專案的管理者）向傑夫・迪恩所說的一些重要評論。

傑夫可以運用信賴區間得知目標客群
收聽廣播節目的比例

　　事實上，柯瑞已經使用預測模型作了一些需求的估計，他告訴傑夫，如
果在某一區域中，有4%的一家之主宣稱他們「非常可能」惠顧該餐廳，且
如果這群人每個月平均願意花200美元、每道餐點願意花18美元在該餐廳，
則該餐廳的營運是非常成功的。

　　透過第十三章個案13.2的敘述分析中發現，有18%的受訪者指出他們
「非常可能」光顧這家餐廳，如果以95%的信賴區間進行母體估計，會發現
範圍會介於14.20%至21.80%之間，因此滿足第一個條件。下一個需求為每
月平均花兩百元，可以使用95%的信賴區間，針對那些「非常可能」的受訪
者來計算。

　　該需求指出，「非常可能」的人必須每個月平均花費兩百元，因此只選
出那些人加以分析，透過DATA-SELECT可以選出這些受訪者，在只需要選
擇的情況下，指定「惠顧『哈比人的最愛』餐廳的機率」＝5，即可挑出這
群受訪者。

　　圖14.2展示出使用SPSS，算出95%信賴區間的整個流程。所使用的
SPSS程式為單一樣本*t*檢定，流程為ANALYZE-COMPARE MEANS-ONE
SAMPLET TEST，之後可以開啟適當的視窗，將「每月花在餐廳的錢」選
進Test Variable區，再按下OK即可。

　　圖14.3展示出每月花費的結果。在「非常可能」惠顧的受訪者中，平均

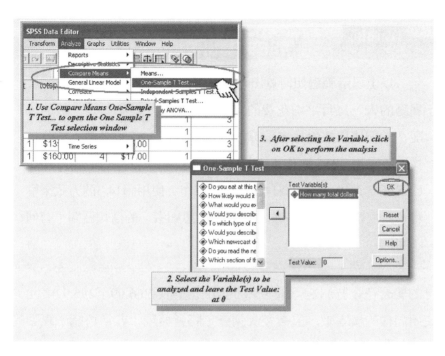

圖14.2　使用SPSS，取得95%信賴區間的平均數的過程

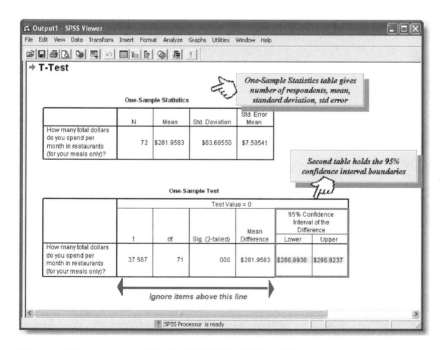

圖14.3　使用SPSS，取得95%信賴區間平均數的輸出結果

---Active Learning

使用SPSS算出平均數的信賴區間

以上已示範過如何算出「非常可能」惠顧「哈比人的最愛」餐廳的人，每月平均花費的95%信賴區間，但如果是一般的人呢？亦即使用整體樣本，算出其信賴區間。首先必須「解除選擇」，使用SPSS操作的SELECT CASES，將其設定為ALL CASES。之後，依照圖14.2的流程操作，使用圖14.3的方式來解釋。此信賴區間與之前的「非常可能惠顧者」的信賴區間，有何不同？

每個月的餐廳花費為282美元，95%的信賴區間為266.99至296.92美元。如果我們使用同樣的樣本數，重複多次調查，將會發現「非常可能」惠顧的受訪者中，有95%每月會花費267至297美元於該餐廳。

此對於傑夫而言是非常好的消息，因為柯瑞所要求的三項條件已達成了兩項：母體中非常願意光顧該餐廳的超過4%，且這些人每個月平均會花費200美元以上。

假設檢定

有時有些人會根據其先前的知識、想像或直覺，作出有關母體參數的預期，此預期就稱為**假設**(hypothesis)，假設常以非常精確的形式出現，詳細指出母體參數的數值為何。

假設檢定為一種統計程序，根據樣本資訊，以決定「接受」或「拒絕」假設。在所有的假設檢定下，都必須記得，樣本是母體正確資訊的唯一來源，因為樣本是隨機且能夠代表母體的，故樣本的結果可用來判斷母體的假設要被接受或拒絕。

雖然聽起來很技術性，但卻是每天都會作的一種推論形式，只是沒有使用**假設**和參數等詞彙。以下為一個範例，說明假設檢定常是很自然發生的：

你的朋友比爾(Bill)沒有使用汽車安全帶，因為他認為會使用的駕駛很少，但他的車撞壞了，在修理的期間，必須坐同事的車去上班，一星期過後，他坐過5位同事的車，發現有4位都有綁安全帶，當比爾在下一週拿回他的車以後，他開始綁起了安全帶。

此為**直覺假設檢定**(intuitive hypothesis testing)，比爾一開始認為很少人綁安全帶的信念，就是他的假設。直覺假設檢定（相較於統計假設檢定）是指使用所觀察到的東西來接受或拒絕其信念。每個人都會進行直覺假設檢定，只是不會稱其為假設檢定，但都會持續地蒐集證據來支持或拒絕信念，並根據發現，更加肯定或改變其信念。Marketing Research Insight 14.1展示出直覺假設檢定的過程。

如果在比爾的車送進修理廠前問他，他可能只會在一小部分時間裡（或許10%）使用安全帶，他乘坐同事車子的那週，如同觀察了5份樣本，發現其中4位（80%）都會綁安全帶，故他一開始的假設並未獲得證據支持，比爾了解到他的假設是錯誤的，需要加以修正；如果在比爾觀察過後詢問他駕駛綁安全帶的比率，他一定會較之前作出更高的估計。比爾開始綁起安全帶的行為，象徵了他覺得他之前的行為是不合常規的，故他調整了信念和行為。換言之，比爾的假設未獲支持，故他加以修改，以符合真實情況。統計假設檢定的邏輯與此過程非常類似。

假設檢定包含5個步驟，將其列於表14.4，並描述比爾的直覺假設檢定

表 14.4	假設檢定的五個步驟（使用比爾的安全帶假設）
步驟	**比爾的直覺假設檢定**
步驟1：先由你所相信存在於母體的論述開始（如：平均數或百分率）。	在這個範例中，比爾相信只有10%的駕駛會綁上安全帶。
步驟2：抽取隨機樣本並判斷樣本統計量。	比爾發現在他的朋友中，有80%的人會綁安全帶。
步驟3：比較統計量和假設的參數。	比爾注意到，80%和10%不同。
步驟4：判斷樣本是否支持原始的假設。	觀察到的80%駕駛會綁安全帶，並不支持假設的占10%。
步驟5：如果樣本未支持假設，則修正假設，使其與樣本統計量一致。	駕駛實際會綁上安全帶的比率約為80%（比爾的假設未獲支持，他需要像大多數人一樣都綁上安全帶）。

行銷研究
MARKETING RESEARCH

PRACTICAL INSIGHTS

MARKETING
RESEARCH
INSIGHT

14.1 直覺假設檢定：無時無刻在進行

人們隨時都在進行直覺假設檢定，以確認他們的信念（或是加以修正），以和現實相符。以下的圖說明了直覺假設檢定是如何進行的。

以上為每日生活中的範例。身為一位學習行銷研究的學生，你相信如果有在考試前一晚努力讀書，可以得到A的成績，但在考試過後，你卻只有七十分，你了解到你的信念是錯誤的，因此需要為下一次的考試更加認真準備，故你的假設並未獲得支持，且需要提出新的假設。

你問了在該考試得到A的同學，問他花了多久時間讀書，他說他在考試前的三個晚上都有念書，因為他找到了證據（A的成績）來支持他的假設，因此他不會改變他讀書習慣的信念，而你則必須改變你的假設，或是繼續承受後果。

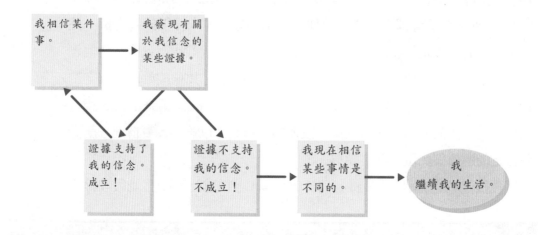

過程。

因為抽樣會造成變異，因此僅靠數學上的比較假設與樣本發現，無法完全確定假設到底是接受或拒絕，尚必須考量樣本數的概念並使用機率。基本假設檢定的統計概念允許我們宣稱：如果抽出很多很多樣本，進行比較之後，真實的假設在99%的情況都會被接受。

統計假設檢定會使用四個元素：**樣本統計量、統計量的標準差、想要的**

信賴水準和**假設的母體參數值**。前三個數值已在參數估計的章節討論過,最後一個數值則是研究人員在進行研究前,「認為」的母體參數值。

　　統計學家在進行統計檢定時,也經常用到**替代假設**(alternative hypothesis),樣本的結果如果不是支持原本的假設,則一定會支持替代假設。

假設之母體參數值的檢定

　　假設之母體參數(hypothesized population parameter)值可以是百分率或是平均數,用以測試假設之母體百分率的公式如下:

百分率的假設檢定公式

$$z = \frac{p - \pi_H}{s_{\bar{x}}}$$

　　　$p =$ 樣本百分率

　　　$\pi_H =$ 假設的百分率

　　　$s_p =$ 百分率的標準差

　　測試平均數假設的公式亦是相同的邏輯,只是使用了平均數和平均數的標準差。

平均數的假設檢定公式

$$z = \frac{\bar{x} - \mu_H}{s_{\bar{x}}}$$

　　　$\bar{x}$:樣本平均數

　　　π_H:假設的平均數

　　　$s_{\bar{x}}$:平均數的標準差

　　遵循平均數公式的邏輯,可以發現樣本平均數是與假設的母體平均作比較,而樣本百分率也是與假設的百分率比較。在這些情況中,「比較」都是指「取其差異」,將其差異除上標準差,則可知道樣本統計量距離假設的參數有多少個標準差。因為標準差內含變異性和樣本數的概念,小樣本但有大變異的會有較大的標準差,因此樣本統計量雖然離平均數很遠,但其差異仍可能小於一個標準差。所有與母體有關的資訊都可在上述的樣本計算中發

現。常態曲線下的面積會將距離轉為機率，以決定是否支持假設。

　　以下是使用比爾的安全帶假設的簡單範例。假設比爾並不是觀察到他朋友的綁安全帶情況，而是在Harris民意調查的結果中發現，在1,000名受訪者中，有80%都會綁安全帶。則假設檢定計算如下：

$$z = \frac{p - \pi_H}{s_p}$$

$$= \frac{p - \pi_H}{\sqrt{\dfrac{p \times q}{n}}}$$

檢定比爾的假設
（只有10%的駕駛會綁安全帶）
假設未獲支持

$$= \frac{80 - 10}{\sqrt{\dfrac{80 \times 20}{1,000}}}$$

$$= \frac{70}{\sqrt{\dfrac{1,600}{1,000}}}$$

$$= \frac{70}{\sqrt{1.6}}$$

$$= 55.3$$

　　統計假設檢定的要點為**抽樣分配的概念**(sampling distribution concept)，所抽出的樣本只是可能的樣本組合之一，可能剛好離假設的平均數很近，也可能離的很遠，因此，只是條件上接受該假設是正確的。如果樣本平均數距離假設平均數±2.58個標準差之內，則在99%的信賴水準下支持該假設，因為其會位於曲線下99%的面積。

　　但如果樣本的結果超出那個範圍呢？那是假設還是樣本結果是對的？此題的答案為：樣本資訊一定比假設正確（當然，抽樣的過程必須嚴格遵循機率抽樣的要求，且具有代表性）。因此，比爾是完全錯誤的，他10%的假設離國家民意調查中心的80%，有55.30倍標準差之遠。

　　以下的範例敘述平均數的假設檢定過程。Northwestern Mutual保險公司有一個大學生的實習計畫，該計畫讓大學生可以參與密集的訓練，然後擔任一學期的實地業務員，雷克斯(Rex)根據其知識，相信這些大學生業務員在參與的第一學期，可以賺到2,750元，他所假設的母體參數（平均數）為2,750元。為了檢定雷克斯的假設，從現有的大學生業務員中進行調查，以

電話訪問詢問了100名，請他們估算在工作的第一個學期可以賺多少錢，樣本平均數為2,800美元，標準差為350美元。

樣本統計量與假設值差了50美元。藉由樣本變異和樣本數算出標準差的大小（35美元），將50美元除上35美元，可以得到樣本統計量和假設的平均數是差了多少個標準差，結果為1.43個標準差，如同圖14.4所示，1.43倍的標準差位於雷克斯假設平均數的±1.96倍標準差之內，因為其位於接受的區域，故支持該假設。

檢定雷克斯的假設，大學生擔任 Northwestern Mutual Life保險公司的業務，第一學期可賺到2,750美元

$$z = \frac{\bar{x} - \mu_H}{s_{\bar{x}}}$$

$$= \frac{\bar{x} - \mu_H}{\frac{s}{\sqrt{n}}}$$

$$= \frac{2800 - 2750}{\frac{350}{\sqrt{100}}}$$

$$= \frac{50}{35}$$

$$= 1.43$$

雖然支持假設參數的確切機率可以透過查表得知，但通常使用兩個數字，1.96和2.58，各代表了95%和99%的區間。只要所算出的z值大於2.58，支持該假設的機率就會等於0.01，或是更小。

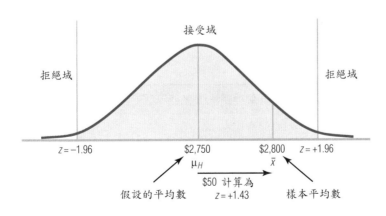

圖14.4　在這個範例中，樣本發現支持了假設

方向性假設

方向性假設(directional hypothesis)指出母體參數相對於某些目標平均數或百分率的方向,亦即,玩具店的店長雖然可能無法說出,顧客每次會花多少錢買玩具,但可能可以說:「他們不會花超過100美元」。方向性假設常使用「多於」或「少於」的陳述,例如雷克斯就可以假設:平均而言,大學生業務員為Northwestern Mutual Life賺的錢會**多於**2,750美元。無論是「多於」或「少於」都是相同的概念,只需要記住,他們都只有考量抽樣分布的其中一端(一尾)。

方向性假設檢定有兩點不同的地方:第一,必須注意z值的符號和其大小,當使用樣本平均數減去假設平均數時,如果假設是正確的,則「大於」的假設,符號要是正號;「少於」的假設,則符號要是負號。使用雷克斯的範例,假設的目標為2,750美元,樣本平均數為2,800美元,2,800−2,750,可以得到+50元,因其為正號,故支持「多於」的假設。但這差異具有統計上的顯著性嗎?

為了回答這個問題,需要進行第二步:將差異除以平均數的標準差,以計算出z值(1.43),因為只考量鐘形分布的一尾,所以需要調整z值,表14.5指出,當z值為±1.64倍的標準差時,定義的端點會包含95%的常態曲線,而z值為±2.33時,則會包含99%的信賴水準。如果算出的z值大於該信賴水準的臨介點,且符號與假設的方向一致,則會支持該方向性假設,否則,則在該信賴水準下,不支持該假設。因為所算出的z值為1.43,小於1.64,因此雷克斯的假設不被支持。

表 14.5	進行方向性假設檢定時,需要調整z值的臨界點,且其符號(+或−)也是很重要的	
信賴水準	假設的方向性[a]	z值
95%	多於	+ 1.64
	少於	1.64
99%	多於	+ 2.33
	少於	2.33

[a]將樣本統計量(平均數或百分率)減掉假設的參數(μ或π)。

如何解釋假設檢定

假設檢定的解釋與抽樣分配的概念也有直接的關係，如果關於母體參數的假設是正確的，則大多數的樣本平均數都會很接近這個值。如果假設是正確的，則99%的樣本結果都會位於假設平均數的±2.58倍標準差之內，如果假設是錯誤的，則算出的z值會在±2.58倍標準差之外。而在方向性假設檢定時，需要調整標準差的「標準」數量，已在表14.5討論過。

如何使用SPSS檢定百分率的假設

因為SPSS不支援百分率的統計檢定，因此如果假設是有關百分率的，則需要自行計算。可以使用SPSS的FREQUENCIES程式算出樣本的p值並找出樣本數，然後應用百分率假設檢定的公式算出z值。如果該值介於±1.96的範圍內，則在95%的信賴水準下支持該假設，如果是介於±2.58的範圍內，則是在99%的水準下支持該假設。

如何使用SPSS檢定平均數的假設

以「哈比人的最愛」餐廳為例，假設是「非常可能」惠顧的消費者「願意每道餐點平均花18美元」，使用SPSS軟體進行平均數的假設檢定。

如圖14.5，可以使用ANALYZE-COMPARE MEANS-ONE SAMPLE T TEST的指令流程，開啟Test Variable框，選進變數「餐點的平均價格」，並在Test Value欄輸入18，按下OK（請記得，我們只有針對「非常可能」的受訪者）。

結果如圖14.6所示，選出了72位受訪者，回答的平均數為34.06美元，測試值為18，使用95%的信賴水準（母體參數為假設平均和樣本平均的差異，預期為0）。平均數差異為16.0556美元（樣本平均34.0556－假設平均18），標

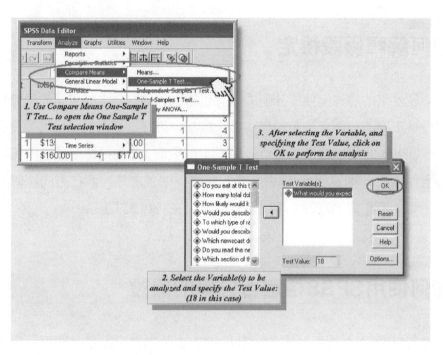

圖14.5 檢定平均數假設的SPSS流程

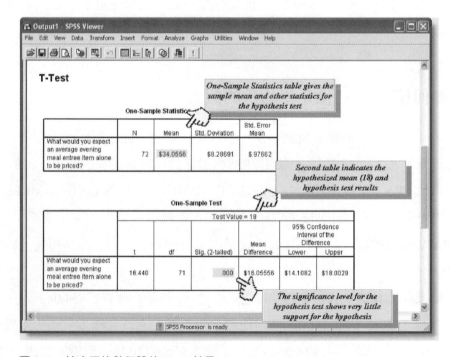

圖14.6 檢定平均數假設的SPSS結果

準差為0.97662美元,相關的二尾顯著水準為0.000(假設t值就是公式所算出的z值)。「哈比人的最愛」餐廳發現,樣本平均願付的價格為34美元,並不支持假設的18美元。

─Active Learning

使用SPSS檢定平均數的假設

　　剛剛發現非常可能惠顧「哈比人的最愛」餐廳的人,願意花多於18美元很多的錢在每道餐點上,此為非常好的消息,因為願意為每道餐點花18美元為柯瑞的第三種成功情況。接下來看看,是否一般大眾也願意花18美元。為了進行這個假設檢定,首先需要選擇所有的樣本,使用SELECT CASES-ALL CASES的SPSS操作,再依圖14.5進行檢定,使用圖14.6來解釋所得到的結果。假設有獲得支持嗎?

複習與應用

1. 當要進行統計推論時,哪些是需要考量的重要因素?

2. 平均數的參數估計與百分率的有何不同?

3. 當研究人員的樣本證據不支持管理者的假設時,以何者為準?

4. 區別方向性和非方向性的假設,並提供各自的例子。

5. 環境服務鋁回收部門的管理者想進行調查,以了解華盛頓西雅圖市內有多少戶家庭會自動清洗、儲存、再將鋁罐運送至城市商業區的中央回收中心(只有在星期天早上開)。隨機調查了500戶家庭,發現有20%的家庭會這樣作,而參與調查的家庭預期每月會回收100罐,標準差為30罐。在此範例中,參數估計值為多少?

6. Alamo租車的執行長相信,Alamo在凱迪拉克的出租上,占有50%的生意。為了測試這個信念,研究人員隨機選出20個擁有線上租車場的主要的機場,將觀察人員送至每個位置,花4個小時記錄凱迪拉克的出租情

況，共觀察到500筆資料，有30%是向Alamo租借。此結果對於Alamo執行長的信念，有怎樣的涵義？

個案14.1　Auto Online調查（第二部分）

可在第十三章個案13.1找到Auto Online調查的第一部分。為了進行適當的SPSS分析，需要先參考該調查的問卷，並假設本調查的受訪者能代表有在汽車購買過程中，瀏覽過Auto Online網站的汽車買主母體。

1. 為了描述這個母體，估計以下的母體參數。

    (1) 線上購買的頻率。

    (2) 瀏覽過幾次Auto Online的網站。

    (3) 實際從Auto Online買車的比率。

    (4) 有多少比率的人，覺得從傳統經銷商購買，會是較好的經驗。

    (5) 人們覺得Auto Online的網站如何（問卷的6.）。

2. Auto Online的負責人有以下的信念，請測試這些假設。

    (1) 人們對於網路使用和購買的八個論點會「強烈同意」（問卷上的第三題）。

    (2) 在買車前，人們大約會瀏覽Auto Online網站五次。

    (3) 幾乎每個人都會說，線上買車比在傳統經銷商買來的好。

    (4) 那些從Auto Online買車的，都是介於30幾歲的中間（如：34、35）。

    (5) 在Auto Online買車的，平均付的價格為3,500美元，低於定價；而在別處買車的，則平均是付2,000元，也是低於定價。

個案14.2　「哈比人的最愛」餐廳：推論分析

柯瑞・羅傑斯對於莎莉絲特・布朗的敘述分析感到很滿意，莎莉絲特進行了所有適當的敘述分析，並將相關的表格與發現以文字檔加以註記，並交

給柯瑞。

柯瑞說：「莎莉絲特，幹的好！我將去見傑夫，大約花上一個小時，並將結果告訴他。在這段期間，妳需要將資料看得更深入些，我已經匆匆記下一些想要妳分析的項目，此為了解樣本發現如何概化至母體的下一個步驟。」

你的任務為扮演莎莉絲特的角色（行銷實習生）使用「哈比人的最愛」餐廳的調查資料，進行適當的分析，並解釋以下問題的發現。

1. 以下的母體估計為何？

(1)「輕音樂」廣播節目的偏好度。

(2) 在晚間十點收看當地電視新聞。

(3) 訂閱城市雜誌。

(4) 一家之主的平均年齡。

(5) 晚餐每道餐點的平均價格。

2. 因為傑夫的餐廳是比較高級的，因此吸引的是高收入的消費者，傑夫希望最少有25%的家庭、收入達到10萬美元以上，請測試這個假設。

3. 對於那些「非常可能」惠顧「哈比人的最愛」餐廳的人，傑夫相信他們也會「強烈同意」或「稍微」喜好以下東西：

(1) 招待人員穿晚禮服。

(2) 特別的餐點。

(3) 多樣式的主菜。

(4) 特別的主菜。

(5) 高雅的裝潢。

(6) 爵士音樂。

該調查支持或拒絕傑夫的假設？解釋你的發現。

❖ 學習如何使用差異數作出市場區隔決策
❖ 了解使用t檢定或z檢定的時機,以及為什麼不需要太擔心這個問題
❖ 能夠檢定兩個獨立群組的百分比或平均數差異
❖ 了解何謂成對樣本檢定以及使用時機
❖ 了解ANOVA以及能夠解釋ANOVA的結果
❖ 學習用SPSS執行平均值差異檢定

15_

兩個或兩個以上群組的
差異檢定

本章將討論差異數對行銷經理人的重要性，並給予研究人員與經理人在解釋差異檢定時所需的指導方針。此外，我們會介紹兩個獨立群組的差異數（百分比或平均），例如比較Cable與ADSL網路使用者，對於網路連線服務的滿意程度；或是如何檢定兩個相同尺規，像是購買者對於一家商店的「商品豐富性」評價，是否會高於「具有好感」的評價。最後，本章會介紹ANOVA，以一個簡單的方法，同時比較好幾個不同的群組，並可以快速辨別差異是否顯著。其中會提供相關的公式和例子，並利用「哈比人的最愛」餐廳，調查資料來說明如何操作SPSS。

小樣本差異數的重要性

市場區隔是最重要的行銷管理概念之一。概括地說，不同類型的消費者會有不同的需求，而這些需求的差異，便可作為行銷策略的基礎。例如Iams公司銷售寵物食品，便有將近12種適合不同年齡（幼犬或成犬）、體重（正常或過重），以及活動量（好動或不活躍）的乾狗糧。豐田(TOYOTA)有17種的汽車型號，包括兩人座的Spyder跑車、Avalon四門豪華轎車、Highlander SUV、以及Tacoma貨車。即使是波音航空(Boeing Airlines)，都有不同的商務噴射機，甚至針對公司旅遊設置一個獨立的商務噴射機部門。如果以消費者的角度來看這些差異：每個人都會洗手，但對於指縫常沾有泥土的園丁、手上被溶劑弄髒的工廠工人、被飲料弄得黏答答的學齡前兒童，或是追求美麗希望雙手乾淨無瑕的女士，所需要的肥皂便會完全不同。每個市場區隔的需求幾乎不同於其他市場區隔，而一個敏銳的行銷者，便須針對每一個目標市場的獨特性來調整行銷組合。

這些差異雖然顯著，但市場競爭日趨激烈，擁有豐富的市場區隔與目標市場，是產業中大部分公司的一個口號，因此有需要為消費者和B2B的行銷人員進行不同消費者族群差異性的調查。其中一個常使用來作為市場區隔的基礎是，發現統計上具顯著、有意義並且穩定的差異存在。

我們會簡略討論每個必要條件。在討論的過程中，將以一家銷售感冒藥

的製藥公司為例。

差異必須顯著

因為唯有統計上的顯著差異,才能鞏固行銷研究的基礎。**統計的顯著差異**意指這些樣本的差異可以假定也存在於樣本抽樣的母體之後。因此這些行銷區隔存在的差異,必須以統計檢定為準。

作為感冒藥的行銷者,我們可以詢問感冒者:「你認為感冒藥應該要能減輕以下這些症狀的重要性為何?」這些應答者使用1(代表不重要)到10(代表非常重要)個等級,來回答減輕發燒、喉嚨痛、鼻塞、肌肉痠痛等症狀的重要性為何。並用本章的統計檢定來決定這些回答是否具有顯著差異。

群組	鼻塞*	肌肉酸痛*
1	8.4	5.3
2	5.4	9.1

*平均等級

差異必須有意義

統計上的顯著不一定代表有意義。事實上,根據數以萬計的掃描資料、線上調查以及其他方法所獲得的大型樣本作的資料探勘分析越來越多,發現一個具有統計顯著,但沒有意義的差異是非常危險的。原因在於統計上的差異,與樣本大小有著密切關係。在計算顯著水準因子Z的公式中,樣本大小n是公式中的要素之一。大型的樣本群中(樣本數均超過1,000),當差異的絕對值很小時,通常會有統計顯著的結果產生。一個有**意義的差異**將成為行銷經理人用來作為行銷決策的基礎。

以上述的感冒藥為例,我們發現有意義的差異存在,因為感冒藥的成分是針對特定症狀的,意即某些成分可以減輕鼻塞而其他成分則可以舒緩疼痛。假設製藥廠的藥方同時含有兩種成分,但鼻塞患者不想要有因舒緩疼痛所帶來的倦怠感;或疼痛的患者不想要喉嚨或鼻子因治療鼻塞而感到乾燥。

這兩個族群的差異,對於製藥廠而言是有意義的。

差異必須穩定

穩定性意指我們不可以運用短期的差異。差異的穩定性表示:在可預見的未來將存在的差異。群組1持續的鼻塞症狀,很有可能是因為某種呼吸道的毛病所引起。它們可能有某些先決條件,例如過敏或呼吸問題,或是暴露在一個高度污染的環境,亦或有其他影響呼吸的因素;而群組2是一群沒有呼吸毛病、活躍,屬於有規律運動或是工作需要耗費大量體力的人。但不論是哪一個群組,都有感冒的時候,都會產生同樣的不適症狀——不管是鼻塞或肌肉疼痛,都會一再發生。因此,這樣的差異是穩定的。製藥廠可以針對顧客設計不同的感冒藥,因為從經驗及研究中得知,某些顧客始終會持續地(穩定)尋找特定的感冒藥。

差異必須可執行

市場需要有標準或創新的市場區隔基礎可以被運用,而這些基礎必須可以將不同的族群劃分出來,如此才能分析這些族群或是進行行銷活動。一個**可執行的差異**意指行銷人員可以利用各種行銷策略在不同的市場區隔中,例如運用廣告來突顯不同的市場。有很多的區隔基礎是可以化為行動的,例如人口統計、生活型態以及產品的好處。在原來感冒者所顯示症狀的例子中,我們發現兩個有意義而且穩定的族群,因此讓生產線分別生產這兩種感冒藥是可行的。你只要到附近藥局的感冒藥區一看,便可以得到驗證。

你可能會對有意義而且可執行的差異感到困惑。回想一下,我們以**可能使用**這四個字來定義有意義的差異。在感冒藥的例子中,製藥廠可能會針對不同地區或是不同生活型態的人,發展並且銷售針對不同症狀的感冒藥。比如說,可能有一種給女高中生在上體育課時治療流鼻水的感冒藥;而另一種是給參加高中運動會的男生,改善鼻塞呼吸聲用的感冒藥。但是以此方式製造不同類型的感冒藥並不經濟,因此製藥廠以及行銷人員必須針對不同市場

區隔的大小，以及獲利條件來評估可執行性。然而，最基本的差異 定是經過統計顯著、有意義且穩定性的評估得來。

我們大部分仍著重於統計上的顯著差異，因為這是市場區隔及了解目標市場的起點。有意義、穩定且可執行並非統計能討論的，但卻是經理人須作出判斷的。

小樣本：t 檢定與 z 檢定的運用

本章大部分的方程式都會提到z值的計算。但是某些特殊的情況下使用z檢定並不恰當。第十四章曾提及z值的計算必須符合統計上常態或鐘形分配的假設。然而統計學家證明，當樣本數小於等於30時，常態分配的假設是不成立的。在這種情況下，t值的計算會用來代替z值。t檢定是小樣本($n30$)時作為統計推論的檢定方法，因為小樣本服從t分配(t distribution)，而非常數的常態分配。t分配的形狀決定於自由度的數字，等於樣本大小減去母體要估計的參數個數，即$(n-1)$，因為在此母體的參數是指兩個母體平均的差。自由度越小，分配的曲線會越加延展，形狀仍呈現鐘形，但隨著樣本數小至30以下，形狀會越加扁平。因此當樣本大小等於或大於30時，則需要使用z檢定。

使用電腦來進行統計分析的好處是，電腦程式能計算出正確的統計量，不需要決定該使用z檢定、t檢定或是其他的檢定值。在SPSS中，差異分析指的是t檢定，無論是t或z檢定，SPSS會自行決定正確的顯著水準，因此我們不需要擔心該使用哪一種統計方法。我們需要能力的是如何解釋SPSS報告中的顯著水準。

檢定兩群組間的顯著差異

如同之前製藥廠的案例，研究人員會比較兩個存在於相同樣本中的群

組。例如一個隨機購買的顧客群，以及一個具忠誠度的顧客群，研究人員會去比較兩組對於相同問題的答案是否有差異。這些問題可用類別尺度或計量尺度來衡量。使用類別尺度時會比較百分比，並在用計量尺度時比較平均數。而檢定百分比或平均數的公式並不一樣。

ᴀ 兩個群組的百分比差（獨立樣本）

當行銷研究人員有意比較兩個群組是否存在統計上的顯著差異時，在概念上，會視兩個群組為兩個不同的潛在母體。因此比較的結果就變成兩個母體的參數是否存在差異。然而研究人員往往只能得到樣本的結果，因此必須依賴統計上的顯著來決定，兩個樣本統計量的差異可以代表真實母體的差異。你會發現差異檢定的邏輯與第十四章中的假設檢定十分相似。

同樣地，我們利用比較兩個常用物品的直覺法來作推論。假設你在《商業周刊》讀到一篇關於校園徵才人員引用Louis Harris的100家公司調查，指出65%的公司會到大學校園面試商學系學生。而且去年相同的調查中，300家公司中只有40%的公司會這樣作。因為抽樣的誤差，你無法直接推論今年是否會有較多的公司到校園徵才。如果百分比的差異很大，比如今年有80%，去年僅20%，你將會比較傾向相信這樣的變化確實存在；倘若存在大的差異但是樣本數小，你也會無法確信，今年與去年的校園徵才數字有何差異。直覺上，要考慮到決定統計上是否顯著的兩個重要因素為：用來比較的統計值大小（65%比40%）和樣本大小（100比300）。

檢定兩個群組百分比是否存在顯著差異，要利用**虛無假設**(null hypothesis)，或是假設兩個母體參數的差為0。而**對立假設**(alternative hypothesis)則是兩個群組間確實有差異存在。為了檢定兩個百分比差異的顯著性，第一步需要兩個百分比的**比較量**(comparison)，這裡的比較量是指兩個百分比的算術差；其次將這些差異換算為標準差以免假設值為0。一旦得出標準差，在常態曲線下可以評估出支持虛無假設的可能性。

百分比差異的顯著檢定值公式

$$z = \frac{p_1 - p_2}{s_{p_1 - p_2}}$$

$$p_1 = 樣本1的百分比$$

$$p_2 = 樣本2的百分比$$

$$S_{p_1-p_2} = 兩個百分比算術差的標準差$$

兩個百分比差的標準差包含了兩個樣本百分比的標準差,計算公式如下:

百分比差的標準差
$$s_{p_1-p_2} = \sqrt{\frac{p_1 x q_1}{n_1} + \frac{p_2 x q_2}{n_2}}$$

假設檢定的公式來比較,會發現有兩個不同之處,但邏輯上是完全相同的。第一,在分子將兩個樣本的百分比相減,如同在假設檢定時將樣本百分比減去假設百分比(以下標1和2來表示兩個不同的樣本統計量);第二個差異在於分母所表示的抽樣分配類型。此時考慮的抽樣分配是,假設的兩個百分比差的抽樣分配,而不是假設檢定中一個百分比的標準差。所以假設的是兩個樣本統計量的比較量。如果虛無假設為真,則此差異數的分配服從常數曲線,平均數為0,標準差為1。如同之前的步驟,只有統計檢定無法成立時,虛無假設才為真。因此,在重複多次抽樣之下,許多樣本百分比比較量的差異數可能平均為0。換句話說,我們的抽樣分配就是兩個樣本間差異數的分配,以下的例子可以讓你更加了解。

下面是利用Harris校園徵才民調所作出的計算。去年的調查顯示,300家公司中有40%會利用校園徵才,而今年100家公司則占65%。

計算百分比差是否有顯著差異

$p_1 = 65\%$和$p_2 = 40\%$($n_1 = 100$和$n_2 = 300$)

$$z = \frac{p_1 - p_2}{s_{p_1-p_2}}$$

$$= \frac{65 - 40}{\sqrt{\frac{65 \times 35}{100} + \frac{40 \times 60}{300}}}$$

$$= \frac{25}{\sqrt{22.75 + 12.55}}$$

$$= \frac{25}{5.94}$$

$$= 4.21$$

Active Learning

計算百分比差是否有顯著差異

現在可以利用之前的公式來進行百分比差的顯著檢定。一個當地的健身俱樂部才剛完成一個針對新會員的媒體宣傳戰。過去一個月,健身俱樂部在報紙、當地電視新聞台、官方網站、兩個廣播電台以及電話簿上刊登廣告。當一個潛在的新會員到健身俱樂部時,會被要求填寫一個簡短的問卷,並且說明在過去一個月中在哪裡看過這些廣告。某些人會加入俱樂部,然而某些人不會。在30天之後,得到以下的表格。

	加入俱樂部	不加入俱樂部
總計（資訊來源）	100	30
報紙廣告	45	15
電台廣告	89	20
電話簿廣告	16	5
當地電視新聞廣告	21	6

計算一下這些資料中,是否有任何的顯著差異存在。為招募新會員,這麼多種的廣告媒體中,是否有特別有效的方法呢?

和1.96的標準z值及95%的信賴水準來比較,4.21的z值大於1.96。在95%的信賴水準下,計算的z值大於標準z值,假設檢定不成立。因此兩個百分比存在有統計上的顯著差異,並且有信心在重複許多次抽樣的比較下,至少有95%會存在顯著差異。當然,我們從未重複作許多次相同的抽樣,但這是統計學家對於顯著水準的原則。

運用公式來確定百分比的差異是否有顯著差異並不難,唯一需要的是每個群組的樣本大小。

使用SPSS計算兩群組間的百分比差

雖然是最被廣為使用的統計分析軟體,SPSS卻不執行兩組百分比差的

顯著檢定。然而，仍可利用SPSS決定樣本百分比的解釋變數及樣本大小。如同先前提過的其他例子，可以歸納出所需要的值為$(p_1 \cdot p_2 \cdot n_1$和$n_2)$，並用手工或是其他計算程式來作運算 (提醒：可利用$p + q = 100$的關係來計算q_1和q_2)。

兩個群組的平均差

兩個平均差的顯著檢定（不論是兩個不同樣本，或是同一樣本中的兩個群組），步驟與兩個百分比差的顯著檢定相同。兩個樣本平均差的顯著檢定算式如下：

兩個平均差的顯著檢定值公式

$$z = \frac{\bar{x}_1 - \bar{x}_2}{s_{\bar{x}_1 - \bar{x}_2}}$$

$\bar{x}_1 =$樣本1的平均數

$\bar{x}_2 =$樣本2的平均數

$s_{\bar{x}_1 - \bar{x}_2} =$兩個平均數差的標準差

兩個平均差的標準差十分容易計算，只須利用兩個樣本的變異數(variance)與樣本大小來計算即可。

兩個平均數差的標準差

$$s_{\bar{x}_1 - \bar{x}_2} = \sqrt{\frac{s_1^2}{n_1} + \frac{s_2^2}{n_2}}$$

$s_1 =$樣本1的標準差

$s_2 =$樣本2的標準差

$n_1 =$樣本1的樣本大小

$n_2 =$樣本2的樣本大小

下面範例將示範如何計算這樣的顯著差異：男女青少年喝的運動飲料多寡，是否有顯著差異？最近調查訪問青少年在一星期內喝多少罐運動飲料，結果顯示男生平均喝9罐而女生喝了7.5罐，兩組標準差分別為2和1.2，樣本數皆為100。運用以上資訊及公式計算統計顯著差異：

$$z = \frac{\bar{x}_1 - \bar{x}_2}{\sqrt{\dfrac{s_1^2}{n_1} + \dfrac{s_2^2}{n_2}}}$$

計算百分比差是否有顯著差異

$\bar{x} = 9$ 和 $\bar{x}_2 = 7.5$（$n_1 = 100$ 和 $n_2 = 100$）

$$= \frac{9.0 - 7.5}{\sqrt{\dfrac{2^2}{100} + \dfrac{1.2^2}{100}}}$$

$$= \frac{1.5}{\sqrt{.04 + 0.144}}$$

$$= \frac{1.5}{0.233}$$

$$= 6.43$$

　　圖15.1下半部是標準差的差異曲線，因為計算結果為6.43大於2.58，因此支持虛無假設兩個平均數差為0的機率小於0.001。

　　如同之前的說明，抽樣分配的概念可以解釋是否具有顯著差異。如果虛無假設為真，則在經過許多次抽樣並且仔細的比較之後，有95%會落在0和個標準差之間。雖然實際上只有一次的比較，但是可以透過抽樣分配的概念及相關的假設來決定這些資訊下的兩個群組是否具有顯著差異。

　　具方向性的假設也可利用統計顯著差異來檢定。步驟與假設檢定一樣，

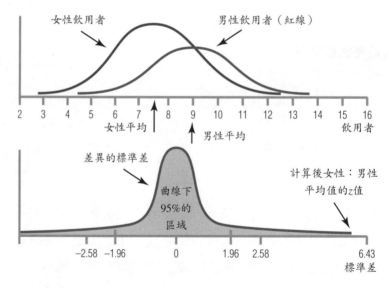

圖15.1　因為計算的z值大於1.96（95%的信賴水準下），所以兩個平均值有顯著差異

先確認計算得到的z值正負數是否與假設的方向一致。因為只有單尾檢定，之後使用臨界值如標準差2.33、99%信賴區間來比較是否有顯著差異。

「哈比人的最愛」餐廳：如何利用SPSS執行獨立樣本平均數的顯著差異檢定

在之前曾示範如何使用SPSS來回答「哈比人的最愛」餐廳的存續問題。調查的結果是好的，因為都能符合專案經理柯瑞定義的三個標準。為示範獨立樣本的顯著檢定，我們從傑夫‧迪恩的問題來討論如何改善「哈比人的最愛」餐廳。傑夫在問題確立階段的第一個問題是：應不應該利用$City$雜誌作為廣告的媒介。問卷調查受訪者是否訂閱$City$雜誌，因此我們會有兩組資料：訂閱者與非訂閱者，讓我們可以檢定顧客上門可能性的平均數。以5點尺規來衡量，1代表非常可能，5代表非常不可能。

下面的圖15.2將示範SPSS操作獨立樣本平均數的顯著差異t檢定。依功能表「分析－比較平均數－獨立樣本－T檢定」(ANALYZE-COMPARE MEANS-INDEPENDENT SAMPLES T-TEST)的順序操作。開啟後會出現選擇清單，將「「哈比人的最愛」餐廳顧客上門的可能性選入檢定變數(Test Variable)欄位中，並在分組變數(Grouping variable)選擇「訂閱City雜誌」。按下定義分組(Define Groups)鈕，會出現定義兩組資料的視窗（1＝訂閱；2＝沒訂閱）。建立好後選擇「確定」(OK)即可執行t檢定。

圖15.3是執行後的結果。第一個表說明181個訂閱者的平均數為3.71，而219個非訂閱者的平均數為2.42。下一張表說明兩個平均數的差異。SPSS的計算有兩種不同的方式：一是假設變異數相同；另一種是不假設變異數相同。在某些情況下，兩組樣本的變異數（標準差）幾乎相同，沒有顯著差異。如果相樣，則以「相同變異數」（兩樣本相同變異數）的結果為準；若是不同，就以「不同變異數」那一列結果為準。

如何知道該使用那一列結果為準呢？這次的虛無假設是兩個變異數（標準差）並沒有差異存在，因此以獨立樣本檢定表中最上面一列的F值來檢

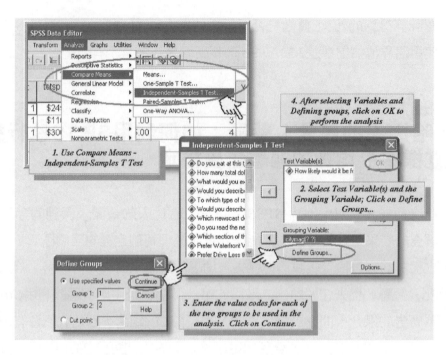

圖15.2　SPSS操作獨立樣本平均數的顯著差異 *t* 檢定

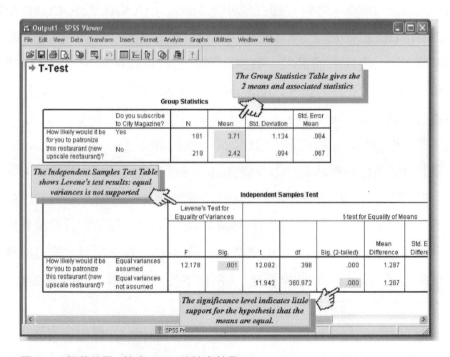

圖15.3　顯著差異 *t* 檢定SPSS的輸出結果

Active **Learning**
運用SPSS執行平均數差異分析

　　檢定*City*雜誌訂閱者每月的餐廳總消費，與非訂閱者是否具有顯著差異。利用圖15.2的視窗說明來操作SPSS進行分析，並藉由圖15.3中獨立樣本*t*檢定結果中的註解來解釋檢定結果。

定。*F*檢定是另一種較適合這種情況的統計檢定（先前曾提過SPSS總是會自行選擇並計算正確的統計檢定）。*F*值是依變異數相同的Levene's檢定而得的。在我們的結果中，*F*值12.278，顯著性（機率）0.001（旗子已揮動）。此處的機率是指變異數相等的機率，因此當機率大於0.05時，則以「相同變異數」那一列的結果為準。如果*F*值的機率小於等於0.05，變異數的虛無假設不成立，則以「不同變異數」那一列結果為準。如果忘記了以上的原則，則檢查標準差，如果標準差相等則使用相同變異數的*t*值。

　　使用「不同變異數」的資訊，*t*值是11.942，則支持*City*雜誌訂閱者與非訂閱者的平均數相同的虛無假設相關機率為0。換句話說，顯著差異存在。訂閱者比較可能去「哈比人的最愛」餐廳消費。所以*City*雜誌的確可作為一個針對目標潛在顧客的廣告媒介。

相同樣本的兩個平均數差異（成對樣本）

　　某些時候，研究人員會想要比較同一樣本中兩個變數的平均數。例如先前製藥廠感冒藥的例子，調查「你認為感冒藥應該要能減輕以下這些症狀的重要性為何？」使用1（代表不重要）到10（代表非常重要）來回答減輕不同症狀的重要性。想知道的問題可以是「哪兩個平均數的重要性程度具有顯著差異？」想知道這個答案，我們需要利用**成對樣本的兩平均數差檢定**，來了解相同的回答尺規、樣本的兩個不同問題平均數差，是否存在顯著差異。當然，兩個變數必須使用相同的尺規，否則兩變數的差異分析在邏輯上將無

法比較，就像開銷與行車的里程數無法比較一樣。

　　相同的應答者回答相同的問題，所以兩個獨立的群組並不存在。因此，同一個群組需要兩個獨立的問題。先前說明的邏輯與公式仍然適用，但因為只有一個樣本，變數必須調整。在此不提供等式，但在接下來的SPSS部分會說明如何操作並解釋何謂成對樣本。

「哈比人的最愛」餐廳：如何利用SPSS執行成對樣本平均數的顯著差異檢定

　　成對樣本檢定可檢定相同的受訪者，任兩個問題的平均數差異。以另一個傑夫必須作的重要決策，也就是餐廳的內部裝潢為例，受訪者針對「簡單的裝潢」和「精緻的裝潢」分別給予評分：5分表示非常喜歡，1分表示非常不喜歡。圖15.4的說明SPSS如何操作成對樣本的顯著差異t檢定。從「分析－比較平均數－成對樣本T檢定」的選單開始。打開選擇清單，以滑鼠點選「喜歡簡單裝潢」和「喜歡精緻裝潢」作為成對樣本的變數。建立好t檢定後，按下「確定」執行。

　　執行結果如圖15.5，表格和獨立樣本的結果相似但並不會完全一樣。相關的資訊包括：1.有400個受訪者回答每一個問題並且被分析；2.簡單和精緻裝潢的平均數分別為3.58和2.33；3.t值為8.564；4.雙尾檢定的顯著水準為0。因此，這項檢定不支持平均數相等的虛無假設。一般大眾比較偏好簡單一點的裝潢。

線上調查與資料庫：行銷研究人員的顯著性挑戰

　　樣本的大小對於統計顯著具有相當的重要性。樣本大小(n)，出現在這一章關於差異數及前幾章有關信賴區間與假設檢定的每一個統計公式之中。統計學家認為：任何大於30的樣本即為「大」樣本。然而隨著線上調查的出

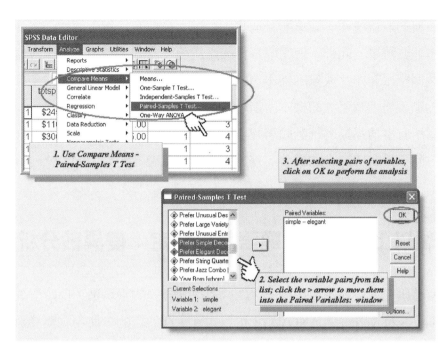

圖15.4　執行成對樣本 *t* 檢定的流程

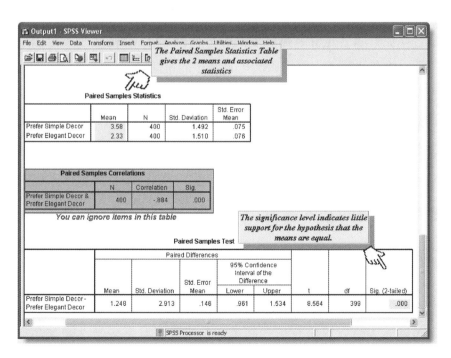

圖15.5　樣本 *t* 檢定的SPSS結果

現，資料的取得快速、簡單而且便宜，行銷人員擁有好幾千個受訪者而構成的樣本並非難事。此外，使用收銀掃描系統而建立的資料庫，可以包含成千上萬個個體。有如此大量的樣本，統計檢定總是具有顯著差異。換句話說，這樣的顯著是因為巨大的樣本所造成，而非實際存在有顯著的差異。

當所有事情都具有統計顯著時，研究人員該如何因應？如同本章先前的評論，除了具有統計上的顯著，差異還必須有意義。

二組以上的平均數顯著差異檢定：變異數分析

有時研究人員會想要比較三、四組或以上群組的平均數。此時變異數分析(Analysis of Variance, ANOVA)，可以達到這樣的目的。使用「變異數」這字眼，可能會讓人有「不分析群組標準差」的誤解，但事實上，如同其他的統計推論公式所述，變異數分析仍然需要考慮到標準差及樣本的大小。基本上，ANOVA是群組間平均數的差異研究，用來確定抽樣誤差或實際母體的差異。變異數一詞意指兩組或兩組以上群組間平均數的差異，也就是組和組之間是否存在有顯著差異。雖然變異數分析或ANOVA聽起來十分困難，但其實只是一些在比較多組平均數時，具體化的推論統計步驟而已。如同之前討論的市場區隔，往往會同時比較多個市場區隔，因此ANOVA是一個研究多個群組平均數十分好用的工具。以下將介紹關於變異數分析的基本概念，以及行銷研究的應用。

變異數分析的基本邏輯

變異數分析的基本原理是研究人員想了解樣本中的某一變數，任意兩組之間是否存在顯著差異。因此變異數分析的結果在於是否在某一個統計顯著水準之下，至少有兩組平均數存在有顯著差異。也許每一組的平均數間皆存在有顯著差異，但變異數分析的結果並無法說明有多少組之間存在有顯著差異。

但是更進一步來說，ANOVA會是一個「信號標示」(signal flag)的程序，意思是如果至少有一組平均數存在統計上顯著時，ANOVA會呈現顯著的結果。然後研究人員再決定是否作更進一步「事後檢定(post hoc test)」，來確定存在多少的統計顯著，以及存在顯著的變數為何。因此，如果「信號標示」沒有出現，研究人員便可以確信其中並沒有統計上的顯著存在。

ANOVA使用一些複雜的公式，但鮮少有研究人員可以記得住。然而，了解ANOVA基本用途的人，仍然能夠好好地解釋其結果。假設現在有3組資料，A、B和C組。ANOVA的概念在於，能夠檢定所有可能的獨立樣本間的平均數是否存在顯著差異。以上述的例子而言，即是A跟B比、A跟C比、B跟C比。ANOVA可以很有效率的比較所有的組別，而不像之前的檢定需要個別比較。ANOVA的虛無假設是沒有任何一組的平均數存在顯著差異。因為有多組的資料要比較，ANOVA須利用F檢定，F檢定結果中的顯著水準（有時指的是p值），即是支持虛無假設的可能性。

舉例如下：某個大型百貨公司正進行一個調查，其中一個問題是「最近一次消費超過250美元的部門是？」有四個部門的回答最多，分別是1.電器；2.居家庭園；3.運動用品；4.汽車用品。另一個問題是「下次是否有可能在同一個部門消費超過250美元？」受訪者以7分來表示非常有可能；1分表示非常不可能來回答。這樣方便計算各組回到百貨公司、並在同一部門消費另一項商品的可能性的平均數。

進行此項研究的調查者決定比較這些平均數，因此需要作五個獨立樣本的t檢定。結果摘要如表15.1。從表中可以發現，汽車部門的平均數顯著低於其他3個部門，而且其他3個部門並沒有顯著的差異。換句話說，在這個百貨公司汽車部門消費超過250美元的顧客，並不如在其他部門花大錢的人滿意。

而表15.2是ANOVA簡略的結果。不像在表15.1中需要檢定多個p值，研究人員只須檢查F檢定的顯著水準(Sig.)，也就是「信號標示」。表中結果為0，小於0.05，意指至少有一組顯著差異存在，因此需要研究人員多花時間再多檢視下面的表來尋找顯著差異。該表經過整理，是否存在顯著差異的平均數分列兩欄，而且每一欄為一個獨立的子集合。這些平均數由低至高排序整理

表 15.1 顧客下次的高額消費會在同一部門的可能性——五個獨立樣本 t 檢定的結果		
群組比較	**群組平均**	**顯著值**
電器與居家庭園	5.1:5.3	0.873
電器與運動用品	5.1:5.6	0.469
電器與汽車用品	5.1:2.2	0.000
居家庭園與運動用品	5.3:5.6	0.656
居家庭園與汽車用品	5.3:2.2	0.000
運動用品與汽車用品	5.6:2.2	0.000

表 15.2 顧客下次的大筆消費會在同一部門的可能性的——ANOVA結果,以最後一次有高額消費的部門排列		
子集合		
部門		
汽車用品	2.2	
電器		5.1
居家庭園		5.3
運動用品		5.6
0.000:至少有兩個部門有顯著差異		
2.2:汽車用品部門似乎有問題		

在第二個表中,因此立即可以發現汽車部門有問題。

在進行多組平均數的 t 檢定時,ANOVA有兩個很明顯的好處。第一,如果存在顯著差異,可以立即告知研究人員,因為他們只須檢查「Sig.」值,也就是「信號標示」;第二,在上述的例子中,可將平均數作排序整理,因此可以簡單的分辨與解釋出差異。

當「Sig.」運作時,研究人員便有足夠的理由,一一檢視每組平均數是否存在顯著差異。一旦學會解釋SPSS ANOVA的結果,便可以輕易的檢定這些實例。當然,如果 F 統計 p 值的「Sig.」沒有運作,即 p 值大於0.05,表示在95%的信賴水準下並沒有顯著差異,再一一比較各組的平均數就顯得浪費時間了。

如何檢定多組平均數的顯著差異

　　如果先前的例子，當顯著差異存在時，可以利用一些事後檢定來檢定顯著差異落於何處。參考SPSS中的範例，有包括曾在統計課堂中見過的Scheffe和Tukey十幾種方法。上述不在本章的討論範圍中，唯一需要了解的是Ducan多重範圍檢定，它可以利用圖示來呈現差異。**Ducan多重範圍檢定**主要以圖片表現那些組別存在有顯著差異，是這些事後檢定中比較不像統計的一種，因此我們在這裡使用這個事後檢定。Ducan的事後檢定就是表15.2中，排序整理後的平均數。

「哈比人的最愛」餐廳：如何利用SPSS執行變異數分析

　　在「哈比人的最愛」餐廳的調查中，有一些類別變數有超過兩組以上的資料。以傑夫・迪恩所關心的促銷問題為例：要在報紙的哪一個版面刊登餐廳的廣告？問卷調查以下哪一個報紙的版面是受訪者最常閱讀的：社論、財經、地方新聞、分類廣告和生活（健康、娛樂），或是沒有特別偏好。

　　單尾ANOVA如圖15.6示範，依「分析－比較平均數－單尾」ANOVA(ANALYZE-COMPARE MEANS-ONE-WAY ANOVA)的選單指令來執行。在應變數清單(Dependent list)中選擇有關平均數的變數，因素(Factor)則是分組變數。如光顧「哈比人的最愛」餐廳的可能性就是應變數，而「最常閱讀的報紙版面」就是分組的變數。圖15.6同時也示範如何在「事後分析」(POST HOC-TESTS)選項中點選Duncan多重範圍選擇。回到選擇清單中，按下「確定」執行ANOVA。

　　圖15.7是ANOVA的結果。第一張表包含一些額外的計算結果，但重點在於顯著性(Sig.)一欄。若虛無假設成立，表示沒有任何一組的平均數存在顯著差異。在表中的「Sig.」值為0，因此確定至少存在一組顯著差異。下一張表是Duncan檢定的結果。這張表依平均數遞增排序，每欄代表一組與

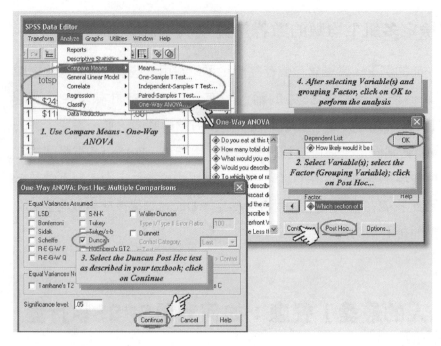

圖15.6　勾選SPSS選項進行變化分析(ANOVA)

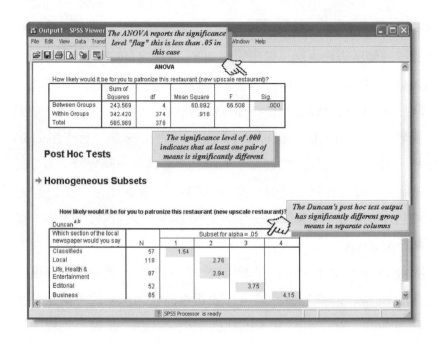

圖15.7　輸出SPSS分析結果(ANOVA)

—Active— Learning
利用SPSS來操作變異數分析

我們想比較五個報紙版面的閱讀族群每月在餐廳的平均支出。參考圖15.6 的SPSS 圖示，選擇報紙版面為因數，以及花費多少在餐廳為應變數。利用圖15.7 來看SPSS ANOVA的結果，關於五組的平均數你有何發現？

其他組資料有顯著差異的子集合。因此，光顧「哈比人的最愛」餐廳的可能性，可分為以下四組：財經(4.15)、社論(3.75)、生活健康與娛樂和地方新聞（2.94、2.78，但彼此沒有顯著差異），而分類廣告為(1.54)。讀財經新聞的人是有可能的消費者，所以傑夫應該要在那個版面刊登廣告。

ANOVA（變異數分析）的應用

那麼，社論的版面如何？財經與社論的版面有統計上的顯著差異，但是屬於有意義的差異嗎？依照有意義性的準則，我們發現差異數為8%[4.15－3.75)/5＝8%]，小於10%，因此根據我們的法則，其實是沒有意義的。相反地，如果有具有意義，那麼傑夫可能需要實驗看看，輪流在兩個版面中刊登廣告會有什麼樣的結果產生。

多變數ANOVA(n-way ANOVA)

在「哈比人的最愛」餐廳的例子中操作的是單變數ANOVA，因為自變數只有一個。然而，同時存在二個或以上的自變數是很常見的，因此需要利用多變數ANOVA。例如，一個經理人可能決定同時利用年齡別和工作別來檢定差異。或是在進行市場實驗時，研究者想了解高低價位在報紙與廣告牌的廣告效果。在多重自變數之下，行銷研究人員可以研究「**交互效果**」。交互效果指的是多組自變數同時影響平均數。無論如何分組，多變數ANOVA

在概念上和單變數ANOVA是一樣的,但公式與計算會比較複雜。若對多變數ANOVA的運用有興趣,建議你參考更多相關資料。

複習與應用

1. 什麼是差異,為什麼研究人員需要了解差異?

2. 當行銷研究者比較兩組相同問題的答案時,稱作什麼?

3. 請敘述以下兩種問題型式的顯著差異檢定公式和公式中的構成要素:

   (1) 是非題類型。

   (2) 度量題類型。

4. 什麼是成對樣本檢定?定義何謂「成對」樣本。

5. 在變異數分析中,當研究人員發現顯著的F值時,為何可以作為一個「信號」的機制?

6. 研究人員想調查一家運動用品店的消費者類型。在調查中,受訪者回答每週大約運動幾分鐘。這些受訪者還須為這家運動用品店的12個特性評分,例如價格、便利性、銷售人員的服務等。研究人員利用1－7分來評比,1表示非常糟糕,而7表示非常傑出。根據受訪者的回答,研究人員能夠如何研究評分的差異?

7. 一家連鎖的雜貨店如何建立市場區隔?利用可能的家庭狀況市場區隔變數(單身、已婚或有小孩)和職業(技術性勞工、專業人員或退休者)來說明,進行什麼樣的考量來決定什麼是一家連鎖雜貨店可利用的市場區隔。

個案15.1 Washington Street餐廳的重要性與屬性調查

Washington Street餐廳是一家位在華盛頓的中型餐廳,十分靠近附屬於

綜合性醫院的大型醫療集團,該集團超過2,000名正職與兼職員工,包括療養人員、護士服務於周邊的診所。因此在Washington Street餐廳午餐的生意,都是來自綜合性醫院以及周邊相關產業的醫療或行政人員。

Washington Street餐廳晚餐的人潮與中午不同。晚餐的顧客包括一些醫療人員,但大部分是在其他城市工作,卻住在Washington Street餐廳附近的年輕專業人士(單身、夫妻或團體)。午餐的顧客通常是醫療人員的打扮,而晚餐的顧客則是商業人士或是一般的裝扮。

Washington Street餐廳的經理艾蜜莉·威爾森(Emily Wilson)想要增加餐廳業績,因此進行一個行銷調查來研究午餐與晚餐的顧客有什麼不同。她請一家研究公司設計問卷,針對Washington Street餐廳的表現作評比,1分代表非常失望,7分代表非常滿意。針對一群目標群組,進行17項餐廳屬性的評比。此外,這些屬性的重要性也一併列入評比,以1代表不重要,7則代表非常重要。

表 A	顧客對餐廳各項屬性的重要性評比[a]		
餐廳屬性	**什餐**	**晚餐**	**重要性(Sig.)**
謙恭有禮的員工	5.28	5.18	0.978
有助益的員工	5.20	5.15	0.876
服務品質	5.07	4.98	0.540
沙拉的新鮮度	5.07	4.50	0.034
餐點營養價值高	5.03	4.44	0.045
餐點整體品質	4.97	4.53	0.035
座位舒適	4.96	4.95	0.986
給常客優惠	4.89	4.75	0.752
食物令人胃口大開	4.88	4.02	0.052
服務的速度	4.83	4.97	0.650
輕鬆的氣氛	4.83	5.23	0.001
菜色美味可口	4.80	4.02	0.012
舒適的照明	4.71	4.80	0.659
主菜選擇多	4.60	3.53	0.002
低價的特餐	4.52	4.20	0.102
食務份量多	4.34	3.87	0.034
環境整潔	4.25	4.50	0.286

[a]評等由1到7。1代表不重要;7代表非常重要

表 B 顧客對Washington Street餐廳各項屬性的重要性評比[a]			
餐廳屬性	什餐	晚餐	重要性(Sig.)
謙恭有禮的員工	5.79	5.46	0.182
有助益的員工	5.83	5.51	0.044
服務品質	5.54	5.60	0.276
沙拉的新鮮度	5.80	4.46	0.001
餐點營養價值高	5.29	5.23	0.197
餐點整體品質	4.48	4.46	0.568
座位舒適	4.63	4.53	0.389
給常客優惠	5.45	4.56	0.009
食物令人胃口大開	5.65	4.64	0.045
服務的速度	5.52	4.22	0.010
輕鬆的氣氛	4.96	5.63	0.061
菜色美味可口	5.31	4.37	0.048
舒適的照明	4.52	4.62	0.369
主菜選擇多	4.98	3.75	0.019
低價的特餐	5.35	6.86	0.045
食務份量多	4.43	5.43	0.038
環境整潔	5.56	5.24	0.286

[a]評等由1到7。1代表不重要；7代表非常重要

經過一星期系統性的抽樣，研究公司獲得午餐和晚餐的顧客樣本。資料蒐集結束前共有340份無效問卷，並作出以下兩個表格。每張表分別是240個午餐顧客和100個晚餐顧客的答案。平均數如下：

1. 請解釋以上結果為何？兩組顧客有什麼不同？
2. 對於一位經理人而言，這樣的結果有什麼啟示？

個案15.2 「哈比人的最愛」餐廳：差異分析

柯瑞‧羅傑斯和傑夫‧迪恩、莎莉絲特‧布朗一起開會。會議開始時，柯瑞的太太打電話來說，他們5歲的兒子在學校胃痛不舒服，因此柯瑞必須去接他並帶他去看醫生。柯瑞很抱歉的說：「不好意思，雙薪家庭總是會發

生這樣的情形。莎莉絲特和傑夫討論一下她調查的結果及發現。然後分析一下，我們明天下午再討論。」20分鐘後，莎莉絲特列出了六個傑夫‧迪恩特別感興趣的問題。

你必須假裝你是莎莉絲特，利用「哈比人的最愛」餐廳的SPSS調查資料，進行適當的分析並針對以下問題作解釋。

1. 傑夫‧迪恩想知道「哈比人的最愛」餐廳比較吸引女生還是男生。進行適當的分析，並解釋、回答他的問題。

2. 在30分鐘內可開車抵達「哈比人的最愛」餐廳的位置，何處較為適宜？

3. 關於餐廳的氣氛，弦樂四重奏比爵士樂好嗎？

4. 比較特別的主菜好，還是特別的點心好？

5. 通常這樣的地方比較吸引高所得者，比較無法吸引低所得者。「哈比人的最愛」餐廳是否也是這樣？

6. 傑夫‧迪恩和莎莉絲特‧布朗推論不同地區（利用郵遞區號區分）的人，對於高級餐廳會有不同的反應。這樣的差異有根據嗎？進行適當的分析並解釋之。

❖ 學習兩變數間的關聯性爲何
❖ 檢視會被視爲關聯性的各種不同關係
❖ 了解在哪裡以及如何使用卡方分配與列聯表
❖ 熟悉使用並解釋相關性
❖ 了解如何用SPSS解釋列聯表、卡方分配的結果以及相關性

16

決定並解釋變數間的相關性

本章在於說明在簡單敘述測量與統計推論之外的統計分析有效性。如同我們在寵物食品市場區隔的例子，行銷人員對於這些變數是有興趣的。例如寵物食品公司想知道什麼樣的人在什麼情況下會選擇購買什麼產品。通用汽車的Pontiac部門想知道什麼樣的人會偏好有多種款式變化的FireBird系列。報社想了解潛在讀者的生活型態，好修改為適合他們的新聞版面。此外，報社也想知道訂戶的類型，以便與廣告戶溝通，協助他們設計版型以及選擇的刊登版面。以上這些例子，都可用**關聯性分析**(associative analyses)來尋求解答。關聯性分析決定兩個變數的穩定關係，是本章的主題。

一開始會介紹兩個變數間，可能存在的四種不同型態的關係。之後會說明如何使用**列聯表**(cross-tabulation)來計算**卡方值**(chi-square value)，以便評估兩變數間是否有統計上顯著的關聯性存在。同時一併介紹**相關係數**(correlation coefficients)，並說明如何利用**皮爾遜積差相關**(Pearson product moment correlations)。如同之前的章節，亦將示範SPSS的執行分析及產出結果的操作步驟。

兩個變數間的相關性類型

為了敘述兩個變數間的關係，我們需要先提醒你在第八章曾介紹過，稱為**描述**的尺度特性。每一個尺度都有特定的描述符號，稱為**標籤**(labels)或**數量**(amounts)來定義尺度上不同的符號。**程度**(level)意指尺度是公制的，即是有區間、可換算成比例的，而**標籤**則是非公制的，多半都是名詞。例如簡單的標籤可以是「是」和「否」，因此一個特定商品或服務的購買者則被標記為「是」，非購買者的標記為「否」。如果研究者想測量一個受訪者購買某商品的次數，則數量就是購買的次數，因為必須滿足比例尺度的假設，這個尺度會是公制的。

關係是指兩個變數間的標籤或數量存在一致且系統性的連結。此連結是統計的，不需要有因果關係。因果的連結需要確定一個變數會影響另一個，

但統計的連結無法確定因果關係，因為其他變數也有可能具有影響力。然而，即使沒有因果關係，統計上的連結仍然可以讓我們了解變數間的關係。例如如果我們發現購買瓶裝水的人，有十之有九會購買加味水，就可以了解，對這些消費者來說，水加調味是重要的。

關聯性分析可以有效的判定兩個變數間的標籤或數量存在一個一致且有系統性的關係。關聯性的類型如下：**非單調性**(nonmonotonic)、**單調性**(monotonic)、**線性**(linear)和**曲線**(curvilinear)四種。

非單調性關係

非單調性關係，指的是一個變數與另一個變數的存在是否有系統性的關係。單調性意指沒有識別方向的關係，但確定有關係存在。例如麥當勞根據以往的經驗得知，早上消費者大多會購買咖啡，而不會買汽水。這樣的關係沒有斷然的方向性存在，不代表早上的消費者總是會買咖啡，而下午的消費者都買汽水。然而，如圖16.1，一般而言這樣的關係是存在的。非單調性關係僅僅是指早上的顧客傾向會購買早餐如蛋、鬆餅和咖啡，下午的顧客則傾向購買午餐餐點如漢堡、薯條和汽水。

換句話說，從非單調性關係可以發現，一個變數的某項標籤出現時，很容易可以發現另一個變數與另一個特別的標籤出現。例如早餐的飲者通常會點咖啡。以下是一些非單調性關係的例子：1.住公寓的人不會買草坪，而住獨棟房子的人會；2.在「摩托車週」時，佛羅里達Daytona海灘的遊客可能是有摩托車的人，而不會是大學學生。3.遊樂場的玩家通常都是小孩而非成

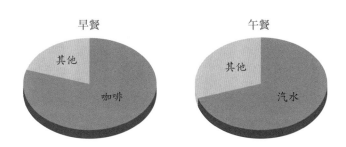

圖16.1　麥當勞的例子：早餐與午餐購買飲料類型的非單調性關係

人。同樣的，每個例子說明了當某個目標的某方面存在時，容易伴隨著另一個目標的某方面出現。但是這樣的關係很一般，我們必須逐字陳述出來。換句話說，我們只知道一個非單調性關係存在或不存在的大致模式而已。

單調性關係

單調性關係是一些研究者可以把兩個變數間的關聯歸納出一個普遍的方向。單調性關係有兩種，即增加或減少。增加的單調性關係是指一個變數會隨著另一個變數的增加而增加；反之，減少的單調性關係則是一個變數會隨著另一個變數的增加而減少。要注意的是，兩種單調性關係都沒有說明變數隨另一個變數改變的確切數字是多少。單調性意指這樣的關係只具有一般的方向性，而不會有精確的描述。以下例子可以說明這樣的概念。

鞋店的負責人知道，大一點的小孩會買大鞋，但是無法用小孩的年紀來換算出正確的鞋子尺碼。小孩的腳成長速度和最後會買的鞋子大小，並沒有一般的規則存在。因此，小孩的年齡和鞋子的尺寸有一個增加的單調性關係存在。同時，小孩的年齡與父母涉入購買決策的程度，存在一個減少的單調性關係。如圖16.2，很小的小孩通常無法涉入購買決策，然而大一點的孩子

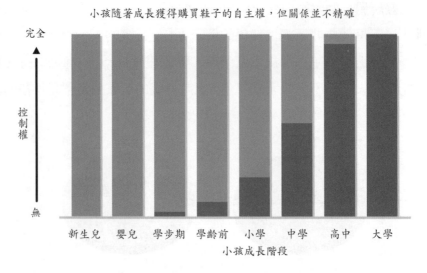

圖16.2 小孩購買自已鞋子的控制權：單調性增加關係

在購買決策上會得到越來越多的控制權，直到長大成大得到完全的決定權。同樣地，父母親的影響力和小孩完全得到獨立購買決策權的時點，並沒有一般性的規則。我們僅能了解在買鞋子的時候，較年輕的孩子在購買決策的影響力較少，而大一點的孩子則有較多的決定權。這就是單調性關係。

線性關係

現在，我們要介紹的是一個比較精確的關係，可想而知的是兩變數間存在有一個線性的關係。線性關係指的是兩變數存在有**直線關係**，也就是一個已知數量的變數會產生另一個數量可知的變數，而且存在一個線性或直接的公式可以推論。而直線公式如下：

> y＝a＋bx
>
> 在這裡：
>
> y＝被估計或預測的應變數
>
> a＝截距
>
> b＝斜率
>
> x＝預測應變數的自變數

截距和斜率你應該不覺得陌生，如有不清楚的地方，我們稍後會再詳細說明直線公式，在第十七章也會再闡明應變數與自變數。

直線關係是比單調性關係精確而且可以獲得較多資訊。簡單的代換*a*和*b*值後，給予任何值*x*即可以得到一個確切的*y*值。例如Jack-in-the-Box估計每個顧客在午餐來店時大約會花費5美元，因此可利用一個簡單的線性關係利用來店人數的多寡，預估收益的金額。等式如下：

> *y*＝$0＋$5×*x*

*x*代表顧客的數量。所以如果有100個顧客到店，則預計的收益為0加上5乘以100，即500美元。如果預期有200個顧客到店，則預計的收益為0加上5乘以200，即1,000美元。要確定的是，Jack-in-

the-Box不是一定會獲得1,000美元收益或是有200個客人,但線性關係顯示預期會發生的結果。

曲線關係

曲線關係指一個變數和另一個變數有關,但存在的是曲線而非直線的關係。換句話說曲線關係的公式與直線關係不同。有許多可能的曲線關係存在,例如S型、J型或者其他的曲線關係模式。曲線關係是產品的生命週期,描述銷售額在導入期成長緩慢,然後成長期快速向上攀升,最後在市場飽和時趨於平緩或慢慢下降。曲線關係已超過本書的範圍,然而卻是一個很重要的統計程序,因此在此介紹。

變數關係間的特性

根據型態,關係通常有三種特性:**存在性**(presence)、**方向性**(Direction)和**關係強度**(strength of association)。在進行特定的變數間關聯性統計分析前,需先說明這些特性。

存在性

存在性意指發現兩個變數間有一個系統性的關係存在,其屬於統計上的問題,行銷研究者依賴統計顯著檢定來判定樣本中是否有顯著的證據可以支持母體中存在有這樣的獨特關聯性。第十五章在統計推論上曾介紹虛無假設的概念,關聯性分析的虛無假設是母體中沒有關聯性存在,並利用適當的統計檢定來檢定。如果拒絕虛無假設,則可以說明在特定的信賴水準下,母體有關聯性存在。稍後將說明關聯性分析的統計檢定。

方向性（模式）

在單調性與線性關係的例子中，關聯性可以用方向來描述。單調性關係可能是增加或減少。而線性關係，如果b（斜率）是正的，則線性關係為增加。如果b（斜率）是負的，則線性關係為減少。所以線性關係跟調單性關係的關係方向性是很簡單易懂的。而非單調關係中，正向或負向的描述並不適當，因為我們只能以文字來解釋其模式。你很快就會了解，存在非單調性關聯的變數尺度假設，會使得關係的方向顯得沒有意義。然而，我們可以以文字來形容關聯的模式，因此這樣的陳述可以取代方向。最後，在曲線關係中，我們可以利用公式。公式會定義出一個類似S型的模式來描述關係的本質。

關係強度

當兩個變數有關聯性存在（指有統計上的顯著）時，我們可以想像它們的強度，通常使用的詞像是：「強」、「中等」、「弱」或是其他相似的描述。因此，當一致且系統的關聯性存在於兩個變數時，接下來要確定的就是關聯性的強度。強烈的關聯性是指：無論分析的是那種類型的關係，兩變數呈現的應變關係有很高的可能性。換句話說，很弱的關聯性就是指：兩變數呈現的應變關係可能性低。有關係存在於變數間，但是不太明顯。

決定存在性、方向性及關係強度有一個順序。第一，必須決定兩變數間有什麼樣的關聯性存在。這個問題可依變數的尺度假設來回答，例如之前的說明，低水準（名義）尺度只能呈現不精確、像具有模式的關係，然而高水準（區間或比例）的尺度可以解釋非常精確且線性的關係。一旦確認了適當的關係類型，如非單調性、單調性或線性，則下一個步驟就是決定這樣的關係是否真的存在於分析的母體之中。這個步驟需要統計檢定，我們稍後將一一介紹應用於這三種關係的適當檢定。

在透過統計檢定確定母體中確實有關係存在後，需要建立出模式，關係的類型會影響描述方向的方式。可能需要圖或表格來檢視關係，或只需在計

算統計值前尋找正負號即可。最後，還需判斷出關係的強度。某些關聯性分析的統計以一個非常簡單的方法來說明強度，即絕對值的大小。而名義尺度變數需要檢視模式來判別強度，稍後將解釋這個部分。

列聯表

列聯表和相關的卡方值可用來評估存在於兩個名義尺度變數間的非單調性關係。非單調關係指的是一個變數會伴隨著另一個變數一起出現，例如午餐的顧客吃飯時會購買汽水。

以條狀圖檢視關係

可以說明非單調關係的手繪圖形工具是條狀圖(bar chart)。利用條狀圖，兩變數可以同時繪製在同一張圖中。圖中每一條狀代表100%，並依兩變數的數量關係來分配。例如圖16.3有兩個變數：購買者類型和職業。兩條資料由兩種人構成：Michelob啤酒的購買者和非購買者。兩種職業類型分別為：專業工作者，稱「白領階級」，以及勞力工作者，稱「藍領階級」。在購

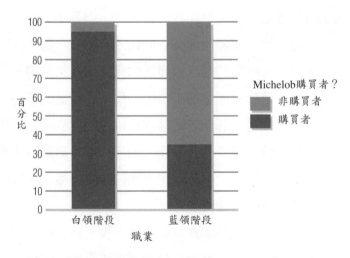

圖16.3　Michelob啤酒的購買者與職業

買者的條狀圖中，可以看到在白領階級的條狀圖形中，有很大的比例是
Michelob啤酒的購買者，而藍領階級的條狀圖形中，Michelob啤酒的購買者
所占比例很少。

非單調性關係描述是一個變數的出現會伴隨另一個變數。這樣的模式在
圖16.3的圖中是適當的：購買者通常都是專業工作者，而非購買者通常是勞
力工作者。或者，非購買者大多不會是白領階級，而購買者多半不會是藍領
階級。

列聯表表格

雖然條狀圖可以提供一個看得見的**單調性關係**，但是較常使用的方法是
利用**列聯表**，一個可比較列和欄資料的表格。列聯表表格指的是一個r乘c，
由列和欄組成的表格。列和欄交叉處稱為**列聯表細格**(Cross-Tabulation
cell)。製作條狀圖的列聯表表格就如同表16.1。表16.1已劃分出四個細格，
欄是垂直的，定義為Michelob啤酒的購買者和非購買者，而列指的是白領階
級或藍領階級的職業。

列聯表的次數和百分比類型

參考表16.1的次數表部分，左上方細格的數字指的是樣本中既是白領又
是Michelob啤酒購買者的人數(152)。而右邊一格指的是白領但不是Michelob
啤酒的非購買者人數(8)。這些細格的數字代表次數。也就是樣本中具有列
標籤且符合欄標籤的受訪者人數。

表16.1至少說明了四種可以計算的不同組合。分別是次數表、粗百分比
表、欄百分比表和列百分比表。次數表包含了製表的初步資料。右下方的
200是指樣本的大小，有時稱為「總計」。總計上面指的是樣本中白領(160)
和藍領的總人數(40)。總計的左邊則是Michelob啤酒非購買者(34)和購買者
的總人數(166)。四個細格中的數字是交叉點的總計：152個白領Michelob啤
酒購買者、8個白領非購買者、14個藍領購買者和26個藍領非購買者。

表 16.1	Michelob啤酒調查的列聯表

次數表

		152 + 8 = 160 14 + 26 = 40		
		非購買者	購買者	總計
職業	白領階級	152	8	160
152 + 14 = 166 8 + 26 = 34	藍領階級	14	26	40
	總　計	166	34	200

粗百分比表

		非購買者	購買者	總計
152/200 = 76%	白領階級	76%	4%	80%
		(152)	(8)	(160)
職業	藍領階級	7%	13%	20%
		(14)	(26)	(40)
		83%	18%	100%
	總　計	(166)	(34)	(200)

欄百分比表

		非購買者	購買者	總計
152/166 = 92%	白領階級	92%	24%	80%
		(152)	(8)	(160)
職業	藍領階級	8%	76%	20%
		(14)	(26)	(40)
		100%	100%	100%
	總　計	(166)	(34)	(200)

列百分比表

		非購買者	購買者	總計
152/160 = 95%	白領階級	95%	5%	100%
		(152)	(8)	(160)
職業	藍領階級	35%	65%	100%
		(14)	(26)	(40)
		83%	18%	100%
	總　計	(166)	(34)	(200)

　　這些初步次數分配可藉由除以總計數來轉換為粗百分比。列聯表中的第二張表，**粗百分比表**，包含了初步次數的百分比。總計的地方變成總計的100%（或是200/200）。總計上面是白領和藍領受訪者分別的粗百分比（80%

和20％）。計算一個細格以便讓你了解如何計算，例如150除以200等於76％。

也可以計算出另外兩個列聯表，在顯示關係上，此二表比較具有價值。**欄百分比表**將初步次數除以欄的總計。公式如下：

$$欄細格百分比 = \frac{細格次數}{該欄的細格加總}$$

例如非購買者中有24%是白領，76%是藍領階級。而購買者中則有92%是白領，8%是藍領。這就是所謂的非單調性關係。

而**列百分比表**則是以列的總計作100%計算，公式如下：

$$列細格百分比 = \frac{細格次數}{該列的細格加總}$$

因此，在白領受訪者中，有95%是購買者，5%是非購買者。在比較列百分比時應該可以發現職業類型和Michelob啤酒的偏好關係。你可以陳述出來嗎？

不相等百分比的人集中在某些細格中，如同這個例子說明了可能的非單調性存在。如果我們發現樣本中四個細格的結果都接近25%，則表示沒有關係存在，不論是購買者或非購買者，還是白領藍領都有一樣的可能性。然而，大量的樣本集中在兩個特定的細格中，即表示購買者有高度可能性同時也是白領工作者，而非購買者很有可能是藍領階級。換句話說，從樣本結果可以表示母體中，職業類型與購買啤酒的行為，非常有可能存在著關聯性。因此必須檢定這樣的關係是否具有統計上的顯著。

卡方分析

卡方(x^2)分析(chi-square analysis)是一個檢查列聯表中兩個名義尺度變數的次數，以便決定是否變數間存在非單調性關係。正式的卡方分析一開始是

研究者設定好兩個變數的虛無假設，即假設母體間沒有存在關聯性。事實上，此步驟是沒有必要的，因為卡方分析總是已經明確的考量到這個假設了。換句話說，當我們在列聯表使用卡方分析時，便已經假設分析的兩個名義尺度變數間沒有關聯性存在。

觀察和期望次數

表16.1的第一個列聯表包含了**觀察次數**，那是列聯表中實際的細格計數。這些觀察次數會與**期望次數**比較，即假設兩變數沒有關聯性存在時，理論上的次數。觀察次數偏離期望次數的程度以一個稱為「卡方」的統計值來表示。計算出的卡方值會與表卡方值（在某顯著水準下）比較，以便決定計算值是否和0有顯著差異。

以下是一個簡單的例子以幫助你了解上述的說明。假設你針對10位朋友在進行一個**隱匿性口味測試**(blind taste test)。一開始，你在10位沒有標記的紙杯中倒入無糖百事可樂。然後召集你的10位朋友，並一一品嘗杯中的飲料。之後詢問每個朋友：猜猜看杯子裡裝的是無糖百事可樂還是健怡可樂。如果你的朋友隨機猜測，你應該可以預期得到各半的猜測結果。這就是你的虛無假設：被品嘗的健怡可樂與猜測的結果不會有關係存在。但是你發現有9位朋友正確的猜到是無糖百事可樂，只有1位猜錯是健怡可樂。換句話說，你發現你的觀察次數與期望次數有很大的偏差。看來你的朋友們有90%可以正確的辨認出無糖百事可樂。這裡似乎有關係存在，但我們不確定統計上是否顯著，因為我們尚未作任何統計檢定。而卡方檢定可以進行這樣的檢定。之後將說明卡方檢定並應用在無糖百事可樂的隱匿性口味測試上。

期望次數是兩變數間沒有關係存在時會有的次數，而這是我們的虛無假設。而卡方分析唯一「困難」的地方便是期望次數的計算。公式如下：

$$期望細格次數 = \frac{欄細格總計 \times 列細格總計}{總計}$$

當沒有關聯性存在時，這個計算會得到每一個細格中該有的數字。回到

之前Michelob啤酒的例子，樣本中有160個白領和40個藍領消費者，其中有166個購買者和34個非購買者。假設沒有關聯性存在，則每一細格的期望次數計算如下：

$$白領購買者 = \frac{160 \times 166}{200} = 132.8$$

$$白領非購買者 = \frac{160 \times 34}{200} = 27.2$$

$$藍領購買者 = \frac{40 \times 166}{200} = 33.2$$

$$藍領非購買者 = \frac{40 \times 34}{200} = 6.8$$

計算卡方值

接下來，比較觀察次數與期望次數。**卡方值公式**如下：

$$\chi^2 = \sum_{i-1}^{n} \frac{(觀察_i - 期望_i)}{期望_i}$$

觀察$_i$＝細格i的觀察次數

期望$_i$＝細格i的期望次數

n＝細格的數量

應用在Michelob啤酒的例子上：

$$\chi^2 = \frac{(152 - 132.8)^2}{132.8} + \frac{(8 - 27.2)^2}{27.2} + \frac{(14 - 33.2)^2}{33.2} + \frac{(26 - 6.8)^2}{6.8} = 81.64$$

你會發現算式中每一個期望次數與觀察次數的比較值都利用平方來消除任何負值，以避免產生相抵的效果。這個值除以期望次數以調整細格數量的差異，最後再一起加總起來。如果有任何大的觀察值與期望值偏差，則計算

而得的卡方值會增加。反之如果偏差值不大，則卡方值會比較小。所以，計算出的卡方值會是一個觀察次數與期望次數偏差的總計。也代表沒有關聯性的虛無假設和樣本結果間的偏差。

應用在你10位朋友猜測是否為無糖百事可樂的例子上。我們已經同意這樣的猜測是隨機的，因此應該會發現兩種品牌會各有5位猜，或是分別50%。但如果我們發現90比10選擇無糖百事可樂，你可能傾向於作出大家都可以辨別出無糖百事可樂的結論。我們利用觀察次數和期望次數來計算卡方，看看這樣的關係是否顯著。

為了決定卡方值，計算如下：

$$\chi^2 = \sum_{i-1}^{n} \frac{(觀察_i - 期望_i)^2}{期望_i}$$
$$= \frac{(9-5)^2}{5} + \frac{(1-5)^2}{5}$$
$$= 6.4$$

記住，你需要的是次數，而非百分比。

卡方分配

除了解如何計算卡方值之外，也須知道其是否具有統計顯著。在第十五章中曾介紹過常態分配、Z分配及F分配，每一個分配都有一個表格用來計算顯著水準。卡方分析需要使用不一樣的分配。卡方分配向右邊傾斜，且拒絕域落於右尾。和常態分配、t分配不同的是，它的形狀會因資料的不同而改變，而且不會出現負值。圖16.4中是兩個卡方分配的圖形。

卡方分配的形狀會依自由度的數字而不同。從圖形中可以看到，**越高**的自由度，曲線的尾巴會越拉向**右邊**。換句話說，越高的自由度產生越高的卡方值，落入**虛無假設**的拒絕域的機率越高。

決定自由度並不難，在列聯表中，自由度的公式如下：

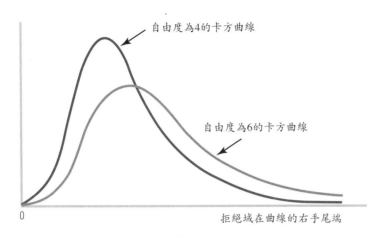

圖16.4　卡方曲線的形狀會隨其自由度改變

$$自由度＝(r-1)(c-1)$$

r是列數

c是欄數

　　卡方值的列表包含了在不同顯著水準下，決定接受與拒絕域的關鍵點，也包含了自由度，因此計算出卡方值後就能知道是否顯著。此外，必須考慮到自由度，自由度越高，相同顯著水準下的關鍵卡方值越大。因為細格越多，偏離期望值的機會越多，因此需要越大的計算值來調整因為這種原因而造成的膨脹。

　　SPSS和絕大多數的電腦統計分析軟體都有卡方表，程式本身都會考量到自由度以及支持虛無假設的機率，而此機率是落在計算卡方值的右方區域所占的比例。拒絕虛無假設時，表示兩個變數間存在顯著的非單調關聯性。

如何解釋卡方值結果

　　如何解釋卡方值的結果？如果研究人員針對獨立樣本重複很多次的研究，卡方分析會產生支持虛無假設的結果。你必須了解許多獨立樣本的概念，例如如果卡方分析產生0.02的顯著水準，研究人員會作出虛無假設上只有2%機率的結論。因為虛無假設不成立，表示存在顯著的關聯性。

卡方分配只是一個決定兩變數間是否存在非單調關聯性的方法，但不能決定關聯生的性質，並且只能大略的說明關聯的強度。應該說它是決定是否該更仔細分析其關聯性性質的一個前提。也就是卡方檢定只是另一個「信號」，用來通知我們是否值得更進一步檢視這些列和欄中的百分比。

若計算而得的卡方值很小，則虛無假設或是兩變數獨立的假設成立。因此行銷人員不需要再在這些資料上花時間，因為他們僅是一個抽樣誤差而不會是一個有意義的關係。然而，當卡方分析在小於等於0.05的顯著水準下發現關聯性存在（信號產生），此時研究人員便可以確信這是值得繼續研究下去的。在無糖百事可樂的隱瞞測試中，95%的顯著水準下的表列卡方值為3.8，而計算而得的值為6.4，計算值大於關鍵值。若使用SPSS，產出的顯著水準會為0.0001，表示顯著的關聯性存在。

「哈比人的最愛」餐廳：利用SPSS卡方分析列聯表檢定顯著關聯性

我們將利用「哈比人的最愛」餐廳的研究資料，示範如何執行並解釋SPSS列聯表分析。我們曾在第十四章使用訂閱*City*雜誌作為分組變數來執行獨立樣本*t*檢定。我們發現*City*雜誌訂閱者比較可能會去光顧「哈比人的最愛」餐廳。利用列聯表分析，可以更清楚看到餐廳廣告的效果。訂閱「哈比人的最愛」餐廳是一個名義變數，因為受訪者的回答為「是」或「否」。我們利用會去光顧餐廳的可能性將受訪者分類，建立一個「可能光顧『哈比人的最愛』餐廳」的變數，將受訪者分為「可能」跟「不可能」兩組。

執行SPSS的卡方檢定的指令流程為「分析－描述統計－列聯表」(ANALYZE-DESCRIPTIVE STATISTICS-CROSSTABS)，此時會出現一個對話方塊可供選擇卡方分析的變數。如圖16.5的例子，選擇訂閱*City*雜誌作為列變數，「可能光顧『哈比人的最愛』餐廳」作為欄變數。此對話方塊有三個選擇鈕，「細格」選項中詳載觀察次數、期望次數、列百分比、欄百分比等，選擇觀察次數（計數）和欄百分比。「統計」選項開啟一個可以計算列

聯表的統計選單，選擇「卡方分析」選項。

結果如圖16.6。在第一個列表中可以看到變數和標籤，每格的第一項是原始次數、列百分比以及每列和欄的總計；第二個列表是卡方分析的結果，我們想要的是皮爾遜卡方，計算出112.878。自由度為1，顯著水準為0，即訂閱City雜誌和可能光顧「哈比人的最愛」餐廳的關係，沒有相關的假設不成立。換句話說，兩者是相關的。

所以，SPSS可以影響決定非單調性關聯的第一階段，藉由卡方分析可以發出顯著關係的信號。而下一階段便是決定關係的性質。非單調關聯性必須以文字來審視及描述，當我們需要了解關係的模式時，需要將次數資料轉換成列和欄百分比。從例子中的列百分比列聯表可以看到，有88%可能光顧者是City雜誌訂閱者，同時，有71%不可能光顧的人是非訂閱者。我們可以作這樣的解釋：如果傑夫在City雜誌刊登「哈比人的最愛」餐廳的廣告，至少有90%的讀者會是他們的潛在顧客。

換句話說，因為顯著水準小於0.05，因此值得再檢視並解釋列聯表中的百分比。藉此可以了解關聯性的性質和模式，而且百分比可以說明相關強度。更重要的是，因為關係是統計上顯著的，你可以確信你所觀察的樣本關係可以代表整個母體。

列聯表結果

之前提過，因為分析的是**名義尺度**，列聯表中的卡方分析並無法描繪出非單調關係的方向與強度。名義尺度沒有排序或強度，僅能分類或標記資料。為了在列聯表中表現顯著結果，研究人員通常改由利用圖形來呈現，因為圖形的表達更為適當。在Marketing Research Insight 16.1中，可以看到圖形所呈現的關係非常地有效且清楚。

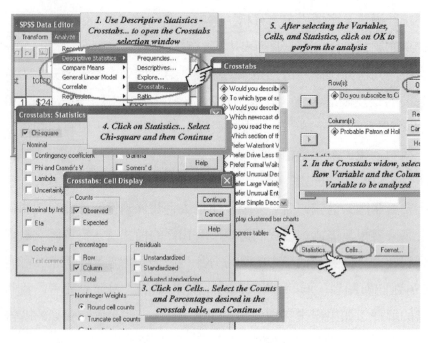

圖16.5 建立卡方分析列聯表的SPSS流程

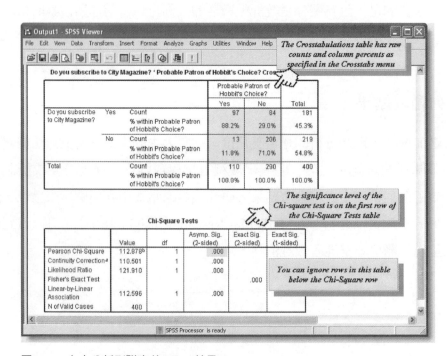

圖16.6 卡方分析列聯表的SPSS結果

ONLINE APPLICATION

16.1 使用列聯表檢定和圖表描述說明線上與非線上購買者的列聯表關係

列聯表中轉成百分比的次數描繪成圖表後，可以描述關係的性質。在此Marketing Research Insight中，我們使用線上調查的列聯表來比較線上和非線上購買者。在調查中，兩種購買者以一些性別、年齡、教育、種族、婚姻和收入等人口統計數來衡量。此外還有電腦能力的自我評估以及如何搜尋市場資訊的調查。以下三個關係是統計上顯著，表示母體的關係是存在的。列聯表顯著的結果讓研究者能夠描述關係，尤其是非單調的關係或是無法單由卡方分析確定方向或強度的關係。每張表我們都有適當的說明關係。這種圖示法是一個適合描述非單調關係的方法。

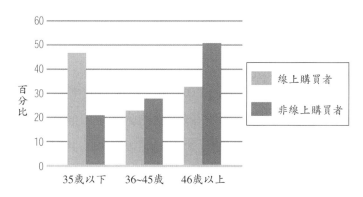

線上消費與年齡的關係：線上購買者比非線上購買者年輕。

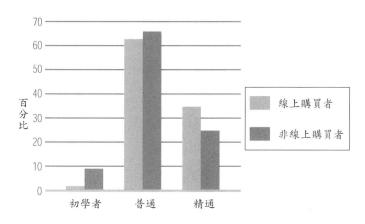

線上消費與電腦能力的關係：線上購買者的電腦能力比非線上購買者要強。

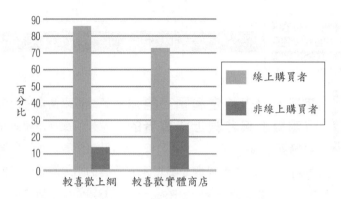

線上消費與尋找市場資訊方法的關係：線上購買者比非線上購買者偏好使用網路來尋找市場資訊。

相關係數和共變異數

　　相關係數是一個指數，落於±1.0之間，可以說明兩變數間線性關係的方向與強度。兩變數的關係強度即相關係數的絕對值，而正負號就是關係的方向。另一種不同的說法是，相關係數是兩個變數間的**共變異**程度。共變異數的定義是，一個變數與另一個變數的改變有系統性。相關係數的絕對值越大，兩變數的共變異數越大，或是關係越強。

　　因為虛無假設會假設母體相關係數等於0。撇開絕對值的大小不談，不顯著的相關係數毫無意義。如果虛無假設不成立（相關係數具統計上顯著），表示母體的相關係數不為0。但是如果樣本相關係數不顯著，則母體的相關係數等於0。以下有一個問題，如果你能正確的回答，表示你了解相關係數的顯著：假設你重複多次這樣的相關性調查，並且計算所有不顯著的相關係數平均數，結果會是什麼？答案是0，因為相關係數不顯著，虛無假設成立，母體相關係數為0。

　　如何檢定相關係數是否顯著？有些表可以提供已知樣本大小時，最小的顯著相關係數值。然而，大多數的電腦統計軟體也可以得到相關係數的顯著水準。SPSS以虛無假設成立的機率表示顯著，即「Sig.」值。此外，也可以

說明關於期望相關係數大小的方向性假設，例如方向性平均假設檢定。

相關係數強度

相關係數落在＋1和＋0.81之間，或－1和－0.81之間，稱為「**強**」。相關係數落在＋0.8和＋0.61之間，或－0.8和－0.61之間，表示關聯性「**中等**」。落在＋0.6和＋0.41之間，或－0.6和－0.41之間，則會認為關聯性「**弱**」。如果落在2.1和4之間，則視為關聯性非常地弱，而小於等於2的相關係數則被忽略不計，因為兩數間並不具有意義的關聯。表16.2是關係強度的準則，在使用這些原則時，要記住兩件事：第一，假設相關係數統計顯著已成立；第二，研究人員要建立自己的準則，所以表中的準則並不是一定的。無論在什麼情況下，將相關係數與0或1聯想在一起是有用的。接近0而且顯著的相關係數表示兩變數間有系統的關聯不存在。而接近－1和＋1，則表示變數間存在有系統性的關聯。

相關係數符號

相關係數符號指的是關聯的方向性。正號代表正向，負號代表負向關係。例如你發現受教育時間與閱讀《國家地理雜誌》的時間有一個顯著的相關係數0.83，即表示受越多教育的人花在閱讀該本雜誌的時間越多。但是如果發現受教育時間與抽菸存在顯著的負向相關係數，則表示書讀得越多越不

表. 16.2	相關係數大小的原則	
相關係數範圍	**關係強度[a]**
±0.81～±1.00	強
±0.61～±0.80	中等
±0.41～±0.60	弱
±0.21～±4.40	非常弱
±0.00～±0.20	無

[a]假定統計的相關係數顯著。

會抽菸。

使用散布圖表示共變異數

之前已說明了兩變數間共變異的概念，接下來會以另一個不同的方式說明：一個行銷研究人員正在調查一家具領導地位的製藥公司Novartis，其總營收與指派區域的銷售人員多寡的關係。手上有的資料是銷售數字與Novartis在美國20個區的銷售人員數。

我們可以利用散布圖來描述兩變數的原始資料，如圖16.7。散布圖點出每個符合x和y變數的點，縱軸是Novartis各區的營收，橫軸為該區的銷售人員數。這些點排列出一個長形的橢圓，而任兩個存在系統性變異的變數都會形成像橢圓的散布圖。當然，這個圖是根據該行銷人員和銷售人員蒐集營收數字數字而來的，事實上，散布圖可以形成各種不同的樣子，端看兩變數間的關係為何。

圖16.8是一些散布圖結果的類型。每個散布圖表示不同程度的共變異。例如圖16.8(a)表示兩變數沒有關聯性，這些點沒有形成任何可辨認的圖案，只是很大且沒有形狀的一群。圖16.8(b)的點表示x與y變數呈現負向關係，x值越大則y會越小。圖16.8(c)和圖16.8(b)相似，但是橢圓的角度和斜率不同。該斜率表示x與y有正向的關係，因為x值越大則y會越大。

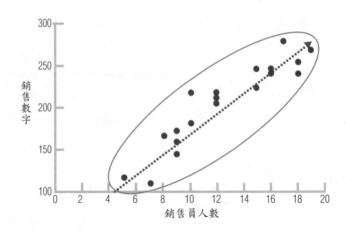

圖16.7　顯示共變異的散布圖：Novartis銷售資料

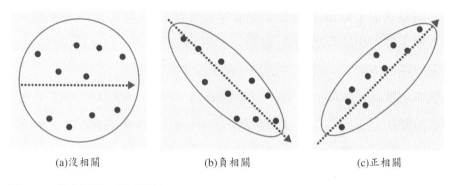

(a)沒相關　　　(b)負相關　　　(c)正相關

圖16.8　散布圖顯示不同關係

　　散布圖與相關係數的關係為何？從本章先前提過的線性關係可以獲得答案，圖16.7和圖16.8(b)、16.8(c)，都形成橢圓形。想像一下拿起一個橢圓並且往兩邊拉，最後會延伸直到所有的點落在一條直線上。如果將某些形成橢圓而且落在軸線上的資料，計算其相關係數會發現等於1（如果橢圓朝右上，為＋1，如果朝右下，則為－1）。想像一下如果將橢圓兩端向中間推，直到形成圖16.8(a)的樣子，這樣不會有直線出現，同樣地，有系統的共變異不存在。鐘形散布圖的相關係數為0，因為沒有可辨認得出的直線關係。換句話說，相關係數指的是兩變數間共變異的程度，而且可以透過散布圖看出這樣的關係。散布圖的形狀及角度分別與相關係數的大小、正負有關。

皮爾遜積差相關

　　皮爾遜積差相關計算兩個區間及（或）比例尺度變數的線性關係，例如那些概念性地描述的散布圖。可被計算的兩個變數的相關係數是衡量散布點距離直線的「緊密性」。你已經知道如果所有點落在一直線上，相關係數會為＋1或－1。而像圖16.8(a)中無法形成橢圓的，相關係數會為0。當然，完全等於1或0的相關係數非常不可能。通常會發現介於「強」、「中等」和「弱」相關之間。

　　計算皮爾遜積差相關的公式很複雜，因此研究人員並不會用手計算，而

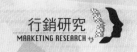

是利用電腦處理。Marketing Research Insight 16.2中有相關例子和公式。

　　皮爾遜積差相關係數和其他線性相關係數說明的不只是關聯性的程度，還有關聯性的方向，先前曾說明過相關係數的正負號是指關係的方向。負相關係數表示關係是反向的：當一個變數增加，則另一個變數減少。正相關係數則表示關係是正向的：一個變數越大，則另一個變數也會越大。橢圓的角度或斜率和相關係數的大小是無關，一切只與橢圓的寬有關。

MARKETING RESEARCH INSIGHT　　　　　　　　　　PRACTICAL INSIGHTS

16.2 如何計算皮爾遜積差相關

　　行銷研究者幾乎沒有計算過卡方或相關係數，但是了解如何計算是有用的。計算皮爾遜積差相關的公式如下：

$$r_{xy} = \frac{\sum\limits_{n}^{i=1}(x_i - \bar{x})(y_i - \bar{y})}{ns_x s_y}$$

$x_i = x$ 值
$\bar{x} = x$ 值的平均
$y_i = y$ 值
$\bar{y} = y$ 值的平均
$n = $ 組數
$s_x, s_y = x$ 與 y 分別的標準差

　　簡單描述一下公式中的元素可以讓你了解我們所要討論的概念。在統計學家的術語中，分子是交叉乘積的加總，表示 x 與 y 的共變異數。這個乘積除以 n 來縮小至每組 x 與 y 值的平均數。這

個平均共變異數再除以兩者的標準差來調整單位的差異。結果 r_{xy} 會落在 ±1 之間。

　　以下是一個計算的例子。你有的是一個州的人口資料和10個郡的零售額，想知道的是人口數和零售額有沒有關係。作一個快速的計算後得到每群的平均人口數是690,000，而平均零售額是9,540,000美元，兩個的標準差分別是384.3和7.8，交叉乘積為25,154。因此相關係數的計算如下：

$$r_{xy} = \frac{\sum\limits_{i=1}^{n}(x_i - \bar{x})(y_i - \bar{y})}{ns_x s_y}$$
$$= \frac{25,154}{10 \times 7.8 \times 384.4}$$
$$= \frac{25,154}{29,975.4}$$
$$= .84$$

　　相關係數0.84是高度正相關。這個值表示一個郡的人口數越多，則該郡的零售額就越高。

「哈比人的最愛」餐廳：利用SPSS計算皮爾遜積差相關

利用SPSS只要一些步驟就可以計算相關係數。仍然使用「哈比人的最愛」餐廳為例，之前的研究顯示濱水的景觀比較受到歡迎，因此你可能會對傑夫‧迪恩推薦這個地點，接下來利用**相關性分析**來進一步檢視。相關性分析可以找出偏好濱水景觀的人還喜歡什麼。所以高度正相關表示會喜愛濱水景觀以及跟這個地點偏好有關的事物。相反的，高度的負相關表示他們不喜歡在濱水景觀的餐廳有這些事物。我們提過傑夫曾仔細考慮過幾個有關菜單、裝潢和氣氛的問題。相關性分析是有用的，它可以說明偏好濱水景觀的人們也會偏好（或不偏好）的範圍有那些。在這裡只討論一些選項，你可以在本章最後的SPSS整合案例作其他的分析。

我們需要執行的，有關偏好濱水景觀與其他變數的相關性分析，可以決定「哈比人的最愛」餐廳的「個性」。執行順序是「分析－相關性－雙變量」(ANALYZE-CORRELATE-BIVARIATE)，選擇後會出現如圖16.9的選擇清單來訂定變數。我們選擇的是濱水景觀和幾個有關菜單、裝潢和氣氛的變數。不同類型的相關性可以選擇，因此我們選擇「Pearson's」（皮爾遜），以及雙尾顯著檢定。

指令產生的結果如圖16.10，當你利用SPSS計算相關係數時，結果會是一個列和欄對稱的矩陣，矩陣中的每一格有三個項目：1.相關係數；2.顯著水準；3.樣本大小。如圖16.10，在偏好「濱水景觀」和三個傑夫的問題——簡單的裝潢、獨特的主菜和特別的點心間，相關係數分別是：+0.780、-0.782和-0.810。他們都有一個「Sig.」值0，表示無相關的虛無假設不成立。如果看一下相關係數的結果，會發現產生相關係數為1的，都是變數與本身的關係。這樣的結果看似奇怪，但只是為了提醒你這個相關係數矩陣是對稱的。換句話說，在相關係數為1的對角線上半部，相關係數和下半部是一樣的。只有一些變數會只有一半，而1的對角線僅是作為參考點而已。

因為我們已知道相關性是顯著的，或是與0有顯著差異，所以可以進一

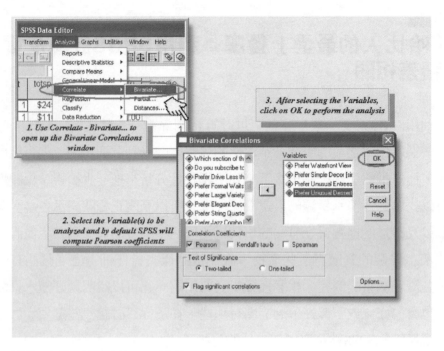

圖16.9　獲得相關性的SPSS流程

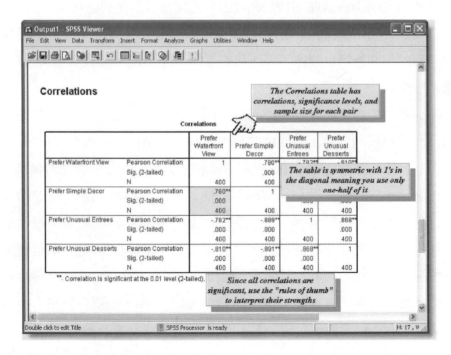

圖16.10　相關性的SPSS結果

Active Learning

SPSS計算相關係數

你已經看過一組針對餐廳偏好的相關性分析。接下來討論餐廳的另一個地點，也就是座落在距離顧客家中30分鐘車程的地方。使用SPSS來計算對於這個地點的偏好與弦樂四重奏、爵士、穿著正式服裝的外場人員，以及菜單中獨特的主菜這些偏好的相關係數。檢視結果的相關矩陣時，你會發現偏好住在離餐廳30分鐘車程的顧客，偏好的餐廳會有什麼屬性的組合。

步評估強度。計算結果大約都是0.8，根據我們對強度的定義屬於高度相關。換句話說，有些關係是穩定且強烈的。最後，我們可以利用正負號來解釋這些關係，你的解釋為何呢？

喜歡在濱水景觀餐廳吃飯的人，也會偏好簡單的裝潢。同時，他們不喜歡太獨特的主菜或點心。顯而易見，人們去一個濱水的景觀餐廳是想要舒緩身心的，並不想為太多古怪餐點或一大堆異國點心中作選擇。他們大部分想吃的是海鮮，有著獨特主菜和點心，高級的「哈比人的最愛」餐廳，當然無法符合這些人的偏好。那麼，你現在覺得之前對於「哈比人的最愛」餐廳，應該座落在昂高的濱水區的建議如何？

線性相關的特別考量

再次提醒你，在線性相關下的尺規假設，服從兩個變數都是**區間尺規**(interval-scaling)。如果兩個變數是**名義尺規**(nominal scaling)，那麼研究者要使用列聯表分析；倘若兩變數是**序數尺規**(rank order scaling)，則研究者應採取排序相關的作法（因為很少被使用，本章將不討論排序相關）。

此外，相關係數只討論到兩個變數，並不會考量到與其他變數的交互影響。事實上，這兩個變數是被假設沒有任何關係的。在分析兩變數關係時，所有其他的因素都被視為固定或是「被凍結」的。

第二，相關係數並沒有假設**因果關係**的存在，也就是一個變數會引起另一個變數的情形。雖然你可能會認為公司的銷售人員越多，就會創造越多的營收，或是競爭對手在某區增加了人手就會減少我們的收入。但是相關性並不能解釋為因果關係，只要再想一下其他會影響營收的因素，例如價格、產品品質、服務流程、族群、廣告等，如果假設只有某個單一因素會影響營收，將會是一個錯誤。而相關係數只能研究兩個變數間是否存在線性關係，以及關係的強度、方向而已。

第三、皮爾遜積差相關只能陳述線性關係而已。然而一個幾乎等於0的相關係數，並不代表其兩變數組成的散布圖會沒有形狀，只是散布點並不會落在一個界線很明確的橢圓裡面。形成任何其他的曲線像S形或J形都有可能，但是線性相關係數並不能說明這些模式的存在。其他系統性但非線性的模式是完全有可能不被線性相關檢定出來的，所以皮爾遜積差相關只能指出兩變數間線性或直線關係的存在。事實上，當研究人員找不到顯著或相關性強，但是仍然相信兩變數間必然存在關係時，都是會求助於散布圖的，這個步驟讓研究人員用眼睛觀察到這些散布點，並且找出一個有系統的非線性關係。而SPSS中有執行散布圖的選項，能夠讓你看見兩變數間的關係。

關聯性分析的綜合評論

資料的尺規假設是了解關聯性分析的關鍵。有時研究人員必須使用「類別」尺規（名目尺規），而名目尺規不像比例尺規能夠提供很多目標物的資訊。而在關聯性檢定中，尺規的資料會直接影響產出的結果。所以使用名目尺規的卡方分析無法像使用區間或比例尺規的皮爾遜積差相關一樣，能提供那麼多的資訊。同樣的，關聯性也反映出資訊上的落差，卡方分析描述非單調關性，皮爾遜積差相關描述線性關係，而排序相關則可以描述單調性關係。

在我們所有統計檢定的說明中，曾提及「虛無假設」。例如卡方分析的虛無假設與兩個名目尺規變數間，並沒有關係存在，而相關分析的虛無假設

是沒有關係存在。但是行銷經理人確是想找出關聯性存在的強烈證據,並且可以用來作為其有利條件的。也就是說,他們真正想要證明關係確實存在的「對立假設」成立。那麼,為什麼我們要檢定的是虛無假設呢?以下是說明的例子。

Medford的Tree-Free公司利用百分之百回收紙製造紙類產品。為了想吸引Kleenex購買他們的面紙盒,Tree-Free公司可能會進行一項調查詢問:「如果你知道某家公司使用的是回收再造的面紙盒,會影響你購買該面紙品牌的決策嗎?」以及「你是否常買Kleenex?或是購買其他品牌的面紙?」當然,Tree-Free公司想發現的會是非Kleenex的購買者,對於是否使用回收紙造的面紙盒會很敏感。因此,他們便有立場說服Kleenex使用Tree-Free的面紙盒,強調對環境的好處,並且可以吃下其他沒有使用回收紙面紙盒品牌的市場。有興趣的「假設」是第一個問題答「是」和第二個問題選擇「其他品牌」的,是否有強烈的關聯性存在。

事實上,行銷經理人和研究人員都有想證實的假設。但是統計檢定並不一定能證實出這些假設,但是研究人員還是可以利用兩個步驟:第一,證實關聯性的存在。如果沒有關聯性,那麼就沒有必要再尋找假設成立的證據。然而,當虛無假設被拒絕時,表示母體中存在關係,那麼研究者接下來便要研究其方向性。當進行到這第二階段,研究者尋求其有興趣的假設,對於想把存在的關係轉為行銷行動但仍存有懷疑行銷經理人,此時,便要評估其強度和方向性。

只要想想面紙產業包裝用的幾百萬個盒子,Tree-Free真正有興趣的怎麼不會是虛無假設呢?為了達成令人滿意的結果,研究人員在問題確立階段一定會找出所有有興趣的假設。

複習與應用

1. 解釋統計關係與因果關係的差別。
2. 講敘一下兩個變數間關係的三個不同面向。

3. 關於卡方分析，描述或定義：

   (1) r乘c列表

   (2) 次數列表

   (3) 觀察次數

   (4) 期望次數

   (5) 卡方分配

   (6) 顯著關係

   (7) 尺規假設

   (8) 列百分比與欄百分比

   (9) 自由度

4. 簡單描述以下的關聯：共變異數、散布圖、相關係數、線性關係。

5. 皮爾遜積差相關的尺規假設是什麼？

6. 說明購買中型汽車與以下因素關係的存在與否、性質和關係強度

   (1) 價格

   (2) 布椅或皮椅

   (3) 外殼顏色

   (4) 貼現大小

7. 以下是關於10名調查糖果購買傾向的結果。使用SPSS執行四個不同的列聯表。命名每個列表，並且說明你所得到的關係為何。

個案16.1　Friendly Market與Circle K

   Friendly Market是一個位於Circle K對街的便利商店。Circle K是全國連鎖商品，並且有全國性的廣告，有相當高的曝光度。所以Circle K的店面都有大型的紅白店招、相同的商品分類、標準化的樓層設計及服務時間。而Friendly Market，是一個獨一無二的小店，由巴比‧瓊斯(Bobby Jones)經營和管理。巴比的父母在他15歲時從巴勒斯坦來到美國後成為美國國民，並改姓為瓊斯。巴比因為對美國的學校無法適應，因此高中便輟學了。在接下來

的十年裡，巴比換了無數的全職或兼差的工作，而在最近的10年裡，巴比曾是Circle K的員工。3年前，巴比大膽的開了自己的便利商店，Don's Market，一個就在Circle K對街的小型便利商店。還在Circle K時，Don's Market就關了6個月，巴比每天看著門口頂讓的牌子，知道並沒有人有興趣頂下店面。因此集結了自己的存款和親戚朋友、銀行貸款買下了Don's Market的店面和設備，重新命名為Friendly Market開始作生意。巴比作生意的哲學，就是與每個客人打招呼並且至少要記得所有客人的名字。他也觀察Circle K的價位並且尋求至少便宜50%的商品。

出乎對街Circle K經理的意料，Friendly Market生意興隆。最近，巴比的妹妹從學校畢業並且得到了印第安那大學MBA的學位，想要對巴比的目標市場進行一項調查，研究為什麼Friendly Market會這麼成功。她作了一個簡單的問卷並親自作電話訪問。她利用當地電話簿隨機地抽了住在Friendly Market 3哩內，超過150名的受訪者。建立了一個SPSS資料，有以下的變數和數值：

變數名稱	變數標籤
Friendly	0=不常去Friendly Market；1=常去Friendly Marke
Circle K	0=不常去Circle K；1=常去Circle K
住宅狀況	1=自有住宅；2=租賃
性別	1=男生；2=女生
工作	1=全職工作；2=兼職工作；3=退休／無工作
交通	0=上班的路上不會經過Friendly Market/Circle K附近；1=上班的路上會經過Friendly Market/Circle K

除了這些人口統計問題，受訪者還回答了以下五種生活型態的敘述，以3表示同意，1表示不同意，2表示沒意見：

變數名稱	生活型態描述
議價	我常常買東西時議價
現金	我總是付現
快速	我喜歡快速、簡單的消費
認識我	我去知道我名字的地方消費
匆忙	我總是很匆忙

這些資料在網站(www.prehall.com/burnsbush)中可得到。命名為friendly.sav。利用SPSS來執行關聯性分析來回答以下問題：

1. Friendly Market與Circle K有相同的顧客嗎？

2. Friendly Market的客人有什麼樣的特色？

3. Circle K的客人有什麼樣的特色？

4. Friendly Market的客人具有什麼樣的生活型態？

個案16.2 「哈比人的最愛」餐廳：利用SPSS的資料再分析

柯瑞‧羅傑斯小孩的胃病比他想像的要糟，所以他打電話告知莎莉絲特‧布朗，告知他還要好幾天才能進公司。柯瑞跟莎莉絲特說：「我知道妳對『哈比人的最愛』餐廳這個案子不太熟，何不在我還沒進公司前，看看還有什麼可以作進一步作分析的？」

莎莉絲特看了這個研究提案，匆匆寫下了一些要再提出的研究問題如下。

你的任務是利用「哈比人的最愛」餐廳的SPSS資料來執行適當的分析，並且解釋以下的發現：

1. 執行正確的分析並解釋關於那些喜歡住在離餐廳30分鐘車程的人，對於「哈比人的最愛」餐廳的菜單、裝潢、氣氛有什麼偏好？

2. 比較年老者，還是年輕人會偏好獨特的點心或主菜。

3. 利用變數來區別「可能會去消費」（有可能和非常有可能去「哈比人的最愛」餐廳）和「不可能會去消費」（會去「哈比人的最愛」餐廳的可能性＝3、4、5）。如果可能去消費的人是餐廳的目標市場，那麼會是什麼特性的目標市場？使用如家庭收入、教育水準、性別和郵遞區號這些人口統計變數來描述。

莎莉絲特‧布朗已知*City*雜誌是一個可行的廣告媒體。那麼其他可行的促銷方式還有什麼呢？

❖ 了解預測的基本概念
❖ 了解行銷研究者如何使用迴歸分析
❖ 了解行銷研究者如何使用雙變量迴歸分析
❖ 了解多元迴歸與雙變量迴歸的不同
❖ 認識逐步迴歸的類型，如何使用、解釋
❖ 學習如何用SPSS得到並解釋迴歸分析

17

行銷研究的迴歸分析

是最後一章討論有關行銷研究人員常用的統計分析。研究人員會希望能夠預測出經理人執行某個方案時可能產生的結果，或是以最經濟的方法作出市場區隔，甚至是分析出不同顧客間的差異。本章介紹的是迴歸分析，雖然看似複雜，但我們會討論迴歸與散布圖、線性關係的關聯為何密切，並介紹三種迴歸分析：第一種是**雙變量迴歸**(bivariate regression)，純粹預測兩個變數的相關性；第二種是**多元迴歸分析**(multiple regression)，同時利用兩個或兩個以上變數來預測像營收之類的目標變數。最後一種，當研究者面對大量侯選的預測值，要找出能描述最適當的子集合時，所要使用的**逐步迴歸**(stepwise regression)。

了解預測

預測(prediction)是以過去經驗或先前的觀察為基礎，作出相信未來可能會發生什麼的陳述。我們每天都遭遇到需要預測的情況，例如你必須預測天氣，好決定要不要帶雨傘出門；為了能念到該念的書，你必須預測考試的難易度；為了看牙醫，你必須預測交通況狀，好決定何時開車出門才能準時抵達。

行銷經理人也會需要作出預測，而且比先前舉的三個例子更具利害關係，不僅僅是被雨淋得一身濕、考試考得很糟或是錯過預約的牙醫門診而已，行銷經理人必須擔心競爭對手的反應、營收的改變、資源是否浪費，以及獲利目標是否能達成。作出正確的預測，是行銷經理人每日工作中非常重要的一部分。

預測的兩種方法

預測有兩種方法：**外推法**(extrapolation)和**預測建模**(predictive modeling)。使用外推法時，可以利用過去經驗作為預測未來的方法。例如天氣預報預測過去一週，每天會下雨的機率是80%，而且真的每天都下雨，那麼當今天預

測下雨機率80%時，你便會認為今天會下雨。同樣地，如果某個教授最近的兩次考試都非常簡單，你會預測下次的考試也一樣容易。當然，今天也許不會下雨，教授可能會出一個非常難的測驗，但是這樣觀察的結果是下雨和簡單的考試。這兩個例子中，已經得到一個可以隨著時間變化作預測、一致性的模式。

在其他的例子中，預測是根據觀察存在預測變數間的關係而得的，而且一些判斷的條件會影響這些因素。例如天氣預報從何得來？檢查一些像是風向、風速、氣壓變化、濕度、高速氣流的結構和溫度之類的證據，利用昨天的狀況來預測今天。預測時會利用變數間相信存在的關係，建立一個**預測模型**(predictive model)。預測模型是一些期望會發生的情況和會影響的因素。但不像外推法中，一個隨著時間變化，一致性的模式，而是一個跨時間的關係。

如何決定預測的品質

除了預測的方法，你也想要判斷預測的好壞，也就是你預測的方法有多好。透過比較預測值和實際結果，可以決定預測的正確性。以下是一個說明這個方法的例子，想像一下你離家上大學，而你的弟弟高中二年級，在家鄉的電影院打工。他相當的自負，讓你非常的困擾。當你放假回家時，他說他能預測戲院一週內每天的爆米花營業額。而你高中時也在那家戲院打工過，所以你跟戲院的經理很熟。她同意記錄每天爆米花的營業額，並在下星期提供給你每天的數字。因此你和弟弟挑戰寫下未來七天的營業額，一週之後，你要如何決定誰的預測比較正確呢？

最簡單的方法就是比較爆米花每天營業額的預測值和實際銷售數字。如表17.1，當你看到這張表時，將得到弟弟每晚的預測值和實際值的差異。某些天預測值較高，而其他天較低。當你比較預測值與實際值的差異時，你在執行的是**殘差分析**(analysis of residuals)。預測正確性的評估需要比較預測模型與實際資料的誤差。殘差分析是評估預測方法正確性最好的方式，因為研究人員不可能等一個月、一季或是一年來比較實際發生的結果，因此轉而利

表 17.1	爆米花的每週營收：使用殘差來評估預測的品質			
星期	弟弟的預測	實際營收	殘差（差異）	誤差
週一	$100	$125	−25	很小
週二	$110	$130	−20	小
週三	$120	$125	−5	小
週四	$125	$125	0	正確
週五	$260	$125	135	很高
週六	$300	$125	175	很高
週日	$275	$125	+50	很高
平均	$185	$175	+10	高

用過去的資料。換句話說，他們選擇了一個可以適用於過去資料的預測模型，然後計算殘差來評估這個模型的正確性。

計算殘差有很多方法，以弟弟的預測為例，你可以利用總計或是個別計算。若是採用前者，要先計算出如同表中我們已經算好的平均數，或是將每天的殘差加總起來。當然，你需要將每天的殘差平方，或是利用絕對值來避免正負值相抵（你已看過需要的平方運算式，例如標準差的公式或是第十六章卡方分析中的平方總和公式）。利用個別計的話，需要找出一些模式：弟弟容易低估平常日的營業額，那屬於淡季。然而他會高估週五到週日的數字，那幾天比較旺。一如你所看到的，預測方法的好壞是計算每一個殘差，看預測值有多接近所決定的。

雙變量線性迴歸分析

在這章的預測分析中，只會討論行銷研究人員較常使用的線性迴歸分析。然而迴歸分析，尤其是多元迴歸是一個需要很多條件、複雜的統計技術，因此我們先介紹簡單的迴歸讓你有初步的概念，然後再說明較複雜的部分。

雙變量迴歸分析(bivariate regression analysis)是一個預測的分析技術，使

用直線公式利用一個變數來預測另一個變數的水準。我們會複習一下直線公式並介紹迴歸的基本名詞，以及簡單的計算和雙變量迴歸的顯著水準。另外會說明如何使用SPSS執行迴歸預測。

直線關係是迴歸的基礎，而且是很有用的預測模型。圖17.1是一個線性關係，在我們描述一般直線公式時可以參照此圖。直線公式如下：

$$y = a + bx$$

$y =$ 預測變數

$x =$ 預測y值的變數

$a =$ 截距，$x = 0$時直線切在y軸的點

$b =$ 斜率，x變動一單位時y的改變量

你應該想起我們在討論相關係數時的直線關係：當兩個變數的散布圖出現一個細長的橢圓時，表示兩數變間有高度的相關性。迴歸即與相關性有直接關係。我們利用相關性的例子來說明雙變量迴歸的應用如下。

雙變量迴歸分析的基本步驟

我們將描述自變數和應變數，並說明如何計算截距和斜率。之後利用SPSS的結果來說明要如何解釋顯著檢定。

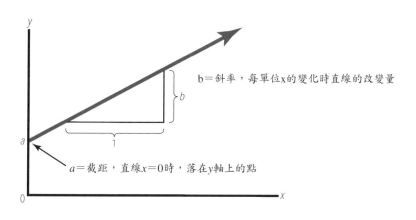

圖17.1 直線型的一般公式

▶自變數和應變數

雙變量迴歸分析是只有兩個變數的預測模型。當我們只使用兩個變數時，一個稱為「應變數」而另一個稱為**自變數**。應變數是被預測的值，通常是直線公式中的*y*。而**自變數**是用來預測應變數的值，即迴歸公式中的*x*。必須說明的是，自變數和應變數兩詞只是迴歸分析習慣性的用詞，兩者間並沒有因果關係或依賴性。兩變數間可以找到的僅僅是一個統計上的關係，而非因果。

▶計算斜率與截距

為了計算*a*（截距）和*b*（斜率），如同先前示範如何執行相關性分析一樣，必須蒐集一些不同水準的應變數和對應的自變數，且計算的公式相當複雜。話雖如此，仍有一些老師會希望學生能夠學到這些公式，因此我們將在Marketing Research Insight 17.1中說明。

當SPSS或其他統計分析軟體計算迴歸分析的截距(a)與斜率(b)時，都是以**最小平方法**(least squares criterion)為基礎。最小平方法是一條通過散布圖，保證與線上垂直距離最短的直線。換句話說，如果你畫出一條因計算而得到的迴歸線，並測量線外各點與直線的距離，再畫另一直線算出與直線距離的加總，是不可能比這條小的。也就是說，使用殘差分析的最小平方法時，這條線的總平方殘差會最低。

評估迴歸結果的兩個步驟

每個簡單敘述之外的統計分析都會牽涉到某種統計檢定，而迴歸分析的複雜性則需要多重的檢定。這些檢定的公式相當複雜，撇開詳細的公式說明不談，我們將利用SPSS中「哈比人的最愛」餐廳研究調查的結果，說明這項檢定該如何解釋。

在雙變量迴歸中，研究者確認應變數和自變數後操作SPSS或其他統計分析軟體來執行迴歸分析。在檢視迴歸的結果時，有兩個步驟：第一，研究者必須找出母體間是否存在線性關係。這個步驟和決定兩變數間的相關性顯

17.1 如何計算雙變量迴歸的截距與斜率

在以下的例子中，我們使用表17.2中Navarits製藥公司的銷售區域和業務人員數量。迴歸計算結果也包含在表17.2中。

表 17.2 雙變量迴歸分析資料與計算

區域 (I)	營業額(百萬元) (y)	銷售人員數 (x)	xy	x^2
1	102	7	714	49
2	125	5	625	25
3	150	9	1350	81
4	155	9	1395	81
5	160	9	1440	81
6	168	8	1344	64
7	180	10	1800	100
8	220	10	2200	100
9	210	12	2520	144
10	205	12	2460	144
11	230	12	2760	144
12	255	15	3825	225
13	250	14	3500	196
14	260	15	3900	225
15	250	16	4320	256
16	275	16	4400	256
17	280	17	4760	289
18	240	18	4320	324
19	300	18	5400	324
20	310	19	5890	361
總計	4325	251	58603	3469
	(平均＝216.25)	(平均＝12.55)		

計算迴歸參數*b*的公式如下：

參數*b*，雙變量迴歸的斜率

$$b = \frac{n\sum_{i=1}^{n} x_i y_i - \left(\sum_{i=1}^{n} x_i\right)\left(\sum_{i=1}^{n} y_i\right)}{n\sum_{i=1}^{n} x_i^2 - \left(\sum_{i=1}^{n} x_i\right)^2}$$

$x_i = x$ 值

$y_i =$ 對應 x 值的 y 值

$n =$ 組數

斜率 b 的計算如下：

$$b = \frac{n\sum_{i=1}^{n} x_i y_i - \left(\sum_{i=1}^{n} x_i\right)\left(\sum_{i=1}^{n} y_i\right)}{n\sum_{i=1}^{n} x_i^2 - \left(\sum_{i=1}^{n} x_i\right)^2}$$

$$= \frac{20 \times 58603 - 251 \times 4325}{20 \times 3469 - 251^2}$$

$$= \frac{1172060 - 1085575}{69380 - 63001}$$

$$= \frac{86485}{6379}$$

$$= 13.56$$

計算截距的公式如下：

$$a = \bar{y} - b\bar{x}$$

截距 a 的計算如下：

$$a = \bar{y} - b\bar{x}$$

$$= 216.25 - 13.56 \times 12.55$$

$$= 216.25 - 170.15$$

$$= 46.1$$

換句話說，雙變量的迴歸等式會是：

Novartis銷售迴歸等式　　　　　　$y = 46.1 + 13.56\,x$

此公式的解釋如下：Novartis平均年度區域銷售額是4,610萬美元，每增加一名銷售人員，每年就增加1,356萬美元的銷售。

著類似。如果沒有統計上顯著的關係係數，則母體的相關係數為0。換句話說，母體散布圖中是沒有截距和斜率的。這第一個步驟是「信號」，如果沒有顯著的相關性，就不需要再繼續計算截距或斜率了。

然而，當關係存在統計顯著時，研究者便可以進行下一個步驟。第二個步驟決定顯著關係的截距(a)和斜率(b)。在這裡，利用「哈比人的最愛」餐廳調查資料，研究者必須各別評估截距(a)和斜率(b)是否顯著不為0。

「哈比人的最愛」餐廳：如何執行與解釋SPSS雙變量迴歸分析

現在讓我們用「哈比人的最愛」餐廳調查的資料來說明。我們的目標是幫助你了解SPSS雙變量迴歸的基本指令，並且讓你熟悉SPSS的結果以及其中的迴歸統計值。

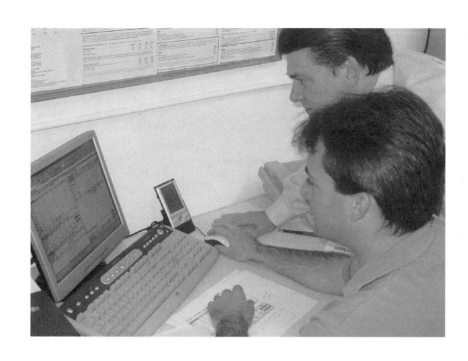

MMTInfo公司的執行長正
看著一位同事處理一件行
銷研究計畫的資料分析。

　　雙變量迴歸分析的第一步是確認應變數和自變數。例如我們使用每月在
餐廳的花費作為應變數。在邏輯上，我們期望這樣的支出會與放入有關，所
以稅前的家計收入水準就是自變數。然而，我們為收入水準使用一個編碼系
統：這個編碼的的數字不是元也不是以千元為單位。在迴歸中，最好能使用
實際值，因為最容易解釋。我們用問卷中的收入區間的中間值來記錄收入
值。例如我們記錄用7.5表示7,500美元，作為「少於15,000美元」的記錄。
所以我們重新編碼的單位是萬元。因此收入的記錄值是7.5美元、20美元、
37.5美元、62.5美元、87.5美元、125.5美元和175.5美元。注意一下收入水準
最高值「15萬美元以上」並沒有一個上限，因此我們武斷的再加上一個收入
水準的範圍來算。

　　如圖17.2，用SPSS執行雙變量迴歸的表單指令流程為「分析－迴歸－線
性」(ANALYZE-REGRESSION-LINEAR)。打開一個線性迴歸的選單，讓你
定義哪個變數是應變數和自變數。在我們的例子中，期望每月花費在餐廳的
金額（應變數）和家庭收入（自變數）會有一個線性關係。當這些變數輸入
到各自SPSS的設定視窗，按下「確定」後便會產生我們所要介紹的SPSS結
果。

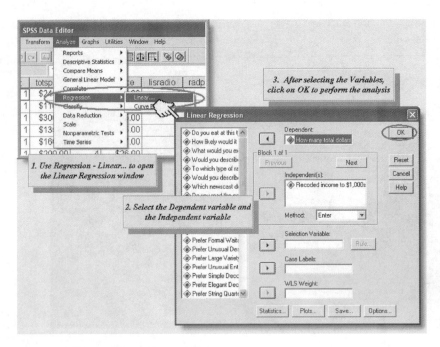

圖17.2　雙變量迴歸分析的SPSS流程

　　附有註解的SPSS結果顯示於圖17.3中，迴歸分析會提供的幾項資訊亦如圖所示。在**模型摘要**(Model Summary)中，有三種「Rs」。對雙變量迴歸而言，**R平方值**（R Square，結果中的0.738）是關係係數0.859的平方。而「調整R平方值」(0.737)是考量樣本大小和估計參數量後，縮小的R平方值。這個R平方值非常的重要，因為它代表這個直線關係模型與散布圖各點的契合程度。因為相關係數在±1之間，平方值也會落在0與＋1間。R平方值越高，這條直線就越能代表橢圓中散布圖的各點。標準差也會計算出來，稍後再作解釋。

　　接下來，會出現一個多變量分析(ANOVA)，這個資訊位於兩階段分析中的第一階段，是非常重要的。我們必須先決定這個直線模型是否能足以說明兩變數的關係。F值顯著(0.000)，拒絕此直線模型不符合分析資料的虛無假設。如同之前所介紹的，ANOVA是一個信號指標，當信號指標被運作時，就值得繼續更進一步檢查出更多顯著結果了。如果ANOVA的F檢定不顯著，就放棄兩變數間的迴歸分析，因此也不需要再進行第二階段了。

　　因為ANOVA小於0.05且顯著，我們可以進行到第二階段。這個階段是

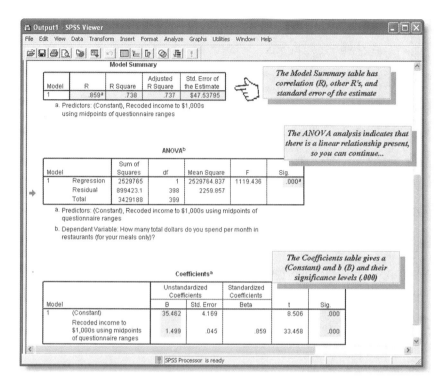

圖17.3 雙變量迴歸分析的SPSS結果

SPSS結果的下一張表。在關係係數表中，*b*和*a*值在「未標準化係數」下。常數(a)是35.462而*b*值是1.499。換句話說，四捨五入到小數第二位，這個迴歸等式應該是：

$$每月花費在餐廳的金額＝\$35.46＋\$1.5\times 所得（萬元）$$

利用17.1的圖來解釋時，這個迴歸線的每月花費在餐廳的金額截距（在*y*軸）為35.46美元，收入（*x*軸）每增加1萬美元，迴歸線會增加1.5美元。

▶ 截距與斜率的統計顯著檢定

因為截距與斜率是否顯著在雙變量迴歸分析中非常地重要，我們將仔細說明這個部分。只是計算*a*和*b*值對迴歸分析並不夠，因為這兩個值必須具統計上顯著才行。計算出來的截距與斜率是母體參數，真實的截距 α (alpha)和

斜率 β (beta)的樣本估計值。要檢定的是計算出的截距和斜率是否顯著不為0（虛無假設）。為了決定統計顯著，迴歸分析針對需要每一個參數估計值執進行 t 檢定。t 檢定的解釋和先前所看到的 t 檢定一樣，接下來要說明這些 t 檢定的意義。

在我們的例子中，你會在相關係數那一欄看到「Sig.」，這就是斜率和截距的 t 檢定結果。兩個 t 檢定的顯著水準皆為0.000，低於標準顯著水準0.05，所以計算的截距和斜率就是母體截距和斜率的估計值。如果 x 和 y 不是線性關係，那麼母體迴歸斜率會等於0，t 檢定的虛無假設會成立。然而如果一個系統性的直線關係存在，t 檢定會強迫拒絕虛無假設，則研究者可以有信心的認為：計算的斜率估計值確實存在於母體之中。要記住，我們說明的是一個統計的概念，在使用迴歸分析作為預測前，你必須確信直線參數 α 和 β 真的存在母體之中。

▶ 作出預測並計算誤差

還有一個相關的步驟，也是最重要的一個，如何作出預測？直線是所有點最佳的近似值，表示當我們利用直線作預測時，必須說明誤差值。顯著雙變量迴歸分析結果的好處就是讓行銷研究人員能夠從通過散布圖的迴歸線獲得資訊，並且可以利用某些水準的自變數來估計應變數的值。例如我們用迴歸分析計算受訪者每月到餐廳的消費額和收入水準，便有可能利用某個家庭的收入水準來預測出餐廳的營業額。然而，我們知道散布圖中的各點不一定都落在直線上，因為相關係數是0.859而不是1，所以我們的迴歸預測僅僅是個估計值。

產生迴歸預測概念上和估計母體平均數是一樣的，也就是必須藉由估計一個範圍而非某個精確的預測估計值來說明誤差值。迴歸分析會產生**估計值的標準差**(standard error of the estimate)，即迴歸算式預測的正確性。此標準差在圖SPSS結果的上半部，就在調整後**R值平方**(adjusted R square)旁邊。這和利用樣本估計母體平均數時的標準差類似，但是計算的是殘差，或是每個預估值與實際值的差距。和在爆米花營業額的例子作一樣的比較，SPSS利用迴歸算式計算每個受訪者每月的餐廳消費額，並且和實際花費作比較。兩

值的差異或殘差會被轉換為標準差來表示。在「哈比人的最愛」餐廳調查的例子中，估計值的標準差是47.54美元（四捨五入到每分）。

迴歸分析的一個假設是散布圖上的點會均勻的散落線上而且和常態曲線一致。圖17.4以圖形說明這個假設。圖上的點會聚在直線附近，離得越遠會越擴散。換句話說，絕大多數的點會落在直線上或是貼近直線。這個假設的好處是讓行銷研究人員能夠利用常態曲線的知識來明確說明要預測的應變數範圍。假設研究者使用預測的應變數在個估計值的標準差之間，他就要規定一個95%的信賴水準；如果要在個估計值的標準差之間，就要有99%的信賴水準。這些信賴區間的解釋和之前一樣，在預測作了非常多次之後，每一次實際值都會落在這個預測值95%或99%的範圍內。

圖17.5可以說明如何想像這樣的迴歸預測。利用迴歸等式來預測收入水準75,000美元時，每月花費在餐廳的金額。套入公式計算如下：

$$y＝a＋bx$$

每月花費在餐廳的金額
＝\$35.46＋\$1.5×所得（萬元）
＝\$35.46＋\$1.5×75
＝\$35.46＋\$112.5
＝\$147.96

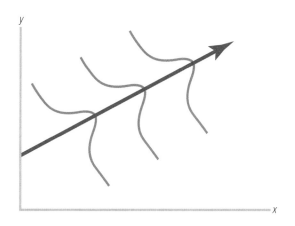

圖17.4　迴歸假設資料落點會形成一個延著迴歸線的鐘形曲線

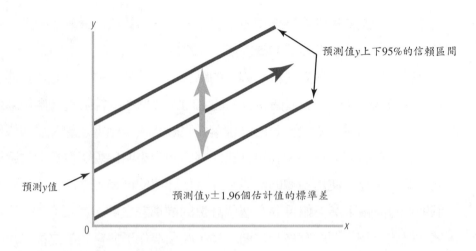

預測值y上下95%的信賴區間

預測y值

預測值y±1.96個估計值的標準差

圖17.5　利用迴歸線上下的信賴區間來作迴歸預測

接下來為了反應預測工具的不完美，必須使用信賴區間。在95%的信心水準下的計算如下：

預測y值±z_a（估計值的標準差）

$147.96±1.96×$47.54

$147.96±93.18

$54.78到 $241.14

你可以看到，預測y值是收入水準75,000美元時，每月在餐廳花費的金額，1.96表示95%的信賴水準，估計值的標準差指的是迴歸分析的結果。這三個數字的解釋如下：針對「哈比人的最愛」餐廳某個調查母體中的人，如果他的稅前家計收入是75,000美元，那麼期望每月花費在餐廳的金額會是148美元，但是因為收入的範圍與餐廳的花費不同，在餐廳的消費金額不會完全等於那個數字。因此，95%的信賴區間表示銷售數字應該會落在55美元和241美元中間。而且，只有在我們蒐集原始資料期間的條件不變下，預測值才會正確。

你可能會為我們的信賴區間感到困擾，但你應該知道評估利用預測模型產生預測的正確性是很重要的。迴歸分析的結果有多準確，必須以估計值的標準差大小、預測應變數的變量來決定。在「哈比人的最愛」餐廳的例子

—*Active* Learning
利用SPSS執行雙變量迴歸

你已看過如何使用每月在餐廳的平均消費金額為應變數，和收入的範圍中點為自變數的雙變量迴歸。現在，你有機會測試自己學到了多少。利用圖17.2和圖17.3的流程圖和SPSS結果，以及「哈比人的最愛」餐廳調查資料，執行使用受訪者平均期望會花費在新餐廳晚餐主菜的金額的雙變量分析。在決定結果之後，預測一個每年賺10萬美元的人，願意花多少錢在主菜上。

中，每月平均花費在餐廳的金額可以利用雙變量迴歸分析來預測。然而，如果我們重複這樣的調查非常多次，然後每一次都作出收入75,000美元時每月到餐廳花費的預測，有95%會落在55美元和241美元之間。因為資料的變化性大，所以無法作出更精確的預測。

如何改善迴歸分析的結果

研究者在兩種情況下會想要改善迴歸分析的結果。在我們兩步驟法中的第一步驟，研究者可能發現整體的檢定（信號）不顯著，而第二步驟中自變數和應變數的相關係數（R平方）低於期望。或者是研究者可能用散布圖發現一些離群值(outlier)。**離群值**是實際落在常態範圍之外的資料點。要利用散布圖來確認離群值時，在形成橢圓的點外畫一個能包含大多數點的橢圓即可。如圖17.6有兩個離群值，因此研究者會將它們從迴歸分析中剔除。一般而言，這樣的方法能夠改善迴歸分析的結果，即R平方值會增加，估計值的標準差會減少，所以預測值會有比較窄的信賴區間。

多元迴歸分析

你已經熟悉雙變量迴歸分析了，這個部分，我們將介紹多元迴歸分析。

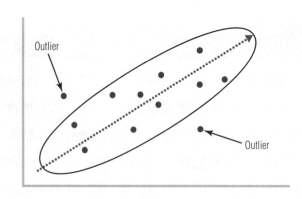

圖17.6　迴歸分析中的離群值

除了不只一個自變數之外，你會發現雙變量迴歸分析的所有概念，都應用在多元迴歸中。

基本概念模型

在第三章中，你已經學到行銷研究的問題確認，我們利用一個模型把不同的概念和關係連結成一個結構。在那一章我們曾說過在設計研究計畫時心裡有個模型，對行銷經理人和研究人員是很有用的。雙變量迴歸算式是一個把自變數和應變數連結在一起的模型。行銷研究人員有興趣的應變數通常是銷售額、可能的銷售額，或是那些市場組成者的態度。如果Dell電腦委任作一個調查，想要知道購買Dell電腦或其他品牌電腦者的資訊，好作為了解這些消費者或是促使他們決定購買戴爾電腦的方法。則應變數會是Dell電腦的購買意願。如果麥斯威爾咖啡考慮要增加一個冰咖啡的系列，他們會想知道喝咖啡的人對冰咖啡的看法，所以應變數可能是他們對購買、準備和飲用冰咖啡的態度。

圖17.7是一個符合多數行銷研究情況的一般概念模型，特別是那些調查消費者行為的研究。**一般概念模型**(gerneral conceptual model)定義自變數和應變數，並且說明它們與期望的基本關係。圖17.7可以看到購買金額、購買意願和偏好在中間，意指它們是應變數。周圍的概念可能是自變數，也就是任何一個都可以用來預測任一應變數。例如一個人購買凌志昂貴汽車的意

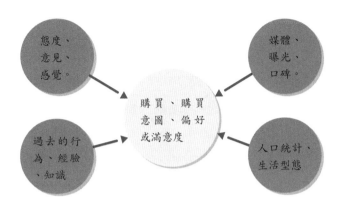

圖17.7　多元迴歸分析的概念模型

願，可能與他的收入有關。也可能與朋友的推薦（口傳）有關，某人有關凌志的意見會強化自己的自我形象或是駕乘凌志的經驗。

　　事實上，消費者的偏好、意願和行動會受很多因素影響，如果你再列出所有圖17.7每一個概念下的子概念就會了解。例如在人口統計變數下可能有很多不同的變數，可以是很多不同的生活型態，以及一個人每天可能看到的廣告類型。當然，在問題定義的階段，研究者和經理人會把大量自變數縮小到可以納入問卷的一個可控制範圍。也就是說，他們心裡會有一個像圖17.7的一般模型結構。很幸運地，他們不需要進行很多次的雙變量分析，因為有另一個比較好的工具——多變量迴歸分析可以使用。

多元迴歸分析描述

　　多元迴歸分析是超過一個的自變數的雙變量迴歸分析的延伸。自變數的增加會增加維度或迴歸的軸，使得概念變得複雜。但是會讓迴歸的模型更實際，如同我們剛才解釋的一般模型般，預測通常是多重的，而不是只有單一因素。

▶ 多元迴歸的基本假設

　　想一下有關銷售人員數量作自變數、區域銷售額為應變數的例子。可以加入第二個像廣告量的自變數。加上第二個變數會將迴歸線改變成迴歸面，

如果畫出來會有三個維度：區域銷售額(Y)、銷售人員數量(x_1)和廣告量(x_2)。迴歸平面是應變數在多元迴歸分析中的形狀。如果再加入其他自變數，想像一下將會增加一個和其他軸呈現適當角度的軸線。很顯然地，這樣的軸線是畫不出來的。事實上，連想像這樣的圖都很難，但是多元迴歸分析的假設，需要這樣的概念化。

除了操作超過一個以上的自變數外，多元迴歸都跟雙變量迴歸一樣。用詞術語會有些不同，而且某些統計值會因為多元迴歸會作些修改，但是大部分的概念和雙變量是一樣的。我們會說明這些相似處。

而多元迴歸的算式如下：

$$y = a + b_1 x_1 + b_2 x_2 + b_3 x_3 + ... + b_m x_m$$

y ＝應變數，或被預測變數

x_i ＝自變數i

a ＝截距

b_i ＝自變數i的斜率

m ＝算式中自變數的數量

你可以看到增加一個自變數只會在公式中增加一個$b_i x_i s$。除了現在有多個x變數之外，我們仍保有直線基本的$y = a + bx$公式，而且每一個變數加入等式之中，靠斜率來改變y值。這個將每個自變數納入的方法，維特了多元迴歸的直維假設。這便是所謂的**可加性**(additivity)，因為每個新自變數是被加進迴歸等式中的。

看一下多元迴歸分析的結果，你可以比較了解這個等式。利用凌志汽車的例子，可能產生的結果如下：

購買凌志汽車的意願＝2

　　　　　　　　＋對凌志汽車的觀感（1－5分）

　　　　　　　　－0.5×對現有其他品牌汽車的觀感（1－5分）

　　　　　　　　＋1×收入水準（1－10分）

如果你能以下面三個變數：1.對凌志汽車的態度；2.對現有他牌汽車的

態度；3.收入水準，以十分計，計算多元迴歸等式，你應該可以預測顧客購買凌志汽車的意願。以下說明什麼是截距：第一，平均每個人的購買意願是2的水準，或是較小的購買傾向。對凌志的態度以1到5分衡量，每增加1分就增加1分的購買意願。所以一個有5分正向的人，會比只有1分強烈負面態度的人，擁有較高的購買意願。對現有他牌汽車的態度，每增加1分（比如說一個潛在的凌志購買者，現在可能擁有凱迪拉克或是BMW），購買意願就會減少0.5分。當然，我們假設這些潛在的購買者會購買凌志以外的車。最後，購買意願會隨著收入水準的增加而增加1分。

以下是計算一個潛在凌志購買者購買意願的例子，他對凌志的態度是4分，現在汽車的態度是3分，收入水準為5分。

$$購買凌志的意願＝2＋1×4－0.5×3＋1×5＝9.5$$

多元迴歸是一個很好用的工具，因為它能告訴我們什麼因素能預測應變數，每個變數影響的方向（正負號）以及每個變數影響的程度（b的大小）。

如同使用雙變量迴歸分析y與x的相關性，再以多元迴歸分析來檢驗自變數與應變數直線關係的強度是有可能的。**多元R值**(Multiple R)，又稱為**判定係數**(coefficient of determination)，是一個方便用來衡量整體線性關係強度的數字。如同在雙變量迴歸分析中的例子，多元迴歸分析模型假設直線（面）關係是存在於變數之間的。多元R值的範圍落在0到＋1之間，而應變數的值可以解釋為自變數的結合體。多元R值越高，表示這個迴歸面非常適用於散布圖上的各點，而低的多元R值則相反。同時，多元迴歸的結果是一個母體多元迴歸等式的估計值，所以，就像其他估計母體參數的例子一樣，有檢定統計顯著的必要。

多元R值像是一個多元迴歸分析結果的領先指標，你之後就會看到，它是多元迴歸首先出現的結果之一。很多研究者心裡會轉換多元R值為一個百分比。例如多元R值0.75表示迴歸的結果能夠解釋75%的應變數。多元迴歸的結果解釋力若越高，則對研究者越有用處。

在說明如何利用SPSS執行多元迴歸之前，要先作一個提醒，**獨立性假設** (independence assumption)約定自變數必須彼此是統計上獨立以及不相

關。獨立性的假設是很重要的,如果違反假設,多元迴歸的結果會不真實。自變數間的中等或強烈相關會造成**多元共線性(multicollinearity)**並且違反了獨立性假設。這要研究者自行決定是否要檢定或是移除共線性的存在。

　　避免這樣的問題發生,要使用大多數統計分析軟體會有的警告統計值。其中一個常用的是**變異數膨脹因子(variance inflation factor)**,簡稱**VIF**。VIF是一個數字,只要多元迴歸中的自變數VIF大於10,移除該自變數或是重新組成自變數會是比較保險的作法。換句話說,在檢視任何多元迴歸的結果時,研究者應該要檢查等式中每個自變數的VIF值。如果VIF大於10,研究者應該從自變數中移除該變數,然後重新執行多元迴歸。這個反覆的過程要一直進行到最後的多元迴歸等式中的自變數為統計上顯著,並且有可接受的VIF值為止。

「哈比人的最愛」餐廳調查:如何執行與解釋SPSS多元迴歸分析

　　利用SPSS執行多元迴歸分析與簡單雙變量迴歸幾乎是一樣的。唯一的不同在於選擇了一個以上的自變數。想一下預測人們每月花費在餐廳的一般概念模型。我們從「哈比人的最愛」餐廳資料的雙變量迴歸已知收入可以預測這個值。而另一個可能的變數就是家庭成員的人數,家裡人數越多會點越多菜。所以我們將加入這個自變數;第三個自變數可能是偏好。偏好精緻裝潢的人應該會為了這樣的氣氛多付一點錢,因為精緻的裝潢通常會出現在最貴的餐廳裡。最後,我們的概念模型決定了:平均每月花費在餐廳的金額可以被1.家庭收入水準;2.家庭成員人數;3.對精緻裝潢的偏好來預測。

　　如同雙變量迴歸,執行多元迴歸的操作指令也是「分析-迴歸-線性」。每月花費在餐廳的金額作應變數,而其他三個定義為自變數。附有註解的流程圖如圖17.8。

　　如同圖17.9中的結果,多元R值表示自變數和應變數的關係強度為0.749,表示某種線性關係存在。接下來,ANOVA的F值為顯著,沒有線性

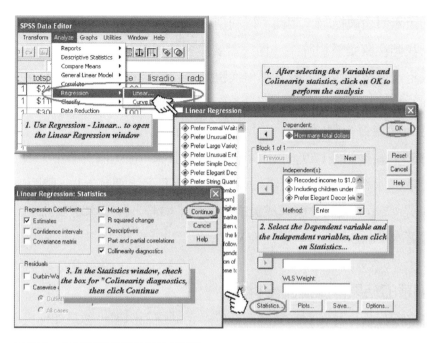

圖17.8　多元迴歸分析的SPSS流程

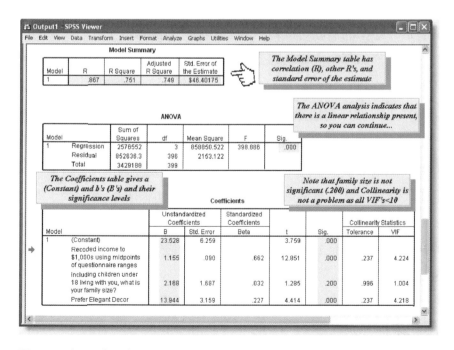

圖17.9　多元迴歸分析的SPSS結果

關係的虛無假設被拒絕,因此可以利用直線關係來作為這個例子的模型。

和我們在雙變量迴歸中一樣,需要作多元迴歸分析來檢定b_i(β)值,以便決定自變數的變量。你必須再次決定是否為樣本誤差影響了結果,而導致錯誤的解讀。也就是要作一個是否顯著不為0的檢定(虛無假設),可以透過t檢定來檢定每一個b_i值。

SPSS的結果如圖17.9,指出了統計顯著水準。在這個例子中,很明顯可以看到收入水準和對精緻裝潢的偏好的統計顯著水準都為0。截距(a)也顯著,顯著水準0。然而,家庭成員的人數並不顯著,顯著水準為0.2,超過標準的顯著水準0.05。

▶ 為顯著的結果修飾迴歸分析

在之前分析每月花費在餐廳金額的多元迴歸範例裡,你是如何處理複合的顯著結果?在回答這個問題前,你應該已知道這個複合結果的可能性很高,所以這對你了解如何成功執行多元迴歸是重要的。解答如下:在多元迴歸中有一個標準的習慣是有系統性地消除那些不顯著的自變數,透過一個稱為**修飾(trimming)**的方法。然後重新執行修飾後的模型,並且再檢查顯著水準一次。這一連串的消除可以藉由除去不顯著的自變數完成最簡單的模型。修飾後,有全部顯著的自變數多元迴歸模型如圖17.10。注意一下VIF值在裡面,因為在未修飾的SPSS結果已被檢驗過,並且可被接受。

這個額外的操作可以讓行銷研究者只需考量較少的維度與應變數的關係。一般而言,連續的消減有時會造成多元R值的降低,所以每次重跑之後要再仔細檢查這個值。你可以看到新的多元R值仍然是0.749,所以在我們的例子中並不會被降低。這樣的重複也會造成β值和截距稍微改變。因此有必要再檢查所有顯著水準下的β值一次。透過一連串的重複,行銷研究者最後會得到可以表達顯著自變數與應變數間線性關係的迴歸等式,一個精簡的模型便會出現。

▶ 利用結果作預測

使用多元迴歸的結果和雙變量迴歸結果的應用是一樣的概念,亦即依賴

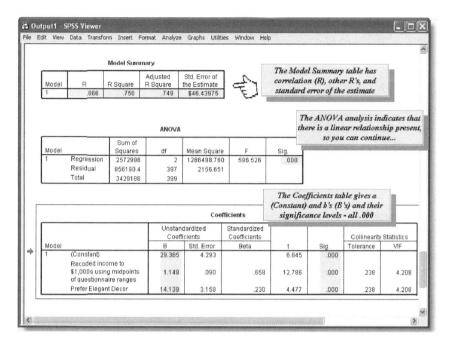

圖17.10　SPSS修飾的多元迴歸分析結果

反應出預測誤差的殘差分析。在本章一開始描述殘差且說明殘差分析是一個決定預測好壞的方法。最後，行銷研究人員希望能夠根據假設或已知的、在多元迴歸中有顯著關係的自變數來預測應變數。估計值的標準差在所有多元迴歸分析的軟體都可以得到，而且可以利用這個值來預測：在某些獨立變數水準下，應變數的範圍。

用多元迴歸來預測是很簡單的，只要利用最後（顯著）的多元迴歸截距和各個係數。假設我們可以提供「哈比人的最愛」老闆傑夫，一個顧客每月在高級餐廳花費的估計。取一個家計收入10萬美元，而且強烈偏好精緻裝潢高級餐廳的顧客來預測。在不同餐廳屬性的偏好5分尺度中，5分表示「非常偏好」。

使用SPSS修飾多元迴歸的結果，我們可以預測高級餐廳顧客每個月在餐廳的花費。計算如下，記得常數和 β 值是圖17.10中多元迴歸的結果。

$$y = a + b_1 x_1 + b_2 x_2 + b_3 x_3$$
$$= \$29.39 + \$1.15 \times 100 + \$14.14 \times 5$$

$$=\$29.39+\$132.25+\$70$$
$$=\$231.64$$

計算後的值大約是232美元，然而，我們必須考慮在某個信賴水準下的抽樣誤差和資料的多變性，所以每月在餐廳的花費，估計值為±1.96個標準差。

預測值y±1.96×估計值標準差

$231.64

$231.64

$140.62 到 $322.66

此解釋為，稅前家計收入10萬美元，並且強烈偏好精緻裝潢的人在用餐時，每個月期望會花在餐廳的金額會在141到323美元之間，平均是232美元。同樣的，信賴區間的範圍很大，但這是完全反映資料多變性，而且不會有錯的多元迴歸分析。

多元迴歸分析的特別應用

在執行多元迴歸分析時，有一些特別的應用和考量要記得，包括使用「**虛擬**」(dummy)自變數、使用標準化的 β 來比較自變數的重要性，以及使用多元迴歸作為一個篩選機制。

▶ 使用「虛擬」自變數

虛擬自變數是一個以0和1為尺度的編碼，這是傳統的習慣，其實任何兩個相鄰的數字都可以使用，比如說1和2。多元迴歸分析的尺度，假設要求自變數和應變數兩者至少要是有區間尺度的。然而，有些行銷研究人員想要使用的自變數並非服從區間尺度的假設，這很常見，例如行銷研究者想使用二分式的變數（如性別）作為多元迴歸的自變數。編碼因此以0表示男性，1表示女性來作為自變數。或者你想用「購買者－非購買者」的虛擬變數來作為

自變數。在這些例子中,為了得到一個可以解釋的結果,通常是允許或是稍稍違反自變數必須是公制尺度的假設。

▸ 使用標準化 β 來比較自變數的重要性

不管行銷研究人員應用的意圖為何,通常有興趣的是決定自變數在多元迴歸結果中的相關重要性。因變數通常以不同的單位來衡量,如果直接比較計算而得的 β 值是錯誤的。例如直接比較家庭人口數和每人花費在打扮的金額並不適當,因為兩者衡量的單位並不同(人數比金額)。常見的方法是透過一個快速的運算,除以每個自變數的差,也就是該自變數的標準差,好將自變數標準化。這樣的結果稱為**標準化的 β 係數**(standardized beta coefficient)。換句話說,標準化將每個自變數值轉化成一個標準差距離平均數的數字。重要的是,這個步驟將這些變數轉成一組平均數等於0,標準差等於1的值。

在標準化後就可以直接比較結果的 β 值。標準化的 β 係數絕對值較大者,對預測中應變數的相關重要性越高。SPSS和大部分的統計軟體會自動提供標準化的 β 值。檢查圖17.10的結果會發現,標準化的值定義在**標準化係數**(standardized coefficients)的欄位下。要提醒你的是,這樣的運算並不會影響最後的多元迴歸結果,只可以直接比較這些顯著自變數與應變數對相關影響。例如在「哈比人的最愛」餐廳迴歸結果的「標準化係數」中(圖17.10),收入水準是最重要的變數(0.658),而對精緻裝潢的偏好(0.230)就比較不那麼重要了。

▸ 使用多元迴歸分析作為篩選機制

另一個多元迴歸分析的應用便是一個篩選或鑑定的機制。行銷研究人員可能會面臨大量、多樣、可能的自變數,因此需要多元迴歸分析作為一個**篩選機制**(screening device)或一個找出**沉默自變數**(統計上不顯著)的方法。在這種情況下,想要作的不是決定預測應變數的種類,而是找出什麼樣的因素能幫助研究者了解該變數行為的線索。例如研究者可能想找出市場區隔的基礎,因此可以利用迴歸找出與消費者行為變數相關的人口統計變數。在行

銷研究中，使用多元迴歸是非常普遍的，尤其是區隔的分析，而你也已經非常了解使用這個工具時的要求以及可能發生的錯誤了。

逐步多元迴歸分析

當研究人員使用多元迴歸分析作為篩選工具，或是面對大量獨立變數的時候，手動裁減自變數將是非常冗長煩人的工作。幸運的是，有一個多元迴歸的類型可以自動修飾運算，稱為逐步多元迴歸(stepwise multiple regression)。

利用**逐步多元迴歸**，統計顯著以及解釋應變數最大變量的自變數能夠被決定出來，並且組成一個多元迴歸的算式。所以最能解釋的應變數與未解釋變量的自變數（統計顯著）將被找出來，並且加入算式。這樣的過程一直持續到統計顯著的自變數都被加入多元迴歸算式中為止。換句話說，研究者在多元迴歸顯著水準的檢驗下，所有不顯著的自變數會從最後的多元迴歸等式中剔除。最後的結果只包括統計顯著的自變數。逐步迴歸是在研究者面對大量競爭性的自變數，想要縮小分析到一組統計顯著的自變數時使用。因為SPSS會自動以研究者選擇的逐步法修飾，所以不需要修減或重跑迴歸分析。

如何利用SPSS執行逐步多元迴歸

使用「分析－迴歸－線性」指令可以執行逐步多元迴歸。在這之前，應變數和大量自變數分別被選進視窗中。操作SPSS來執行逐步多元迴歸時，使用「方法」選單選擇「逐步」即可。結果會與使用重複修減的多元迴歸相同。當然，逐步迴歸的結果，會出現不顯著被剔除自變數的資訊。如果研究者有需要，SPSS逐步迴歸也可以計算VIF統計值以確保不會出現多元的共線性。

我們沒有操作逐步多元迴歸的圖示說明，因為這個技術比較進階。事實

上，除非已經非常了解多元迴歸，否則也不建議使用逐步迴歸，因為可能會遇到的結果難以解釋，或是出現與直覺不同的結果。

有關多元迴歸分析的三個注意事項

在結束多元迴歸分析的說明前，一些有關解釋迴歸的注意事項需要提醒你。我們容易誤認因果關係，而迴歸分析也會讓我們認為：應變數會因為自變數而改變。這樣的思考絕對是不正確的，迴歸分析只是一個**假設兩變數存在直線關係的統計工具**，源自於相關性分析，只是一個線性相關的衡量，而非兩變數間的因果關係。因此，即使兩個變數，例如銷售額與廣告量，在邏輯上是相關的，但因為其他自變數沒有控制不變，迴歸分析不代表能夠讓行銷研究者可以作出因果的陳述。

第二個要注意的是，不可以利用迴歸分析來作出資料範圍以外的預測，也就是說，你可以使用迴歸模型解釋資料範圍中的自變數（最低到最高值），但如果想要利用限制範圍外的自變數來預測，就算進入計算迴歸線原始資料外的範圍了，因此，你無法確認這樣的迴歸算式結果會是正確的。例如想要將餐廳的迴歸等式結果，應用在那些有錢、且年收入幾百萬的人身上時，結果會是不正確的，因為這些人並沒有在「哈比人的最愛」餐廳調查範圍中。

最後一個要注意的是本章已經提過的一些知識。你可能會覺得學到的很少，而且還有很多有關多元迴歸分析的知識超出本章的範圍。本章的範圍介紹了迴歸分析，並且提供有關執行SPSS簡單的迴歸資訊，說明SPSS結果中的相關觀念以及解釋。事實上，整本教科書有很多迴歸的題材存在，我們的目的只是在說明基本概念和幫助你解釋關於這些概念的統計值。我們的說明只是介紹多元迴歸分析，輔助你理解這個預測技術的一些基本概念、普遍的應用和解釋。

複習與應用

1. 將以下的例子組成並解釋出一個合理的簡單預測模型：

   (1) 汽油價格與家中汽車於假日行駛的公里數有何關係？

   (2) 某區預測會登陸的颶風警報，與手電筒電池的購買量有何關係？

   (3) 花店對於母親節前後一週的花卉存貨要如何管理？

2. Circle K作了一個活動，邀請顧客填寫註冊卡，以取得得到去阿拉斯加旅行的抽獎資格。卡片上詢問顧客的年齡、教育程度、性別、每週在Circle K購買的金額以及Circle K與住家的距離。如果要執行多元迴歸分析，請指出以下變數為何？

   (1) 自變數

   (2) 應變數

   (3) 虛擬變數

3. 什麼是多元迴歸？為什麼叫「多重」，多元迴歸的公式會是什麼？在你說明的公式中，指出每個專有名詞並說明正負號有何意義？

4. 解釋何謂「修飾」一個多元迴歸的結果？使用以下例子來說明你對本章的了解。

   有一個單車製造商記錄了20多年來的零售價，以及廣告費、競爭者的平均零售價、銷售製造商品牌的零售區域數量，以及是否為 Tour de France 中單車製造品牌的第一名（虛擬變數的編號為0＝不是，1＝是）。

   初步的多元迴歸結果如下：

變數顯著	結果
平均零售價（美元）	0.001
廣告費（美元）	0.202
競爭者的平均零售價（美元）	0.591
銷售點數量	0.032

5. 利用SPSS的繪圖能力，畫出以下的迴歸平面。

每週使用的汽油量（加侖）	每週上班的通勤里數	車陣中單車的數量
5	50	4
10	125	3
15	175	2
20	250	0
25	300	0

6. Wayne LaTorte對UFO非常感興趣。他記錄了過去15年在亞歷桑拿、加州和新墨西哥州沙漠區看UFO的資料，並且跟地震的震動作連結。一些工程人員建議他利用迴歸分析來決定兩者的關係。Wayne執行後發現每次看UFO時，會有一個常數30次和斜率為5的地表震動。Wayne因此寫了一篇文章給UFO Observer，宣稱地震與UFOs在進入地球大氣層時發出的亞音速震動有很大的關係。你對Wayne的文章有何看法？

個案17.1　Sales Training公司

Sales Training Associates公司(STA)是一個專營業務人員、業務管理及行銷管理訓練課程的公司，總部座落在亞特蘭大喬治亞州。STA由賽門斯‧哈樂德(Harold Simmons)創立，在1970年代開始他的業務職涯，一家一家登門推銷真空吸塵器。賽門斯沒有上過大學，事實上，他高中差點無法畢業，但是他展現了高度的銷售才能，在畢業後立即得到一個業務的工作。

賽門斯在一開始就非常的成功，並在1970和1980年代換了一連串的業務工作。在1911年，加入Equitable Life保險公司，短短兩年已是一個令人稱羨的百萬年薪代表。在1990年代中期，賽門斯的每年業績平均超過500萬美元。Equitable發現賽門斯具有獨特的銷售天分，因此漸漸將賽門斯的工作從銷售轉成訓練Equitable的銷售人員。賽門斯發展了一系列獲得全Equitable業務人員一致好評的內部訓練計畫，以及特殊目的研討會。1996年，賽門斯離開了Equitable並創立了Sale Trainning公司，一開始訓練保險的業務人員，但很快的，STA已涵蓋了所有領域業務人員的訓練。

賽門斯的兒子，Jr.在攻讀6年的行銷學位後，於1999年加入STA，擔任管理經理的職務，他的責任包含家庭辦公室管理、人力資源管理廣告或長期規劃。其中一個Hal早期的計畫是有關發展預測業務人員績效的模型。Hal和賽門斯認為如果他們能證明STA的訓練是一個成功的關鍵因素，對未來STA的廣告以及長遠規劃會非常的有價值。從STA的檔案中，Hal選了30個曾經參加過STA訓練課程的業務人員，並且從檔案中選了幾個人口統計變數出來。最後，為了衡量業務人員的成功，他想出一個20分的綜合業務績效表。然後致電每個業務人員，要求他們在表上評比過去一年來的績效。這些自我評比和其他變數列舉如下：

去年的業務人員績效自我評估表					
業務績效評比	STA總訓練時數	取得的證照數	STA業務人員年齡	業務人員姓別	在現在公司的工作年數
20	300	12	45	Male	25
2	60	2	22	Female	1
4	75	3	25	Male	5
12	200	7	37	Female	4
6	180	6	36	Male	12
3	30	5	23	Female	4
15	150	7	46	Male	2
18	200	8	59	Male	30
7	85	2	33	Male	7
10	100	3	43	Male	17
12	120	2	53	Female	18
7	90	3	35	Female	8
19	200	7	45	Male	15
13	150	5	25	Male	5
17	100	4	35	Female	4
12	100	4	45	Male	15
16	125	3	50	Female	10
20	175	7	65	Male	35
9	60	1	24	Male	4
16	150	5	48	Male	10

1. 用SPSS將業務績效評量作為應變數，表中其他變數作為自變數來執行一系列的雙變量迴歸分析。你發現什麼？如何解釋？

2. 使用多元迴歸來決定這些變數對去年業務績效的自我評量有什麼影響。
你發現什麼？對STA有什麼啟示？

個案17.2　「哈比人的最愛」餐廳：調查預測分析

傑夫‧迪恩是一個快樂的經營者，他知道「哈比人的最愛」餐廳的夢想有可能成真。透過柯瑞‧羅傑斯的專家管理和莎莉絲特‧布朗的SPSS分析，傑夫了解高級餐廳市場約略的大小，也知道需求的特色是什麼，地點應該要設在那裡，甚至該使用什麼樣的促銷廣告媒體。有了這些資訊後，他需要回到他的銀行家朋友沃克‧史翠普林那裡，獲得「哈比人的最愛」餐廳的財務資源規劃。

傑夫在週五早上打電話給柯瑞說：「柯瑞，你對『哈比人的最愛』餐廳的發現，讓我非常的興奮。我想在下星期和沃克碰面，告訴他這些發現，你能給我最後的報告嗎？」

柯瑞沉默了一下說：「莎莉絲特正在算最後的數字，並且設計表格讓我們能貼在報告上，但是我認為你忘了上次的研究目標。我們仍需要最後的分析來強調目標市場的定義。我知道莎莉絲特剛考完試，她也在詢問週末有沒有什麼工作需要作。我會給她這個工作。你要不要週一上午11點過來一下？莎莉絲特和我會告訴你我們的發現，然後我們可以請莎莉絲特吃午餐，好彌補一下她的週末。」

你的任務是莎莉絲特的角色，使用「哈比人的最愛」餐廳的SPSS資料，執行適當的分析，你也需要解釋這些發現。

1. 「哈比人的最愛」餐廳的目標市場人口統計定義為何？
2. 「哈比人的最愛」餐廳的目標市場，對於餐廳花費行為的定義為何？
3. 發展一個「哈比人的最愛」餐廳市場區隔的一般概念模型（你已經在本章的練習中完成了其中一個）。使用多元迴歸分析來檢定，並為傑夫‧迪恩解釋你的發現。

學習目標

❖ 了解行銷研究報告的重要性
❖ 認識行銷研究報告中應有的資料
❖ 學習撰寫行銷研究報告的基本原則
❖ 了解如何使用圖像
❖ 學習用SPSS製作圖像
❖ 學習口頭報告的基本原則

18

行銷研究報告：
報告的製作與呈現

行銷研究報告(marketing research report)是指將研究結果轉化為事實陳述，讓顧客能據此建議、結論作成決策，並披露其他重要資訊。本章要說明的就是撰寫與提交說明行銷研究報告的要點。

行銷研究報告的重要性

行銷研究的使用者和提供者都同意，提交行銷研究結果報告是研究過程中最重要的部分。研究報告是行銷研究團隊努力結果的呈現，研究者必須在報告中提供顧客有價值的資訊。

如果報告寫得草率、充滿用詞錯誤，或在任何方面讓人感覺很糟，研究報告的品質（包含分析和資訊）和信度就會大打折扣。很多經理人不會涉入研究過程，但會使用報告來進行商業決策，如果報告的組織和呈現方式錯誤，會導致讀者無法了解研究者想表達的結論。這時，花費在研究過程的時間和努力就白費了。

如果報告作得很完善，不僅能讓提供者與使用者間達到良好溝通，還能建立可信度。一份製作完善的報告，必須要有組職的原則、完善的書寫和適當的用字遣詞。

提升撰寫報告的效率

撰寫行銷研究報告是個複雜又耗時的可怕任務。近幾年，一些軟體工具的發展，緩解了報告製作過程中的煩瑣，幫助研究者有效撰寫報告。Burke公司就提供顧客使用線上的報告工具Digital Dashboard。這項服務讓使用者透過表達完善的表格，就能看見他們蒐集並組織的資料。使用者可以檢驗整個結果，或是進行細部分析。因為這些報告透過網路就能取得，所以不同的使用者都能得到報告，並對自已公司或部門進行重要的分析。

線上報告軟體(online reporting software)利用一個互動的介面，將行銷研

究報告傳給特定經理人，並允許每位使用者依照自己的需求進行分析。有些軟體甚至能讓使用者創造**重複性**報告的標準化表格和抬頭，以便作後續研究的追蹤。一旦建立出大標、主標題和表格型式，省去未來報告的某些步驟後，報告的撰寫就更加有效率。當然，線上報告不只對於報告的散布有幫助，還能降低製作成本以及紙本報告的屯積。

組織報告

行銷研究報告是針對特定對象和目的而撰寫，因此在所有研究過程中都必須考慮這兩點，包含報告要如何呈現。在寫報告之前，必須回答以下問題：

■ 你想溝通的訊息是什麼？目的為何？
■ 你的讀者是誰？其中，誰是主要讀者？誰是次要讀者？
■ 你的讀者知道些什麼？他們應該知道些什麼？
■ 有無文化上的差異問題？你的讀者有何偏見或先入為主的想法會阻礙訊息傳達？
■ 要利用什麼策略來克服負面的態度？
■ 讀者的人口統計或生活型態會不會影響他們對研究結果的觀感？
■ 讀者的興趣、價值觀和關心的是什麼？

這些問題在你規劃研究報告前就必須想清楚。

在準備報告時，「站在對方的立場思考」會很有幫助。假裝你是報告的使用者而非提供者，將能幫助你用對方的角度來看所有事情，並促進溝通成功。你可以從使用者的觀點，問問自己以下問題：「這個報告能提供我什麼？」

一旦你回答過這個問題，就可以決定報告的格式。如果你所進行研究的組織有指定報告呈現的特定格式，你應該加以遵守。若沒有指定的格式，當你在準備報告時必須考慮三大要素：前言、本文和結語。表18.1就說明了這

表 18.1	行銷研究報告的要素

A.前言
　　1.書名頁
　　2.授權書
　　3.報告送達書／備忘錄
　　4.內文索引
　　5.圖表索引
　　6.摘要
B.本文
　　1.序論
　　2.研究目標
　　3.研究方法
　　4.研究結果
　　5.研究限制
　　6.結論與建議
C.結語
　　1.附錄
　　2.文末註釋

三個部分及其涵蓋的要素。

👥 前言

　　前言(front matter)，指的是主文之前的所有頁面，包含書名頁、授權書、報告送達書／備忘錄、內文索引、圖表索引及摘要。

👥 書名頁

　　書名頁(title page)（如圖18.1）包含四個項目：1.文件標題；2.需求報告的組職或人；3.提供報告的組織或人；4.呈交報告日。如果書名頁中出現人名，必須依字母、筆劃，或其他已取得一致意見的方式排序；並在人名前加上指定的頭銜。

　　文件的標題要盡可能清楚傳達所有資訊（包括報告的目的或內容），並

THE HOBBIT'S CHOICE:
A MARKETING RESEARCH STUDY
TO DETERMINE INTENTION TO PATRONIZE,
PREFERENCES FOR OPERATING/DESIGN
CHARACTERISTICS, LOCATION,
AND MEDIA HABITS

Prepared for
Mr. Jeff Dean

Prepared by
CMG Research, Inc.

May, 2006

圖18.1　書名頁

易於理解，例如「Saltmarsh, Cleaveland & Gund 會計師事務所設立分公司的需求分析」或「引進新M&M或Mars低脂巧克力棒的廣告方案」。此外，還可以力求簡潔。例如，「Saltmarsh, Cleaveland & Gund會計師事務所設立分公司的需求分析」可以簡化成「Saltmarsh, Cleaveland & Gund設立分公司的需求分析」。

標題必須置中並全部大寫；其他在書名頁的資訊也要置中，第一個字母

大寫；書名頁標為前言的第i頁，且不顯示頁碼（如圖18.1），再下一頁則標為第ii頁。

授權書

授權書(letter of authorization)是行銷研究公司進行此專案的證明，並非必要。內容包括由誰進行授權、研究專案性質的描述、完成日期、付款條件或其他特定條件。如果你在報告送達書中已提及這些條件，就不必再附授權書。如果你的讀者不清楚這些條件，那麼將授權書放進報告中會比較有幫助。

報告送達書／備忘錄

在遞交文件給某組織時，如果你不是該組織的員工，你需要使用**報告送達書**(letter of transmittal)；如果是內部員工，則使用**報告送達備忘錄**(memo of transmittal)。報告送達書的基本目的是讓讀者熟悉報告的情況，並建立起讀者與作者間密切的關係，一旦讀者對報告內容有疑問時，才知道該連繫誰。

報告送達書的撰寫方式比較個人，開頭須以一、兩行文字描述研究的性質，並且註明提交報告的人。接著簡單說明研究性質、重述授權研究的條件、研究的發現、後續研究的建議和未來研究可以延伸的領域。在最後要對獲得指派研究表達感謝之意，並謝謝其他人的幫助和建議。個人意見、未經證實的資料都可以寫進去。圖18.2是報告送達書的例子。

目次

目次(table of contents)能幫助讀者在龐雜的研究報告中找到想看的資訊。目次（如圖18.3），應該要列出報告的所有部分。每個標題應該和內文一樣，並標明頁碼；如果某部分超過一頁，則標記開始的那一頁。**副標題**要

CMG Research, Inc.
1100 St. Louis Place
St. Louis, MO

May 21, 2006

Mr. Jeff Dean
2010 Main St.
Anytown, USA 00000

Dear Mr. Dean:

As you requested in your letter of authorization dated February 25, 2006, I have completed the marketing research analysis for The Hobbit's Choice. The results are contained in the report entitled "The Hobbit's Choice: A Marketing Research Study to Determine Intention to Patronize, Preferences for Operating/Design Characteristics, Location, and Media Habits." The report is based on interviews with 400 households in Anytown.

The complete methodology is described in the report. Standard marketing research practices were used throughout the research project. You will find that the results of the report provide the information necessary to achieve the research objectives we set out for this project. These results represent "the voice of your future consumers" and we trust you will be able to use these results to make the best decisions for The Hobbit's Choice.

Should you need further assistance please do not hesitate to call me at (877) 492-2891. I enjoyed working with you on this project and I look forward to working with you again in the future.

Sincerely,

Cory Rogers

Cory Rogers

ii

圖18.2　報告送達書

縮排在標題的下一列。除了書名頁和目次外的項目都要列出。前言頁以小寫的羅馬數字來標記，例：i,ii,iii,iv……以此類推，而本文的開始則用阿拉伯數字1,2,3。

Contents

iii

圖18.3　目次

👥 圖表清單

如果報告中包含表格和圖，就要納入**圖表清單**(list of illustrations)註明出現的頁碼（如圖18.4）。所有的表格和圖都要列入清單中，方便讀者找到特定的圖表。**表格**(table)是由文字和數字，透過排列的方式組成；**圖**(figure)則包含曲線圖、地圖、照片等。因為表格和圖是分別編碼的，所以圖表清單可

List of Illustrations

vi

圖18.4　圖表清單

能同時會有圖1和表1。每個圖表都要命名，然後依出現在報告中的順序列
出來。

摘要

你的報告可能有很多讀者，有些需要了解報告中的細節，有些只看結論

和建議，另外也有些只需概略了解的人，可能只會看摘要。所以**摘要**(abstract or executive summary)是報告的「大綱」，可幫助忙碌的經理人或需要深入了解的讀者，先行總覽最有用的資訊，包含結論和建議。撰寫摘要時要盡可能表達精確，內容包含研究的主題、範圍、使用的方法（例如以郵件調查1,000名自有住宅者）以及結論與建議。

主文

　　主文(body)是報告的主體，包含報告的序論、研究方法說明、研究結果、研究限制以及結論和建議。不要害怕報告中會出現重複的部分，因為很少有人會從頭到尾讀完，大多數人只會看摘要、結論和建議。所以，正式的報告是會重複的，例如，你在摘要的地方可能會說明研究目標，並在結果和結論的部分再次提到。也不要擔心在說明圖表時都使用相同的語彙，在很多冗長的報告中，**重複性**其實可以幫助讀者理解。

序論

　　行銷研究報告的**序論**(introduction)可讓讀者熟悉報告內容，包含概要說明問題的背景、問題陳述、研究過程如何進行、報告的一般性目的和特定目標。**研究目標**(research objectives)不是列在另一個部分（如表18.1）就是列在序論中。研究目標應該要符合陳述的問題，因為兩者息息相關。而研究目標通常也是用來建立報告良好架構的一部分。

研究方法

　　研究方法(method)需仔細說明，你如何進行研究、對象是誰（或什麼），以及達成目標的方法或工具為何。補充的資訊應該放在附錄中，如果有使用補充的資訊，必須註明來源（提供足以說明出處的資料）。你不需要為常識或容易檢證的事實提出說明來源。**抄襲**(plagiarism)是一項很嚴重的犯

罪行為，有可能因此讓你丟了工作。

一般來說，研究方法不需要寫得太長，只要提供讀者足夠的資訊，像是資料怎麼蒐集以及結果如何即可。資料蒐集需詳細說明，才能讓其他人複製這項研究。換句話說，研究方法部分應該要夠清楚，以便讓其他研究者能進行同樣的研究。

在某些情況下，研究的使用者會要求廣泛深入的研究方法說明，顧客要研究者除了說明使用方法，也要討論為什麼其他方法不適用，例如，在訴訟時一定會有一個對手，此時所提供的研究資訊，就會被要求詳盡、徹底地說明研究方法。

✦ 方法或方法論？

報告中描述步驟與工具的部分稱為「**方法**」。然而在很多例子中，也會看到方法論(methodology)一詞。這兩者有不同的涵義，而你該使用的是「方法」。

方法指的是特定調查的工具；而**方法論**則是指決定工具如何使用和解釋的原則。例如，行銷研究的方法論規定，如果想要有一個代表某母體的樣本，必須使用機率樣本。所以，會有「消費者調查方法論」（說明使用方法的適當性）或「現行行銷研究方法論」（現行行銷研究領域的原則與實務）。研究者在研究方法部分會說明他們使用的機率樣本，但使用的是「方法」而非「方法論」。

✦ 研究結果

研究結果(result)，是報告中最重要的部分。某些研究者會稱之為**研究發現**(findings)。在此應該有邏輯地呈現研究發現，並且依研究目標加以組職。研究結果應該以敘述的形式來表現，輔以表格、圖形、數字和其他支持結果的資料。表格和圖表是支持研究結果的資料，不應被過度使用或用來充填報告的份量。每個表都應該包括一個編號和標題，並且在敘述中被

提及。

在撰寫報告前先概述結果。調查問卷本身可幫助結果的組織，因為問題通常是按照某個邏輯或目的加以分組。另一個有用的組職方法是分別列印出所有的表格和圖形，將之按照邏輯排序後，即可開始撰寫引言、定義（如果有需要）、檢視結果（通常會提到表格和圖）並引導到下個主題。

研究限制

不要企圖隱藏或掩飾研究的問題，沒有研究是毫無錯誤的，一定要公開研究的所有面向，避免討論研究的限制會讓人懷疑研究結果。要提出研究限制或可能有的限制、其對結果產生的影響，以及未來研究的機會是什麼。例如：「這項研究是以中型公立大學的大學生為樣本，礙於預算，將樣本鎖定在該區域的這所大學；其他母體欲運用該結果時需注意。」典型的**研究限制**(limitations)報告，通常聚焦於某些因素而非局限於某些因素，包括：時間、金錢、樣本數、人事。

結論與建議

結論(conclusions)與**建議**(recommendations)可能會寫在一起，或是分開陳述，主要看報告的需求量。無論如何，結論和建議是不同的**結論**是基於研究而得出的結果和決策；**建議**則是基於結論，提議要如何著手進行。建議需要研究結果以外的知識，如公司和產業條件，所以研究者在作建議時要十分小心。研究人員和顧客可在研究前先決定報告中是否包括建議，**明確界定研究者的角色**，可讓過程更加順利並避免紛爭。此外，使用者必須理解研究者的建議只是依研究報告結果而來，並不代表了解顧客。然而，如果需要建議而且報告要用來決定進一步行動，則建議會是下一階段的重要藍圖。列表寫下建議，並以動詞開頭好幫助讀者導引到下一階段。

結尾

結尾(end matter)包含**附錄**(appendices)，附錄中包括讀者「可以知道」，而非「需要知道」的資訊。這樣的資訊不應放在主文，而是加在最後以便讓想要額外資訊的讀者參考。表格、圖、其他讀物、技術說明、資料蒐集表以及電腦列印的資料等，都可能出現在附錄中 。每個附錄應以字母和標題來註記，並出現在內文索引中。索引頁碼或文末註釋應放在附錄之前。

撰寫報告的原則

形式與編排

形式與編排包括標題、副標題和圖像。

▶ 標題和副標題

對使用者而言，**標題**(headings)和**副標題**(subheadings)是閱讀冗長報告的一種標誌和指引。**標題**指的是每個部分的主題，所有在一個特定主題下的資訊都應該與標題相關；而**副標題**則是將這些資訊分段。新的標題應該要引入一個主題的改變。選擇符合目的的標題（一個字、詞、句子或問題），然後在全篇報告中統一使用。在分段使用副標題時，副標題必須與其他副標題平行，但不能與標題平行。

圖像

圖像(visuals)是表格、圖、直線圖(line graphs)、曲線圖等其他圖形，適當使用可以引人注意並簡潔呈現難以解釋的資訊。表格是利用欄和列的方式，有系統呈現數字資料或文字。圖形是指將數字視覺化，好讓關係和趨勢變得可以理解；一般包括：曲線圖、圓餅圖(pie charts)和長條圖(bar

charts)。圖像應該要整齊，並能自我解釋。內文中應該要說明這些圖像；每個圖像要有標題和編號，在提及該圖像時就直接在內文中指明，例：「如圖1」；並在第一次提及時，將該圖像置於段落下方，或內文的下一頁，也可以放在附錄中。圖像準備的其他資訊在本章稍後會說明。

文體

想想看你實際在撰寫報告的文句和段落時的**文體**(style)，以下要訣可以幫助讀者更了解你要傳達的訊息。

(1)一個好的段落(paragaph)都有**主旨**(main idea)，而主題句(topic sentence)應該陳述主旨。一般是以主題句來開始一個段落；但主題句也可以出現在中間或段落的最後。

(2)避免過長的段落（超過九行）。冗長的段落會淹沒訊息，因為大部分的讀者不會閱讀中間的內容。

(3)在空白處大寫。空白處前後（段落的開頭和結尾）是強調的重點，一頁的開頭和結尾亦同。所以，在這些地方要放一些比較重要的資訊。

(4)少用行話。某些讀者可能了解技術用語，其他則否，適時為讀者定義這些用詞可解除疑慮。如果報告中需要出現很多技術用語，可考慮在附錄中加詞彙表。

(5)使用強烈的動詞來表達句中涵義。

(6)使用主動的語態。指動詞的主詞是作那個動作（主動）或是接受那個動作（被動）。例如：「行銷研究被Judith進行」是被動語態，而「Judith進行行銷研究」是主動語態。主動語態直接又有說服力，而且使用較少的字。

(7)力求清楚、簡潔。合併或重寫句子來消除多餘的字，刪掉開場和不必要的贅詞。

(8)避免不必要的時態改變。時態可以說明發生的時間，改變時態是作者常會犯的錯誤。

18.1 行銷研究分析

段落是一組與主旨相關的句子。第一句應該要包含定義該段落主旨的主題句。例如「為了評估居民是否會上高級餐廳，受訪者須回答會上高級餐廳的可能性。」接下來，段落的本文藉由更多的資訊、分析及例子來說明主題句。例如，接著上面的主題句：「受訪者會得到一家高級餐廳的描述如下……然後受訪者被問到會上高級餐廳的可能性，並利用勾選從「非常有可能去」到「非常不可能去」的5點尺度表回答。

段落結尾時應有這個主題已結束的訊號，並且引導讀者到下一個段落。例如：「受訪者會去的可能性在以下兩個段落中會討論。」這句包含了一個**轉折語氣**(transitional expression)，轉折語氣可以是一個或是一組字，用來告訴讀者方向。如，以下(following)、接下來（next）、第二、第三、最後、總之、例如、此外、所以等。

控制好段落的長度才能有良好的溝通，原則上段落應該要簡短，最好少於或接近100個字。這樣足夠有一句主題句，及三、四句段落本文。一個段落不可超過兩個主題，複雜的主題就應該拆成好幾個段落。

(9) 在句子中，主詞和動詞要擺在一起。離得越遠，讀者越難理解訊息的意義，主詞、動詞不一致的錯誤也越容易發生。

(10) 改變句子和段落的結構和長度。

(11) 文法要正確。

(12) 保留1吋的頁邊空白；若需要裝訂，則在左邊留下1.5吋的頁邊空白。

(13) 使用組織偏好的行距。

(14) 不斷重新編排、撰寫，直到研究意圖的溝通能有效率和有效益。某些作者建議應花50%以上的時間在改善、編輯、修正以及評估已經寫完的東西。

(15) 校對！校對！校對！在完成後，仔細確認是否全部正確。重複確認名字、數字、英文拼音和標點符號。大聲朗讀出來是最好的校對方法。另一個辦法是將文稿讀兩次，一次對內容和意義，另一次對細節上的錯誤。

使用圖像：表格和圖形

圖像能幫助數字資料有效表達。成功圖像的關鍵是能清楚且簡潔地傳達報告中的訊息。圖像的選擇應該與資料的表達目的一致。一般的圖像包括：

■ 表格，呈現精確的值。

■ 線圖，說明項目間的關係。

■ 圓餅圖，比較某特定部分占整體的比例。

■ 長條圖，介紹一組主題並說明他們的關係。

■ 地圖，定義地點。

■ 流程圖，介紹一組主題並說明其間的關係。

■ 照片，具合理性，因為照片不像其他圖像是創造出來的。照片描述真實的內容。

■ 繪圖，重點在於視覺上的細節。

以下將討論其中幾個圖像。

表格

表格(tables)可以讓讀者比較數字的資料。有效的表格如下：

(1)電腦分析的結果不要太過精細，儘量**少用小數點**。例如：用12%或12.2%，而不用12.223%。

(2)把你要讀者比較的項目放在同一欄，而非同一列。

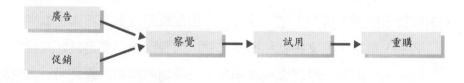

圖18.5 說明一組主題和彼此關係的流程圖

(3)如果有很多列，每隔一列就加深顏色或者每五列就加大間隔，方便正確對照。

(4)適時加總列和欄。

圓餅圖

圖餅圖是用來說明一個要素與其他要素占整體的相對大小或比例的絕佳工具，例如；可用來說明偏好不同廣播節目的消費者比例。**圓餅圖**是一個分成區塊的圓形，每個部分代表總區域的一個百分比。現今的資料分析軟體能夠簡單、快速地製作圖餅圖。

多數專家都同意圓餅圖應該要**限制區塊數**（例如4至8塊）。如果你的資料有很多小的區塊，試圖合併最小或最不重要的區塊為「其他」或「雜項」。因為內置的標籤在小的區塊中很難解讀，所以標籤應該放在圓形的外面。

長條圖

長條圖因為容易解釋，所以常用來說明大小或是群組間的比較，也可以說明資料隨著時間的變化。

直線圖

直線圖如果設計得當便能輕易地解釋研究結果。而**流程圖**(flow dia-grams)適合用來說明一系列的主題和它們彼此間的關係，流程圖在說明有順序的主題是很有用的，例如步驟1、步驟2等。

製作正確且合乎誠信的圖像

行銷研究人員都應遵守完全揭露的信條。**製作合乎誠信的圖像**是考量資訊該如何表達的唯一目標。誤導資訊的產生有時是故意的（當**顧客**要求研究人員為了其專案而扭曲資料時）；有時是不小心的，這樣的情況多半是因為製作圖像的人對題材過於熟悉，以致誤以為圖像的表達適用於所有人。

以下將以「哈比人的最愛」餐廳為例，說明何謂不誠信的圖像製作。假設傑夫‧迪恩正在尋求財務支援，他必須讓潛在投資者相信：他們在當地有足夠的潛在顧客來支撐一家高級餐廳的營運。利用SPSS產生如圖18.6(a)的長條圖。SPSS自動分配值於y軸上。雖然預期當地大多數人都不上高級餐廳，但是結果看起來並非如此，中立的受訪者讓結果看起來更糟；但是，這是個有誠信的研究資料呈現。假若經理人不重誠信，他會利用SPSS消除「無意見」的受訪者，只呈現有意見的結果。此外，他也可以消除定義垂直軸的百分比，調整後的結果如圖18.6(b)。最後研究呈現給人的是比較正面但並非事實的結果，使得潛在投資者可能被愚弄，相信餐廳顧客上門的可能性大於道德誠信呈現的資料。

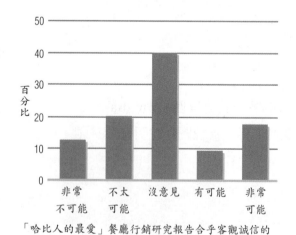

「哈比人的最愛」餐廳行銷研究報告合乎客觀誠信的可能性

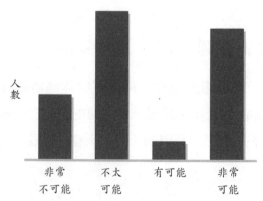

「哈比人的最愛」餐廳行銷研究報告合乎客觀誠信的可能性

圖18.6　比較誠信與不誠信的圖表

為了準備客觀且合乎誠信的圖像，你應該作的是：

(1)再三確認所有的標籤、數字和圖形。錯誤或刻意誤導的圖像會使你的報告和工作不被信任。

(2)使用3D方式呈現圖象時，小心因為增加寬或高的值，可能使資料扭曲。

(3)確定所有的尺度都已揭露。截面圖只有在讀者熟悉資料時才適用。

口頭報告

口頭報告(oral presentation)的目的是資訊有效表達，並讓使用者有機會發問或討論；場景可能是一個和顧客的簡單會議，或是有眾多聽眾的正式報告。Decision Analyst的總裁指出，研究報告應該「在同一時間、同一地方，口頭表達給所有關鍵人物」，因為很多人都不讀研究報告，有些甚至不了解報告中所有的細節。「口頭的報告確保每個人都可以問問題，讓研究者有機會釐清任何疑慮。」它也能確保每個人聽到相同的內容。

研究人員使用WebSurveyor
來製作報告所需的圓餅圖。

準備口頭報告的要訣：

1. 確認並分析聽眾群。

2. 找出聽眾對該報告的期望。這個報告是正式或非正式的？你的聽眾期望有圖表的說明嗎？

3. 決定重點。

4. 勾勒出重點，最好在3×5大小的卡片上，方便查看。

5. 簡潔且清楚地表達重點。書面的報告可作為延伸閱讀的參考。

6. 確定圖像能生動、有道德地表達出重點。

7. 事前練習。準備越充分，越有自信，越不會緊張。

8. 事前檢查報告場所和簡報設備。

9. 提早到場。

10. 展現積極、自信。

11. 報告時的音量必須讓每個人都聽見、口齒清晰、保持眼神接觸以及良好的肢體動作。穿著要合宜。

複習與應用

1. 討論行銷研究報告相對於其他行銷研究階段的重要性。

2. 什麼時候要放進或刪除授權書？

3. 什麼時候應該使用副標題？

4. 什麼時候要使用報告送達書？什麼時候使用備忘錄？

5. 什麼圖最能表達四個促銷組合變數隨時間改變的相對變化？

6. 為什麼我們在準備圖像時要加入客觀誠信的討論？請說明一個圖像可以如何不偏頗地呈現資料。

個案18.1 「哈比人的最愛」餐廳： 製作PowerPoint 簡報

　　柯瑞・羅傑斯完成了「哈比人的最愛」餐廳的報告。他決定製作一些PowerPoint投影片來呈明他的發現，並利用Word寫了報告的主題：「『哈比人的最愛』餐廳：研究發現」；然後列出幾個他要加進報告開頭的註解，包括：「隨機選擇400位受訪者的調查」、「樣本篩檢只包括每兩週至少上一次餐廳的人」、「非常喜歡去『哈比人的最愛』餐廳的顧客特質」等。

　　柯瑞想以會光顧高級餐廳可能性的次數分配研究結果作為開場，他製作了一個受訪者回答這個問題的次數分配表，並加以分析。

1. 使用文書處理軟體，寫出幾個你認為適合向顧客傑夫・迪恩作口頭報告的句子。

2. 將你在問題1寫好的句子，利用「複製—貼上」放入PowerPoint。試試不同的顏色和字體。

3. 利用SPSS執行幾個次數分配，再利用TABLELOOKS選擇一個你喜歡的輸出格式，並將之匯入PowerPoint中。

4. 利用SPSS製作長條圖，作為回答會光顧高級餐廳可能性的結果。試試SPSS中不同長條圖的選項，選一款長條圖然後使用複製貼上，放入PowerPoint。